JN440672

국가정보와
국가안보

일러두기

1. 각 장의 말미에 자리한 주석은 모두 지은이 주이며, 각 페이지의 하단에 위치한 주석은 모두 옮긴이 주다.
2. 본문의 고딕체 표기는 원서의 굵은 강조를 따른 것이다. 고딕체로 표기된 용어에 대한 설명은 권말의 '정보 용어 해설'에 실려 있다.
3. 본문의 이탤릭체 표기는 원서의 이탤릭체를 따른 것이다.
4. 원서는 강조와 인용의 구별 없이 " "를 사용했다. 이 책에서는 강조는 ' '로, 인용은 " "로 구분했다.

Intelligence in the National Security Enterprise
An Introduction

Intelligence in the National Security Enterprise: An Introduction

국가정보와 국가안보

로저 조지 지음 | 박동철 옮김

한울
아카데미

나의 평생 동반자이자 최고의 친구로서

인내심, 이해심, 그리고 사랑을 보여준

신디(Cindy)에게

차례

글상자 차례

그림 차례

표 차례

옮긴이의 말

이 책(원제: *Intelligence in the National Security Enterprise: An Introduction*)을 쓴 로저 조지(Roger Z. George)는 CIA 분석관으로 30년간 근무하면서 정보와 정책 실무를 두루 경험하고 다년간 대학 강의와 연구·저술 활동에 종사한 석학이다. 15년 전에 옮긴이는 그가 펴낸 정보학 입문 교과서 『정보 분석의 혁신(Analyzing Intelligence: Origins, Obstacles, and Innovations)』(2010, 한울엠플러스)을 번역한 인연이 있다. 이 번역서가 척박한 국내 정보학계에서 내용이 참신하고 충실하다는 호평과 함께 교재로 많이 활용되었다. 『정보 분석의 혁신』이 분석을 중심으로 국가정보의 여러 측면을 다룬 입문서라면, 이 책은 국가안보 사업이라는 큰 틀의 양대 축인 정보-정책 관계에 초점을 맞춘 심화학습 교재다. 특히 이 책은 미국 정보공동체가 국가안전보장회의(NSC) 프로세스를 통해 추진되는 대통령의 정책을 어떻게 지원하는지 심층적으로 해부하고 정보의 정치화, 감독 문제 등 여러 쟁점을 집중 조명하고 있다. 이러한 내용은 정보기관의 역량과 문화 수준이 한참 떨어지는 우리에게 많은 정책적·실무적 개선점을 시사하고 있다고 본다.

옮긴이는 독자들에게 본문보다 먼저 권말에 있는 '정보 용어 해설'부터 일독하도록 권하고 싶다. 옮긴이는 이 책을 번역하면서 용어의 정확성에 주안을 두되, 우리 정보계의 언어 관행을 반영해 가독성을 높였다. 예를 들어, 'information'(첩보)과 구별되는 'intelligence'를 '정보기관'이나 '정보활동'으로도 번역하고, 'assessment'(평가)와 'estimate'(추정)를 문맥에 따라 각각 '보고서'와 '판단서'로 옮기기도 했다. 또한 가급적 영문 약어 사용을 피하고 괄호에 넣는 쪽을 택했다. 그럼에도 오류와 불편함이 있다면, 그것은 전적으로 옮긴이가 부족한 탓이다.

끝으로, 가치 출판을 지향하는 한울엠플러스(주)의 출간 결정과 편집진의 수고에 감사드린다.

2025년 11월 박동철

감사의 말

이 책은 필자가 정보 실무와 원리에 관해 스승과 상관, 동료로부터 다년간 배운 결과물이다. 이 점에서 필자는 감사하고 싶은 옛 동료가 많은데, 그들은 원고의 전부 또는 일부를 읽고 필자의 서술을 옳게 만들었다. 특히 스탠퍼드 대학교의 토머스 핑거(Thomas Fingar)와 서던캘리포니아 대학교의 그레고리 트레버턴(Gregory Treverton), 컬럼비아 대학교의 피터 클레멘트(Peter Clement)에게 특별히 감사를 드린다. 이들은 전직 정보 실무자이자 현직 교수로서의 이점을 살려서 여러 장을 검토했다. 또한 필자는 국가안전보장회의(NSC) 정책·정보 관리 출신 인사들로부터 꼭 필요한 조언을 받았는데, 바로 그레고리 슐트(Gregory Schulte), 스티븐 사이먼(Steven Simon), 스티븐 플래너건(Stephen Flanagan), 스티븐 슬릭(Steven Slick) 등이다. 이와 함께 필자는 특정한 사건, 과정, 사실 등에 관해 많은 전직 동료에게 자문을 구했는데, 바로 브래드 놉(Brad Knopp), 제임스 카슨(James Carson), 팀 킬번(Tim Kilbourn), 크레이그 첼리스(Craig Chellis), 존 로더(John Lauder), 매튜 버로우스(Mathew Burrows), 애리스 파파스(Aris Papas), 대니얼 와그너(Daniel Wagner), 신디 스토러(Cindy Storer) 등이다. 물론 필자가 틀린 사실이나 잘못된 결론을 적시했다면, 그것은 전적으로 필자의 책임이다.

또한 필자의 학문적·직업적 경력에 도움을 주고 이 책의 출판을 지원한 세 분에게 특별히 감사드린다. 먼저, 초기부터 필자의 가장 오랜 스승인 래리 콜

드웰(Larry Caldwell)은 필자가 국제문제에 천착하도록 고무했으며, 학계에 한 쪽 발을 담그고 정보 세계에 다른 한쪽 발을 담근 필자에게 모델이 되어주었다. 다음으로, 가장 가까운 정보계 동료 제임스 브루스(James B. Bruce)는 지난 10년 동안 여러 저술을 필자와 공동으로 작업했다. 필자와 커리어 내내 대화를 나눈 그는 필자의 이 교재 출판을 고무했다. 끝으로, 하비 리시코프(Harvey Rishikof)는 국방대학(National War College)에서 필자와 함께 10년을 강의하는 동안 그리고 그 이후에도 필자의 가까운 저술 파트너였다. 래리, 제임스와 마찬가지로, 하비도 필자의 친구이자 동료로서 국가안보정책 결정을 연구하고 가르치는 데 통찰력과 진실성을 바친다. 하비 덕분에 필자는 국가안보·정보 사업이 작동하는 미로를 더 깊이 파악하게 되었다.

마지막으로, 필자는 이 책을 쓰도록 격려한 조지타운 대학교 출판부에 감사하고 싶다. 지난 10년 동안 우리는 정보 분석뿐 아니라 국가안보 의사결정 프로세스를 조사하는 여러 권의 편저를 함께 작업했다. 특히, 필자가 감사드리고 싶은 도널드 제이콥스(Donald Jacobs)는 이 책에 앞서 여러 권의 책을 훌륭하게 편집하고 감독했다. 도널드는 필자의 정보 출판물뿐 아니라 다른 실무자와 학자들의 출판물에서도 신뢰받는 파트너였다. 이러한 출판물 덕분에 조지타운 대학교 출판부가 정보학계 최고의 출판사가 되었다.

약어

ABM	antiballistic missile 탄도탄요격미사일
ACH	analysis of competing hypotheses 경쟁가설분석
ACIS	Arms Control Intelligence Staff 군비통제정보단
BNE	Board of National Estimates 국가판단이사회
BTF	Balkan Task Force 발칸 태스크 포스
BW	biological weapons 생물학무기
C^3	command, control, and communications 지휘·통제·통신
C^4	command, control, communications, and computer 지휘·통제·통신·컴퓨터
CBJB	congressional budget justification book 의회의 예산 수권서
CFE	conventional forces in Europe 유럽의 재래식전력
CI	counterintelligence 대적(對敵)정보
CIA	Central Intelligence Agency 중앙정보부
CIB	*Current Intelligence Bulletin* 「현용정보회람」
CIG	Central Intelligence Group 중앙정보단
CJCS	chairman of the Joint Chiefs of Staff 합참의장
COI	coordinator of information 첩보조정관
COMINT	communications intelligence 통신정보
COMIREX	Committee on Imagery Requirements and Exploitation 영상요구·이용위원회

CTC Counterterrorism Center
대테러센터

CW chemical weapons
화학무기

CYBERCOM United States Cyber Command
미국 사이버사령부

D&D denial and deception
거부와 기만

DA Directorate of Analysis
분석총국

DC Deputies Committee
차석위원회

DCI director of central intelligence
중앙정보장

DEA Drug Enforcement Administration
마약단속청

DHS Department of Homeland Security
국토안보부

DI Directorate of Intelligence
정보총국

DIA Defense Intelligence Agency
국방정보국

DINSUM *Defense Intelligence Summary*
「국방정보요약」

DIRNSA director of the NSA
국가안보국장

DMA Defense Mapping Agency
국방지도국

DNI director of national intelligence
국가정보장

DO Directorate of Operations
공작총국

DOD Department of Defense
국방부

DOJ Department of Justice
법무부

E-O electro-optical
전자광학

EPIC El Paso Intelligence Center
엘패소 정보센터

FBI	Federal Bureau of Investigation 연방수사국
FEMA	Federal Emergency Management Agency 연방재난관리청
FISA	Foreign Intelligence Surveillance Act 외국인정보활동감시법
FISC	Foreign Intelligence Surveillance Court 외국인정보활동감시법원
FISINT	foreign instrumentation signals intelligence 외국계기신호정보
FOIA	Freedom of Information Act 정보의자유법
G-2	Army intelligence 육군 정보국
GEOINT	geospatial intelligence 지공간정보
HPSCI	House Permanent Select Committee on Intelligence 하원 상설정보특별위원회
HSC	Homeland Security Council 국토안전보장회의
HUMINT	human intelligence 인간정보
IAEA	International Atomic Energy Agency 국제원자력기구
I&A	Office of Intelligence and Analysis (국토안보부의) 정보·분석실
I&W	indication and warning 징후와 경보
IC	intelligence community 정보공동체
ICBM	intercontinental ballistic missile 대륙간탄도미사일
ICD	*Intelligence Community Directive* 「정보공동체 지침」
IG	inspector general 감찰관
IMINT	imagery intelligence 영상정보
INF	intermediate nuclear forces 중거리핵전력

INFOSEC information security
정보보안

INR Bureau of Intelligence and Research
(국무부 산하의) 정보·조사국

INT intelligence-collection discipline
정보 수집 분야

IOB Intelligence Oversight Board
정보감독이사회

IPC interagency policy committee
기관간정책위원회

IRTPA Intelligence Reform and Terrorism Prevention Act of 2004
2004년 정보개혁·테러방지법

ISG Iraq Survey Group
이라크조사단

ISIS Islamic State of Iraq and Syria
이라크·시리아 이슬람국가

J-2 JCS intelligence section
합참 정보국

JCS Joint Chiefs of Staff
합동참모본부

JSOC Joint Special Operations Command
합동특수작전사령부

JTTF joint terrorism task force
합동테러대책반

LEGAT legal attaché
법무관

LG NSC Lawyers Group
국가안전보장회의 법률자문단

MASINT measurement and signature intelligence
측정·표지정보

MIB Military Intelligence Board
군사정보이사회

MID *Military Intelligence Digest*
「군사정보요약」

MIP Military Intelligence Program
군사정보 프로그램

NATO North Atlantic Treaty Organization
북대서양조약기구

NCPC National Counterproliferation Center
국가반확산센터

NCSC National Counterintelligence and Security Center
국가대적정보·보안센터

NCTC National Counterterrorism Center
국가대테러센터

NEC National Economic Council
국가경제위원회

NGA National Geospatial-Intelligence Agency
국가지공간정보국

NIB National Intelligence Board
국가정보이사회

NIC National Intelligence Council
국가정보위원회

NID *National Intelligence Daily*
「일일국가정보」

NIE *National Intelligence Estimate*
「국가정보판단서」

NIM national intelligence manager
국가정보관리관

NIMA National Imagery and Mapping Agency
국가영상·지도국

NIO national intelligence officer
국가정보관

NIO/W national intelligence officer for warning
경보 담당 국가정보관

NIP National Intelligence Program
국가정보 프로그램

NIPF National Intelligence Priorities Framework
국가정보 우선순위 틀

NPIC National Photographic Interpretation Center
국가사진해석센터

NPT Non-Proliferation Treaty
비확산조약

NRO National Reconnaissance Office
국가정찰실

NSA National Security Agency
국가안보국

NSB National Security Branch
국가안보단

NSC National Security Council
국가안전보장회의

NSE	national security enterprise 국가안보 사업
NSPD	national security presidential decision 국가안보 대통령결정
NTM	national technical means 국가기술수단
OCI	Office of Current Intelligence 현용정보실
ODNI	Office of the Director of National Intelligence 국가정보장실
OFAC	Office of Foreign Assets Control 외국인자산통제실
OTFI	Office for Terrorism and Financial Intelligence 테러·금융정보실
OIA	Office of Intelligence and Analysis (재무부의) 정보·분석실
ONE	Office of National Estimates 국가판단실
ONI	Office of Naval Intelligence 해군 정보실
OOB	order of battle 전투서열
OPC	Office of Policy Coordination 정책조정실
OSD	Office of the Secretary of Defense 국방부 장관실
OSINT	open-source intelligence 공개출처정보
OSR	Office of Strategic Research 전략연구실
OSS	Office of Strategic Services 전략정보처
PC	Principals Committee 수장위원회
PCLOB	Privacy and Civil Liberties Oversight Board 사생활·시민적자유 감독위원회
PDB	*President's Daily Brief* 「대통령일일브리핑」
PIAB	President's Intelligence Advisory Board 대통령 정보자문단

POTUS	president of the United States 합중국 대통령
PSP	President's Surveillance Program 대통령의 감시프로그램
R&A	Research and Analysis branch, OSS (전략정보처의) 조사·분석단
RFE	Radio Free Europe 자유유럽방송
RL	Radio Liberty 자유방송
SALT	Strategic Arms Limitation Talks 전략무기제한회담
SAS	Senior Analytical Service 선임분석관단
SEIB	*Senior Executive Intelligence Brief* 「고위간부정보브리핑」
SIGINT	signals intelligence 신호정보
SME	subject-matter expert 요소 문제 전문가
SSCI	Senate Select Committee on Intelligence 상원 정보특별위원회
TECHINT	technical intelligence 기술정보
UAV	unmanned aerial vehicle 무인항공기
UN	United Nations 국제연합
UNVIE	UN Mission to International Organizations in Vienna 빈 주재 국제연합대표부
USAF/IN	Air Force Intelligence 공군 정보국
USCG	US Coast Guard 미국 해안경비대
USDI	undersecretary of defense for intelligence 정보 담당 국방부 차관
USMC/IN	Marine Corps Intelligence 해병대 정보국
USTR	US special trade representative 미국 특별무역대표

VTC video teleconference
원격화상회의

WINPAC Weapons Intelligence, Nonproliferation, and Arms Control Center
무기정보·비확산·군비통제센터

WIRe *Worldwide Intelligence Report*
「전세계정보보고」

WMD weapons of mass destruction
대량살상무기

제1장

—

이 책의 사용법

나를 생각하게 만드는 것을 계속 주세요.

_헨리 키신저(Henry Kissinger) 국가안보보좌관이
리처드 헬름스(Richard Helms) CIA 부장에게 한 말

정보는 대통령이 국가안보정책을 수립하고 집행할 때 종종 보이지 않는 역할을 담당한다. 백악관의 새 주인들은 정보가 어떻게 작동해서 정책 프로세스에 공헌하는지 흔히 놀라기도 하고 당혹한다. 미국의 대외정책 결정에 관해 배우는 학생들에게 정보업무를 설명하는 것도 또한 어렵다. 필자가 학부와 대학원에서 국제관계를 공부한 후 1970년대 말 정보공동체(IC)에 입사했을 때, 필자도 아는 것이 거의 없었다. 필자 세대의 학생들에게 정보는 너무 비밀스럽고 난해한 것이었다. 그러나 정보공동체에서 근무하고 다수의 정책기관·관리들과 교류한 데 힘입어 필자는 정보와 정책 간 관계가 더 투명할 수 있으며 더 투명해야 한다고 생각한다. 그러나 필자가 학부와 대학원 수준에서 정보학을 강의한 경험에 비추어 볼 때, 미국의 대외·안보 정책 수행에 관한 책과 강의의 대부분이 여전히 정보를 드물게 다루면서 지나치게 단순화하고 있다. 정보의 구체적 측면에 관한 비평과 회고록, 연구물이 많지만, 미국의 국가경영에서 정보가 수행하는 다면적 역할을 더욱 체계적으로 조사하는 문헌은 아주 드물다.

따라서 이 교재는 정보가 국가안보 의사결정 과정을 뒷받침하는 방식에 관

해 학생들에게 가르치기 위한 것이다. 이 교재는 다른 정보학 교재에서 흔히 다루는 내부의 정보 프로세스를 광범위하게 모두 살피는 것을 일부러 피한다. 많은 정보 서적과 연구가 정보 수집의 활동 측면을 훨씬 더 집중적으로 다룬다. 예를 들어, 그 문헌들은 위성, 감청소 등 기술적 수집 시스템이 어떻게 방대한 데이터를 흡수하는지 서술하거나 전직 스파이들이 주적을 상대로 어떻게 활동했는지 설명한다. 실로 이러한 것은 정보계 내부의 조직문화, 방법론, 과제 등을 이해하는 데에 중요한 주제다. 그러나 그렇게 정보공동체 내부에 초점을 맞추게 되면, 학생들이 그러한 수집의 실제 산출물과 가치가 무엇인지 그리고 그런 비싸고 위험한 이국적 활동으로부터 생산된 완료된 분석(finished analysis)이 실제로 국가 수준의 의사결정에 어떻게 사용되는지를 파악하기가 어려울 수 있다.

이 책은 정보공동체와 정책공동체가 어떻게 협력을 도모하는지에 관해 필자의 견해를 담고 있다. 그것은 하나의 공생관계다. 그 관계가 제대로 작동하면 정책 결정이 일반적으로 더 체계적이고 내실이 생긴다. 그렇지 않으면 정책이 종종 잘못 형성되는데, 이는 정보가 부정확하거나 아예 무시되었기 때문이다. 그 관계가 좋은 경우에도 정책이 성공하리라는 보장은 당연히 없지만, 그 확률은 확실히 더 높다는 것이 필자의 지론이다.

이 책은 정보가 어떻게 국가안보정책 결정에 중요한 역할을 해왔는지 실제 사례를 통해 설명하는 방식을 취한다. 필자는 CIA에서 정치·군사 분석관으로 근무하고 1980년대 후반과 1990년대 초반에 국무부와 국방부의 정책 순환보직에서 일했는데, 이러한 경험을 토대로 이 책에서 정보와 정책의 교집합을 다루었다. 정보 실무자들 대부분이 정보가 유용했던 좋은 경험이 있고, 정보가 결함이 있거나 무시·오용되었던 나쁜 경험도 가지고 있다. 실로 이 책에 담긴 필자의 소신을 한마디로 요약하자면, 정보는 국가안보 사업(NSE)에서 완벽하지는 않더라도 꼭 필요한 일부분이다.

이 책의 사용법과 구성

이 책은 학생이 미국의 국가안보정책이 어떻게 수행되는지에 대한 독자의 이해를 심화시키고, 정보가 어떻게 그러한 정책 개발에 기여하는지를 더 자세하게 설명한다. 미국의 대외정책이나 국가안보에 관한 교재 대부분이 정보의 기여에 대해 별반 주목하지 않지만, 이 간극을 메울 필요가 있다. 따라서 이 책은 정보가 어떻게 국가안보 심의에 포함되어 영향을 미치는지에 대해 구체적인 사례를 제공함으로써 미국의 대외정책에 관한 다른 교재들을 보완할 수 있다.

정보학 일반과정을 수강하는 학생들에게 이 책은 다른 정보학 교재에서 흔히 빠져 있는 중요한 두 부분을 제공할 수 있다. 첫째, 이 책은 정보활동을 포함하는 확대(expanding) 국가안보 사업을 명쾌하게 설명한다.[1] 이 용어 자체가 미국 국가안보정책을 수행하는 일군의 기관·활동을 시사하고 있다. 국가안보의 정의가 확장되어 전통적인 군사적·외교적 사안을 넘어 보다 초국가적이고 사회경제적인 이슈까지 포함하면서 국가안보 사업 및 관련 기관이 계속 확대되었다. 학생들이 이미 국가안보 사업 및 그 기관 간 프로세스를 잘 안다고 흔히들 생각한다. 필자의 경험에 비추어 볼 때, 정보학 개론을 수강하는 학생들은 그러한 의사결정 과정을 상세히 알지 못하는 경우가 흔하며, 따라서 정보의 기여를 올바른 맥락에서 파악하기가 어렵다.

이 책의 두 번째 특징은 국가안보 사업에 기여하는 일련의 정보 기능들 가운데 확연한 것을 중점적으로 다룬다는 점이다. 다른 정보학 교재들은 일반적으로 정보의 정책 지원을 하나의 장에서, 어쩌면 분석에 관한 장에서 다룬다. 반면에 이 책은 정책결정자들에게 제공되는 정보 지원의 다양한 형태를 전략정보와 경보 분석에서부터 더 실행 가능한(actionable) 일상적 정보 지원과 비밀공작에 이르기까지 살펴본다.

따라서 이 책의 각 장은 정책결정자들이 직면하는 결정의 종류에 따라 구성되어 있다. 조지프 나이(Joseph Nye)가 고위 정책결정자나 지휘관들이 직면하는 여러 종류의 문제를 특징화한 것을 인용하자면, 때때로 그들의 정보 질문은 비밀보다 수수께끼에 가깝다.[2] 예를 들어, 중국의 경제 모델이 무너질 것인가? 이것은 하나의 수수께끼로서 정보공동체는 국가 정책결정자들이 여러 상황에 대비한 전략과 옵션을 준비하도록 돕기 위해 여러 가지 시나리오를 추측·개발할 수 있을 뿐이다. 그러나 이와 달리 중국의 군사력 현대화가 얼마나 강력하게 추진되고 남중국해의 해양 대결에는 어떤 영향을 미칠 것인지 질문할 수 있다. 여기에는 구체적 사실관계와 추세가 있는바, 정보공동체는 중국의 영유권 주장에 맞서 미국과 동맹국들의 대응 리스크를 평가하기 위한 정책결정자들의 논의에 관련 자료를 제공할 수 있다. 때로는 정책결정자들이 문제를 '어떻게 볼 것인지' 물어보기도 하는데, 예를 들어 기후변화의 지정학에 해당하는지 여부 또는 블라디미르 푸틴(Vladimir Putin)이 세계를 어떻게 보는지 등을 질문한다. 때로 그들은 구체적 사실관계를 찾기도 하는데, 예를 들어 시리아가 비축한 화학무기의 규모와 위치, 러시아의 새로운 '하이브리드전쟁'의 본질 등을 묻는다.

정보공동체에 던져지는 광범위한 질문들로 인해 자연히 정보공동체가 부단히 수행하는 일련의 기능이 정립된다. 이 책의 각 장은 이러한 핵심 기능을 중심으로 구성되어 있다. 제2장은 먼저 정보가 무엇인지 그리고 정보의 다양한 차원을 일반적인 용어로 정의한다. 학생들은 기술·인간·공개출처를 포함한 정보 수집 방법을 배우고 이런 방법이 분석에 공헌하는 부분도 배울 것이다. 학생들은 이러한 토대에 힘입어 정보 '투입물'보다는 '산출물'에 더 초점을 맞추어 정책 결정 프로세스에 공헌하는 정보의 가치를 조명할 것이다.

제3장은 국가안보 사업의 현행 구조와 의사결정 과정에 대해 개관한다. 이 장은 국가안보 전략을 개발·시행하는 데 동원되는 정책기관들과 기관 간 메커니즘을 조명한다. 그런 다음에 학생들은 의사결정 과정의 복잡성을 이해하고, 특정한 고위 정책결정자들이 그 과정을 운영하거나 그 결과물을 만들어내는

데 있어서 수행하는 역할을 파악할 수 있을 것이다. 또한 이 장은 정보가 어떻게 국가안보 의사결정을 위한 기관 간 공식 프로세스에 녹아드는지 중요하게 설명할 것이다.

제4장은 정보공동체의 현행 구조를 개관하고, 국가안보 사업에 정규적으로 참여하는 주요 기관들을 살펴본다. 특히 정보공동체의 주된 고객인 국가안전보장회의 구성원과 각 부처의 고위 정책결정자에게 제공되는 국가정보와 부문정보를 집중적으로 살펴본다. 또한 이 장은 지도자들이 이 거대한 정보사업을 관리하면서 계속 직면하는 주요 과제를 학생들에게 소개한다.

제5장은 국가안보 프로세스에서 정보가 뚜렷이 수행하는 다양한 역할에 관해 어떻게 생각할지 그 틀을 제시한다. 또 '정보 순환(intelligence cycle)' 개념을 설명하고, 나아가 의사결정 과정을 더욱 구체적으로 지원하는 여러 실제 임무를 논의한다. 이후 제6장부터 제10장에서는 이러한 임무를 보다 자세히 검토하면서 정보가 어떻게 주요 정책 결정에 공헌했는지 사례를 통해 보여줄 것이다.

먼저 제6장은 장기 전략·정책을 개발하는 데 사용되는 '전략정보'를 설명한다. 학생들은 전술정보와 비교해 어떤 종류의 전략정보가 정책결정자에게 제공되는지를 파악하게 될 것이다. 이를 논의하면서 「국가정보판단서(National Intelligence Estimates, NIE)」의 역할과 그 생산 과정을 살펴본다. 「국가정보판단서」를 생산하는 주역들과 그 과정을 살필 때 인용되는 최근 사례는 이라크 대량살상무기(WMD)에 관한 2002년 「국가정보판단서」인데, 결함이 많은 보고서였다. 또 다른 사례는 새 임기를 시작하는 대통령에게 올리는 『글로벌 트렌드(Global Trends)』 보고서로, 그 중요성이 커지고 있다.

제7장은 미국과 미국의 해외 이익에 가해지는 위협에 대해 경보를 발하는 정보공동체의 지속적 책임을 설명한다. 학생들에게 경보의 개념을 소개하면서 경보가 어떻게 수행되고 조직되는지도 소개한다. 진주만부터 9·11 공격에 이르기까지 유명한 경보 사건을 간략히 검토함으로써 학생들은 과거의 경보

사례로부터 배울 교훈이 무엇인지 알게 될 것이다. 이 장은 결론 부분에서 과거에 경보 기능이 어떻게 조직되었는지를 검토하고, 경보 책임이 경보 전담 직원들로부터 모든 분석관으로 이동하고 있다는 것이 최근의 실무 흐름임을 밝힌다.

제8장은 미국 정부 내 모든 주요 국가안보 기관에 제공되는 '직접적 정책 지원'을 조명하는데, 이는 대개 눈에 보이지 않는 임무다. 때때로 학생이나 학자들은 이 용어가 정보공동체가 대놓고 행정부의 정책 의제를 지원하는 것을 의미한다고 오해한다. 이 용어의 의미나 의도는 그런 게 아니다. 오히려, 이 장은 정보기관이 어떻게 정책결정자들에게 찬성이나 반대 의도 없이 정책 결정과 관련된 첩보(information)와 분석을 지원하는지 설명한다. 학생들은 「**대통령일일브리핑(PDB)**」과 그 이면의 과정을 이해하게 될 것이다. 또한 이 장은 국제협상, 위기관리, 대테러 활동 등을 진행하고 있는 정책결정자들에게 제공되는 또 다른 형태의 독특한 정보 지원을 설명한다.

제9장은 '비밀공작(covert action)'이라는 특수하고 논쟁적인 정보 임무에 초점을 맞춘다. 학생들은 비밀공작이 어떻게 행정부와 입법부에 의해 인가되고 감시되는지를 이해하게 될 것이다. 이 장은 비밀공작의 성공과 실패를 검토하면서 그런 활동의 편익·비용·위험을 설명하기 위해 보다 최근의 (인정된) 역사적 공작 사례를 원용한다. 학생들은 국가안보정책과 정보가 여느 때보다 더 얽혀 있고 구별하기 어렵다는 점을 인식할 수 있을 것인바, 이는 윤리적·분석적 과제를 추가로 제기한다.

제10장은 정보와 정책 결정 프로세스 사이의 중요하고도 종종 불편한 관계에 대해 다시 논의한다. 학생들은 정보공동체가 어떻게 미국 정책의 효과성을 평가하는 위치에 가끔 놓이는지 알게 될 것이다. 정보 판단이 대체로 비관적이라면, — 의회 등 다른 정치 영역의 — 행정부 반대파는 그런 정책을 공격할 수 있다. 그래서 이 장은 정보의 '정치화' 위험을 학생들에게 보여준다. 그 고전적 사례를 베트남전쟁 당시와 이라크 침공 준비 기간에 수행된 분석에서 찾을 수

있는데, 사실 이 두 사례에서 정치화의 형태는 사뭇 다르다. 다음으로 학생들은 정치화의 다양한 형태를 분석할 수 있고, 정치화가 완전히 제거되지는 않더라도 어떻게 최소화될 수 있는지도 생각할 수 있다.

결론을 짓는 제11장은 정보기관이 어떻게 시민적 자유와 국가안보를 보호하면서 미국 민주주의 내에서 최선으로 운영될 수 있는지 검토한다. 이 장은 은밀한 정보 수집과 비밀공작을 수행하면서 미국 헌법의 테두리 내에 머무르고 고위 정책결정자, 의회 및 궁극적으로 국민에게 책임을 져야 하는 윤리적·법적 과제를 조명한다. 학생들은 책임성을 보장하기 위해 마련된 행정부와 의회의 감독 메커니즘을 익히게 될 것이다. 이 장에서 그러한 감독 메커니즘이 9·11 이후의 환경에서 수행된 복합적·침해적 정보활동을 다루는 데 충분했는지 여부가 문제로 제기된다. 이 장은 결론적으로 미국의 정보활동은 학생과 학자들에 의해 더욱 쉽게 이해되도록, 그리고 정책 결정 프로세스에서의 그 필수적 역할이 국민의 더 많은 지지를 받도록 최대한 투명해져야 한다고 권고한다.

학생들이 이 정보학 입문서를 공부하면서 정보 과정·조직·개념과 관련된 다양한 용어를 마주할 것이다. 이처럼 신비로운 어휘는 이해하기 어려울 수 있다. 그래서 필자는 학습을 돕기 위해 특별한 의미나 중요성을 지닌 이런 용어를 고딕체로 표기했다. 이 고딕체 용어에 대한 짧은 정의가 권말의 방대한 '정보 용어 해설' 편에 실려 있다.

각 장에서 다룬 주제에 대해 더 깊이 알고 싶은 교수와 학생들을 위해, 각 장 말미에 주요 문헌 목록이 실려 있는데, 필자는 이 목록이 광범위한 정보·국가안보 주제에 관해 훌륭한 출처라고 생각한다. 끝으로, 필요한 각 장 말미에 '유용한 문서', '유용한 웹사이트', '더 읽을거리' 등을 제목으로 한 섹션이 있다. 이 섹션은 추가적인 정보 연구, 비밀 해제된 정보생산물, 관련 자료 등으로 이어준다. 필자는 이러한 추가의 도움으로 학생들이 더 쉽고 포괄적으로 정보학에 입문하기를 희망한다.

주석

명언: Charles Lathrop, *The Literary Spy: The Ultimate Source of Quotations on Espionage and Intelligence*(New Haven, CT: Yale University Press, 2004), p.10에서 인용함.

1 Roger Z. George and Harvey Rishikof(eds.), *The National Security Enterprise: Navigating the Labyrinth*, 2nd ed.(Washington: Georgetown University Press, 2017) 참조. 이 책은 국가안보 의사결정에 관여하는 다수의 정부 기관을 개관하며 의회, 법원, 싱크 탱크, 언론 등의 다른 주요 행위자에 대해서도 설명한다. 이 책은 학생들에게 국가안보 사업이 직면하고 있거나 가까운 미래에 직면할 과제와 기관 간 프로세스에 대해 학생들에게 그 개요를 제공한다.

2 Joseph Nye, "Peering into the Future," *Foreign Affairs*, July/August 1994, pp.82~93.

제2장

—

정보란 무엇인가?

단순히 첩보를 수집하는 것만으로 충분치 않음은 물론이다. 사려 깊은 분석이 건전한 의사결정을 위해 필수적이다.

_로널드 레이건(Ronald Reagan) 대통령, 1981년

우리나라의 안전과 번영은 우리가 수집하는 정보와 우리가 생산하는 분석의 질, 이러한 첩보를 적시에 평가하고 공유하는 우리의 능력, 그리고 정보 위협에 대처하는 우리의 능력에 달려 있다.

_「2010년 미국 국가안보 전략」

정보공동체는 정치·군사 지도자들에게 최대한의 의사결정 우위를 제공하기 위해 존재한다. 과거 어느 때보다 지금 우리는 우리의 목표를 성취할 최선의 길은 모든 국가정보 역량을 통합하는 것이라고 이해한다.

_제임스 클래퍼(James Clapper) 국가정보장, 2014년

미국의 국가안보 의사결정은 정보에 의존한다. 정책 행위와 첩보 간의 관계가 명백한 듯 보이지만, 전쟁과 평화에 관한 의사결정을 위해 정보가 실제로 어떻게 사용되는지는 국제문제를 전공하는 학자와 학생들이 좀처럼 잘 이해하지 못하는 부분이다. 이 장은 정보가 무엇인지 탐색하고 정보 **수집**과 **분석**을

둘러싼 기본 용어들을 학생들에게 소개한다.

미국 정보기관의 조직과 운영은 실로 학생들이 파악하기 어려운 복잡한 주제다. 정보활동에는 첩보를 수집해 (첩보를 가용 형태로 변환하거나 번역해야 하기 때문에) 처리하는 전문적 방법과 과정이 사용된다. 이후 그 첩보는 미국의 국가안보 이익에 어떤 함의가 있는지를 결정하기 위해 지역·기술 전문가들에 의해 분석된다. 첩보가 분석되고 그 신빙성과 정확성이 충분히 평가되면, 완료된 분석(즉, 충분히 평가된 첩보) 보고서로 편집되고 정부 관리들에게 배포되어 국가안보정책을 형성하는 데 쓰인다. 이후 정책결정자들은 피드백을 제공하고, 그러한 주제에 관한 추가적 첩보와 분석을 위한 새로운 정보 **요구사항**(Requirements)을 부과할 수 있다. 이러한 일련의 단계를 **정보 순환**(intelligence cycle)이라고 한다. 각 단계가 모두 중요하기는 해도 정보가 어떻게 정책에 작용하는지 또는 정책결정자들은 어떻게 정보를 사용하는지는 거의 보여주지 않는다. 더욱이 10여 개 정보기관의 알파벳 약자들이 난해하고 어지러울 정도다. 그 정보기관 모두가 국가 수준의 의사결정에 똑같이 중요한 것은 아니다. 어디서, 언제, 어떻게 정보가 국가안보 의사결정에 긴요했는지 아는 것은 미국의 국가안보정책이 어떻게 수립·시행되는지를 파악하는 데 훨씬 더 긴요하다.

정보-정책 관계는 본질적으로 지원 기능의 하나이며, 여기에는 정보 관련 기관·활동·평가가 광범위하게 포함된다. 이 관계에서 양측의 역할과 책임을 알아보는 것이 왜 그 관계가 가끔 논쟁이 되는지를 이해하는 데 긴요하다. 정책결정자들은 정보를 통해 복잡한 국제문제의 전모를 파악하지는 못해도 더 명확히 이해하리라고 기대하고 의지하지만, 정보를 하나의 투입물로 간주하지 늘 결정적인 것으로 보는 것은 아니다. 정보 관리들은 정책을 만들고 싶어 하지 않지만, 행정부의 결정이나 행위에 대해 복잡하게 만들거나 의문을 제기하는 첩보와 분석을 자주 제공해야 한다. 앞으로 우리가 살펴보겠지만, 이 공생관계는 항상 분명하지도 않고 관리하기도 쉽지 않다. 정보-정책 관계는 흔히 상호불신으로 인해 손상을 입는데, 부분적으로 이는 서로 배경 문화가 다르다는 것을 잘 이해하지 못하기 때문이다.

정보: 전략의 조력자

냉전이 발생하자 미국은 국가안보 시스템뿐 아니라 국가안보 전략을 개발하기 시작했다(상세한 내용은 제3장 참조). 곧바로 미국은 봉쇄 전략을 시행하고 **1947년 국가안전보장법**(National Security Act of 1947)이라는 중대한 법률을 제정했다. 이 입법을 통해 지금은 유명한 **국가안전보장회의**(National Security Council, NSC)와 그 다양한 구성요소가 설립되었다. 당시에는 정보가 어떻게 점증하는 미국의 국제적 역할을 지원할지에 대해 뚜렷한 생각이 없었다. 그러나 일찍이 미국의 전시 정보활동에 참여한 셔먼 켄트(Sherman Kent) 교수가 가장 영향력이 클 정보학 책을 저술했다. 이 책에서 그는 정보가 정책 결정 테이블에서 "논의의 수준을 높여야" 한다고 주장했다.[1] 이와 동시에 정보가 특정한 정책 옵션을 옹호해서는 안 되며, 정책결정자들이 검토하고 있는 정책과 관련이 있는 첩보(information)만 제공해야 한다. 켄트는 정책 프로세스와 너무 가깝거나 너무 먼 정보의 위험성을 인식했다. 너무 가까우면 정보가 정책결정자의 선호에 맞추어 왜곡될 위험이 있는 반면에, 정보가 정책 논의에서 너무 멀리 벗어나면 논의되고 검토되는 정책과 옵션에 대해 무관하거나 무익할 위험이 있다(<글상자 2-1> 참조).

글상자 2-1 셔먼 켄트의 정보에 대한 견해

내 생각에, 정보계의 우리에게 세 가지 소원이 있다면, 그것은 만사를 아는 것, 우리의 말을 믿을 것, 그리고 정책 문제에 대해 좋은 영향을 주는 것이다.

_셔먼 켄트, 전 국가판단이사회(BNE) 의장

1947년 국가안전보장법의 중요한 부산물로, 고위 정책결정자들에 대한 정보 지원이 제도화되었다. 정보 기능이 정책 입안자들을 지원하도록 제도화된 것이었다. 이 입법에 따라 NSC는 대통령의 외교·군사 보좌진뿐 아니라 핵심 정보보좌관으로서 **중앙정보장**(Director of Central Intelligence, DCI)을 포함하도록 확대되었다. 이에 따라 대통령과 국무부·국방부 장관이 중대한 결정을 내릴 때 정보가 일반적으로 정책 테이블에 오르게 되었다. 이 정보보좌관이 그 역할을 수행하는 형태는 대통령에게 일일 정보보고서[나중에 「대통령일일브리핑(President's Daily Brief, PDB)」으로 알려짐]를 올리고 주요 정책의 근거가 되는 「**국가정보판단서**(National Intelligence Estimates)」 등 보다 포괄적인 정보보고서를 작성하는 것이었다. 게다가 냉전과 핵전쟁 위협을 배경으로 해서 미국은 '열전'에 가까운 대처 방법을 찾아 소련의 전 세계적 전복활동에 맞서야 했다. 곧바로 해리 트루먼(Harry Truman) 대통령과 이후의 모든 대통령이 중앙정보부(CIA)에 — 나중에 **비밀공작**(covert action)으로 불리는 — '특수 활동'을 수행하도록 재가했다. 이것은 대통령의 중요한 비밀 도구가 되었으며, 더불어 CIA는 정책구상을 수립도 하고 실행도 하는 독특한 위치에 놓였다. 9·11 이후에는 이 비밀공작 도구가 더욱 중요해졌고, 아이러니하게도 처음 미국의 국가안보 시스템을 만든 사람들이 상상할 수 있었던 것 이상으로 가시화되었다.

오늘날 미국은 세계에서 가장 크고 정교하며 유능한 정보기관 집단을 유지하고 있다. 이 정보시스템은 10만 명 이상의 사람을 고용하고 연간 700억 달러 이상의 활동비를 지출한다. 이 시스템은 백악관에서부터 국무부, 국방부, 경제와 법집행기관에 이르기까지 거의 모든 국가안보 기관에 맞춤형 정보를 제공함으로써 국가안보 사업을 지원한다. 정치·군사 영역을 훨씬 넘어서는 중요한 정보 주제들이 있다. 이제 국가안보 개념은 전염병, 기후변화, 사이버공간 등 광범위한 주제를 포함한다. 9·11 이후 국가안보는 상당한 국내 정보 기능을 요구하게 되었다. 요컨대, 정보는 미국 대외정책의 모든 측면은 물론이고 국내의 공공안전 측면을 형성·수행하는 데서도 중요한 역할을 한다.

정보란 무엇인가?

'*정보*(*intelligence*)'라는 용어는 다양한 의미와 용도로 쓰인다. 가장 흔한 용례는 정책 관리들에게 제공된 (비밀로 분류되었거나 분류되지 않은) 첩보를 망라하는 것인데, 이는 미국 정부 안팎의 사람들이 모두 이용할 수 있는 방대한 양의 첩보와 구별하기 위한 것이다. 그래서 흔히 그 용어는 정보기관이 수집해 선별된 민·군의 정책결정자들에게 배포하는 생(즉, 미평가된) 첩보의 수집에 대해 사용된다. 두 번째 용례는 정보가 분석을 가리킬 때인데, 분석은 지역·기술 전문가들이 생(生)첩보(raw information)를 평가해서 여러 종류의 '*완료된*(*finished*)' 정보보고서를 작성할 때 산출된다. '완료된'이란 말은 그런 보고서에 포함된 모든 첩보에 대해 그 정확성과 의미가 검토·평가되었음을 나타낸다.

정보는 수집이다

정보는 가장 흔히 비밀첩보의 수집에 중점을 둔다 — 항상 그렇지는 않지만. 다시 말해서 정보조직은 외국의 행위자가 미국 정부로부터 감추고 싶은 첩보를 수집하는 데 특별한 관심을 기울인다. 이러한 의미에서, 은밀하게 획득된 정보는 이중으로 비밀성을 띤다. 즉, 그 정보는 미국 정보기관이 비밀리에 수집할 수 있는 외국 행위자의 비밀과 관련된다. 첩보의 획득은 출처와 **수집기관**(collector)의 정체뿐 아니라 수집 활동도 은폐되도록 이루어진다. 이리하여 미국 정보공동체는 외국 정부나 행위자가 공유하고 싶지 않은 것을 알 수 있게 되지만, 또한 그 표적이 미국 정부가 그들의 계획과 역량에 관해 무엇을 알았는지 모르도록 한다. 이것이 바로 비밀 정보활동의 본질이며, 이에 따라 미국은 외국의 위협에 대처할 때 결정우위(decision advantage)를 갖게 된다.

가장 잘 알려진 정보의 두 범주는 **기술정보**(TECHINT)와 **인간정보**(HUMINT)다. 첫째, 정보는 기술적(즉, 기술정보) 시스템에 의해 수집될 수 있는데, 지상기지의 전자 시스템, 공중 플랫폼, 지구궤도의 위성 등이 여러 가지 기술을 사용해 전자신호나 영상을 수집한다. 이들 시스템이 정보공동체에 의해 사용되는 생정보를 대량으로 생산한다. 이와 달리, 사람을 개입시켜 **은밀한**(clandestine, 즉 활동의 비밀성을 보장하도록 수행되는) 수단이나 공공연한 수단을 통해서도 생첩보(즉, 인간정보)를 수집할 수 있다. 여기서 그 목표는 외국 정부 관리 또는 비국가행위자의 활동뿐 아니라 그들의 의도도 파악하는 것이다. 세 번째의 정보 수집은 전적으로 공개된 형태로서 **공개출처정보**(OSINT)를 폭넓게 사용하는 것이다(〈글상자 2-2〉 참조). 요컨대, 종종 '**정보분야**(INTs)'라고 불리는 이러한 정보 수집 분야들이 공개·비공개 첩보의 집합체를 구성하며, 이 집합체로부터 분석관들이 중요한 국제동향을 식별해 낸다. 이러한 모든 접근법을 자세히 살펴볼 가치가 있는 것은 나중에 정책 결정 프로세스를 지원하는 정보의 역할을 살펴보기 위한 기초가 되기 때문이다.

글상자 2-2 정보의 여러 분야와 그 용례

인간정보(HUMINT) 외교관과 무관이 공공연하게 획득하거나 외국인 공작원(agent)이 비밀리에 획득하는데, 이들은 상대방의 계획·의도·역량에 접근할 수 있다. 예시:

- 외국 정부의 정책과 조치에 관한 외교관 보고
- 외국 군부의 준비 태세와 역량에 관한 무관 보고
- 외국 정부의 내부적 계획과 의도에 관한 비밀 보고

신호정보(SIGINT) 상대방의 통신 등 전자 시스템을 기술적으로 가로채거나 이용한다. 예시:

- 적대적 정부의 부처 또는 사무실 간 통신
- 상대방의 미사일 발사에 대한 전자적 테스트 결과
- 적대세력의 방어시설 내 방공레이더 역량

영상정보(IMINT) 지상과 공중에서 그리고 우주의 촬영 시스템(흔히 위성)에서 사진술, 전자광학, 레이더, 또는 적외선 센서를 사용해 수집한다. 예시:

- 전장의 준비 상황과 전투 작전 영상
- 상대방 방공시스템에 대한 측정·평가
- 미국 국민의 긴급 소개를 위한 비행장의 위치·평가

지공간정보(GEOINT) 영상 등 지공간 첩보로부터 파생된 정보로, 지구상의 지형적 특징과 지리적으로 표시된 활동을 묘사한다. 예시:

- 숨은 방어시설의 지리적 위치
- 무인항공기를 위한 표적화(targeting) 데이터
- 자연재해 이후의 지형적·환경적 변화

측정·표지정보(MASINT) 다양한 종류의 기술적 센서를 통해 얻는 첩보로서, 움직이거나 고정된 표적에서 나오는 음향, 방사능 등의 표지(標識)와 화학적·생물학적 표지를 수집한다. 예시:

- 공장 인근의 토양 표본에서 화학적 또는 생물학적 독소 추출
- 핵실험 시 방사성동위원소를 포함하는 공기 표본
- 나뭇잎과 위장을 구별할 수 있는 전자기 분석

공개출처정보(OSINT) 국외의 주요 동향에 관한 공개 첩보로서 누구나 이용할 수 있으며 외국의 방송, 뉴스 매체, 인터넷 사이트 등에서 찾는다. 예시:

- 외국 관리들의 국가안보정책에 관한 공개 연설
- 테러리스트들의 온라인 선전·충원 활동
- 외국 과학기술연구소의 기술 보고서

기술정보 범주 내의 **신호정보**(SIGINT)는 외국 행위자들이 생산하는 전자신호와 통신을 광범위하게 수집한다. 이것은 항공기와 위성뿐 아니라 지상기지를 통해서 수집되며, 여러 출처와 위치에서 나오는 모든 신호를 빨아들인다. 신호정보는 수집 기술과 표적의 특징적 범주에 따라 더욱 세분된다. 예를 들어, **통신정보**(COMINT)는 전화, 팩스기, 라디오, 인터넷 데이터스트림 등의 통신시스템이 생산하는 모든 신호를 포함한다. 통신정보는 외국 행위자들 간 대화와 활동을 들여다보는 데 매우 유용한데, 그런 것은 수집된 전화, 팩스 또는 인터넷 활동을 통해 드러날 수 있기 때문이다. 또한, **전자정보**(ELINT)는 레이더 등 외국군의 전자 시스템에서 나오는 신호를 잡아서 생산되는데, 특히 군사 역량·작전을 관찰·평가하는 데 유용하다. 끝으로, 신호정보 계열을 마무리하는 **외국계기신호정보**(FISINT)는 외국 정부의 군사적·상업적·과학적 시험에서 나오는 전자신호를 포착한다. 예컨대, 외국 정부가 로켓 시험의 성과 데이터를 전송할 때, 때때로 미국의 수집기관이 이 신호를 가로챌 수 있다.

또한 기술정보 범주 내에 **영상정보**(IMINT)도 있다. 미국은 앞장서 U-2기와 SR-71기와 같은 상공의 영상 시스템을 개발했는데, 그런 정찰기는 (신호정보 센서와 함께) 카메라를 장착해 외국의 군사 활동을 관찰했다. 이러한 역량을 획기적으로 늘린 대형 위성시스템은 오늘날 일반적으로 전자광학(E-O) 시스템을 갖추어 선택된 표적의 영상을 근 실시간(near-real time)으로 무수히 전송할 수 있다.[2] 이러한 위성은 적의 방공망의 밖에 위치하는 이점을 가지고 있고, 지구궤도에 장기간 머물면서 정기적으로 중요한 표적 지점에 다시 접근할 수 있다. 기술이 발전함에 따라 이러한 시스템은 1제곱미터보다 훨씬 더 작은 크기의 표적을 포착할 수 있게 되었다.[3] 그런 위성에 탑재된 다른 기술 센서들은 또한 전자광학 시스템이 탐지하지 못하는 지상·지하 표적에 대해 적외선 영상을 찍을 수 있다. 지상에서 관리하는 위성은 영상 분석관들이 설정한 우선순위에 따라 정확한 시간과 장소에 맞추어 영상을 찍도록 프로그램화될 수 있다.

위성은 일반적으로 수년 동안 운행되며 교체하는 데 비용이 많이 든다. 위성은 많은 영상을 생산할 수 있지만, 그 수요도 많아서 우선순위가 높은 표적에만 사용된다. 상업용 영상 위성의 등장으로 이제 미국 정보공동체는 종전에는 제외되었던 낮은 우선순위의 영상을 구매할 수 있게 되었다. 최근에는 무인항공기(UAV)의 출현으로 또한 영상이 보충되었는데, 무인항공기도 외국 정부나 비국가행위자가 수행하는 구체적 활동, 위치, 시설 등의 실시간 영상을 제공할 수 있다.

센서 개발 및 컴퓨터 소프트웨어 응용에서 기술이 발전함에 따라 생첩보의 기술적 수집이 새로운 범주의 정보를 발전시키게 되었다. **지공간정보**(GEOINT)는 영상과 더불어 이러한 첨단기술을 사용하는 것인데, 단순히 고해상도 사진을 생산하는 이상으로 많은 응용이 포함된다. 간단한 예를 들자면, 영상정보는 아프리카 모처의 테러리스트 캠프나 난민 센터 사진을 생산할 수 있지만, 지공간정보는 그러한 영상 위에 그 위치의 다른 소셜 미디어와 신호정보를 포갬으로써 그런 시설에 누가 있는지 그리고 그들의 계획이나 활동은 무엇인지 묘사한다.

기술정보 분야의 마지막 요소는 **측정·표지정보**(MASINT)다. 이 분야는 정보의 기술적 측면에서 훨씬 더 신비로운 센서와 수집 방법을 동원한다. 측정·표지정보의 목적은 지구 등 고정되거나 움직이는 표적의 중요한 특징을 탐지·식별·묘사하는 것이다. 흔히 언급되는 것으로, 정상적인 영상에 나타나지 않는 활동을 포착할 수 있는 레이더 표지, 핵폭발과 자연재해의 지진 탐지기, 핵·화학·생물학적 물질의 존재를 식별할 수 있는 공기 샘플링 센서 등이 있다.[4] 많은 경우에 이러한 기술적 수집 시스템들이 조합·사용되어 중요한 표적의 완전한 모습을 제공한다.[5]

인간정보, 즉 인간-출처 수집은 공개·비공개 첩보를 수집하는 가장 오래되고 흔한 방법이다. '스파이행위(spying)' 또는 '간첩활동(espionage)'이라고도 불리는 은밀한 인간정보는 공작원('출처' 또는 '자산'이라고도 불림)을 모집하는 훈련된 정보관('공작관'이라고 불림)이 동원된다. 이 공작원들은 탐욕, 자존심(ego), 상관이나 정부에 대한 불만이나 갈등, 이념 등의 다양한 이유에서 반역할 준비가 된 외국 국민이다. 즉, 이들은 투옥되거나 처형당할 위험을 무릅쓰고 외국 정부나 기타 조직의 비밀을 정보공동체에 넘긴다. 기술정보에 비해 인간정보는 자원 비용이 저렴하다. 그러나 인간정보는 **전문기술**(tradecraft)이라고 하는 간첩활동 방법을 상당히 훈련해야 하는데, 그래야 공작관(case officer)이 발각을 피하고 출처를 평가·운용하며 **출처와 방법**(sources and methods)을 보호할 수 있게 된다. 이러한 인간정보 공작은 공작관의 체포, 추방, 장기 투옥 또는 죽음을 초래할 수 있으며, 출처가 발각되면 종종 사태가 더 악화한다. 따라서 인간-출처 수집은 가장 중요한 정보 임무에 한정되고, 당연히 그런 출처에 관한 첩보는 '**알 필요 있는**(need to know)'[6] 사람에게만 허용된다. 이 원칙의 목적은 출처의 신원과 활동, 위치를 상세히 아는 범위를 절대적으로 최소화하고, 노출 위험을 줄이기 위해 이 세부 사항을 서로 차단하는 데 있다. 정보 분석관은 그러한 종류의 첩보를 거의 필요로 하지 않으며, 정책결정자는 아예 알지 못한다.

인간정보의 주된 강점은 외국 관리 등 표적 인물의 계획과 의도를 드러낼 수 있다는 것인데, 이 표적 인물들은 정보 출처를 포함한 다른 사람들과 첩보를 공유하는 사람들이다. 이처럼 외국 정부의 생각과 계획을 직접적으로 아는 것은 개발하기 어렵다. 인간정보 자산을 찾아내서 채용하고 외국 정부나 테러단체의 가장 깊숙한 비밀에 관해 신뢰할 만한 출처로 육성하고 관리하는 데는 수년이 걸릴 수 있다. 미국의 인간정보 프로그램은 정보관에게 은밀하게 일하도록 '가장 신분(under cover)'을 부여해(즉, 거짓 신원을 제공함으로써) 해외에서 운영된다. 이러한 신분에 힘입어 그들은 외국 정부나 비국가행위자가 알지 못하게 은밀한 활동을 벌인다. 이러한 공작은 주재국 정부가 그들의 존재를 모르기 때문에 '일방적 공작(unilateral operation)'이라고 부른다.

인간정보를 반드시 은밀하게 수집할 필요는 없다. 다수의 인간정보 보고서가 미국 외교관과 주재국 카운터파트 간의 정상적인 외교활동에서 나온다. 미국 대사관에서 근무하는 무관도 주재국의 군사 관리를 만나고 군사훈련을 참관하는데, 그 결과로 인간정보 보고서가 나온다. 또한 미국 정보 관리들이 외국 정보기관과의 공식적인 연락(liaison) 관계를 활용해 양측이 모두 위협으로 보는 표적에 대해 첩보를 공유할 수 있다. 이 경우에 미국 공작관이 주재국 정보기관과 합동으로 작업해 — '합동 또는 쌍무 공작(joint or bilateral operation)'으로 불림 — 그 표적에 대한 정보를 수집할 수 있다. 이러한 형태의 인간정보는 외국 정부에 통보·수용되기 때문에 은밀하게 획득하는 인간정보에 통상 수반되는 위험이 없다. 그럼에도 이런 보고서는 외국 정부가 미국 외교관·무관·공작관과 공유한 기밀성 첩보나 견해를 반영하기 때문에 역시 비밀로 분류된다.

미국이 기술정보에 지나치게 의존하는지 그리고 충분한 인간정보 역량을 개발하는 데 실패했는지 여부를 둘러싸고 오랜 논쟁이 있었다. 미국은 첨단기술에 힘입어 자연히 전자 데이터, 영상 등 방대한 양의 첩보를 수집할 수 있는 기술적 수집 시스템을 구축하는 데 강점을 보유하고 있다. 그러나 이 방대한 데이터를 처리하고 걸러서 독특하고 강렬한 첩보 조각을 찾는 데는 비용이 많이 든다. 이러한 생첩보는 다양한 은폐, 기만 및 활동보안 조치를 통해 미국에 거부되거나 품질이 떨어지고 미국을 오도하는 것일 수 있다. 영상을 해석하려면 복잡한 표적의 숨길 수 없는 표지를 특별히 파악할 필요가 있는데, 이는 미국 기술 시스템의 작동 방식을 이해하는 외국의 정보 표적이라면 그런 표적은 감추어질 수 있기 때문이다.

인간정보가 어느 정부나 표적의 계획과 의도에 대해 독특하게 접근하는 것이라면, 인간정보는 분석관과 정책결정자에게 다가오는 위협을 알리는 데 필수적이다. 그러나 인간정보에도 단점과 약점이 있다. 앞서 언급한 대로 첫째, 진짜로 접근성과 신뢰성을 가진 출처를 모집하고 관리하는 데는 시간과 상당한 전문기술을 요한다. 인간 출처의 첩보를 검토하고 검증하는 데도 시간이 걸리며, 한 출처에 대해 높은 신뢰를 쌓는 것은 늘 쉽지 않다. 둘째, 그런 출처는 종종 조작자(造作者)일 수 있는데, 그런 사람은 미국이 듣고 싶어 한다고 생각하는 것을 공작관에게 이야기한다. 셋째, 인간 출처가 실제로는 외국의 **대적(對敵)정보**(counterintelligence, CI) 공작의 일부일 수 있다. 이 경우에 그 출처는 미국 정보기관에 침투하려는 외국 정보관이다. 그러한 대적정보 공작의 목적은 잘못된 첩보를 제공하고 미국 정보기관에 관해 수집하며 미국 정보 프로그램을 교란하는 것이다.

지금까지 은밀한 정보 수집의 주된 출처를 살펴보았지만, 공개출처정보의 가치를 최소화하지 않는 것이 중요하다. 공개출처정보는 뉴스 보도, 정부 문서, 학문적·과학적 성과, 소셜 미디어 등 공개적으로 입수할 수 있는 방대한 범위의 첩보를 포함하는데, 출판물, 텔레비전, 라디오, 인터넷 등으로 전파된다. 실제로 공개출처 자료가 냉전 시대 내내 사용되었는데, 당시 소련 신문과 텔레비전·라디오 방송의 번역문이 크렘린(Kremlin) 내부의 정치, 국내 경제 상황, 대외정책 입장 등에 대해 통찰을 제공했다. 탈냉전 시대에는 이른바 거부된 지역(즉, 정보가 엄격히 통제되는 권위주의 국가)이 감소하고 인터넷과 소셜 미디어가 발전한 결과, 공개출처 자료가 양적으로 폭증했다. 이러한 출처는 쉽게 접근할 수 있지만, 검색·저장하고 미국 안보에 대한 그 의미를 평가하기 위해서는 시스템과 프로세스를 요한다. 이러한 첩보 출처를 분석관과 나아가 정책결정자에게 유용한 형태로 전환하기 위해 흔히 번역 작업, 데이터 마이닝(data mining) 등의 기술적 과정이 활용된다.

공개출처는 다양하게 어디에나 있으며, 외국 정부나 비국가행위자의 행동을 이해하는 데 유용한 출발점을 제공한다. 정보 분석관이 종종 공개출처를 활용해 기술정보와 인간정보 수집기관에 수집 표적을 제시하는데, 이들 수집기관은 그 표적에 독특하게 접근해 새로운 문제에 관한 통찰과 세부 사항을 추가로 제공할 수도 있을 것이다. 표적이 고비용의 기술정보나 위험한 인간정보를 쓰기에는 우선순위가 낮다고 생각될 경우, 공개출처정보가 첩보의 출처로서 가장 알맞을 수 있다.

정보는 이 모든 출처를 포괄하며, 복잡한 문제를 가장 잘 이해하기 위해 모든 출처에서 수집된다. 정보 분야를 조합한 좋은 사례는 오사마 빈 라덴(Osama bin Laden)을 성공적으로 표적화한 것이다. 공작원으로부터 인간정보를 얻고 구금된 테러리스트를 신문해 파키스탄 아보타바드(Abbottabad)에 있는 그 알카에다(al-Qaeda) 지도자의 개연성 있는 위치를 알아냈다. 영상을 통해 그가 거주하는 건물을 상세히 파악했으며, 통신을 도청해 누가 빈 라덴과 접촉하는지 그리고 파키스탄 관리들은 그 건물 내부의 활동에 대해 얼마나 경계하는지 확인했다. 하나의 정보 출처만으로는 빈 라덴의 위치를 파악하고 신원을 확인하는 데 충분하지 않았다. 그렇더라도 관계자들의 사후 실토에 의하면, 그들은 빈 라덴이 거기 있다고 100% 확신하지 못했다. 그러나 이 모든 출처를 조합한 결과, 여기가 정확한 위치라는 확신이 증가했다. 일반적으로 좋은 정보는 은밀한 인간정보, 기술정보 및 공개출처정보까지 조합해 분석관과 정책결정자에게 중요한 주제나 표적에 대해 더 완전한 그림을 제공한다.

정보는 분석이다

이 장 서두에 인용한 레이건 대통령의 말대로, 정보는 생첩보의 수집 이상이다. 그 첩보를 조합해서 국제정세가 미국의 국가안보 이익에 어떤 영향을 미칠지 통합된 그림을 그려야 한다. 이 책의 나머지 장에서 정보 분석의 본질을 깊이 살피겠지만, 분석이 생첩보의 수집에 기여하는 부분을 이해하는 것이 중요하다. '사실 자체가 말해준다'라는 오래된 격언은 거의 진실이 아니다. 정보적 맥락에서 볼 때, 모든 사실을 배열하는 것만으로는 여러 이유에서 불충분하다. 첫째, 모든 사실이 정책결정자의 질문에 대답하는 것은 아니다. 전문가는 어떤 사실이 관련 있는지 결정해야 한다. 둘째, 모든 첩보가 정확하거나 믿을 만한 것은 아니다. 이 새로운 첩보를 검증하기 위해서는 데이터를 검토하고 기존의 정확한 첩보와 비교해야 한다. 셋째, 관련 있고 검증된 첩보를 하나의 서사 또는 이야기로 발전시켜 이 사태가 왜 미국의 정책에 중요한지 설명해야 한다. 끝으로, 정책결정자가 이 완료된 보고서에 반응해 추가 질문을 던질 때, 분석관은 자신들 이해의 부족분을 채우고 그 정보 이슈를 계속 추적하기 위해서는 어떤 첩보가 새로 수집될 필요가 있는지 결정해야 한다. 요컨대, 분석관은 정책결정자의 중대한 정보 요구에 부응할 수 있도록 새로운 첩보 수집을 안내해야 한다.

분석은 정보 순환(intelligence cycle) 속의 어디에서 이루어지는가에 따라서 여러 가지 형태를 취할 수 있다. 각 **정보분야**(INT) 내에서는 **단(單)출처**(single-source) 분석관이 수집된 생첩보를 검토·평가한다. 이들은 자신들의 수집 시스템에서 생산된 영상, 신호, 인간 출처 등을 이해하고 이를 토대로 정보 표적·주제에 대한 그림을 조립한다. 단출처 분석관은 다른 정보분야의 첩보에 접근할 수 있고 종종 다른 수집 분야로부터 관련 첩보 — 통상 '부수적 첩보(collateral information)'로 불림 — 를 받지만, '**전(全)출처 분석**(all-source analysis)', 즉 '완료된(finished)' 분석을 생산할 권한이 없다. 그 대신에, 단출처 보고서가 다른 전출처 분석관한테 간다. 거기서 전출처 분석관은 특정 주제에 관한 단출처 분석에 포함된 모든 관련 첩보를 맞추어본다.

예를 들어, 1990년대 말과 2000년대 초 사담 후세인(Saddam Hussein)이 **대량살상무기**(WMD)의 개발을 추진한 사건을 보자. 단출처 영상분석관은 WMD 연구소나 공장으로 의심되는 장소를 찍은 다량의 사진을 평가해 새로운 활동 증거를 찾았을 것이다. 신호정보 분석관은 이라크 고위 관리들의 도청된 통화를 훑으면서 그들이 의심스러운 장소와 관련해 "특별한 무기"(분석관들이 사용한 WMD의 완곡한 표현)의 개발이나 이전에 관해 이야기하고 있는지 찾았을 것이다. 인간정보 보고서 담당관(지금은 '수집 관리 담당관'으로 불림)은 인적 자산(공작원, 귀순자, 정보협력 보고 등의 총칭)의 정확성과 신뢰성을 평가해서, WMD 프로그램과 관련된 이라크 고위 관리들의 계획 또는 바그다드의 무기 연구를 제한하려는 미국 정책에 대한 그들의 반응에 관해 신빙성 있는 보고서를 전파했을 것이다. 모든 정보분야에 걸쳐 이러한 단출처 보고서가 다른 기관의 전출처 분석관에게 전달되었을 것이다. 다음으로 전출처 분석관은 사담이 WMD 프로그램을 재개할 계획인지 여부와 향후 수년에 걸쳐 화생방무기 역량을 개발할 수 있을지 여부를 평가했을 것이다. 이후 그 분석관의 '완료된' 정보 평가보고서는 대통령과 고위 민·군 보좌관들에게 제공되었다. 이 특별한 사례에서, 조지 W. 부시(George W. Bush) 행정부 관리들은 사담이 WMD 프로그램을 재개했다고 확신했다. 그들의 피드백은 분석관들이 사담의 WMD 프로그램에 관해 보다 결정적인 증거를 제시하지 않는다고 비난하는 경향을 보였다. 나중의 장에서 이러한 종류의 정책결정자 편향(bias)과 피드백이 어떻게 분석을 왜곡하고 때로는 불편한 첩보를 찾기보다 정책 편향을 확인하는 방향으로 수집 우선순위를 오도할 수 있는지 살필 것이다.

정보는 위험한 업무다

정보를 수집 활동으로 보든, 분석 활동으로 보든, 정보는 완전한 실패까지는 아니더라도 불완전할 위험이 따른다. 첫째, 완벽한 첩보를 수집하는 것이나 미국 안보에 대한 정보 보고의 함의를 전폭적으로 신뢰하는 것은 불가능한 일이다. 모든 정보-수집 분야는 각각의 한계와 결함이 있다. 외국의 적대적 행위자들은 자신들의 계획과 역량을 숨기는 데 크게 주력했다. 러시아, 중국, 이란 등 미국의 최대 경쟁국들은 미국을 상대로 간첩과 역정보(disinformation) 활동을 벌이는 강력한 정보기관을 가지고 있다. 또한 정보 분석관을 많이 배출한 한 전직 스승이 말했듯이, 분석은 "점치기(fortune telling)"가 아니다.[7] 한 실무자가 표현했듯이, 평가보고서는 "불확실성을 줄일" 수 있지만 완전히 제거할 수는 없다.[8] 필시 일부 정보는 틀리거나 빗나가기 마련이다. 정확한 결과를 예고한다는 의미로 '예측'을 내는 것은 바보짓이다. 정보공동체에 (점치기) 수정 구슬이 있으리라고 진지하게 기대하는 정책결정자는 거의 없으며, 정보공동체도 그런 인상을 주지 않으려고 한다. 그러나 정책결정자는 그 불확실성을 제한하는 정보를 정말 기대하며, 그 덕분에 의사결정 시 '아는 것'과

'모르는 것'을 분명히 구분하게 된다.

두 번째 위험은 정보의 출처와 방법이 노출되거나 상실될 경우, 종종 정치적·재정적·인적 비용을 수반한다는 점이다. 해외 주재 미국 정보관들은 외국 정부에 발각될 경우의 신원 노출과 추방 외에 투옥될 위험까지 감수한다. 다수의 취약한 정보활동은 훌륭한 활동보안 실천을 통해 보호되어야 한다. 이것도 역시 정보활동이다. 대적정보 활동을 통해 미국의 출처와 방법을 보호하려면 미국의 정보 공작이 훼손되었는지 여부를 알기 위해 외국 정보기관에 침투해야 할 경우가 종종 있는데, 즉 **방첩**(counterespionage)이다(<글상자 2-3> 참조). 최근 에드워드 스노든(Edward Snowden)이 민감한 수집 활동을 포함한 대량의 **비밀정보**(classified intelligence)를 폭로하는 바람에 대테러 첩보를 생산하는 최고의 출처 일부가 훼손되거나 종료되었다. 대체 불가능한 다수의 출처를 이제는 다른 적대적 행위자가 활용하고 있다. 게다가 그 사건으로 동맹국들 사이에서 미국에 대한 평판이 나빠지고 일부 국가의 정보기관은 워싱턴과의 협력을 꺼리게 되었다. 대적정보와 방첩 활동을 수행하는 것도 위험을 수반한다. 외국의 정보 관리를 채용하려는 미국의 활동이 폭로될 경우, 그 나라와의 정보협력 관계가 부정적 영향을 받는 것은 불가피하다. 여러 소식통에 의하면, 2014년 독일 정보 관리를 채용하는 CIA 활동이 불거진 결과, 독일은 공식적인 항의를 제기하고 자국에 주재하는 미국의 고위 정보 관리를 추방했다.[9]

글상자 2-3 대적정보 설명

미국 정보활동을 규율하는 '행정명령(Executive Order) 12333호'에 정의되어 있는 바와 같이, 대적정보(counterintelligence)란 "외국의 정권·단체·사람이나 그들의 대리인 또는 국제 테러단체·활동을 위해 수행되는 간첩행위, 정보활동, 사보타주, 암살 등에 대응해 식별·기만·이용·교란·방어 등을 수행하기 위한 첩보 수집과 활동"이다.

미국 정보기관은 적대적인 외국 정보기관이 미국에 대해 구체적으로 어떤 위협을 가하는지 확실히 파악하기 위해 대적정보 분석·공작을 수행한다. 또한 미국의 대적정보 활동은 정부 공무원의 면밀한 심사를 포함하는데, 보안 인가(security clearance)를 통해 그들이 외국 정보기관의 통제를 받지 않는다는 것을 확인한다. 모든 공무원이 외국 국민과의 접촉을 보고해야 하고 여행 제한을 적용받는다. 게다가 정기적인 재조사와 수시의 거짓말탐지기 검사가 동원되어 그들이 비밀첩보의 취급·공유에 관한 엄격한 규칙을 준수하는지를 확인한다.

대적정보에 대한 공식적인 업무 책임은 여러 미국 정보기관이 분담한다. 주로 CIA는 해외에서 외국의 대적정보 활동을 감시하고 대처하는 일을 담당하는 반면, 연방수사국(FBI)은 미국 내에서 외국의 대적정보 활동을 수사하는 일을 담당한다.

셋째, 정보활동은 민주주의 사회에서 수용할 수 있는 것인지 심각한 윤리적 우려를 제기할 수 있다. 일부에서는 '스파이행위(spying)'와 더 넓게 비밀주의를 민주사회의 공개성과 정반대되는 것으로 본다. 하지만 미국 민주주의를 보호하려면 미국 정보기관의 활동을 어디까지 허용할지 타협이 필요할 것이다. 베트남전쟁 기간에 보았듯이, 미국 국민의 시민적 자유를 희생시키는 과도한 국내 감시는 정보공동체에 대한 의회와 국민의 신뢰를 떨어뜨렸다. 외국 표적에 대한 유사 활동은 비교적 논란이 덜하다. 외국 정부에 영향을 주거나 적대적 비국가행위자를 약화하려는 비밀공작(covert action)은 종종 우리 사회와 헌법 시스템에서 비난받을 만한 활동에 의지한다. 1980년대 초 이후 그러한 공작은 **대통령 품의서**(presidential findings)와 **의회 통보**(congressional notifications)를 요했다. 오늘날 고강도 신문기법(enhanced interrogation techniques, EITs),* 기술적 시민 감시 등을 통해 정보를 수집하는 조치는 우리의 입법부와 사법부

* 고문을 의미한다 _옮긴이 주.

가 보호해야 하는 인권과 시민적 자유에 심각한 문제를 제기한다. 정보기관이 미국 국민의 지지를 받아 활동할 수 있으려면, 투명성과 책임성을 최대한 높이는 것이 여전히 중요할 것이다. 이러한 과제는 제11장에서 더 자세히 살펴볼 것이다.

정보가 왜 중요한가?

좋은 전략은 국제체제의 본질, 그 체제 내의 핵심 행위자들, 그리고 미국 국익의 주요 당면과제를 파악하는 데 달려 있다. 그렇다면 근본적으로 국가안보 전략은 좋은 정보에 기반해야 한다. 역사적으로 지도자는 좋은 정보에 의존했다. 모세(Moses)는 가나안(Canaan) 땅으로 스파이를 보냈고, 나폴레옹(Napoleon)의 외교관은 유럽 각국의 궁정에서 스파이로 활동했으며, 독립전쟁 시 활약한 폴 리비어(Paul Revere)는 식민지 주민을 향한 영국군의 진격을 경보한 첫 정보요원이었다. 실로, 조지 워싱턴(George Washington) 장군은 미국의 첫 스파이 수장(spymaster)이 되어 통신연락위원회(Committee of Correspondence)를 지휘하고 영국군에 대항하는 공작원들에게 자금을 댔다. 양차 세계대전에서 미국은 군사작전을 지원하기 위한 정보활동을 전개했으나 전후에는 바로 폐기했다.

그러나 1947년 이후 정보가 미국 국가안보 시스템의 영구적인 특징이 되었다. 하지만 정부 밖에서는 거의 알지 못하고 논의되지도 않았다. 앞서 언급한 대로, 1947년 국가안전보장법은 대통령을 중심으로 한 새로운 의사결정 프로세스를 수립했다. 우리에게 가장 중요한 사실은 그 입법이 평시 정보활동의 필요성을 인정함으로써 정보가 국가안보 의사결정 프로세스의 중심 요소가 된 것이다. 국가안전보장회의(NSC)는 대통령의 가장 가까운 대외정책보좌관으로 국무부 장관과 국방부 장관을 포함하고, 핵심 정보보좌관으로 중앙정보장(DCI) — 최근의 법 개정으로 신설된 **국가정보장**(Director of National Intelligence, DNI)

의 전신 — 을 포함하게 되었다. 이리하여 미국이 당면한 위협과 기회가 무엇인지 그리고 — 외교적·경제적·군사적 수단 및 정보활동 가운데 — 어떤 수단을 동원할 것인지 결정할 때, 전문화된 비밀첩보가 유용하게 되었다.

1947년 법은 미국 정보기관의 내부 조직과 운영에 관해 규정하는 것이 거의 없다. 이것이 추후 60여 년에 걸쳐 진화해 현재의 정보공동체가 되었다. 국가정보와 국가안보 간 연계를 보여주는 증거는 미국의 세계적 영향력과 해외 군사 주둔이 확대되는 동시에 미국의 정보활동도 상당히 증대했다는 사실에서 찾을 수 있다. 미국이 초강대국이 되면서 미국 정보공동체도 '세계화'되어 백악관 집무실(Oval Office)에서 NSC가 논의하거나 펜타곤(Pentagon)에서 군사 관리들이 논의하는 주제를 사실상 모두 취급하게 되었다.

이러한 성장은 또한 정보 기법이 — 첩보의 수집과 분석 양면에서 — 더욱 정교해진 것을 반영했다. 미국의 국가안보정책 구조가 주요 사업으로 성장함에 따라 민·군의 정보 사용자가 계속 확대되고 다양해졌다. 중요한 입법과 대통령의 **행정명령**(Executive Orders, 때로는 비밀임)으로 새로운 정보기관의 창설이 승인되었다. 중앙정보장 직책이 1947년 설치되었다. 국무부와 CIA가 각각 분석과 간첩 활동을 독자적으로 운영해야 하는지 여부를 놓고 얼마간의 논쟁이 벌어진 후, CIA는 천천히 진화하기 시작해 오늘날과 같은 다중임무 조직이 되었다.[10] 1952년 트루먼 대통령은 각 군의 개별 신호정보기관을 통합해 국가안보국(NSA)을 설립하도록 비밀리에 재가했다. 1960년대 초 드와이트 아이젠하워(Dwight Eisenhower) 대통령과 존 F. 케네디(John F. Kennedy) 대통령은 소련의 군사 활동을 감시하기 위한 국가정찰실(NRO)과 군사 분석을 강화하기 위한 국방정보국(DIA) 창설을 추진했다. 주요 부처가 국제적인 외교·경제·법률 문제에서 제각기 역할을 맡아 그 업무를 수행하기 위한 맞춤형 정보가 필요하게 되면서 정보공동체에 다른 구성원들이 합세했다.

정보공동체의 또 다른 확장이 9·11 테러 공격 이후에 발생했다. 조지 W. 부시 대통령은 테러 공격으로부터 본토를 방어하고 거대한 정보공동체의 조율을 개선하기 위해 가장 광범위한 정보개혁을 도입했다. 그는 16개의 개별 정보기관을 감독할 국가정보장실(ODNI)을 신설하고 CIA에 전 세계의 테러단체에 맞서는 비밀공작을 수행하도록 새로운 권한을 부여했으며, 대테러 정책 개발을 잘 조율할 **국가대테러센터**(NCTC)를 창설했다. 그가 별도로 신설한 국토안보부(DHS)는 국내 정책 권한과 함께 정보 기능도 보유하고 있다. 이러한 조치는 모두 정보와 정책의 깊은 상호관련성을 강조하고 있다.

오늘날 정보는 테러 퇴치, 대량살상무기(WMD)의 확산 방지, 러시아·중국과 같이 소생하거나 부상하는 강대국의 행동 억제 등을 위해 필수적이다. 실로, 「2019년 국가정보 전략」은 사이버 위협, 테러리즘, 그리고 WMD 확산에 대처하는 일을 주요 임무로 꼽으면서, 전통적 안보 이슈에 대해 폭넓은 전략정보 분석을 수행하고 새로운 위협의 대두를 예상하도록 강조한다.[11]

역대 대통령은 모두 국가안보 의사결정 과정에서 정보의 중요한 역할을 인식했다. 대부분의 역대 대통령이 임기 중 여러 차례 정보공동체의 성과에 대해 불만을 표시했으며, 어떤 때는 정보공동체를 칭찬했다. 실패는 대통령의 비난, 의회 조사, 언론 보도 등의 형태로 큰 주목을 받는다. 대부분의 성공은 비밀에 부쳐져야 하거나, 관심 부족으로 주목을 받지 않는다. 성공 사례를 보면, 단순히 좋은 첩보를 적시에 정책결정자에게 전달해 도움을 주는 경우가 많고, 때로는 조기경보를 통해 피해 발생의 위험이나 충격을 피하거나 줄이는 조치를 유도한다. 그 밖에도 외교나 군사작전을 강화하는 비밀공작을 통해 눈에 보이지 않는 성공을 거둔다. 그러나 극적인 실패는 흔히 심한 비난을 받으며 대대적인 조사와 후속 개혁을 초래한다. 기준이 이중일 수 있다. 예를 들어, 빈라덴을 성공적으로 추적해 제거한 것은 일반적으로 박수갈채를 받았지만, 드론 공격에 의한 '표적 살해'와 고강도 신문기법은 언론이 강하게 문제 삼았다. 조시 W. 부시 대통령 시절 정보공동체가 시리아나 북한의 비밀 핵무기를 발견한 성공 사례를 기억하거나 인식하는 사람이 몇이나 될까? 반면에, 9·11과 이라크전쟁으로 이어진 **정보 실패**(intelligence failure)는 모두가 알고 있다.

정보는 또한 미국의 국가안보정책 논의에서 하나의 특징으로 더욱 가시화되었다. 냉전 초기에는 정보기관이 대체로 비밀리에 운영되면서 감독을 덜 받고 대외정책 방향에 대한 영향력도 틀림없이 적었다. 오늘날 정보 판단이나 활동은 주요 뉴스 매체에 널리 보도된다. 1950년대와 1960년대에는 CIA 부장이 대중 앞에 등장하거나 발표하는 일이 좀처럼 없었으나, 오늘날 국가정보장이나 CIA 부장은 정기적으로 중요한 공개 연설을 하고 의회에서 공개 증언을 한다. 예컨대, 국가정보장이 의회의 감독위원회에 제출하는 연례 「전 세계 위협평가(Worldwide Threat Assessment)」는 이제 주요 위협에 대한 정보공동체의 평가를 표준적으로 제시한다. 물론, 정보보고서는 주기적으로 그리고 비공식적으로 언론에 '유출'된다. 때때로 그런 유출이 중요한 이슈를 국민에게 강조하거나 워싱턴이 적의 활동을 알고 있음을 적에게 경고하기 위한 정부 노력의 일환일 때도 있다. 때로는 논란이 되는 방법이나 공작을 둘러싼 내부적 정책 논의의 결과가 유출되는데, 이는 비밀첩보에 접근할 수 있는 공직자가 불만을 품고서 비밀 폭로로 공개토론을 유도하려는 경우다. 또한 중요한 정보보고서가 공식적으로 비밀 해제될 경우, 그 정보 판단뿐 아니라 그 지원을 받은 국가안보정책을 둘러싸고 의회와 대중의 논쟁거리가 되었다. 여기서 다시, 우리는 정보와 정책이 더욱 얽혀 있음을 본다.

정보는 또한 효과적인 국가안보정책을 수행하는 데 드는 비용을 줄일 수 있는 중대한 첩보나 방법을 제공한다는 점에서 미국의 전력 승수(force multiplier)다. 역사적 예를 하나 들자면, 미국에 포섭된 전직 소련 스파이가 소련의 레이더 개발에 관한 중대한 첩보를 제공했는데, 그 덕분에 미국 공군은 적어도 10억 달러의 연구·개발 자금을 절약한 것으로 평가했다.[12] 오늘날에도 주요 적국의 무기체계에 대한 평가는 미국의 군비가 잘 설계되어 효과적인지를 확인하는 데 마찬가지로 중요하다. 또 다른 예로, 드론 사용은 미국의 지상군 배치 없이 테러리스트 표적을 교란·파괴하는, 저비용의 효과적인 방법이다. 오바마 행정부가 고비용의 위험한 반군 진압 정책보다 대테러 정책을 선호한 것은 정보 공작에 더 크게 의존할 수 있었기 때문이다.

끝으로, 앞서 언급했듯이 정보는 미국의 대외정책에서 여전히 논란이 되는 윤리적 이슈다. 민주적인 정부는 비밀리에 움직이고 정의상 타국 정부의 법을 위반하는 강한 조직의 탄생을 경계한다. 미국 정보기관은 창설 이후 다수의 추문에 연루되었으며, 한 전직 CIA 부장이 말했듯이 계속해서 허용 한계를 "줄타기할" 것이다.[13] 종종 일부 비평가는 정보기관이 공작이나 분석에 실패할 때 그 유용성을 일축한다. 전 세계에 걸쳐 수행되고 국내에서도 수행되는 정보활동의 윤리를 문제 삼는 비평가들도 있다. 국가안보국(NSA) 수집 활동의 폭로, 테러 용의자의 비밀 감금, 고강도 신문기법 사용 등은 최근의 사례로서 국가안보를 지키는 것과 미국 시민의 자유를 보호하는 것 사이에 까다로운 균형이 필요할 것임을 보여준다. 21세기에 미국이 직면하는 위협에 비추어 정보가 그 어느 때보다 더 중요하다고 생각하는 안보 전문가들이 많다. 결국, 더 복잡한 시대가 되었는바, 세계가 더 연결되고 비국가행위자의 중요성이 커졌으며, 강대국 경쟁 관계가 다시 나타나고 국가안보 개념은 대외정책과 국내 정책의 경계를 더욱 흐리게 했다. 이 모든 이유에서 정보가 어떻게 국가안보 의사결정에 기여하는지를 이해하는 것이 미국의 대외정책을 공부하는 데 더욱 필수화되었다.

유용한 문서

ODNI, *A Consumer's Guide to National Intelligence, 2009*, https://www.dni.gov/files/documents/IC_Consumers_Guide_2009.pdf.

_____, *US National Intelligence: An Overview*(2013), https://www.dni.gov/files/documents/USNI%202013%20Overview_web.pdf.

_____, *National Intelligence Strategy of the United States*(January 2019), https://www.dni.gov/index.php/newsroom/reports-publications/item/1943-2019-national-intelligence-strategy.

더 읽을거리

Richard Betts, *Enemies of Intelligence: Knowledge and Power in American National Security*(New York: Columbia University Press, 2007). 정보에 관한 저자의 뛰어난 다수 논문을 요약했으며, 미국 정보활동에 관한 다수 비판자와 소수 옹호자 사이에서 균형 잡힌 관점을 취한다.

Thomas Fingar, *Reducing Uncertainty: Intelligence and National Security*(Stanford, CA: Stanford University Press, 2011). 9·11 이후 정보의 도전과제에 대해 내부자의 견해를 보여주며, 특히 정보-정책 관계에 중점을 두어 정보계가 어떻게 2002년 이라크 WMD 「국가정보판단서」를 둘러싼 논란을 견뎌냈는지 집중 조명한다.

Robert Jervis, *Why Intelligence Fails: Lessons from the Iranian Revolution and the Iraq War*(Ithaca, NY: Cornell University Press, 2010). 정보 분석에서 인식적·관료적 편향의 원천에 관해 저명한 정보학자의 뛰어난 사후분석이다.

Mark Lowenthal, *Intelligence: From Secrets to Policy*, 6th ed.(Washington, DC: CQ Press, 2015). 정보 과정과 순환에 관한 가장 유명한 개론서다.

Mark Lowenthal and Robert Clark, *The Five Disciplines of Intelligence Collection*(Washington, DC: CQ Press, 2015). 여러 학자와 실무자들이 기술·인간·공개출처 수집 시스템에 관해 탁월하게 연구했다.

Paul Pillar, *Intelligence and US Foreign Policy: Iraq, 9/11, and Misguided Reform*(New York: Columbia University Press, 2011). 9·11과 이라크전쟁 관련 정보 논란에 대해 실무자의 견해를 제시하고 정보의 정치화와 최근의 정보개혁을 모두 비판한다.

Amy Zegart, *Flawed by Design: The Evolution of the CIA, JCS, and NSC*(Stanford, CA: Stanford University Press, 1999). 국가안보·정보 사업이 주로 관료적·입법적 경쟁으로 인해 어떻게 벌어지는지를 서술해 논쟁거리를 제공한다.

주석

첫 번째 명언: White House, *National Security Strategy*(May 2010), p.15.

두 번째 명언: Office of the Director of National Intelligence, *The National Intelligence Strategy of the United States*(2014), p.21.

1 Sherman Kent, *Strategic Intelligence for an American World Policy*(Princeton, NJ: Princeton University Press, 1966).

2 '근 실시간'은 전자광학 영상이 상공의 위성에서 지상기지로 전송되어 영상 분석관들이 매우 짧은 시간 내에 볼 수 있도록 처리되는 속도를 가리킨다.

3 크기가 1제곱미터보다 훨씬 더 작은 표적의 고해상도 영상은 이제 비밀 위성시스템에 의해 가능하다. 그러나 상업위성은 국가안보를 이유로 그런 역량을 활용하는 것이 금지되어 있다.

4 표지(標識, signature)는 관찰이나 측정이 가능한, 표적의 독특한 성질이라고 일반적으로 이해된다. 영상에서 표지는 특정한 종류의 무기 시설의 설계일 수 있다. 전자정보(ELINT)에서 표지는 적의 레이더 또는 방공 시스템이 사용하는 특정한 무선주파수 또는 레이더 대역(帶域)일 수 있다. 측정·표지정보(MASINT)에서 표지는 대량살상무기의 특징인 화합물이나 핵 동위원소 또는 핵 추진 잠수함의 전형적인 음향 신호일 수 있다.

5 기술정보의 탁월한 연구로는 Robert M. Clark, *Technical Collection of Intelligence* (Washington, DC: CQ Press, 2014) 및 Mark Lowenthal and Robert M. Clark, *The Five Disciplines of Intelligence Collection*(Washington, DC: CQ Press, 2015) 참조.

6 공작관이 어떤 훈련을 받고 어떻게 활동하는지를 보여주는 두 편의 훌륭한 회고록이 있다. Robert Baer, *See No Evil: The True Story of a Ground Soldier in the CIA's War on Terrorism*(New York: Random House, 2002) 및 Henry A. Crumpton, *The Art of Intelligence: Lessons from a Life in the CIA's Clandestine Service*(New York: Penguin, 2012).

7 Jack Davis, "Facts, Findings, Forecasts, and Fortune-Telling," *Studies in Intelligence*, Vol.39, No.3(1995), pp.25~30 참조.

8 Thomas Fingar, *Reducing Uncertainty: Intelligence Analysis and National Security* (Stanford, CA: Stanford University Press, 2011).

9 Alison Smale, Mark Mazzetti and David E. Sanger, "Germany Demands Top U.S. Intelligence Official Be Expelled," *New York Times*, July 10, 2014, http://www.nytimes.com/2014/07/11/world/europe/germany-expels-top-us-intelligence-officer.html?_r=0.

10 조지 마셜(George C. Marshall) 국무부 장관이 자신의 정보조직을 원한 결과, 전략정보처(OSS)의 조사·분석단 기능이 국무부에 배속되었다. 정보·조사국(INR)은 거기서 출발해서 규모가 매우 축소된 현재의 조직이다. 반면 CIA 분석국은 1950년대와 1960년대에 걸쳐 크게 확대되었다.

11 DNI, *National Intelligence Strategy of the United States*, September 2014, https://www.dni.gov/files/documents/2014_NIS_Publication.pdf.

12 David E. Hoffman, *The Billion Dollar Spy: A True Story of Cold War Espionage and Betrayal*(New York: Penguin Random House, 2015).

13 Michael V. Hayden, *American Intelligence in the Age of Terror: Playing to the Edge* (New York: Penguin, 2016).

제3장

—

국가안보 사업이란 무엇인가?

모든 책임은 내가 진다.

_해리 트루먼 대통령

국가안전보장법의 특별한 강점은 그 유연성에 있다.

_맥조지 번디(McGeorge Bundy), 존 F. 케네디 대통령의 국가안보보좌관

미국의 국가안보 시스템은 지난 반세기에 걸쳐 진화해 지금의 정교한 조직과 프로세스를 갖추게 되었다. 이렇게 방대해진 국가안보 사업(NSE)이지만, 미국 헌법과 지도자들에게 부응하도록 만드는 몇 가지 기본 개념에 여전히 기반을 두고 있다. 미국의 국가안보 관리들이 하는 일을 이해하는 관건은 총사령관으로서의 대통령 역할을 이해하고 대통령이 자신의 결정을 지원하는 핵심 보좌진·기관에 의지한다는 사실을 이해하는 것이다. 이 장에서는 국가안보정책이 어떻게 수립되고 정보가 어떻게 그런 의사결정 과정에 녹아드는지 설명할 것이다. 또한 대통령의 국가안보팀 조직이 직면하고 있는 몇 가지 이슈를 조명할 것이다.

미국 헌법 제2조는 대통령에게 미군의 총사령관이자 미국 외교관계의 수석 외교관으로서 권한을 부여한다. 대통령은 대사를 임명하고 조약을 협상하며, 거대한 행정 조직을 지휘해 모든 법률과 정책을 시행할 권한이 있으므로 국가

안보 결정에서 견줄 데 없는 통제력을 행사한다. 물론 헌법 제1조는 의회에 군사·외교·정보 활동을 위한 예산을 책정하고 대통령의 각료와 외교관, 군부 지도자 임명을 승인할 권한을 부여한다. 대통령이 의회와 협조해야 할 때가 자주 있지만, 많은 경우에 대통령은 선수를 쳐서 정책을 발표하거나 군사작전을 개시할 수 있는데, 이는 의회가 대통령의 대외적 권한에 대해 이의제기를 주저한다는 것을 알기 때문이다. 미국의 국가 이익이 전 세계에 널리 걸치기 때문에 역대 대통령은 점차 복잡해진 국가안보 기관과 프로세스에 의지해 국정을 운영했다. 이 의사결정 시스템은 국가안전보장회의(NSC) 및 그 산하의 이른바 **기관 간 프로세스**(interagency process)를 통해 조율되었다. 앞으로 이 장에서 설명하듯이, 정보공동체는 그 둘에서 핵심적인 역할을 담당한다.

국가안보 시스템이란 무엇인가?

미국의 국가안보 시스템은 1947년 수립된 이후 점점 더 커지고 복잡해졌다. 당시의 의도는 전후의 군부를 재편하는 동시에 국가 수준의 의사결정 프로세스를 중앙 집중화하는 것이었다. 이리하여 국방부 장관직과 함께 **합동참모본부**(Joint chief of Staff, JCS)가 신설되어 종전에 독립적이었던 각 군을 조직하고 지휘하게 되었다. 그 의도는 대통령이 가장 가까운 정치·군사 보좌관들에게 자문을 구할 수 있도록 하는 것이었는데, 특히 미국 국익을 보호하고 증진하기 위해 모든 국력 수단, 즉 정치적·군사적·경제적·정보적 수단을 어떻게 사용할 것인지 조언을 구하는 것이었다. 사실, 트루먼 대통령은 한국전쟁 발발 이전까지는 이러한 시스템에 크게 의존하지 않았지만, 한국전쟁으로 인해 그는 공산주의 확산을 저지하기 위해 보다 강력한 '봉쇄 전략'을 강구해야 했다.

그렇긴 해도 껍데기뿐이었다. 신설된 국방부 장관실에는 보좌진 몇 명만 있었고, 그나마 이미 자리 잡은 육군부 장관과 해군부 장관에 의해 쉽사리 제압되었다. 국무부는 외교정책 권한의 진정한 중심이었다. 프랭클린 D. 루스벨트(Franklin D. Roosevelt) 대통령과 마찬가지로 트루먼 대통령도 조지 C. 마셜(George C. Marshall)과 딘 애치슨(Dean Acheson) 같은 국무부 장관들의 지혜에 크게 의존했다. 트루먼은 대부분의 대외정책을 그들의 조언과 충고에 따라 결정했지만, NSC가 의사결정체가 되는 것을 대체로 꺼렸다. 그러나 미국의 세계 개입이 양극 갈등으로 변질되면서 상황이 바뀌기 시작했다. 사실, 초기 NSC 시스템의 주요 공헌 하나가 「NSC 68호 정책문서」인데, 지금은 유명한 그 문서가 40년 이상 지속된 봉쇄 전략을 설계했다.

후임 대통령들이 방침을 바꿈에 따라, 핵심 보좌진이 가끔 만나는 것으로 출발했던 회의가 국가안보 관련 위원회와 참모진이 수많은 국제 위기와 의사결정을 검토하기 위해 거의 연속적으로 만나는 복잡한 회의 체제로 탈바꿈했다. 1960년대 들어 — 1947년 법에 구체적으로 언급되지 않은 — 국가안보보좌관이 핵심적 자문 직책이 됨으로써 공식적 지위에서는 아니더라도 영향력 면에서 국무부 장관과 비슷해졌다. 1968년 리처드 닉슨(Richard Nixon) 대통령을 위해 이 직책을 맡은 헨리 키신저(Henry Kissinger) 박사가 단독으로 오늘날 우리가 알고 있는 NSC 참모부를 창설했는데, 다만 그 구성원이 10여 명의 전문가에 불과했다. 나중에 논의하겠지만, NSC 참모부는 수백 명의 전문 참모진을 거느린 강력한 조직으로 성장했다. 다수의 관찰에 의하면, 이러한 추세로 인해 NSC가 미국 정부에서 가장 강력한 "기관(agency)"이 되었는데, 이는 1947년 국가안전보장법의 원래 의도가 아니었다.[1] "대통령 보좌하기(staffing the president)"라는 말은 미국 국가안보정책의 모든 측면에 관해 대통령에게 충분히 알린다는 것을 의미하게 되었다. 나중에 살피겠지만, NSC 참모부가 정보의 핵심 소비자에 속하게 되었는데, 특히 지난 70년에 걸쳐 그 규모가 커지면서 그리되었다.

1947년 국가안전보장법의 중요한 부산물 하나는 고위 정책결정자에 대한 정보 지원을 더욱 제도화한 것이었다. 그 법률에 따라 NSC가 확대되어 대통령의 외교·군사 보좌진 외에 핵심 정보보좌관으로서 중앙정보장을 포함하게 되었다. 이 때문에 대통령과 국무부·국방부 장관이 중대한 결정을 내릴 때, 정보가 대체로 정책 테이블에 올랐다. 이러한 정보의 자문 역할은 대통령에게 일일 정보보고서 — 나중에 「대통령일일브리핑」으로 불림 — 를 올리는 한편, 주요 정책의 근거로 자주 쓰이는 「국가정보판단서(NIE)」와 같이 보다 포괄적인 정보보고서를 작성하는 형태를 취했다.

게다가 냉전과 핵전쟁 위협으로 인해 미국은 전 세계에서 소련의 전복활동에 맞서기 위해 '열전'에 가까운 방법을 찾아야 했다. 재빨리 트루먼 대통령과 거의 모든 후임 대통령이 CIA가 — 나중에 비밀공작으로 불린 — 다른 '특수 활동'을 수행하도록 재가했다. 이것이 대통령의 중요한 비밀 도구가 되고, 덩달아 CIA는 정책에 영향을 미치기도 하고 정책을 시행하기도 하는 독특한 위치에 놓였다. 9·11 이후로 이 비밀공작 도구가 훨씬 더 중요하게 되었으며, 아이러니하게도 미국 국가안보 시스템의 초기 설계자들이 상상할 수 있었던 것보다 더 가시화되었다.

가장 중요한 것으로, 1947년 법률이 또한 NSC를 대통령실 소속으로 만들어 외교·안보 이슈에 대한 대통령의 자문에 응하도록 했다. 법규에 따라 대통령, 부통령 및 국무부·국방부 장관이 NSC 구성원이며, 추가로 합참의장과 중앙정보장(현재는 국가정보장)이 각각 군사공동체와 정보공동체를 대표하는 보좌관이다(<글상자 3-1> 참조).[2] 그 법률로 NSC가 설립된 이후, 역대 대통령은 자유롭게 그 구조를 수정하고 NSC 주관 회의의 참석자 명단에 다른 기관 수장들을 추가하기도 했다. 예를 들어 핵 문제가 논의될 때는, 에너지부 장관이 NSC 회의에 참석하는 것이 관례가 되었는데, 이는 이 부처가 미국의 핵무기 실험실 운영을 감독하기 때문이었다.

글상자 3-1 1947년 국가안전보장법(제정법·개정법 발췌)

제101조(제정법)

ⓐ 이에 국가안전보장회의(이하 '회의'라고 한다)라는 회의를 설치한다. 미국

대통령이 회의의 모임을 주재한다.

회의의 기능은 각 군과 정부 부처·기관들이 국가안보와 관련된 사안에서 더 효과적으로 협력할 수 있도록 국가안보 관련 국내·대외·군사 정책의 통합에 관해 대통령에게 조언하는 것이다.

제102조(제정법)

ⓐ 이에 국가안전보장회의 산하에 중앙정보부를 설치하고 중앙정보장이 그 수장이 된다. 대통령은 상원의 권고와 동의를 받아 각 군의 현역 장교 또는 민간인 중에서 중앙정보장을 임명한다.

제102조(2004년 개정)•

1.a 대통령은 상원의 동의를 받아 국가정보장을 임명한다.

1.b 국가정보장은

① 정보공동체의 수장으로 복무한다.

② 국가안보와 관련된 사안에서 대통령, 국가안전보장회의 및 국토안보회의(Homeland Security Council)에 대한 수석 보좌관으로서 활동한다.

• 제102조는 2004년 12월 17일 정보개혁·테러방지법(공법 제108-458호)의 통과로 개정되었다.

큰 구조 변경이 발생한 또 다른 사례는 빌 클린턴(Bill Clinton) 대통령이 취임해 경제의 중요성을 강조하고자 했을 때다. 이 사례에서 그는 국가경제위원회(NEC)를 창설했는데, 어느 정도 NSC를 모델로 한 국가경제위원회에는 주요 경제 부처·기관·보좌관들이 참석했다.[3] 따라서 NSC 회의에서 국제경제 이슈를 논의할 때는 대개 재무·통상 장관 외에 NEC 보좌관도 포함되었다. 보다 최근에는 국토안전보장회의(HSC)가 추가되었는데, 9·11 공격 이후 조지 W. 부시 대통령이 신설한 회의체다. HSC에는 주요 대외정책 보좌진 외에 테러리즘, 대량살상무기, 자연재해 등의 이슈를 담당하는 법집행 및 대테러 관리들도 포진되어 있다.[4] 부시 행정부 시절 HSC는 NSC와 다소 별도로 운영되었다. 그러나 오바마 행정부는 나중에 HSC의 두 참모조직을 NSC 산하로 통합했으며, 그 결과로 전문직인 NSC 참모부의 규모가 대폭 확대되었다.

NSC의 역할을 제약하는 두 가지 요인이 있다. 첫째, NSC는 대통령에게 '조언'만 하며 의사결정 기구가 아니다. 마셜 국무부 장관은 새로운 국가안전보장법이 국무부 장관의 특권뿐 아니라 대통령의 헌법적 권한을 약화할 것이라고 우려했다.[5] 그러나 실제로는 조지 W. 부시 대통령의 유명한 말처럼 대통령이 여전히 '결정자'다. 둘째, 모든 대통령이 자기 취향대로 NSC의 구성을 변경할 수 있다. 도널드 트럼프(Donald Trump) 대통령이 초기에 자신의 전략보좌관 출신인 스티븐 배넌(Stephen Bannon)을 NSC의 **수장위원회(Principals Committee, PC)**에 포함하면서도 합참의장과 국가정보장을 참석시키는 것은 소홀히 해서 논란이 벌어졌다.[6] 대통령이 개인 보좌관을 NSC 회의에 참석시키는 것은 전례가 없지 않지만, 그런 사람을 NSC 공식 업무의 모든 일에 포함하는 것은 흔치 않았다. 트럼프의 이 결정은 곧 철회되었다. 트럼프 대통령은 전임자들과 마찬가지로 자신의 바람대로 NSC 구성을 변경했으며, 결국에는 NSC 심의에 합참의장과 국가정보장을 포함하기로 했다.

NSC의 역할과 참모부 확대

역대 대통령의 NSC 활용은 제각기 달랐다. 해리 트루먼 대통령은 처음에 NSC를 무시했는데, 이는 NSC가 자문기관보다는 의사결정 기관이 될 것이라는 두려움 때문이었다. 그런 무시가 지속된 것은 1950년 6월 한국전쟁이 발발할 때까지였는데, 이제는 미국이 그 전쟁을 종식하려는 여러 외교적·군사적 활동을 더 잘 통합해야만 했다.[7] 드와이트 아이젠하워 대통령은 제2차 세계대전 중 자신의 군 참모부를 활용했던 경험을 바탕으로 정책 검토와 여러 위원회 중심의 'NSC 시스템'을 제도화했다. 아이젠하워는 먼저 정부의 하위 직급에서 개발한 계획을 고위 관리들이 검토한 다음에 최종 결정을 위해 자기에게 가져오는 것을 선호했다. 젊은 케네디 대통령은 더 비공식적인 운영을 선택했으며, 아이젠하워로부터 물려받은 군대식의 대규모 참모부 시스템을 해체했다. 그러나 케네디는 국가안보보좌관의 역할을 새로 만들었는데, 그가 대통령의 눈과 귀가 되어 NSC 시스템을 감시하도록 했다. 케네디는 자신의 은사였던 맥조지 번디 하버드 대학교 교수를 발탁해 그에게 국제 사건에 관해 자신에게 계속 보고하는 한편 다른 기관들이 대통령의 지시와 첩보 요청에 대해 제대로 반응하는지 감독하는 일을 시켰다.[8]

닉슨 대통령은 키신저를 국가안보보좌관으로 발탁함으로써 NSC의 역할에 가장 심대한 영향을 미쳤다. 첫째, 키신저는 그 직책을 국무부·국방부 장관과 사실상 동격으로 만들었으며, 자신을 국가안보 의제를 설정하는 위치로 올릴 수 있었다. 둘째, 키신저가 처음으로 진정한 NSC 참모부를 구축했는데, 지역별·요소별 전문가들로 구성된 그 참모부는 그 자신과 대통령에게 여러 이슈에 관해 보다 독자적인 견해를 제시할 수 있었다. 그 이전에는 그런 업무가 대체로 국무부와 국방부 관리들의 영역이었다. 그 고위 전문가들은 각자의 지역이나 요소를 담당하는 '선임 국장(senior director)' 직함을 달았으며 '대통령 특보(special assistants to the president)'라고도 불리었는데, 이런 직함이 진짜로 영향력을 발휘하는 경향이 있었다. 키신저가 취한 그 두 가지 조치는 외교 권력을 대통령과 국가안보보좌관의 수중으로 급격하게 집중시키는 동시에 다른 대통령 보좌진의 영향력을 약화했다.

1960년대부터 오늘날에 이르기까지 역대 대통령은 대체로 백악관 집무실 내에서 의사결정이 이루어지도록 하는 방편으로서 NSC 참모부를 계속 활용했다. 키신저가 처음으로 NSC 참모부를 구축한 이후, 그 규모가 10배로 늘어나 10여 명의 전문직이 수백 명으로 증가했다. 게다가 대외정책 의제에 대한 NSC 참모부의 통제력이 — 대통령의 선택에 따라 — 전례 없이 커졌다. 모든 역대 대통령이 대통령 지침을 내려 NSC 시스템을 형성했다. 그 지침은 대통령에게 가장 중요한 이슈의 우선순위를 정하기 위해 NSC의 구조·참석자와 검토 프로세스를 규정한다. 또한 그 지침은 당해 행정부 동안 기관 간 프로세스가 어떻게 운영될 것인지 지시한다.

기관 간 프로세스: 그 작동 방식

〈글상자 3-1〉에서 보듯이, NSC와 그 참모부의 핵심 기능은 (외교력, 군사력, 경제력, 정보력 등) 국가권력의 모든 요소를 원활하게 통합하는 것이다. 그러므로 NSC와 각 대통령이 설치한 소위원회는 대통령에게 안내서를 제공하고 포괄적인 정책 검토, 지침, 결정 등을 개발하는 관건이다. 국가안보 사업의 규모 확대를 고려할 때, 국가안보보좌관과 휘하 참모는 수백 명의 외교관, 군 장교, 법집행 관리, 정보 관리 등이 원활하게 협력하도록 그들의 활동을 조율하는 데 주력해야 한다. 또한 그 기관들이 지원·시행하는 국가 수준의 정책을 만드는 데도 상당한 조정이 요구된다.

이런 일을 하기 위해 NSC는 단순히 국무부 장관과 국방부 장관을 국가안보보좌관과 회동시킬 수는 없다. 그런 고위급 회동은 공식·비공식으로 발생하기 마련이다. 그러나 훨씬 더 정교한 형태의 회동이 하위 관료층에서 이루어짐으로써 모든 기관이 견실한 외교·안보 정책 개발에 공헌하도록 만들고 나아가 정책이 어떻게 수립·집행되어야 하는지 합의하도록 만들어야 한다. 따라서 모든 대통령이 특정한 지역·국가·이슈에 초점을 맞추어 관련 기관이 모두 참여하는 NSC 소위원회들을 구성했다.

1990년대 초부터 NSC의 위원회 구조가 네 개 층위에서 운영되도록 설정되었다. 최고 수준에는 NSC 자체가 있다. 이 포럼은 대통령이 주재하고 각료급 인사들(예를 들어 국무부 장관, 국방부 장관, 국가안보보좌관, 합참의장, 국가정보장 등)이 참석한다. 이러한 회의는 매우 드물며 주로 대통령의 큰 결정을 발표하기 위해 활용된다. 훨씬 자주 열리는 수장위원회 회의는 국가안보보좌관이 주재하고 각료급 인사들이 참석하는데, 여기에서 최종적으로 정책을 검토해 대

그림 3-1 NSC 위원회 구조

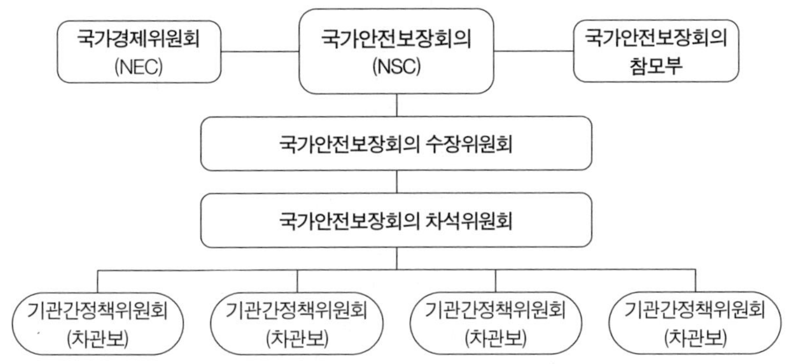

통령에게 옵션을 건의한다. 이러한 수장위원회 회의에 선행하는 **차석위원회**(Deputies Committee, DC) 회의에서는 차관급 인사들(부장관이나 차관 또는 그 동급)이 수장위원회에 올라갈 정책 검토와 건의를 논의하고 마무리한다. 차석위원회는 또한 '위기관리'를 위해 폭넓게 활용되는데, 이는 차석들이 그런 상황을 모니터하고 긴급한 조치를 시행할 사람들임을 의미한다. 차석위원회 아래로 국가별·지역별·이슈별 **기관간정책위원회**(interagency policy committees, IPCs)가 길게 늘어서 있는데, 여기에는 각 부처·기관의 담당 차관보들이 참석한다(〈그림 3-1〉 참조).

기관 간 프로세스의 가상 예로서, 대통령이 새로운 대중국 정책을 발표하는 데에 관심이 있다고 가정하자. 이 경우에 국가안보보좌관은 모든 부처·기관에 NSC 지침을 내려 가능한 정책 옵션을 검토하기 위한 기관간정책위원회를 소집할 것이다. NSC의 동아시아 담당 선임 국장이 이 회의를 주재하고 여러 국가안보 기관의 대표들이 참석할 것이다(〈그림 3-2〉 참조). 국무부의 동아시아 담당 차관보가 참석해 공동으로 회의를 주재할 수도 있을 것이다. 국방부 쪽에서는 국제안보문제 담당 차관보가 참석하고 합참에서도 합참의장의 견해를 대변하는 고위 대표를 보낼 것이다. 경제기관과 법집행기관들도 정책 옵션이 통상·재정 관계와 함께 대테러 활동이나 저작권법을 다룰 것이라는 가정하에

그림 3-2 의사결정을 위한 기관 간 프로세스

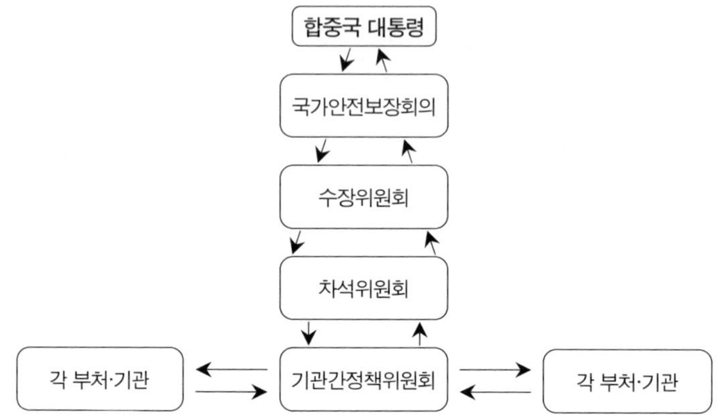

각기 상응하는 대표를 파견할 것이다.

국가정보장실과 CIA의 선임분석관들 또한 이 기관간정책위원회에 참여할 것이다. 필시 동아시아 담당 국가정보관(NIO)이 정보공동체를 대표할 것이고, CIA는 중국 실무를 담당하는 선임분석관을 보낼 것이다. 이 정보 관리들이 다 함께 제공할 브리핑과 정보보고서는 정책 검토를 요청하는 국가안보보좌관의 지침에서 제기된 주요 질문을 다룰 것이다. 만일 백악관이 그 이슈에 대한 보다 권위 있는 정보공동체의 평가를 바랐다면, 주요 정보기관들이 그 브리핑과 정보보고서를 사전에 조율했을 것이다. 중국의 국방 프로그램이나 남중국해 '군사화'와 같은 군사적 정보 이슈가 논의될 예정이라면, 국방정보국(DIA)도 국방부의 정책 부서를 지원하기 위해 이 기관간정책위원회에 대표를 파견할 것이다.

기관간정책위원회가 정보와 핵심 이슈를 검토한 다음에는 NSC 선임 국장이 한 기관 — 필시 국무부 — 에 정책 옵션 보고서를 작성하도록 배정할 것이다. 이 보고서는 나중에 회람되어 기관간정책위원회에 참석하는 기관들이 검토하고, 필요하면 그 위원회를 다시 열어 정책 옵션을 최종적으로 마무리할 것이다. 이후 그 정책 검토 문서는 차석위원회에 상정되어 그 승인을 받든가, 혹은

(정책 옵션에 관해 의견 충돌이 있을 때) 수정을 위해서 보류될 것이다. 차석위원회의 승인 후에는 수장위원회가 옵션을 논의하고 대통령에게 올릴 건의안에 합의할 것이다. 이 모든 차석위원회와 수장위원회 회의에서 국가정보장 대표와 CIA 대표가 정책 옵션 토의를 위한 기초로서 최신 정보 브리핑을 제공할 것이다.

국가안보보좌관이 주재하는 수장위원회는 여러 가지 정책 옵션과 관련된 정보를 충분하고 솔직하게 논의할 것이다. 국가정보장과 CIA 부장은 미국의 역내 이익에 대한 중국의 군사적 위협을 평가하도록 요청을 받을 수 있다. 이와 달리 정책 검토의 주된 내용이 미·중 무역 관계이거나 미국의 가능한 외교적 이니셔티브일 경우에는 정보 브리핑도 중국 경제의 현황이나 현 중국 지도부의 대미(對美) 시각에 중점을 둘 것이다. 결국에는 국가안보보좌관이 최종 정책 검토를 수장위원회의 건의안과 함께 대통령에게 송부해 승인이나 불승인을 받을 것이다. 이 프로세스 전반에 걸쳐, 여러 가지 정책 옵션에 대한 찬반을 이해하고 중국의 의도, 계획, 동향, 미국의 결정에 대한 반응 등에 관한 주요 불확실성을 이해하는 데는 정보가 핵심적 역할을 했을 것이다. 기관 간 프로세스 참가자들은 또한 대통령의 결정을 시행하는 각 기관의 진척 상황을 모니터하는 일을 담당할 것이다.

이러한 기관 간 검토 프로세스는 몇 주 또는 몇 달이 걸릴 수 있기에 극동에서 새로운 사태가 발생하는 대로 끊임없는 정보 업데이트가 필요할 것이다. 물론 어떤 위기 상황에서는 그 프로세스가 극도로 단축되어 수장위원회와 차석위원회가 몇 시간이나 며칠에 걸쳐 연속으로 일련의 회의를 개최할 수도 있을 것이다. 일부 기관 간 회의는 대면 회의 대신에 안전한 원격화상회의(VTC) 시설을 통해 이루어질 것이다. 이것은 급부상하는 이슈나 위기관리를 위해 특히 유용하다. 백악관 상황실은 그런 화상회의 시스템을 통해 모든 주요 국가안보 기관의 운영(operations) 센터와 연결되어 있으며, 각자 사무실을 떠나지 않고도 비밀 토의를 진행할 수 있다.[9] 이에 따라 군사령부와 해외 대사관이 화

그림 3-3 전형적인 NSC 주간 일정표

월요일	화요일	수요일	목요일	금요일
□ 시리아	☆ 테러리즘	○ 중국	□ 중국	○ 시리아
□ 북한	□ 이란	□ 시리아	⬠ 시리아	□ 대테러
	⬠ 시리아	□ 쿠바	⬠ 방위	⬠ 대량살상무기
		□ 베네수엘라	⬠ 대량살상무기	⬠ 나토
		⬠ 이란	⬠ 기후변화	⬠ 이란
		⬠ 아프가니스탄	⬠ 사우디아라비아	⬠ G-7
		⬠ 러시아		

☆ 국가안전보장회의 ○ 수장위원회 □ 차석위원회 ⬠ 기관간정책위원회

상회의 토의에 포함되면서 미국 정부가 위기 국면에서 작동할 수 있는 능력이 크게 향상되었다.

일반적으로 볼 때, 기관간정책위원회가 차석위원회의 업무 감독하에 가장 빈번히 열리며, 수장위원회는 하급 위원회의 작업을 승인하거나 이견을 해소하기 위해서만 회동한다. 기관 간 프로세스의 진행 가운데 가상이지만 전형적인 주간 일정표가 <그림 3-3>에 제시되어 있다. 이 그림에서 보듯이, 중국 의제뿐만 아니라 다수의 시급한 국제 이슈가 경쟁적으로 고위 관리들의 시간과 관심을 빼앗는다. 시리아나 베네수엘라에서 발생한 위기처럼, 각급 수준의 위원회 회의를 빈번히 요구하는 위기가 진행될 수 있지만, 일반적으로는 사태 진전에 따라 이슈가 NSC 의제로 상정된다. 마찬가지로, 정보공동체의 고위급 실무전문가들이 언제든지 각종 기관 간 회의에 참석해 지원한다.

확대되는 국가안보 사업

국가안보 사업에 참여하는 기관의 수가 1947년 국가안전보장법 제정 이후 엄

청나게 늘었다. 원래의 시스템은 대체로 대통령, 국무부 장관, 국방부 장관, 군사보좌관 및 정보보좌관에 초점을 맞추었다. 그러나 지금은 '국가안보' 이슈가 확대되어 거의 모든 부처에 걸치게 되었다. NSC가 중대한 국제 이슈를 논의하려면 종종 그 회의에 외교·안보 정책기관뿐 아니라 경제·법집행 기관도 포함해야 한다. 이처럼 복잡하게 얽힌 기관들과 프로세스를 파악하기 위해 *국가안보 사업*이라는 용어가 사용되었다. *사업*이라는 말에는 하나의 기관·제도 집합체가 공동의 비전이나 목적을 달성하기 위해 '정부 전체(whole-of-government)'로서 함께 협력해야 한다는 인식이 내포되어 있다. 어떤 의미에서 국가안보 사업은 부분의 총합보다 더 큰 전체를 시사하고 있는데, 이는 국가안보 사업이 여러 부처·기관의 활동·역량을 모아 더 좋은 시너지 효과를 내려고 노력하기 때문이다.[10]

국무부

가장 오래된 연방 부처로서 최장기간 미국의 대외관계를 수행한 전통의 이 부처는 외교 임무에서 가장 큰 몫을 담당한다. 국무부는 190개 이상의 해외 외교공관을 유지하고, 8000여 명의 외교직 관리(외교관)와 1만 1000여 명의 공무원을 고용하고 있다. 2017 회계연도의 국무부 예산은 501억 달러로, 약 6000억 달러의 국방부 예산보다 훨씬 적었고 정보공동체 예산보다도 적었다.[11] 미국의 글로벌 역할이 커짐에 따라 미국의 대사관 운영 규모도 커졌다. 오늘날의 미국 대사관은 다른 여러 부처가 프로그램을 수행하는 플랫폼이 되었는데, 한 대사관 내 국무부의 외교관 수가 타 부처에서 외교적 임무를 위해 파견된 공무원 수의 절반에도 훨씬 못 미치는 경우가 흔할 정도다.

전통과 법규에 따라 미국의 대사는 대통령의 개인 대표로서 어느 나라 수도에서나 최고위 미국 관리다. 그래서 국방부, 정보공동체 등 다른 기관에서 나온 고위 관리는 대사에게 보고해야 하고 대사의 재량에 따라야 한다. CIA 거점장(station chief) 역시 정보공동체를 대표하는 고위 인사로서 주재국 정부의

정보기관과 소통하고 정보공동체의 주재국 내 활동에 대해 대사에게 보고할 책무가 있다.[12]

1947년 국가안전보장법이 제정되었을 때, 국무부는 미국의 대외정책을 형성하는 데 있어서 단연코 가장 영향력 있는 기관이었다. 국무부 장관은 일반적으로 대통령의 최고위 대외정책보좌관으로 보였다. 초기에는 흔히 국무부가 지금보다 훨씬 단순했던 기관 간 프로세스를 주도했다. 국무부의 담당 차관보가 — 예를 들어 중국에 관한 검토나 이니셔티브라면 동아시아 담당 차관보가, 안보 지원이나 군축에 관한 것이라면 국제안보문제 담당 차관보가 — 기관 간 정책 검토 회의를 주재했다. 그러나 시간이 흐르면서 국가안보보좌관의 위상이 높아지고 확대된 NSC 참모부가 더 많은 국가안보정책을 감독하면서 국무부 장관과 그 부하들의 영향력이 전반적으로 감소했다.

여기서 제임스 베이커(James Baker) 국무부 장관은 뚜렷한 예외였는데, 그는 조지 H. W. 부시 대통령의 가까운 친구이자 심복이었다. 그러나 오늘날의 국가안보 사업에서 국무부 장관은 강력한 국방부 장관 및 국가안보보좌관과 경쟁해야 하는데, 국방부 장관은 더 많은 자원과 인원을 통제하고 있다. 특히 국가안보보좌관은 대통령과 훨씬 더 많은 시간을 보내며 휘하의 유능하고 열정적인 NSC 참모부가 정책 결정을 모니터하고 때로는 개시한다. 기관 간 프로세스를 들여다보면, 신중하고 점진적인 움직임을 고무하는 국무부의 조직문화가 종종 관찰된다. 첫째, 국무부는 서로 경쟁하는 다수의 지역별·요소별 부서로 구성되어 있어 새로운 정책 이니셔티브를 개발하는 데 어려움을 겪는다. 둘째, 외교직 관리들은 주요 외국 파트너와의 관계에서 연속성을 추구하며, 나아가 평지풍파를 일으킬 수 있는 백악관 이니셔티브를 종종 경계한다. 따라서 국무부는 미국의 정책 변화를 최소화하고 파트너와 적에 대한 대통령의 거친 수사를 부드럽게 하는 데 주력한다.

국방부

1947년 국가안전보장법 제정과 1949년의 후속 입법으로 창설된 국방부는 기관 간 프로세스에서 이른바 "400킬로그램 고릴라"* 가 되었다. 국방부 장관은 막대한 자원 — 약 110만 명의 무장 병력과 6000억 달러 이상의 연간 예산 — 을 지휘하는 덕분에 엄청난 권력을 행사한다. 또한 지금의 국방부 장관은 장관실에 상당한 규모의 전문 참모진을 두고 있고, 정책 담당 차관이 기관 간 프로세스에서 핵심 역할을 하게 되었다. 이 차관과 그 휘하의 국제안보문제 담당 차관보는 국가안보 사업의 적극적인 참여자다. 이들이 팀플레이에 합류하면 많은 성과를 낼 수 있다. 그러나 이들이 NSC나 국무부의 조치에 반대하는 쪽을 선택하면, 국방부가 효과적인 정책 수립이나 시행에 큰 장애가 될 수 있다.[13]

이러한 영향력은 단순히 국방부 장관의 개성이나 대통령과의 친밀함에서 연유하는 것은 아니다. 물론 그런 것이 한 요인일 수 있지만, 그보다 국방부는 그 휘하의 자원 덕분에 자그마한 규모의 NSC 참모부나 자원이 빈약한 국무부에 비해 엄청난 우위를 누린다. 예를 들어 국방부 자원은 군사작전, 평화유지 활동, 인도주의적 구호 활동 등을 지원하고 외국 정부에 군사 장비, 훈련, 기술적 조언 등을 제공하는 데 사용된다. 군사적 임무의 특성상, 장기 기획 — 예를 들어 무기 개발·배치, 전 세계에 걸친 군대 주둔, 정교한 전쟁계획 설계 등 — 이 국방부의 조직문화를 지배한다. 국방부는 국무부가 가끔 제안하는 임시적 접근 방식이 더 응집력 있는 장기 전략에 부합하지 않을 때는 이를 거부한다.

또한 국방부는 미국의 정보를 가장 많이 생산하고 사용한다는 점에서 독보적이다. 국방부는 미국의 전쟁을 수행해서 이겨야 하는 그 임무에 비추어, 적대국 군대에 대한 아주 민감한 정보기관 첩보(intelligence information)를 엄청나게 필요로 한다. 국방부는 창설 이후 다수의 **전투지원 기관**(combat-support

---

• 'eight-hundred-pound gorilla'는 영어권에서 '강력한 존재'를 의미하는 과장된 표현으로 쓰인다 _옮긴이 주.

agencies)을 설립했는데, 이 기관들이 미국 정보공동체를 대거 구성하고 있다. 다음 장에서 자세히 논의하겠지만, 이러한 전투지원 기관들 — 국방정보국, 국가안보국, 국가정찰실, 국가지공간정보국 등 — 이 **국가정보 프로그램**(National Intelligence Program, NIP) 예산의 약 70%를 차지하는 것은 특기할 만하다. 따라서 국방부 장관이 미국 정보 프로그램의 대부분을 통제하며, 국가정보장으로서는 국방부 장관 및 정보 담당 국방부 차관(USDI)과 긴밀히 협력하는 것이 중요하다.[14] 나중에 논하겠지만, 16개 정보기관* 간의 협력이 항상 쉬운 것은 아니며, 특히 국방부가 정보공동체의 예산, 기술 및 인원을 대부분 통제한다는 점에서 더욱 그렇다.

또한 펜타곤은 NSC와 그 산하 위원회에 두 명의 대표를 보낸다는 점에서 독특하다. 이는 합참의장이 대통령과 NSC의 고위 군사보좌관이기 때문이다. 그런 식으로 합참의장은 각 군(육해공군과 해병대)의 참모총장을 대표한다. 국방부 장관과 합참의장이 군사정책 이슈에 대해 같은 입장을 가지는 것이 바람직하지만, 합참의장은 국방부 장관과 의견이 다르더라도 최선의 군사적 조언을 제공할 책무가 있다.

1986년 골드워터-니컬스법(Goldwater-Nichols Act)에 의해 합참의장의 독립성이 강화되고 정책 역할도 제고되었다. 게다가 그의 휘하에 있는 합동참모본부가 확대되어 각 군에서 파견된 장교들이 1500명이 넘는데, 이들은 펜타곤에서 최고로 똑똑한 사람들이다. 전문성 있는 이 장교들이 정보국(J-2), 작전국(J-3), 전략·계획·정책국(J-5) 등 각 부서로 배치되어 담당 직책과 관련된 주요 NSC 회의에 참석한다. 종종 J-5 국장은 기관간정책위원회 수준에서 합참의장을 대표하고 수장위원회와 차석위원회에 배석자로 참석한다. J-2 국장은 국방정보국 국장과 긴밀히 협력해 합참 정보국과 국방정보국의 자원을 결합해 극대화하는데, 이는 국방부 장관, 합참의장, 해외 군사령부 등 매우 폭넓은

* 현재 미국 정보공동체는 18개 기관으로 구성되었다 _옮긴이 주.

군사정보 소비자들의 정보 요구사항을 지원하기 위해서다.

새로운 국가안보 기관

국가안보 사업의 관례적 구성원은 NSC, 국무부, 국방부, 합동참모본부 및 정보공동체다. 그러나 '국가안보'의 정의 및 국가안보 사업 자체가 확대되어 이제는 국내외 위협으로부터 국가를 보호하는 책임을 진 여러 기관과 부처를 폭넓게 포함하게 되었다. 국가안보는 이제 전통적인 군사적·경제적 위협뿐만 아니라 테러, 확산, 사이버 활동, 심지어 기후변화 등에서 비롯되는 점증하는 비전통적인 위협도 포괄한다.

따라서 이렇게 국가안보 관념이 확대됨으로써 통상적으로 국내 중심적이라고 보이는 기관들이 국제안보 논의에 끌려들어 왔다. 이러한 기관과 부처의 선두 주자는 국내 법집행과 대테러 목적의 연방수사국과 국토안보부이며, 여기에 금지된 무기 관련 기술의 판매, 테러단체의 자금조달 등과 관련된 불법적 금융·상업 범죄를 다루는 재무부와 상무부도 포함되었다. 게다가 미국이 경제·무역·금융 제재를 취함에 따라 경제 부처들이 잠재적 확산 세력과 그 배후 국가를 억지하고 테러 음모를 지원하는 재정 활동을 교란하기 위해 경성의 경제력을 사용함으로써 국가안보의 중요한 역할을 담당하게 되었다.

연방수사국

역사적으로 연방수사국(통칭 '수사국', FBI)이 국가안보 사건에 관여한 것은 주로 미국 내에서 행해지는 외국인의 간첩 활동과 조직범죄 활동에 대응할 책임을 졌기 때문이다. 그러나 9·11 공격 이후, FBI는 미국 본토를 겨냥하는 국제테러 음모를 적발·예방하고 기소하는 큰 책임을 새로 맡게 되었다. FBI는 연방·주·시 자산을 조율해 가능한 테러 음모를 평가·식별·예방하기 위해 국내외에 정교한 사무소 망을 발전시켰다. 현재 미국 전역에 있는 56개의 FBI 지부

(field office)는 테러 음모의 수사와 테러범 기소를 주요 임무 중 하나로 간주한다. 이와 관련해서 FBI는 또한 주요 도시에서 100여 개의 합동테러대책반(JTTF)을 운영하고 있는데, 이 대책반은 50개 연방기관과 수백 개의 주·시 법집행기관에서 파견된 4000여 명의 대표로 구성되어 있다.

다수의 테러 음모가 해외에서 비롯되기 때문에 FBI가 주요국 수도의 미국대사관 내에 설치한 법무관(legal attaché, LEGAT)실이 60개가 넘는다. 법무관은 CIA 거점장, 국방 무관 등과 긴밀히 협력해 첩보를 공유하고 주재국 보안기관과의 교류를 조율한다. 9·11 이후 FBI는 또한 본부 운영을 재편해 대테러와 반확산에 높은 우선순위를 부여했다. 현재 FBI의 국가안보 부서에는 대적정보 외에 테러리즘과 대량살상무기를 담당하는 조직도 있다. FBI는 이러한 우선순위 임무를 지원하기 위해 3000여 명의 분석관을 고용해 자체적인 정보분석 활동을 크게 발전시켰다.[15]

국토안보부

국토안보부는 국가안보 사업의 가장 새로운 구성원이다. 2004년 정보개혁·테러방지법에 따라 창설된 국토안보부는 국내에서 테러 공격을 예방하는 중요한 임무를 부여받았다. 그러나 그 책임의 상당 부분을 CIA 및 FBI와 공유했다. 결과적으로 국토안보부는 주로 국경·공항·항만에서 국내 예방조치를 관리하고 테러와 사이버 위협에 대한 중요 인프라의 취약점을 평가하는 일을 담당하게 되었다. 국토안보부가 추가로 맡은 중요한 책무는 국내 테러활동에 대한 '일차 대응 기관'인 주·시 법집행기관과 정보공유 관계를 발전시키는 일이다.

국토안보부는 가장 큰 연방 부처 중에 하나로서 연간 예산이 약 700억 달러(2018 회계연도)에 이르고 고용 인원은 24만 명이 넘는다.[16] 그런 규모는 비밀경호국(Secret Service), 해안경비대, 연방재난관리청(FEMA), 출입국·관세청(Immigration and Customs Enforcement, ICE) 등 크고 작은 22개 기관의 기존 임무와 운영을 국토안보부 산하로 통합했기 때문이다. 국토안보부의 주된 과제는 중요한 대테러 책무와 기타 공공안전 임무 사이의 균형을 맞추는 것이다. 기타 공공안전 임무는 미국 대통령과 기타 요인 경호하기, 자연 재난 대응하기, 바다에서 미국 선원 구조하기, 해상 마약밀수 차단하기, 불법입국을 시도하는 외국인과 밀수업자 체포하기 등 다양하다. 이렇게 광범위한 책무를 담당하기 때문에 국토안보부는 CIA나 FBI와 같은 수준의 — 그런 기존 기관이 수십 년에 걸쳐 구축한 — 전문성, 역량 및 조직력을 발전시킬 수 없었다.[17]

경제기관(Economic Agencies)

미국의 외교적·군사적 권력 수단은 국무부와 국방부에 집중되어 있지만, 경제적 수단은 다수의 부처와 특수 관청에 널리 분산되어 있다. 이는 미국 경제에는 다양한 부문(가장 뚜렷한 예로 금융, 상업, 농업, 기술 등)이 있고 각 부문에 대한 연방정부의 통제력은 제한적이라는 사실을 반영한다. 대통령이 바라는 조치에 따라서는 각 부처가 정책의 핵심 집행기관이 된다. 그래서 대통령이 무역협상 개시를 바랄 경우, 그는 미국 특별무역대표(USTR)에게 그 협상을 진행하도록 지시한다. 그러나 대통령이 금융 또는 통상 제재를 가하고 싶으면 재무부 장관이나 상무부 장관에게 의회와 협력해 특정한 국가나 개인과의 금융·통상 거래에 새로운 제한을 가하는 입법을 추진하도록 지시해야 한다. 다른 경제적 도구로 무기·식량·기술의 해외 판매가 있는데, 이 또한 다수의 타 기관이 관여할 수 있으며, 특히 국무부와 국방부가 함께 대외 경제·군사원조 프로그램의 상당 부분을 담당하고 있다.[18]

각 경제기관에 대해 상술하지 않겠지만, 재무부의 역할 확대를 살피는 것은 유용하다. 9·11 이후 재무부는 대테러 및 기타 국제적 불법 활동과 관련된 국가안보정책 결정에 점점 더 적극적으로 참여하게 되었다. 한 전직 재무부 부(副)장관이 언급했듯이, 확산과 테러리즘을 후원하는 국가를 처벌하고 그런 활동에 대한 자금 지원을 차단하기 위한 금융 수단이 매우 강력해졌으므로 재무부를 NSC의 법정 구성원으로 포함하자는 주장이 강하게 제기되고 있다.[19] 재무부의 외국인자산통제실(OFAC)은 미국 법률을 위반하는 개인의 명단을 발표해 주요 국제은행과 기타 금융기관이 그들과의 거래를 조심하게끔 만드는 권한을 갖고 있다. 마찬가지로, 재무부의 정보·분석실(OIA)과 테러·금융정보실(OTFI)이 불량한 외국 정부, 범죄자, 테러리스트 등을 감시하는 강력한 도구가 되었다. 효과적 제재를 설계할 수 있는 재무부의 능력이 엄청난 압박으로 작용한 결과, 이란이 미국 등 유엔 안전보장이사회 상임이사국들과 핵 협정을 협상하게 되었다.[20]

다른 국가안보 사업 기관들

기관 간 프로세스는 대통령과 행정부가 어떻게 국가안보정책을 형성하는지 설명할 뿐임은 물론이다. 이러한 정책이 심사숙고 없이 그저 시행되는 경우는 전혀 없다. 사실, 정책 결정 프로세스는 의회가 예산 과정, 청문회, 조사 등의 입법 권한을 통해 관여함으로써 복잡해진다. 대통령이 국가안보 프로그램을 위한 새로운 재원 조달을 제안하거나 국제문제를 다루기 위한 새로운 전략을 발표할 때 또는 새로운 국제협정을 교섭할 때, 의회를 무시할 수는 없다. 의회는 재원 조달을 거부하거나 청문회에서 대통령 보좌진을 추궁함으로써 그리고 중대한 조사보고서를 공개하거나 대통령의 임명 또는 조약 체결에 대해 동의를 거부함으로써 대통령의 정책을 복잡하게 만들 수 있다. 거의 모든 행정부에서 발생한 사례를 수없이 인용할 수 있다. 의회가 버락 오바마(Barack Obama) 대통령이 협상한 이란 핵 문제 합의를 불승인하고, 트럼프 대통령을 선출한 2016년 대선에서의 러시아 개입을 두 차례 조사한 것은 대외정책에서 의회가 얼마나 큰 역할을 할 수 있는지 잘 보여준다. 러시아의 '해킹' 사건이 보여주듯이, 하원 정보위원회와 상원 정보위원회가 모두 수행하는 의회 조사는 정보 이슈를 드러내고 정보 정책을 형성하는 일에서 대단한 역할을 할 수 있다(나중 장에서 더 자세히 논의함).

이와 동시에, 우리는 대통령의 대외정책수행을 집중 조명하는 언론의 힘을 무시해서는 안 된다. 흔히 대통령과 그 보좌진은 영향력 있는 언론인이나 언론매체에 '독점적인' 긴급 뉴스를 제공함으로써 정책 이니셔티브를 강조하려고 한다. 혹은 행정부가 폭넓은 공공외교·소통 전략의 일환에서 최신 결정 사항을 발표할 것이다. 대통령의 조치와 후속 사항을 발표하기 위한 전체적 '공개(roll-out)' 계획이 있을 수 있다. 이때 국무부와 국방부는 행정부가 어떤 진전을 이루고 있는지에 관해 발표할 자료를 작성한다. 예를 들어, 오바마 행정부의 NSC 내에 '전략적 소통 및 연설문' 담당 국가안보 부(副)보좌관이 있었는데, 그는 대통령 및 언론과의 관계에서 매우 영향력 있는 역할을 담당했다. 이처럼 보다 공식적이고 체계적인 언론 계획을 트럼프 대통령이 바꾸었는데, 그는 트위터(Twitter)* 메시지를 통한 정책 발표를 좋아했다. 하나의 사례를 들자면, 댄 코츠(Dan Coats) 국가정보장은 트럼프 대통령이 한 정상회담에 관해 트위터에 싣고 언론이 이를 보도한 다음에야 비로소 그 사실을 알았다고 실토했다.

게다가 행정부나 입법부 내부에서 무단 누설 사건이 종종 발생하는데, 이는 대통령의 이니셔티브나 조치를 둘러싸고 큰 논란을 초래할 수 있다. 행정부 내에 정책 대립이 있을 때 또는 주요 정책을 놓고 백악관과 의회 간에 다툼이 있을 때, 그 분란의 당사자는 자기 입장에 유리한 첩보를 누설하고 싶은 유혹을 느낀다. 조지 W. 부시 행정부가 고강도 신문을 위해 비밀의 "검은 시설(black sites)"을 설립했다는 첫 번째 징후는 그런 행위에 반대하는 전직 NSC 관리에게서 나왔다고 한다.[21] 누설은 모든 역대 대통령에게 악몽이었지만, 성공적으로 기소된 누설자는 거의 없다. 그러나 백악관이 스스로 누설할 때도 있는데, 이는 의회 내 반대파를 오도하거나 혼동시키려는 목적 또는 언론이 다른 스토리를 냄새 맡지 못하게 하려는 의도다. 누설은 행정부와 입법부의 다양한 관리들이 제각기 이유를 대고 이용할 수 있는 무기다.

• 현재의 X다 _옮긴이 주.

그러나 정보의 역할을 이해하기 위한 언론의 역할에서 가장 중요한 것은 보도하지 않으면 비밀로 묻힐 첩보를 세상에 드러내는 언론의 기량이다. 언론은 의회와 행정부에서 토론 주제가 되는 문제성 정보기관 프로그램을 최선두에서 폭로한다. 예를 들어 ≪워싱턴포스트(Washington Post)≫와 ≪뉴욕타임스(New York Times)≫에 실린 기사는 CIA의 **용의자 인도**(rendition) 프로그램을 폭로했는데, 아프가니스탄 억류자들을 미국 밖에 있는 비밀 감옥에 가두어놓고 고강도 신문 방법(고문이라고 생각하는 사람들이 많음)을 사용했다는 내용이었다. 뒤이어 당시 상원 정보특별위원회 위원장인 다이앤 파인스타인(Dianne Feinstein) 상원의원이 고문에 관한 전문위원 보고서(600쪽이 넘는 방대한 분량)를 요약하고 위생 처리해서* 공개했다. 그가 위원장직을 그만두기 직전에 공개한 것은 공화당 소속 후임 위원장이 그 공개를 막을 가능성 때문이었다. 많은 경우에 누설된 정보판단서나 조사보고서가 대중의 정책토론 대상이 될 수 있는 것은 그것이 ≪워싱턴포스트≫나 ≪뉴욕타임스≫에 실렸기 때문이다. 최근 러시아가 민주당 전국위원회의 컴퓨터를 해킹하고 미국 선거 시스템에 침투하려고 시도한 사건과 같이 극소수의 경우에는 정보공동체가 이슈의 심각성을 널리 알리고 대통령의 강경 조치에 대한 국민과 의회의 지지를 얻기 위해 공개 보고서를 생산할 수도 있을 것이다.[22]

국가안보 사업의 주요 이슈

모든 대통령은 국가안보 의사결정 프로세스를 어떻게 조직할 것인지를 놓고 몇 가지 중요한 결정을 내려야 한다. 때로는 역대 대통령이 전임자가 사용한 시스템을 과격하게 바꾸려고 했지만, 어떤 때에는 물려받은 시스템을 대체로 유지했다. 그러나 어떤 식으로든지 결국 대통령이 처리해야 하거나 직면하는

---

* 비밀 등 민감한 부분을 삭제한다는 의미다 _옮긴이 주.

이슈가 있다. 가장 오랜 이슈 하나는 대통령이 생각하는 국가안보보좌관의 역할이다. 또한 대통령이 어느 범위까지 국가안보 사항을 백악관에서 결정하고 싶은지, 그리고 대통령이 공식 시스템과 직업 관료에게 어느 정도로 의존해야 마음이 편한지가 이슈다.

국가안보보좌관의 역할: 옹호자 대 정직한 중개자

많은 역대 국가안보보좌관을 되돌아볼 때, 그들이 수행한 역할이 다양했는데, 때로는 잘했고 때로는 형편없었다. 많은 전문가가 지적했듯이, 대통령은 국가안보보좌관과 편안하게 느끼는 사이여야 하는데, 이는 국무부 장관이나 국방부 장관보다 그와 보내는 시간이 더 많기 때문이다. 국가안보보좌관은 전통적으로 대통령 집무실 가까이에 작은 사무실을 가지고 있어 급변하는 사건을 대통령에게 브리핑하고, 아침 브리핑과 국가수반들과의 국제전화에 참여할 수 있으며, 대통령에게 전달되는 외무 첩보의 흐름을 전반적으로 통제할 수 있다. 그럼에도, 대통령은 대외정책에 더 직접적으로 관여할 것인지 아니면 국가안보보좌관과 각료들에게 맡길 것인지 결정해야 한다. 일부 학자들은 빌 클린턴을 "우유부단하다"라고 묘사했는데, 이는 그가 장시간 NSC 회의를 개최했어도 결정을 내리지 못했기 때문이다. 반면에 조지 W. 부시는 "결정자"가 되는 것을 좋아했으며 신속한 결정을 내릴 수 있도록 "실행 가능한" 정보를 원했다. 헌법학자인 버락 오바마는 더 신중했는바, 중요한 정책 결정을 내리는 데 걸리는 시간이 너무 길었다는 점에서 "질질 끄는 사람"이라는 일각의 비판을 받았다.[23] 앞의 질문에 대통령이 어떻게 답하는지에 따라 그가 가장 편안하게 느낄 국가안보보좌관의 유형이 결정될 것이다.

국가안보보좌관의 역할에 관해 유용한 접근 방법은 그 직책이 수반하는 일을 개관하는 것이다. 첫째, 국가안보보좌관은 대통령에게 조언해야 하는바, 특정 주제에 관해 참모각서(staff memoranda)나 브리핑 형식으로 첩보를 제공한다. 둘째, 그는 수백 명의 대외정책 전문가들로 구성된 대규모 NSC 참모부를 운영하는 책임을 진다. 셋째, 그는 NSC, 수장위원회, 차석위원회, 기관간 정책위원회 등 각급 회의 의제를 설정함으로써 기관 간 프로세스를 관리해야 한다. 이러한 그의 책무에는 대통령이 가급적 폭넓은 시각과 옵션을 가지도록 다른 각료·기관의 견해를 대통령에게 보고할 책임도 포함되어 있다.

역대 국가안보보좌관마다 그러한 책무의 우선순위가 제각기 달랐다. 초기에 준(準)국가안보보좌관으로 봉직한 사람들의 주된 관심사는 대통령이 참석하는 NSC 수장들 회의를 운영하고 일정을 짜는 일과 검토용 정책문서를 배포하는 일이었다. 이들은 본질적으로 국가안보 프로세스의 "관리자(administrator)"였다.[24] 나중의 국가안보보좌관은 대통령의 의사결정을 돕기 위해 개인적으로 조언과 첩보를 제공한다는 의미에서 더 개인적인 대통령 "상담역(counselor)"이 되었다. 자신의 역할을 "정직한 중개자(honest broker)"로 정의한 국가안보보좌관들도 있었는데, 그들의 역할은 기관 간 프로세스가 모든 기관의 견해와 옵션(대통령도 알아야 할 사항임)을 공정하게 반영하도록 보장하는 것이었다. 끝으로, 심지가 굳센 국가안보보좌관들이 있었는데, 그들은 대통령과 지근거리에 있음을 십분 활용해 국무부 장관과 국방부 장관의 견해를 그저 전달하기보다는 자신의 견해를 강력하게 옹호했다.

학자들 대부분이 내린 결론에 의하면, 정직한 중개자가 적절한 역할이며 최선의 결정을 도출하는 데 성공할 확률이 가장 높다. 조지 H. W. 부시 대통령의 국가안보보좌관 브렌트 스코크로프트(Brent Scowcroft)가 고전적인 정직한 중개자로 자주 칭송받고 있는데, 그는 모든 각료와 기관이 자신들의 견해를 회의에 올리고 대통령에게 보고하도록 평평한 운동장을 유지할 수 있었으며, 그가 대통령을 편향시킬 것이라는 우려는 전혀 없었다. 어느 정도, 이 모델은 NSC 수장들 사이에 좋은 팀워크 정신이 있을 때 주효한다. 부시 대통령은 집권 초기에 이 모델을 고집한 것으로 평판이 나 있다.

다른 모델이 지배적이었던 대통령도 있었다. 닉슨 대통령 시절의 키신저와 지미 카터(Jimmy Carter) 대통령 때의 즈비그뉴 브레진스키(Zbigniew Brezinski)

가 강력한 견해를 견지하면서 자신의 견해가 대통령에게 수용되도록 노력한 옹호자였다고 흔히 기술되고 있다. 조지 W. 부시 대통령의 국가안보보좌관 콘돌리자 라이스(Condoleezza Rice)는 자신의 첫 번째 책무는 기관 간 프로세스의 관리자라기보다는 대통령의 상담역이라고 종종 밝혔다. 그러나 NSC 프로세스가 제대로 작동하지 않은 것은 강심장의 국방부 장관 도널드 럼즈펠드(Donald Rumsfeld)와 부통령 딕 체니(Dick Cheney)에 대한 그의 느슨한 장악력 때문이라고 비판하는 이들이 많았다. 오바마 시절엔 힐러리 클린턴(Hillary Clinton) 국무부 장관, 로버트 게이츠(Robert Gates) 국방부 장관과 같은 강력한 인물들이 내각에 있었기 때문에 NSC 수장들은 이따금 "경쟁자 팀(team of rivals)"이라는 소리를 들었다.

국가안보보좌관은 또한 정보의 주요 고객이며 대통령에게 올라가는 정보의 "문지기" 역할도 한다. 국가안보보좌관은 대외정책 논의와 관련된 대통령의 일일 의제를 만들기 때문에 극히 중요하다고 판단되는 정보보고서를 대통령 집무실로 직접 가져갈 수 있고, 아니면 그저 일축할 수도 있다. 쿠바 내 소련 미사일 사진을 먼저 받아본 맥조지 번디는 보고자를 대통령 집무실로 안내해 존 F. 케네디에게 브리핑하도록 했다. 키신저와 브레진스키 모두 자신들이 「대통령일일브리핑(PDB)」을 직접 받아서 그날 아침 대통령과 상의할 항목을 뽑아냈다. 다른 국가안보보좌관들은 대통령보다 먼저 자신들을 위한 별도의 PDB 세션을 열어, PDB에 포함된 정보 이슈의 정책적 함의에 대한 언급을 사전에 준비했다. 오늘날에는 트럼프 대통령의 국가안보보좌관인 존 볼턴(John Bolton)이 일상적 정보의 주된 독자일 것으로 보이는데, 이는 트럼프 자신이 정보를 높이 평가하지 않는 것으로 보이며 정보의 기여도를 무시하지는 않더라도 무관심함을 거듭 드러냈기 때문이다(나중 장에서 추가로 검토함).

대외정책의 중앙집권화 여부

대통령이 어떤 유형의 국가안보보좌관을 선택할지는 부분적으로 그 백악관 집무실 주인이 얼마나 대외문제에 관여하고 싶은지에 달려 있다. 대외문제에 상당한 경험을 가지고 취임한 대통령이 있지만, 그런 경험이 전혀 없는 대통령도 있다. 예를 들어, 조지 H. W. 부시 대통령(41대)은 CIA 부장, 주유엔 대사, 중국 주재 사절,* 부통령 등을 역임했었다. 이와는 대조적으로 조지 W. 부시 대통령(43대)과 빌 클린턴 대통령은 주지사 출신으로, 대외문제 경험이 별로 없었다. 대외문제에 관여하고 싶은 대통령은 자연히 강한 국가안보보좌관 — 백악관이 국가안보 의사결정을 통제하도록 노력할 인물 — 을 발탁하는 경향이 있다. 이러한 국가안보보좌관은 강력한 NSC 참모부를 구축하고 각종 회의를 주관하며, 어느 각료보다 못지않게 정책결정자 역할을 자처할 것이다. 이 모델은 닉슨 대통령 시절에 두드러졌는데, 당시 키신저는 사실상 단독으로 미국의 대외정책을 책임졌다.

대외문제를 처리하는 일과는 다소 거리를 두어, 대통령 결정 사항을 만들고 시행하는 책임을 대체로 국무부·국방부 장관에게 위임한 대통령들이 있었다. 그런 견해를 가지고 8년 임기를 시작한 로널드 레이건 대통령은 회의 일정을 잡는 것 외에 다른 업무는 거의 없는 국가안보보좌관을 선택했다. 반면에 레이건은 대외정책의 큰 구상을 강한 국무부 장관에게 의존했는데, 곧 퇴역 장군 앨 헤이그(Al Haig)와 나중에 조지 슐츠(George Schultz)였다. 이러한 부처 주도의 대외정책이 주효했으며, 다만 허약한 국가안보보좌관이 슐츠 국무부 장관과 캐스퍼 와인버거(Caspar Weinberger) 국방부 장관 간의 심한 경쟁자 관계를 조정할 수는 없었다. NSC에 무관심한 레이건 대통령의 스타일로 인해 또한 이란-콘트라(Iran-Contra) 사건이 발생하고 그의 대통령직이 위협을 받았다.

이후에 덜 집중화된 대외정책 모델이 조지 W. 부시 대통령 시절에 등장했는데, 그는 럼즈펠드 국방부 장관에게 이라크전쟁을 수행하도록 수권했다. 이에 따라 NSC와 국무부가 그의 첫 임기 동안 대통령의 정책 결정에서 상대적

* 연락사무소 소장이다 _옮긴이 주.

으로 소외되거나 영향력이 없었다. 끝으로, 오바마 대통령은 부시 시절의 실수에서 배우려고 했으며, 다시 대외정책을 백악관의 NSC 참모부 수중에 집중시켰다. 이것은 아마도 과잉 교정이었을 것이다. 나중에 여러 각료가 오바마 대통령을 비판했는데, 경험이 부족한 NSC 참모들이 정책을 형성하고 정치적 고려가 국가안보 논의에 끼어들도록 허용했다는 것이다.[25]

시스템이냐 비공식이냐?

앞의 설명은 역대 대통령이 국가안보 시스템을 선택하고 조직할 때 취한 다양한 접근법을 보여주었다. 그러나 흔히 공식 시스템의 설명만으로는 대통령이 취하는 의사결정 스타일의 복잡성과 다양성을 제대로 포착하지 못한다. 트루먼은 NSC 회의를 피했으며 국무부 장관에게 크게 의존했다. 아이젠하워는 엄청난 횟수의 NSC 회의를 주재했는데, 그가 탈진할지도 모른다고 보좌진이 생각할 정도였다. 케네디는 비공식 모임을 선호했으며 빈번히 관료적 위계질서를 무시했는데, 종종 하급의 데스크 직원을 직접 불렀다. 닉슨은 자신처럼 과묵한 국가안보보좌관과 길게 산책하면서 또는 개인적으로 만나 결정하는 것을 좋아했다. 따라서 대통령은 정상적인 프로세스 밖에서 결정을 내리기 쉽다.

이러한 비공식(informality)은 부분적으로 대통령이 소수의 측근 보좌진을 신뢰하고 그러한 신뢰 그룹 내에서만 큰 결정을 내리고 싶어 하기 때문이다. NSC 수장들은 대통령과 공식적으로 회의하기에 앞서, 정기적인 오찬 회동 등을 통해 서로 만나 이슈별로 준비한 메모를 비교하거나 합의에 도달하기 마련이다.[26] 대통령도 또한 관료적 프로세스가 찬동하지 않을 수 있는 과격한 아이디어를 비공식 메커니즘을 통해 드러낸다. 닉슨과 키신저가 NSC 프로세스 밖에서 1972년 중국과의 교류를 창안한 것은 유명한 이야기인데, 그들은 여러 기관이 자신들의 구상을 반대하거나 언론에 누설할 것이라고 예상한 것이었다. 조지 H. W. 부시 대통령 또한 소련이 무너지고 있다고 보는 민감한 소련 이슈에 관해 NSC '비선그룹(ungroup)' 회의를 활용했다. 당시 그 이슈가 너무나 민감해서 어떤 회의도 참석자의 공식 일정표에 기록되지 않았다. 보다 최근에는, 시리아의 화학무기 사용에 대해 강력한 대응을 요구하는 NSC 보좌진의 주장을 모두 들은 오바마 대통령이 비서실장과 함께 백악관 정원을 산책한 후 마음을 바꾸었다.

정보기관과 NSC

앞에서 설명한 바와 같이, NSC 시스템은 궁극적으로 대통령이 국가안보 결정을 내리게 되는 정책토론 및 옵션 산출 프로세스로 이루어진 복합체다. 정보기관은 이 프로세스에 다양한 경로로 공헌한다. 첫째, 정보기관은 대통령과 나아가 그의 국가안보팀에 현용정보(current intelligence)와 **추정정보(estimative intelligence)**를 제공한다. 「대통령일일브리핑」 등 일일 정보발간물은 의도적으로 대통령의 관심사에 맞추어진 소중한 첩보와 분석을 담고 있다(<글상자 3-2> 참조). 한 전직 CIA 차장이 술회했듯이, 그런 브리핑 후에는 국가안보보좌관으로부터 첩보 요청이 "소낙비처럼" 쏟아졌다.[27] 또한 대통령의 국가안보 참모진뿐 아니라 각 부처의 NSC 구성원을 보좌하는 참모들에게도 배포되는 다른 발간물도 있다.

글상자 3-2 조지 H. W. 부시 대통령을 위한 전형적인 PDB

조지 H. W. 부시

"오전 8시 집무실에서 열리는 국가안보 회의는 중요한 붙박이 행사였는데, 여기서 CIA가 전 세계의 최신 정세에 관해 나에게 브리핑했다. 두 부분으로 나뉜 이 행사에서 제1부는 정보 브리핑이었다. 이때 나와 합석한 인사는 브렌트[NSC 보좌관], 밥 게이츠[Bob Gates, NSC 부보좌관], 통상적으로 존 수누누[John Sununu, 비서실장], 그리고 일주일에 한두 번 빌 웹스터[Bill Webster, CIA 부장]였다. CIA 직원이 PDB를 가져왔는데, 이 문서는 새벽까지 밤새 중요한 정보보고서와 분석을 모아서 요약한 것이었다. 나는 CIA 브리핑 담당관 그리고 브렌트나 그의 차석이 보는 앞에서 PDB 읽는 것을 취임 첫날부터 꼭 실천했다. 이렇게 해서 나는 브리핑 담당관에게 어떤 문제에 관해 더 많은 첩보를 가져오도록 과제를 주고, 읽다가 정책 문제가 떠오를 때는 브렌트에게 관심 사항에 대해 더 알아보라고 부탁할 수 있었다. CIA 직원들이 내 질문을 받아 적었는데, 하루 정도면 답변이나 설명을 들었다.

종종 비난받지만 필수적인 은밀한 정보활동에 내가 관심이 있다는 것을 아는 웹스터는 극히 중요한 정보를 목숨 걸고 수집한 사람을 가끔 데려왔다. 나는 그런 시간이 대단히 흥미로웠으며, CIA 공작총국에서 근무하는 사람들의 용기와 애국심, 전문성에 항상 경탄했다."

브렌트 스코크로프트

"CIA 브리핑 후, 국가안보 회의 제2부가 시작되었다. 이미 다른 CIA 팀으로부터 별도 브리핑을 받은 부통령이 도착하고, 나는 그날의 관련 사안으로 넘어갔는데, 대통령 지침이나 논의가 필요한 사안이었다."

출처: George H. W. Bush and Brent Scowcroft, *A World Transformed*(New York: Knopf, 1998), p.30.

둘째, 정보기관은 정보공동체 대표의 구두 브리핑 형식으로 또는 정책 검토 일환에서 요청받은 서면 보고서 형식으로 기관 간(수장위원회, 차석위원회 및 기관간정책위원회 수준의) 토론에 직접적인 투입 요소(input)를 제공한다. 「국가정보판단서(NIE)」 형식의 장기 평가보고서는 흔히 중요한 NSC 심의를 지원하기 위해 작성된다. 거의 연속해서 열리는 수장위원회, 차석위원회 및 기관간정책위원회 회의에 정보를 지원하는 것은 국가정보장과 CIA의 주된 책무가 되었다. CIA 사무실과 국가정보장실(ODNI) 산하 국가정보위원회(NIC)는 수장위원회 회의에 참석하는 자신들의 수장을 위해 메모와 브리핑을 준비하는 일에 대부분의 근무 시간을 소비한다.

셋째, 정보공동체는 종종 비밀공작 옵션을 제출해야 하는데, 이는 대통령과 측근 보좌진이 마음대로 쓸 수 있는 추가적 정책도구다. (제9장에서 논의하겠지만) 미국의 역할을 숨겨야 하는 광의의 국가안보정책을 지원하기 위해 비밀 수단을 개발하는 일은 CIA 부장이 담당한다. 이 점에서는 정보공동체가 정보 지원 역할보다 정책결정자 역할에 더 가깝다. 이것이 특히 중요해진 것은 테러에 맞서 싸우고 WMD 기술의 위험한 확산을 저지하기 위해 활동하는 경우다.

끝으로, 정보공동체는 종종 검토 중인 정책 옵션의 타당성이나 실제적 효과를 평가하도록 요청받는다. 이 역할과 관련해, 정보가 정책기관이 선호하는 옵션에 대해 불리하게 작용하거나 대통령의 이니셔티브가 소기의 목표를 달성하지 못했다고 판단할 경우, 흔히 정보공동체가 도움이 안 된다는 소리를 듣는다(제10장에서 추가로 논의함). 앞에서 언급한 바와 같이, 정보기관 평가는 대외정책의 적절성을 둘러싸고 행정부의 내부 논의 또는 행정부와 입법부 간 분쟁이 벌어질 때 실탄이 될 수 있다. 정보공동체는 행정부와 입법부 양측에 정보를 제공할 책임이 있으므로 객관적이고도 유의미한 정보 평가를 백악관에 제출하기가, 특히 비판적인 의회 인사들이 똑같은 자료를 볼 수 있을 경우, 매우 까다로울 수 있다.

국가안보 사업의 미래

국가안보 의사결정 프로세스와 정보의 역할에 관한 이 짧은 설명만으로 방대한 국가안보 사업의 복잡성을 충분히 파악할 수는 없다. 한 가지는 분명하다. 매우 단순한 구조로 출발했던 것이 70여 년에 걸쳐 성장한 결과, 통제하기 힘들고 종종 묵묵부답인 기관 복합체가 되어 서로 조직문화가 얽히고 권한 다툼도 벌어지고 있다. 정부 실무자와 학자들이 이러한 사태를 개탄했지만, 필요한 개선이 이루어지도록 대통령과 의회를 설득하지 못한 것으로 보인다. 럼즈펠드 전 국방부 장관은 "4~6시간을 기관 간 회의에서 보낸 날에는 탈진 상태가 될 정도로 시간 낭비가 엄청나며 그 이유는 지금 세기가 아닌 지난 세기에 맞는 정부 구조 때문"이라고 현실을 개탄했다.[28] 국가안보 사업 내의 관료조직들은 잘 다져진 길과 프로세스에 편안함을 느껴 그 수정을 꺼렸다. 문제의 핵심은 개별 국가안보 기관마다 뚜렷이 다른 조직문화가 자리 잡고 있다는 사실이다. '합동성(jointness)'을 산출하려는 노력 — 군사·외교·법집행·정보 간 활동 조율 — 이 여전히 힘들다. 의회는 자체의 위원회 구조를 개혁하기를 거부해 문제를 악화시키고 있다 — 그 구조는 군사·외교·경제·법집행·정보 도구들을 통합하기보다 분리하는 경향이 있다. 개인적 지위가 있고 위원회 관할권에 대해 영향력을 가진 의회 지도자들은 자신들의 중요성을 줄일지도 모르는 조직개편에 저항하는 경향을 종종 보였다.[29] 오늘날 국가안보 사업은 21세기에 요구되는 역량들을 충분히 조율하고 개발하지 못함으로써 여전히 괴롭다.

국가안보 의사결정 프로세스의 대대적 개혁은 향후 조치에 대해 임시적 합의를 산출할 수 있는 큰 위기 상황에서만 발생하는 법이다. 1947년 국가안전보장법은 제2차 세계대전에서 많은 교훈을 배운 데서, 특히 미국의 군사·외교·정보 간 활동 조율을 개선할 필요성을 느껴 탄생했다. 9·11 이후 국가정보장실과 국토안보부를 창설한 개혁 역시 큰 국가적 충격으로 추동되었다. 십중팔구 다음 개혁도 기습이나 충격으로 추동될 것인바, 아마도 새로운 사이버 영역이나 기후변화로 인해 점증하는 환경적 위협과 관련된 충격일 것이다. 국가안보 사업에서 어디까지 그런 변화가 이루어지든, 정보는 변화가 필요한 주요 분야에 속할 것이다.

유용한 웹사이트

Center for a New American Security, https://www.cnas.org. 전직 민·군 관리들을 위한 포럼으로, 강력하고 실용적인 국가안보정책을 옹호한다.

Council on Foreign Relations, https://www.cfr.org. 가장 오래된 미국의 싱크 탱크로, 선도적 국제문제 저널 *Foreign Affairs*를 발행한다. 교수와 학생들을 위한 추가 자료를 온라인으로 볼 수 있다.

Federation for American Scientists, https://www.fas.org. 핵무기 통제에 대해 염려하는 미국 과학자협회로, 국가안보와 정보와 관련된 다양한 문서가 실린 웹사이트를 운영한다.

Project on National Security Reform, https://www.thepresidency.org/programs/project-on-national-security-reform. 2009년 의회가 설립한 비당파적 비영리 단체로, 미국 국가안보 시스템의 개선 방안을 건의한다.

더 읽을거리

Cody M. Brown, *The National Security Council: A Legal History of the President's Most Powerful Advisers*(Washington, DC: Center for the Study of the Presidency, 2008). 수많은 역대 대통령 재임 기간에 걸쳐 NSC 발전의 입법 역사를 간결하게 정리했다.

Ivo Daalder and I. M. Destler, *In the Shadow of the Oval Office: Profiles of the National Security Advisers and the Presidents They Served - from JFK to George W. Bush* (New York: Simon & Schuster, 2009). 전직 국가안보보좌관들의 개성과 대통령과의 관계를 탁월하게 연구했다.

Roger Z. George and Harvey Rishikof, *The National Security Enterprise: Navigating the Labyrinth*, 2nd ed.(Washington, DC: Georgetown University Press, 2017). 실무자들이 주요 국가안보 기관, 의회, 법원, 싱크 탱크 및 미디어들을 평가한 개설서다.

Peter W. Rodman, *Presidential Command: Power, Leadership, and the Making of American Foreign Policy from Richard Nixon to George W. Bush*(New York: Knopf, 2009). 선도적 정치학자가 미국의 대외정책을 지휘하는 대통령의 역할을 평가했다.

David Rothkopf, *Running the World: Inside the National Security Council and the Architects of American Power*(New York: PublicAffairs, 2005). 한 싱크 탱크의 유명한 전문가가 NSC의 진화를 분석하고 미국의 대외정책을 비판했다.

Charles A. Stevenson, *America's Foreign Policy Toolkit: Key Institutions and Processes* (Los Angeles: SAGE, 2013). 미국의 군사·외교·경제·정보 임무를 이끄는 주요 도구와 기관을 간결하게 기술했다.

주석

두 번째 명언: McGeorge Bundy, "Letter to Jackson Subcommittee," in Karl E. Inderfurth and Loch K. Johnson(eds.), *Fateful Decisions: Inside the National Security Council*(New York: Oxford University Press, 2004), p.44.

1 NSC의 확대에 관한 좋은 문헌으로는 David Rothkopf, *National Insecurity: American Leadership in an Age of Fear*(New York: PublicAffairs, 2014), p.206~208 참조.

2 일반적으로 에너지부 장관도 법정 구성원으로 보는데, 이는 에너지부가 미국의 핵무기를 연구·개발·건설하는 국립 실험실의 운영을 감독하기 때문이다.

3 통상적인 참석자는 NEC를 지휘하는 국가경제정책 담당 대통령보좌관, 상무부 장관, 재무부 장관, 농무부 장관, 에너지부 장관, 교통부 장관 등이다.

4 Spenser Hsu, "Obama Combines Security Councils," *Washington Post*, May 27, 2009, http://www.washingtonpost.com/wp-dyn/content/article/2009/05/26/AR2009052603148.html.

5 Cody M. Brown, *The National Security Council: A Legal History of the President's Most Important Advisers*(Washington DC: Center for the Study of the Presidency, 2008), p.3 참조.

6 '수장(Principals)'은 NSC 회의에 참석하는 부처와 기관의 장관급 또는 그와 동등한 직책을 가리킨다. 종종 수장은 플러스 원(plus one)이라고 불리는 '배석자'를 확대회의에 데려오도록 허용된다.

7 한국전쟁 이전에는 트루먼이 NSC 회의에 참석한 경우가 극히 드물었으며, NSC의 검토와 정책 보고서는 그 업무량에 비추어 영향력이 턱없이 작았다. Stanley Falk, "NSC under Truman and Eisenhower," in Karl Inderfurth and Loch Johnson(eds.), *Fateful Decisions: Inside the National Security Council*(London: Oxford University Press, 2004), p.38 참조.

8 초기의 NSC 시스템을 변경시킨 대통령들의 조치에 관해서 포괄적인 검토를 보려면, Ivo Daalder and I. M. Destler, *In the Shadow of the Oval Office: Profiles of the National Security Advisers and the Presidents They Served - from JFK to George W. Bush* (New York: Simon & Schuster, 2009) 참조.

9 직원이 상근하는 운영 센터는 메시지를 송수신하며, 주요 기관과 해외의 군사·외교 거점 사이의 안전한 전화·화상회의를 수행한다. 백악관 상황실과 각 부처의 운영 직원들은 대통령이나 각 부처의 주목을 요하는 급부상하는 위기나 사건에 대해 대통령과 핵심 보좌진에게 알리는 일을 담당한다.

10 이와 비슷하게 국토안보부가 '국토안보 사업'을 강조했는데, 이 사업은 22개의 국토안보부 기관과 그 개별 임무들을 묶어서 국토안보에 대해 하나로 통합된 접근을 지향한다. 또한 국가정보장실은 16개 국가정보조직의 활동을 공동의 임무 아래로 통합하려는 '국가정보 사업'을 종종 논의했다.

11 국무부의 역할, 임무 및 문화에 관해 더 자세한 내용은 Marc Grossman, "The State Department: Culture, Strategy, Destiny," in Roger Z. George and Harvey Rishikof, *The National Security Enterprise: Navigating the Labyrinth*, 2nd ed.(Washington DC: Georgetown University Press, 2017), p.81~96 참조.

12 '거점장'은 주재국 내 정보활동을 지휘하는 CIA 고위 관리를 가리킨다. 그는 주재국 보안기관과의 관계를 관리하는 책임자이며, 이러한 독특한 위치에서 주재국 정부의 생각과 운영에 접근한다.

13 역대 국방부 장관이 기관 간 프로세스를 어떻게 취급했는지에 관한 논의는 Joseph McMillan and Frank C. Miller, "The Office of the Secretary of Defense," in George and Rishikof, *National Security Enterprise*, pp.120~141 참조.

14 정보 담당 국방부 차관은 국방부 장관에게 보고하는 최고위 정보 관리다. 국방부 산하의 국가안보국, 국방정보국, 국가정찰실 및 국가지공간정보국 수장들은 이 관리에게 보고한다.

15 FBI의 진화하는 국가안보 역할에 관해 더 자세한 논의는 Harvey Rishikof and Brittany Albaugh, "The Evolving FBI: Becoming a New National Security Enterprise Asset," in George and Rishikof, *National Security Enterprise*, pp.223~245 참조.

16 이 예산 수치는 연방재난관리청이 재난구호 기금으로 지출한 약 700억 달러를 포함한다.

17 국토안보부의 조직 과제와 임무에 관한 분석은 Susan Ginsburg, "The Department of Homeland Security: Civil Protection and Resilience," in George and Rishikof, *National Security Enterprise*, pp.247~278 참조.

18 여러 경제 도구·기관에 대한 훌륭한 검토는 Charles A. Stevenson, *America's Foreign Policy Toolkit: Key Institutions and Processes*(Los Angeles: SAGE, 2013), pp.170~299 참조.

19 Robert Kimmitt, "Give Treasury Its Proper Role on the National Security Council," *New York Times*, July 23, 2012, http://www.nytimes.com/2012/07/24/opinion/give-treasury-its-proper-role-on-the-national-security-council.html?_r=1.

20 Dina Temple-Raston and Harvey Rishikof, "The Department of Treasury: Brogues on the Ground," in George and Rishikof, *National Security Enterprise*, pp.162~182.

21 Dafna Linzer, "CIA Officer Fired for Leaking Classified Data," *Washington Post*, April 25, 2006, http://www.washingtonpost.com/wp-dyn/content/discussion/2006/04/24/DI2006042401028.html.

22 Adam Entous, "Secret CIA Assessment Says Russia Was Trying to Help Trump Win the White House," *Washington Post*, December 9, 2016, https://www.washingtonpost.com/world/national-security/obama-orders-review-of-russian-hacking-during-presidential-campaign/2016/12/09/31d6b300-be2a-11e6-94ac-3d324840106c_story.html?utm_term=.6bcd00fcdcfe.

23 오바마의 신중한 스타일을 잘 보여주는 사례로, 그가 2008년 아프가니스탄 주둔군의 대폭 증강을 발표하기에 앞서 아프가니스탄 전략을 검토하는 데만 60일 이상 걸렸다.

24 Alexander L. George, "The Case for Multiple Advocacy in Making Foreign Policy," *American Political Science Review*, Vol.66, No.3(September 1972), pp.751~785 참조.

25 CIA 부장을 지낸 리언 패네타(Leon Panetta)와 국방부 장관을 지낸 로버트 게이츠는 오바마 대통령이 직급 낮은 NSC 참모진이 정책을 추진하면서 내각의 고위 관료들을 소외시키도록 허용했다고 비판했다. "Hagel's Predecessors Decry White House Micromanaging," *NBC News*, November 24, 2014, https://www.nbcnews.com/politics/first-read/hagels-predecessors-decried-white-house-micromanaging-n255231; and Robert M. Gates, *Duty: Memoirs of a Secretary at War*(New York: Alfred A. Knopf, 2014), p.587 참조.

26 존슨 대통령이 매주 화요일 점심을 국무부·국방부 장관과 함께했으며, 클린턴 행정부 시절에는 윌리엄 페리(William Perry) 국방부 장관과 워런 크리스토퍼(Warren Christopher) 국무부 장관, 앤서니 레이크(Anthony Lake) 국가안보보좌관이 그들 이름의 이니셜을 딴 'PCL(피클)' 모임을 가졌다. 마찬가지로, 매들린 올브라이트(Madeleine Albright) 국무부 장관과 샌디 버거(Sandy Berger) 국가안보보좌관, 윌리엄 코헨(William Cohen) 국방부 장관이(그들 이름의 이니셜을 딴 'ABC'가) 이 관행을 이어갔다. David Auerswald, "The Evolution of the NSC Process," in George and Rishikof, *National Security Enterprise*, p.36 참조.

27 CIA 차장을 지낸 프랭크 칼루치(Frank Carlucci)의 회고로, Inderfurth and Johnson, *Fateful Decisions*, p.175에서 인용.

28 Christopher J. Lamb and Joseph C. Bond, "National Security Reform and 2016 Election," *Strategic Forum*, No.293(March 2016), p.2에서 인용.

29 이러한 과제에 대한 더 자세한 논의는 Harvey Rishikof and Roger Z. George, "Navigating the Labyrinth of the National Security Enterprise," in George and Rishikof, *National Security Enterprise*, pp.382~394 참조.

제4장

—

정보공동체란 무엇인가?

> 진주만 공격 이전의 미국에는 영국, 프랑스, 러시아, 독일, 일본 등과 비교할 만한 정보기관이 없었다. 그것은 미국 국민이 정보기관을 수용하지 않을 것이기 때문이었다. 대체로 간첩 활동과 정보활동은 무언가 비미국적인 것이라고 느꼈다.
>
> _호이트 반덴버그(Hoyt Vandenberg) 중장, 제2대 중앙정보장, 1947년

> 국가정보 프로그램은 여섯 개 내각 부처, 독립 기관[CIA], 독립 참모진[ODNI] 등을 아우른다. 관리하기가 벅차나 불가능한 과제는 아니다.
>
> _제임스 클래퍼(James Clapper) 국가정보장, 2015년

미국 정보공동체는 국가의 고위 민·군 의사결정권자에게 최고의 가용 첩보를 제공하기 위해 존재한다. 앞 장에서 보았듯이, 그런 고객 또는 사용자 집단이 냉전 시대를 거쳐 지금까지 커왔다. 정보공동체는 현재 16개의 개별 정보기관을 포괄하며, 이 기관들이 줄잡아 10만 명 이상을 고용하고 국가 및 군사 정보 프로그램에 연간 700억 달러 이상을 지출하고 있다(<글상자 4-1> 참조).[1] 이 자금은 기관마다 고르지 않게 분산되어 있다. 개별 기관의 예산에 관한 구체적 세부 사항은 비밀이며, 국가정보 프로그램의 상당 부분이 국방부 세출예산 속에 '숨어' 있다(나중에 예산에 관해 설명함).

글상자 4-1 국가정보 프로그램: 구성원과 그 임무*

국가정보장실(ODNI): 통합, 협력 및 예산 관리

국방부 소속 정보공동체 구성원

① 국방정보국(DIA): 전(全)출처 분석, 국방 인간정보, 측정·표지정보

② 국가지공간정보국(NGA): 지공간정보

③ 국가안보국(NSA): 신호정보, 정보 보안

④ 국가정찰실(NRO): 영상정보와 신호정보, 위성 개발·운영

⑤ 육군 정보국(G-2): 육전(陸戰) 정보

⑥ 해군 정보실(ONI): 해양 정보

⑦ 해병대 정보국(USMC/IN): 전술 정보

⑧ 공군 정보국(USAF/IN): 항공·우주 정보

국방부 소속이 아닌 정보공동체 구성원

⑨ 중앙정보부(CIA): 전출처 분석, 인간정보 수집, 비밀공작, 해외 대적정보 (foreign counterintelligence)

⑩ 국무부 정보·조사국(INR): 전출처 분석

⑪ 에너지부 정보·대적정보실(OICI): 핵·에너지 정보

⑫ 재무부 정보·분석실: 금융 정보

⑬ 국토안보부 정보·분석실: 국토안보 정보

⑭ 국토안보부 미국 해안경비대 정보국: 해양 정보

⑮ 법무부 연방수사국(FBI) 국가안보단: 국토안보, 대테러 및 국내 대적정보

⑯ 법무부 마약단속청(DEA) 국가안보정보실: 마약 정보

* 국가정보장실 홈페이지에 따르면, 현재 미국 정보공동체는 이 16개 기관 외에 국가정보장실

이것은 상당한 금액으로, 정보 실패가 발생할 때 종종 비난의 근거가 되며, 특히 정책결정자들은 그만한 값어치가 돌아오는 것인지를 묻는다. 이 장에서는 정보공동체가 사용자 집단의 확대와 다양한 정보 요구에 부응해 변화하고 확대되는 모습을 살펴볼 것이다. 또한 이들 기관이 수행하는 기본적 기능과 정보를 수집·생산하는 그들의 활동을 조사할 것이다. 그리고 이처럼 크고 다양한 기관 집합체가 정책공동체(policy community)를 지원하기 위해 자체 활동을 조정할 때 계속해서 직면하는 주요 과제도 알아볼 것이다.

정보공동체의 성장 약사

1947년 미국의 새로운 국가안보 시스템은 최초의 평시 민간 정보공동체를 탄생시켰다. 제2차 세계대전이 발발하기 전에는, 평시에 상설 정보기관을 보유하는 것이 불필요하며 본질적으로 비민주적이라고 여겨졌다. 제1차 세계대전 직후, 미국의 온건한 군사정보 활동에 관여했던 민간인의 활동이 종료되었다. 한참 뒤에, 헨리 스팀슨(Henry Stimson) 국무부 장관은 "신사는 다른 사람의 우편물을 읽지 않는다"라고 말했다. 이럼에도, 미군은 온건한 군사정보 기능을 유지했는데, 육군 정보국(G-2)과 해군 정보실(ONI)은 미래의 전쟁에 대비해 타국의 육군과 해군을 평가하는 일에 집중했다. 그리고 비교적 젊은 FBI는 가능한 외국인 간첩 활동과 범죄 활동을 모니터하기 위해 — 중남미에서의 활동을 포함해 — 약간의 해외정보 역량을 유지했다. 그러나 평시에 대규모 해외정보 기능을 보유한다는 관념이 미국으로서는 전적으로 생소했다.

1939년 유럽에서 전쟁이 발발하자, 프랭클린 D. 루스벨트 대통령은 미국

과 우주군(Space Force) 정보국을 포함해 18개 기관으로 구성되어 있다. 국가정보장실은 CIA처럼 어느 부처에 소속되지 않은 독립기관이고, 우주군 정보국은 국방부 소속이다. https://www.dni.gov/index.php/what-we-do/members-of-the-ic. 2025년 9월 8일 검색 _옮긴이 주.

이 그 싸움에 끌려들지 모른다고 우려해 유럽에 대한 첩보 필요성을 느끼기 시작했다. 그는 맨 먼저 '와일드 빌(Wild Bill)'로 불리는 측근 심복 윌리엄 도너번(William J. Donovan)에게 진상 조사차 유럽으로 여행 가서 영국이 제3제국의 군사 공격에 저항할 의지와 능력이 있는지를 평가하도록 지시했다. 또한 루스벨트가 영국 정보기관에 대해 깊은 인상을 지니고 있던 차에, 그 정보기관이 워싱턴의 정보기관 설립을 돕겠다는 의사를 공개적으로 표명했다. 그 후에 루스벨트는 도너번에게 '첩보 조정관(coordinator of information, COI)' 역할을 부여해 미국 정부에는 알리지 않는 "보완적 첩보활동"을 수행하도록 했다.[2]

1941년 진주만 공격 이후, 루스벨트 대통령은 곧바로 **전략정보처**(Office of Strategic Services, OSS)를 설립하고 도너번을 그 책임자로 앉혔다. 그러나 이것은 주로 군사 중심의 정보활동이었으며, 전략정보처는 군 수뇌부 휘하에서 활동했다. 전략정보처는 적진 뒤에서 공작원들을 운용해 사보타주를 실행하고 추축국에 관한 첩보를 수집하는 한편, 최초로 조사·분석 기능을 가진 자체 부서를 설립했는데, 이것이 나중에 CIA 분석총국의 모델이 되었다.

제2차 세계대전이 끝나자, 해리 트루먼 대통령은 전략정보처를 해체했다. 도너번은 소련과의 문제가 커지고 있어 전략정보처의 유지·확대가 바람직하다고 주장했으나 관철하지 못했다. 그가 군 정보기관들, 국무부 및 FBI로부터 받은 관료적 저항을 이기지 못한 것이다.[3] 그러나 냉전이 심화하면서 평시 정보공동체의 필요성이 압도하게 되었다. 트루먼은 온건한 국가정보 활동에 점차 동의하고, 자신의 보좌관인 시드니 사우어스(Sidney Souers)를 초대 중앙정보장으로 임명해 그 활동을 이끌도록 했다. 1947년 트루먼은 국가안전보장법에 서명했는데, 이 법이 대통령과 NSC에 조언하는 중앙정보장의 역할을 보다 공식화했으며, 이것이 곧바로 CIA 창설로 이어졌다. 그럼에도, 트루먼은 CIA가 기존 정보기관들과 경쟁 관계를 조성하고 미국의 "게슈타포(Gestapo)"가 될지 모른다는 심각한 우려를 간직했다.[4]

CIA의 중심적 역할

CIA의 기원은 진주만 기습공격과 전시의 전략정보처 경험에서 비롯되었다. 1941년 미국 해군의 태평양함대에 대한 새벽 공격은 미국 정보활동의 부족함과 혼란을 부각했다. 나중 장에서 논의되겠지만, 이 경보 실패는 빈약한 첩보 수집, 정보를 신속하게 전파하고 공유하지 못한 것, 그리고 일본군을 얕잡아 본 잘못된 마인드세트(mind-set)가 복합된 결과였다. 전쟁 수행을 지원하는 전략정보처 같은 조직의 효용성을 잘 아는 트루먼은 여러 정부 기관에 의해 수집·저장된 관련 첩보를 모두 종합할 수 있는 단일 조직의 필요성을 인정했다. 루스벨트 대통령이 1942년 도너번에게 첫 임무를 준 사례가 보여주듯이, 대통령이 국가안보 결정을 내리려면 필요한 모든 첩보를 얻을 방안이 있어야 했다. 이리하여 각 군이나 국무부 장관보다는 대통령에게 보고하는 '중심적(central)' 기관을 구상하게 되었다.

CIA를 창설한다고 그 운영이 성공하리라는 보장은 없었다. 초기에는 신생 CIA와 기존의 군사정보 조직 및 FBI 사이에 상당한 마찰이 있었다. 1947년 국가안전보장법은 이 신생 조직의 활동 범위와 임무가 정확히 무엇인지에 관해 의도적으로 모호하게 규정했다. 첫째, 이 법률의 일차적 입법 취지는 각 군을 신설되는 국방부 산하로 통합하는 것이었다. 따라서 법안을 기초한 사람들이 새로운 비밀 정보조직에 관해 군이 논란거리를 만들어 법안 통과를 어렵게 하고 싶지 않았다. 둘째, 백악관도 이 새로운 조직에 대해 세세히 규정하는 것을 원하지 않았다. 그 이유는 그렇게 하면 CIA가 정부 내 소장된 첩보를 서로 연관시켜 전파할 뿐만 아니라 비밀리에 첩보를 수집하고 대통령의 요청에 따른 (나중에 비밀공작으로 불리는) '특수 활동(special activities)'을 수행할 것이 드러나기 때문이었다.

1947년 모호하게 권한이 부여되었음을 고려할 때, CIA의 성공 여부는 그 임무와 역량을 정의하고 확대하려는 초기 수장들의 노력과 열정에 달려 있었다. 1947년 CIA가 창설되기에 앞서, 그 작은 전신인 중앙정보단(Central Intelligence

Group, CIG)이 사우어스 중앙정보장 지휘하에 활동했었다. 사우어스는 자신이 임시로 임명된 것이라고 믿었기 때문에 국가안보에 관한 정보를 서로 연관시켜 평가하는 수준의 중앙정보단 업무에 대체로 만족했다. 그 조직의 제한된 인원과 자원은 다른 기관에서 차출되었다. 게다가 중앙정보단은 각 군 및 국무부와의 경쟁에 부딪혔는데, 특히 국무부는 대통령에게 정보를 제공하는 책임이 여전히 자기네 소관이라고 생각했다. 그러나 그 조직은 1946년 호이트 반덴버그 중장이 새 수장으로 임명되면서 100명 미만의 직원이 800명 이상으로 늘어났으며, 평가 업무 외에 해외정보 수집을 강조하게 되었다.[5] 자원이 확대되고 야심에 찬 지휘부가 들어섬으로써 1947년 CIA 설립은 훨씬 더 강력한 기관이 될 것임을 약속했다. CIA는 아주 재빠르게 FBI의 중남미 인간정보 활동을 장악할 수 있었으며, 인간정보를 수집하는 최고의 문민 기관이 되었다.[6]

또한, 후속으로 이어진 기관 간 논의를 통해 결국에는 보고서 면에서 CIA가 생산하는 것 — '**전략정보**(strategic intelligence)' 및 '부처 간 정보 평가' — 을 본질적으로 '**부문정보**(departmental intelligence)'인 국무부 보고와 구별하기로 했다. 가장 중요한 것으로, 반덴버그는 CIA의 보고가 각 부처의 평가를 초월해서 국가안보 의사결정 프로세스의 핵심축이 될 권리를 확보했다.[7]

CIA의 명성과 자원, 영향력이 1950년대와 1960년대에 급증한 것은 당시 대통령들이 잇달아 CIA의 대응력에 의존하게 되었기 때문이었다. 9·11위원회 보고서는 CIA가 여전히 16개 정보기관 중 독보적임을 다음과 같이 분명히 밝히고 있다. "정보공동체 내에서 유일하게 내각으로부터 독립적인 요소는 CIA다. CIA는 독립기관으로서 모든 출처에서 정보를 수집·분석·배포한다. CIA의 최고 고객은 비밀공작을 지휘할 권한도 가지고 있는 미국 대통령이다."[8]

다음의 인용문은 다음과 같은 CIA의 4대 임무 가운데 셋을 간결하게 포착하고 있다.

① CIA는 **공작총국**(Directorate of Operations, DO)이 운영하는 주된 인간정

보 수집기관이다.

② CIA의 **분석총국**(Directorate of Analysis, DA) 또한 전(全)출처 정보의 최대 생산기관이다.

③ 공작총국 산하의 특수활동국(Special Activities Division)은 대통령 지시에 따라 비밀공작을 수행한다.

④ CIA는 또한 해외에서 발생하는 외국의 대미(對美) 정보 위협에 대응해 해외 대적정보 활동을 수행한다.

이러한 기능들로 인해 CIA는 국가안보 의사결정 프로세스에서 진정으로 중심적 역할을 하게 된다. 첫째, CIA는 주된 인간정보 수집기관으로서 가장 민감하고 중요한 국가안보 이슈에 관해 첩보를 제공할 스파이를 모집한다. 공작총국의 공작관(공작원을 모집하는 사람)은 매우 위험한 해외 환경에서 활동하면서 다른 방법으로는 얻을 수 없는 비밀을 훔치는 데 주력한다. 과감한 공작을 통해 얻은 비밀은 자연히 백악관의 특별한 관심을 끈다. 많은 대통령이 외국 적대세력이 숨기려고 하는 어떤 비밀을 "우리가 어떻게 아는지" 종종 궁금해한다.

둘째, CIA는 전출처 분석관을 가장 많이 관리하는데, 이들이 중요한 「대통령일일브리핑」에 들어가는 대부분 자료를 포함해 다양한 글로벌 이슈에 관해 평가보고서를 생산한다. 분석총국에는 러시아, 중국, 이란 등과 같은 지역 이슈에 치중하는 분석관들이 있다. 분석총국은 또한 대적정보, 대테러, 반확산 등과 같은 특별한 주제도 다루고 다양한 국가정보센터(나중에 설명하겠지만, 국가정보장이 운영함)를 지원한다.

셋째, 공작총국과 그 산하의 특수활동국은 대통령의 지시에 따라 비밀공작을 계획하고 수행한다. 이 경우에 CIA는 단순히 다른 정책기관에 첩보를 지원한다기보다 사실상 정책을 시행하고 있다(제9장에서 더 자세히 논의함). CIA는 대통령에게 직접 보고하는 독특한 역할로 인해 비밀공작을 수행하는 기관으로 분명한 선택을 받았는데, 이는 대통령만이 그런 활동을 재가할 수 있기 때문이다.

넷째, CIA는 미국 정보·국가안보 기관에 침투하려는 외국 정보기관의 활동을 식별·감시·이용·교란하기 위해 대적정보 분석을 생산할 뿐 아니라 대적정보·**방첩**(counterespionage) 공작을 운영한다. 국내적으로 대적정보 활동을 담당하는 FBI와 함께 CIA는 러시아, 중국 등의 적대적 정보기관이 공작원을 모집하고, 기밀인 군사·과학·경제 첩보를 훔치고, 미국의 중요한 민·관 정보시스템에 침투하려는 제반 활동을 수없이 적발했다.

출범 이후 대체로 CIA는 이처럼 중대한 임무를 고려해 영향력이 가장 큰 기관으로 여겨졌다. 게다가 CIA 부장은 중앙정보장을 겸임함으로써 대통령의 수석 정보보좌관인 동시에 정보공동체 내 다른 기관들을 감독하는 책임도 맡았다. 그러나 이러한 영향력은 **2004년 정보개혁·테러방지법**(IRTPA) 제정으로 감소했다. 이 법률에 따라 신설된 국가정보장이 NSC·대통령의 수석 정보보좌관인 동시에 정보공동체를 관리하는 역할도 맡게 되었다. 이렇게 되면서 CIA 부장은 이제 국가정보장에게 보고하고 있는데, 이 때문에 CIA는 백악관과 정보공동체 내에서 종전의 위상을 일부 잃었다. 일부 CIA 경력자들은 이것을 징벌적인 조치로 보았는데, CIA가 9·11 테러를 막지 못하고 이라크 대량살상무기를 잘못 분석한 데 대한 불만을 반영했다는 것이다. 그러나 다른 논객들은 역대 CIA 부장들이 CIA를 일상적으로 운영하는 일과 거대한 정보공동체를 효과적으로 감독하는 일을 동시에 잘할 수는 없었음을 강조한다. 그렇긴 하지만, CIA 부장과 국가정보장 간의 관계는 계속 진화하고 있다.

오늘날에도 CIA는 여전히 정보공동체에서 가장 눈에 띄는 구성원인바, 종종 CIA의 분석이 정보활동 성과의 비공식적인 기록으로 여겨지며, 따라서 평가보고서가 과녁을 빗나갈 때는 CIA가 비난을 가장 많이 받는 기관이 된다.[9] CIA는 여전히 대통령의 정보 요구에 가장 신속하게 반응하는 기관이며, 「대통령일일브리핑」 항목의 80% 이상을 생산한다고 한다. 더욱이 테러와 반란,

대량살상무기 확산이 우려되는 지금 시대에는 CIA의 비밀공작 프로그램이 국가에 대한 미래의 공격이나 기타 위협을 방지하려는 대통령의 노력에 그만큼 더 긴요하게 되었다. 최근에는 CIA가 운영하는 비밀 구금과 신문 프로그램이 관심과 비난의 대상이 되었다. 양당 출신의 두 대통령이 그 프로그램을 재가했는데도 말이다.

국방정보기관의 확대

군사정보는 아마도 가장 오래된 정보 분야일 것이다. 한 군사 분석관이 주장했듯이, "군사정보는 작전의 토대다".[10] 손자(孫子), 카를 폰 클라우제비츠(Carl von Clausewitz) 등과 같은 군사 전략가와 조지 워싱턴, 드와이트 아이젠하워, 데이비드 퍼트레이어스(David Petraeus) 등 미국의 유명한 장군들은 적에 대한 군사적 우위를 점하기 위해 간첩과 기만, 사보타주에 의존했다. 군이 오랫동안 미국 정보공동체를 지배해 온 것은 놀랄 일이 아니다. 최초의 미국 정보조직은 1882년 설립된 해군 정보실이며, 육군의 군사정보국은 1885년 설립되었다. 양 기관은 미국 대사관에 배치된 무관 시스템을 통해 제1차 세계대전 이전부터 제2차 세계대전까지 유럽과 아시아 강대국들의 군대에 관한 첩보를 수집했다.

제2차 세계대전과 뒤이어 시작된 냉전은 크고 다양하며 항구적이고 독자적인 군사정보 공동체를 요구했다. 진주만에서 겪은 군사정보 실패로 인해 육군과 해군은 연합군 측에 추축국을 물리치는 데 필요한 정보를 주려고 인간정보 사용과 신호정보 수집을 재편하고 확대했다. 그리고 소련이 1950년대에 군사·핵 위협으로 점차 부상하자, 신설 국방부가 미국 본토와 대외 방위 공약에 대한 주요 위협에 초점을 맞추어 **군사 분석**(military analysis)을 수행하기 위해 더 많은 정보를 요구했다.

오늘날 국방정보는 국가정보 프로그램 예산의 약 3분의 2에서 4분의 3을 차지하며, 수집 활동·인원 면에서 최대인 정보기관 몇을 포함한다. 육군과 해군, 공군, 해병대에 각각 소속된 군종별 정보조직 외에 큰 전투지원 기관들이 있는데, 여기에는 국방정보국, 국가안보국, 국가정찰실 및 국가지공간정보국이 포함된다. 이 4대 기관은 국가 수준의 모든 군사정보를 수집·이용·분석하는 일을 담당하며, 이들에게 군사정보를 요구하는 사용자는 대통령과 NSC, 특히 국방부 장관과 합동참모본부, 그리고 전 세계에 걸쳐 약 12개의 통합·특수사령부에 분산된 고위 장군과 제독들이다. 이들 기관이 충족해야 하는 주요 정보 요구사항은 다음과 같다.

- **전투서열**(OOB) 데이터(적군의 위치, 규모, 준비 태세 및 역량)
- 외국군의 무기체계에 대한 과학적·기술적 평가
- 전략 및 전역(戰域) 수준의 목표물
- 군과 민간의 인프라와 통신망
- 상대국의 국방경제와 지출 수준
- 외국군의 환경적·문화적 특성
- 군사적 대적정보 위협
- 해외 전역(戰域)의 기본적 지리·지형·기상 조건
- 지휘·통제·통신·컴퓨터(C^4) 시스템
- 외국의 군사 전략·계획·의도에 대한 평가
- 외국군의 지도부 평가[11]

이토록 많은 군·민 사용자들을 위해 이토록 광범위한 정보 요구사항이 있음을 나열하는 것은 국방정보의 엄청난 규모와 비용을 설명하는 데 도움이 된다. 하나의 부처 안에 군종별 및 전투지원 정보기관이 너무 많아 2003년 국방부는 정보 담당 국방부 차관직을 신설해 모든 국방정보기관이 그에게 보고하도록 했다. 이러한 변화로 인해 정보 담당 국방부 차관이 국방부 세출예산을 통해 실행되는 국가정보 프로그램을 상당 부분 맡게 되었다. 명령계통에 따라 국방정보국, 국가안보국, 국가정찰실 및 국가지공간정보국 수장들은 이제 국방부 소속 '전투지원 기관' 입장에서 정보 담당 국방부 차관에게 보고하는 동시에 국가정보공동체의 구성원 입장에서 국가정보장에게도 보고해야 한다.

국방정보국

국방정보국은 한국전쟁(1950~1953) 기간과 그 이후에 발생한 각 군의 정보기관 간 조율 문제를 광범위하게 조사한 후 1961년 설립되었다. 국방정보국의 공식 역사는 그 문제를 다음과 같이 서술하고 있다. "적시성 있는 군사정보의 필요성이 널리 인식되었지만, 육군과 해군, 신설 공군은 여전히 별도로 첩보를 수집·생산·배포했다. 각 군이 별도로 때로는 모순되는 판단을 제공했기 때문에 그 시스템은 중복되고 비경제적이며 효과가 없었다."[12]

1960년대 로버트 맥나마라(Robert McNamara) 국방부 장관은 국방부를 더욱 효율적으로 만들고 국방 프로그램에 대한 문민의 평가를 도입하려고 했으며, 특히 소련의 위협에 대한 각 군의 정보판단에 의문을 제기했다. 그는 편협한 각 군은 더 많은 군사 예산 확보에 관심이 있으므로 소련의 군사 역량에 관한 정보 추정치를 과장할 수 있다고 우려했다. 따라서 그는 합참을 통해 자신에게 보고하는 더 독립적인 국방정보국을 강력히 지지했다. 그는 국방정보국이 충분한 인력을 갖추게 되면 더욱 독립적으로 정보보고서를 제공하는 출처가 될 것이라고 기대했다. 그렇긴 하지만, 국방정보국 창설이 각 군의 편향을 제거하지는 못했으며, 다만 일부의 국방정보 자원을 절약하는 데 도움이 되었을 것이다. 예를 들어, 국방정보국은 각 군의 무관 프로그램을 인수해서 중앙집중식으로 운영할 수 있었다. 그럼에도 각 군은 자체 정보국을 유지해, 국방정보국의 판단과 항상 일치하지는 않는 개별 평가보고서를 오늘날까지 계속 생산하고 있다.

장기간에 걸쳐 성장한 국방정보국은 주요한 정보 수집·분석 기능을 수행한다. 4대 중요 임무는 ① 국방 관련 이슈와 군사적 이슈에 대한 전출처 정보를 생산하기, ② 국방 인간정보 수집을 관리하기(무관을 통한 공개적 수집과 간첩 활동을 통한 은밀한 수집을 모두 포함함), ③ 측정·표지정보 등 기술적 수집 프로그램을 관리하기, 그리고 ④ 군사 관련 대적정보 분석을 수행하기다.

분석과 관련해, 국방정보국이 운영하는 군무원·군인 분석관 조직은 미국 정부 내에서 가장 큰 규모에 속한다. 분석관들 대다수가 워싱턴에서 근무하지만, 전투사령관을 직접적으로 지원하기 위해 각 전역으로 배치되는 분석관이 늘고 있다. 국방정보국은 각 군을 위해 무관 프로그램을 운영하고 있는데, 미국 대사관에 파견된 육해공군과 해병대 장교들은 국방부를 대표해 주재국 군 장교들을 상대한다. 또한 국방정보국은 CIA와의 긴밀한 협력과 합동 훈련을 통해 군사첩보를 은밀하게 수집하는 국방부 인간정보 부서를 운영한다. 기술적 수집과 관련해, 국방정보국은 측정·표지정보의 국가 관리자 역할을 하는데, 중요한 군사 기술을 드러낼 수 있는 환경 데이터(예컨대 음향, 지진, 방사능 등)를 수집하려고 다양한 기술적 센서를 운용한다. 끝으로 CIA와 함께 국방정보국은 미국 군부에 침투하고 간첩을 모집하려는 외국 정보기관의 활동과 관련해 대적정보 첩보를 수집하고 분석한다.

다수의 다른 전투지원 기관과 마찬가지로, 국방정보국을 이끄는 수장도 현역 3성 장군인데, 그의 임명은 국방부 장관의 지명, 국가정보장의 승인 및 상원의 인준을 거친다. 중요한 것으로, 국방정보국장이 군사정보이사회(Military Intelligence Board, MIB)를 주재하는데, 이 이사회에서 각 군의 정보기관 수장들과 국가안보국, 국가지공간정보국 및 국가정찰실 수장들이 국방정보 수집 우선순위, 예산, 프로그램 등을 결정하고 합의한다. 이 지위에서 국방정보국장은 모든 전투 기관의 통합된 군사정보 견해를 종종 발표한다.

국가안보국

국가안보국(NSA)은 그 활동 면에서 CIA 다음으로 언론인과 학자들의 흥미를 끈다. 국가안보국이 CIA와 마찬가지로 음지에서 활동하는 것은 그 신호정보 활동이 속성상 극비이기 때문이다. 국방정보국처럼 국가안보국도 각 군 정보기관의 개별적이고 조율이 부족한 신호정보 활동을 집중화하기 위해 창설되었다. 1949년 합동참모본부는 육해공군의 개별 프로그램을 더 잘 조율하기 위해 하나의 삼군 보안기관을 창설하는 임무를 맡았다. 그런 조치가 불충분하다고 판명되자, 추가 연구를 거쳐 1952년 NSC가 국가안보국을 설립하는 비밀 행정명령을 제안하고 트루먼 대통령이 서명했다.[13] 국가안보국 창설은 1970년대 중반까지 공식적으로 비밀이었다. 그러다가 상원과 하원이 베트남전쟁에 반대하는 미국인 시위자들을 국내에서 감시하는 국가안보국의 불법 활동을 조사한 것이다. 오늘날에도 국가안보국의 강력한 신호정보 수집 역량은 미국 국민의 시민적 자유에 대해 우려를 불러일으키고 있다. 최근에는 에드워드 스노든이 국가안보국이 전 세계적으로 수집한 통신 — 그 일부는 미국의 동맹국들에 대한 것이었다고 보도됨 — 을 누출한 사건으로 말미암아 의회와 국민이 국가안보국의 활동이 법률의 허용 한계를 넘는 것은 아닌지 의심하게 되었다.

오늘날 국가안보국은 미국의 주된 암호기관으로서 두 가지 임무를 수행한다. 가장 중요한 첫째 임무로, 국가안보국은 안전하고 암호화된 통신 장비·시스템을 만들어 미국의 국가안보 정보를 보호해야 한다. 국가안보국은 흔히 정보보안(INFOSEC) 또는 정보보증으로 불리는 것 — 미국 정부 전체가 사용하는 암호화된 코드와 암호화 장비(예: 비화 전화 등 안전한 통신기기) — 을 생산한다. 둘째, 국가안보국은 미사일 원격측정 시스템, 군의 지휘·통제·통신(C^3) 시스템, 상용 전화와 인터넷망, 외국의 정보망 등 외국 신호정보를 수집·이용·분석해야 한다. 일반인이 쓰는 용어로, 국가안보국은 사실상 모든 형태의 외국 전자신호를 수집·처리·분석하려고 한다. 예를 들어, 외국 군대가 새로운 무기를 시험할 때 국가안보국은 외국계기신호정보를 수집하고, 외국 외교관이나 군사령관이 서로 통화할 때는 통신정보를 수집하며, 외국 군대가 레이더 등 다양한 전자기기를 작동할 때는 전자정보를 수집한다. 이 모든 일을 하기 위해 국가안보국은 대규모의 군무원·군인 인력을 운영하는데, 이들은 암호분석, 암호술, 수학, 컴퓨터과학 및 외국어 기량을 갖춘 전문가들이다. 국가안보국은 미국에서 수학자와 컴퓨터 '괴짜'를 가장 많이 고용하는 업체라는 말이 종종 언급된다.

국방정보국장처럼 국가안보국장(종종 'DIRNSA'로 약칭함)도 정보 담당 국방부 차관에게 보고하는 현역 3성 장군이다. 국가안보국장은 국가안보국의 활동을 지휘할 뿐만 아니라 각 군의 신호정보 활동도 감독함으로써 국가안보국과 원활하게 협력하도록 보장한다. 이 책을 쓰는 시점에서 국가안보국장이 미국 사이버사령부(Cyber Command, CYBERCOM)의 사령관직을 겸하고 있다. 사이버사령부는 2010년에 설립된 통합군사령부인데, 그 임무는 미국의 국방 정보망을 외국의 사이버공격으로부터 보호하고 미국의 군사작전을 지원하기 위해 모든 영역의 사이버 작전을 수행하는 것이다. 사이버사령부를 전담하는 독립된 사령관을 내기 위해 국가안보국장의 겸임을 분리해야 하는지에 대해 앞으로 논의가 계속될 것이다.[14]

국가정찰실

'사진 하나가 백 마디 말보다 낫다'는 속담이 있지만, 그 사진이 의미하는 바를 정확히 해석하고 이해할 수 있을 때만 그렇다. 국가정찰실(NRO)은 영상정보와 신호정보를 수집하는 하늘의 위성을 만들고 운영하는 기관이다. 국가정찰실은 1950년대 우주 시대가 열리면서 탄생했다. 냉전 시대 소련의 핵·미사일 시험에 대한 정보 요구로 인해 소련 상공을 나는 '첩보기(spyplane)' 조종사들이 큰 위험을 안았다. 1958년 아이젠하워 대통령은 과학·군사 보좌관들에게 소련의 시험장과 미사일 기지를 촬영할 수 있는 우주 기반의 위성시스템을 개발하는 긴급 프로그램에 착수하도록 지시했다. 1960년경 코로나(Corona)로 명명된 최초의 그런 시스템이 "미사일 격차(missile gap)" 신화를 불식시키는 데 일조한 정찰 사진들을 생산했다.[15]

초기의 정찰위성 개발에 박차를 가한 것은 미국의 공군과 해군, CIA가 모두 자체적인 이유로 상공의 수집 역량을 개발하고 싶었기 때문이었다. 공군은 폭격을 위한 표적화(targeting) 첩보에 관심이 있었고, CIA는 소련의 미사일 시험에 관한 첩보가 필요했으며, 해군은 소련의 해상작전을 감시하고 싶었다. 이 결과로 현역 군인, CIA 직원, 민간인 직원, 도급업자 등으로 구성된 혼성 조직이 탄생했다.

이러한 세 개의 개별 프로그램을 중앙에서 관리하게 된 것은 1961년 맥나마라 국방부 장관이 새로 창설된 국가정찰실 아래로 통합했을 때다. 공군부 차관보를 겸직하는 국가정찰실장은 국방부 장관과 중앙정보장(2005년 이후에는 국가정보장) 모두에게 보고하게 되었다. 이 조직의 존재는 물론이고 그 명칭조차 1992년 딕 체니 국방부 장관이 공개할 때까지 비밀로 유지되었다.

국가정찰실은 첫 10년 동안 소련과 중화인민공화국의 군사적 역량과 의도를 밝히는 데 주력했다. 코로나 프로그램은 미국의 정보 욕구를 충족하기 위한 임시방편으로 여겨졌음에도 1970년대 초반까지 계속 진행되었다. 그러나 더 많은 분량과 더 높은 해상도의 영상이 요구됨에 따라 미국이 KH-7 및 KH-9 위성시스템을 도입했는데, 이 시스템은 100여 차례 임무를 수행하는 동안 수천 미터 길이의 필름을 생산할 수 있었다. 이러한 필름 회수 시스템은 1976년 최초의 전자광학 KH-11 시스템으로 대체되었는데, 이 시스템은 해상도가 훨씬 더 높은 영상을 근 실시간으로 지상기지로 전송했으며 이어서 워싱턴에서 신속한 처리와 해석이 이루어졌다.[16] 1968년 소련의 체코슬로바키아 침공과 1973년 아랍의 이스라엘 공격과 같은 군사적 기습을 피하자는 것이 그런 역량을 개발하는 강력한 동인으로 작용했는데, 정책결정자들에게 적절히 조치할 수 있도록 충분한 경보 시간을 주려는 목적이었다.

1990년대에 국방·정보 예산이 (이른바 '평화 배당금'으로) 삭감을 당하면서 국가정찰실은 세 개의 개별 공군·해군·CIA 프로그램과 그 인원을 재편하고 통합했다. 대형 위성에 드는 비용이 또한 다양한 영상정보·신호정보 수집 역량을 단일한 위성 플랫폼에다 통합하는 요인으로 작용했는데, 이는 '발사당 성과(bang per launch)'를 극대화하려는 것이었다.

냉전 기간에 국가정찰실 시스템은 주로 소련과 중국의 전략적·전술적 군사 표적에 관한 수집 활동에 집중했는데, 그런 표적이 미국에 대해 가장 직접적인 군사 위협으로 간주되었기 때문이다. 그러나 현재 훨씬 더 다양하고 강력한 위성 프로그램이 사용되고 있는 것은 다음과 같은 다양한 국가안보 과제를 위해서다.

- 대량살상무기 확산 감시하기
- 국제 테러리스트와 마약 밀매업자, 범죄단체 추적하기
- 고도로 정확한 군사 표적화 데이터 및 폭탄-피해 평가(bomb-damage assessment)를 개발하기
- 국제 평화유지 및 인도주의적 구호 활동을 지원하기
- 지진, 쓰나미, 홍수, 화재 등 자연재해의 영향을 평가하기

영상을 응용하는 분야가 많은바, 국가정찰실과 긴밀히 협력하는 국가지공간정보국은 위성 영상 및 신호정보를 다른 데이터와 결합해 독특한 지공간정보를 생산한다. 또한 재난구호 및 환경 감시를 위해 국가정찰실의 상당한 자원을 이용하는 데 관심을 가진 국내기관들이 있다. 그래서 지금은 내무부 내에 민간응용위원회가 있는데, 이 위원회에서 국토안보부, 보건복지부 등 다른 국내기관 대표들이 영상을 요청할 수 있다.[17]

다른 전투지원 기관과 마찬가지로 국가정찰실도 국방부 장관과 국가정보장 양쪽으로 충성한다. 최초의 국가정찰실 정관은 국방부 장관에게 직접 보고하도록 규정했지만, 나중에 정보 요구사항을 부과하는 국가정보장의 권한을 인정했다. 지미 카터 대통령이 처음으로 국가정찰실을 국가 해외정보 프로그램의 일원으로 수용하면서 당시 중앙정보장에게 그 예산편성권을 부여했다.

오랫동안 특별한 영상요구·이용위원회(Imagery Requirements and Exploitation Committee, COMIREX)가 군사 정보기관뿐 아니라 영상정보에 의존하는 모든 정보공동체 기관이 합동으로 그 긴급성, 빈도, 해상도 등을 포함한 영상 우선순위를 결정할 수 있도록 보장하는 기능을 수행했다.[18] 2010년 국방부 장관과 국가정보장 간의 합의각서는 국가정찰실장이 위성시스템에 관해 양인 공동의 수석 보좌관임을 명시했다. 실무적으로 이 규정은 국방부 장관과 국가정보장이 모두 위성시스템과 관련된 향후의 정보 요구를 승인해야 한다는 의미다. 한 역사가의 표현대로, "국방부와 정보공동체 간에 어느 정도의 갈등이 국가정찰실 역사의 일부로 내재하며, 오늘날에도 여전히 조직 운영의 과제다".[19]

국가지공간정보국

국가지공간정보국(NGA)은 국가안보국(신호정보 담당), 국가정찰실(영상정보 담당), CIA(인간정보 담당) 등 다른 수집기관과의 긴밀한 관계에 의존해 다양한 지공간정보를 생산한다는 점에서 활동 방식이 독특하다. 그 역사를 간단히 살피기 전에, 지공간정보의 실무적 정의가 필요하다. 정보공동체는 지공간정보를 "지구 위 물체의 특성과 지리적으로 표시된 활동을 설명·이용하고 시각적으로 묘사하는" 영상 및 기타 지공간 첩보를 이용하고 분석하는 활동으로 본다.[20] 일반인이 쓰는 용어로, 지공간정보는 영상만 활용하는 것이 아니라 영상을 다른 모든 정보 수집 분야의 데이터·첩보와 결합하기도 한다. 영상첩보는 많은 지공간 첩보와 분석의 토대가 되고 있다. 그러나 영상첩보는 흔히 '부수적 수집(collateral collection)'이라고 불리는 다른 첩보와 결합해야 영상 자체에 의미나 가치를 부여할 수 있다.

지공간정보가 왜 단순한 영상 이상인지를 설명하는 두 가지 예를 보자. 첫째, 2004년 쓰나미가 필리핀을 강타하고 지형을 바꾸었을 때, 국가지공간정보국은 디지털 매핑(mapping) 영상을 활용해 구조 선박들이 사용하는 해양 지도를 수정했다. 특히 피해자들이 사용하는 소셜 미디어를 활용해 기존 지도를 업데이트함으로써 새로운 물리적 위험, 폐쇄된 도로, 이재민 등을 조명했다.[21] 둘째, 국가지공간정보국은 오사마 빈 라덴 등 다수의 이른바 고가(高價) 표적을 찾는 데 핵심적으로 공헌했다. 넵튠 스피어 작전(Operation Neptune Spear)을 계획할 때, 국가지공간정보국은 아보타바드에 있는 빈 라덴 주거를 정확하게 복제하는 과정에서 다양한 형태의 영상을 사용해 그 건물을 측정함으로써 일조했다. 이 첩보가 미국 해군 특수부대원들(Navy SEALs)에게 어디에 헬기를 착륙시킬지 보여주고 건물 거주자의 수와 성별, 신장까지 상세히 알려주었다고 한다.[22]

이 새로운 분야가 정말로 그리 새로운 것은 아니다. 고대와 현대의 육군과 해군은 전장의 험한 지형적 특성과 유리하거나 위험한 해상 경로를 표시하기 위해 항상 지형과 해양 지도를 작성하고 거기에 의존했다. 예컨대, 1803년 토머스 제퍼슨(Thomas Jefferson) 대통령은 미국 육군의 루이스와 클라크 탐사대(Lewis and Clark Expedition)를 프랑스에서 사들인 광대한 루이지애나 영토의 중요한 지형적 특징을 지도화하도록 파견했다. 미국 해군도 일찍이 1830년대부터 영국 해군의 차트에 의존하지 않기 위해 국방 관련 지도를 작성했다.[23] 마찬가지로, 대적 표적화 및 전략 폭격 작전에 의한 피해 평가를 지원하기 위해 공중정찰 관행이 오랫동안 이어져 왔다. 양차 세계대전을 통해 전장, 착륙지, 적 표적 등을 지도화하기 위한 그런 공중정찰이 꾸준히 확대되고 더 정교해졌다. 이 모두를 수행한 각 군은 주로 자신들의 고유 영역, 즉 육해공의 전투 공간에 관심을 쏟았다.

CIA는 U-2 및 SR-71/AR-12 첩보기를 사용하고 종국에는 우주 기반의 영상 위성을 사용함으로써 훨씬 더 앞서가는 진전을 이루었다. 또한 영상 수집이 늘어나면서 이 증대된 데이터를 해석하는 전담 분석관 집단이 필요하게 되었다. 이리하여 지공간정보가 점차 재편되고 집중화되었다. 1961년 아이젠하워 대통령은 CIA의 기존 영상분석 활동과 육해공군의 유사 활동을 통합해 국가사진해석센터(NPIC)를 창설했다. 이 센터는 1962년 쿠바에 몰래 배치된 소련 미사일을 식별해 때 이르게 공헌했다. 1960년대와 1970년대의 베트남전쟁 기간에 지도 제작 업무의 조율을 개선할 필요성이 대두됨에 따라 각 군의 제도 제작 기능이 상당히 통합되어 단일한 국방지도국(DMA)이 탄생했다. 그러나 1990년대 중반이 되어서야 비로소 윌리엄 페리(William Perry) 국방부 장관과 존 도이치(John Deutch) 중앙정보장이 모든 영상과 지도 제작 업무를 통합해 단일한 국가영상·지도국(NIMA)을 창설하기로 합의했다.

9·11 직후, 국가영상·지도국장이 된 제임스 클래퍼(James Clapper)는 이제 점점 더 많은 고객을 위해 더 정교한 제품을 생산한다는 방침을 추진했다. 점차 국가영상·지도국은 군사 지도나 완료된 영상분석을 뛰어넘는 지공간 첩보를 생산했다. 사실은 국가영상·지도국이 인도주의적 구조 활동과 국제협상을 지원하고 테러범과 범죄자, 해적의 위치와 이동을 표시하기 위해 영상을 다량의 다른 데이터와 결합하고 있었다. 이렇게 다양한 응용과 정부 사용자들에 힘입어 클래퍼 장군은 이러한 업무 중점의 변화를 강조하기 위해 국가지공간정보국으로 개명을 추진했다.

또한 국가지공간정보국은 국가안보국이나 국방정보국과는 달리 군 장성이 아닌 고위 민간인이 현재 국장을 맡고 있다. 국가지공간정보국이 역시 지공간적 임무와 요구사항을 가진 여러 비군사 부처·기관과 협력해야 한다는 점에서 이는 이해할 만하다. 국가지공간정보국이 국가안보 목적의 실행 가능한 정보를 개발하기 위해서는 다수의 국내기관이 생산하는 지공간 첩보에 접근할 필요가 있을 것이다. 국장은 국방부가 생산하는 모든 지공간정보를 관리하면서 다수의 비국방부 기관들과 협력해야 하는 고위직이다. 그러한 비전통적·비군사적 응용 분야의 일부 예를 들자면, 사막화나 기후변화와 같은 환경 문제, 자연재해로 인한 지질학적·환경적 과제, 인권과 전쟁범죄 데이터, 인구 이동, 에너지 생산과 교란, 기상 등 자연적 요인으로 인한 식량안보 문제 등이 있다.

국무부 정보·조사국

국무부 정보·조사국(INR)은 국무부 장관과 다른 국무부 정책결정자들 — 부처에 소속된 대사, 특별협상 대표 및 기타 외교직 전문가를 포함함 — 에게 전(全)출처 정보를 지원한다. 정보·조사국 담당 차관보는 상원의 인준을 받으며, 국무부 장관에게 직접 보고하는 그의 수석 정보보좌관이다. 이러한 지위에서 정보·조사국이 담당하는 업무는 자체의 부문정보 분석을 생산하고, 국무부의 정보정책을 기안하며, 미국 외교를 지원하는 국가정보 활동을 조율하는 일이다.

정보·조사국은 전략정보처의 직접적인 후신임을 자부했다. 사실, 세계대전이 끝날 무렵에 전략정보처의 조사·분석 부서가 국무부로 이전되었으며, 당시 그 부서의 규모(직원 1600명)는 오늘날(직원 300여 명)에 비해 방대했다.[24] 그 부서는 훗날 전출처 분석의 토대가 되었다. 그러나 그와 동시에 전략정보처의 수집과 특수공작 기능은 각각 CIA와 군부로 이전되었다. CIA나 국방정보국, 국가안보국과는 달리 정보·조사국에는 공식적인 수집 활동이 없다. 그렇긴 해도, 미국 대사관과 영사관에서 미국 정부로 올라오는 광범위한 외교 보고서는 질적으로 상당한 통찰력을 정보·조사국에 제공한다. 그 분석 인력에 포함된 문민의 지역별·요소별 전문가들은 타 기관 분석관들보다 훨씬 더 오래 담당 직무를 지키는 경향이 있다. 역사적으로 직원의 약 30%가 해외에서 근무한 외교관들이었는데, 이들은 담당 지역·국가를 잘 알며 담당 대사관 및 그 외교 보고서와 탁월하게 연결되고 있다. 당연히 정보·조사국 조직은 여러 지역별·요소별 부서와 잘 공조하는데, 이 부서들이 정보·조사국 평가보고서의 주된 소비자다.

중요한 것은 정보·조사국이 부처의 정책 결정 프로세스와 가깝다는 점이다. 정보·조사국의 분석은 각 지역별·요소별 부서 직원들의 일일 및 주간 회의에 정례적으로 포함된다. 이에 따라 정보·조사국은 국무부 차관보들과 고위 관리들의 의제로 올라 있는 현행 및 장기 이슈에 대해 맞춤형으로 평가할 수 있는 독보적 위치에 있다. 2002년까지 정보·조사국은 또한 「장관의 아침 요약(Secretary's Morning Summary)」이라는 일일 정보회람을 발간했는데, 백악관과 다른 PDB 고객들에게도 회람되었다. 이 회보가 비밀로 분류되지는 않았지만, 가끔 PDB보다 잘 썼다는 칭찬을 들었다. 널리 회람된 이 일일 현용정보 발간물이 결국 종료된 것은 정보·조사국과 핵심 고객들의 결정에 따른 것인데, 국무부 고객들이 직접적인 관심 사안에 대해 상세히 분석한 특별 맞춤형 보고서를 받게 되면, 정보·조사국의 영향력이 더 커질 수 있을 것으로 보고 내린 결정이었다.

정보·조사국은 국무부 장관과 같은 고위 정무직 인사에게 보고함에도 정책으로부터 독립된 주장을 내놓을 수 있다는 좋은 평판을 받고 있다. 베트남전쟁 기간에 정보·조사국이 미국이 "가슴과 마음을 사로잡고 있다"라는 맥나마라 국방부 장관의 장밋빛 평가에 대해 반대한 것은 유명하다.[25] 1960년대 초 정보·조사국은 남베트남에 대한 「국가정보판단서」가 너무 낙관적이라고 줄곧 반대의견을 냈으며, 펜타곤이 추정한 북베트남의 병력 수치에 대해서도 반박했다. 보다 최근에 이러한 독립성 평판을 과시한 것은 사담 후세인의 핵 프로그램 상태에 관한 2002년 이라크 WMD 판단서(제10장에서 논의함)에 대해 공개적으로 반대했을 때다. 정보·조사국은 또한 정무직 인사들이 큰 틀에서는 정치적 방침을 따르라고 압박할 때마다 분석관들 편에 섰다.[26]

정보·조사국은 미국 외교, 더 넓게는 미국의 대외관계 수행에 영향을 줄 수 있는 정보 문제에 대해 국무부 장관에게 조언하고, 국무부의 대CIA 관계를 관리하는 책임을 맡고 있다. 이러한 지위에서, 정보·조사국은 국무부를 대표해 CIA 활동이 외국 정부와의 미국 외교와 일치하도록 보장하는 역할을 한다. 전반적으로 정보·조사국은 다른 정보기관에 대해서도, 특히 정보공유와 관련해 국무부의 이해관계를 대표한다. 예를 들어, 국무부 장관이 민감한 정보를 외국 관리와 공유하고자 할 경우, 정보·조사국이 그 보고서를 — 국가안보국 신호정보에 기반한 것이든, 아니면 CIA 인간정보에 기반한 것이든 — 생산한 기관의 승인을 받아야 할 것이다. 또한, 정보·조사국 고위직은 비밀공작이나 기타 특수한 정보활동 제안을 조율하고, 그러한 제안이나 계획이 외교적 파장을 일으키지는 않을지 또는 외국 정부와 공유해야 하는 것인지 평가하는 일을 담당한다.

연방수사국의 정보 역할 증대

연방수사국(FBI)은 20세기 초 탄생한 초기부터 정보 관련 활동에 관여해 왔다. 2001년 9월 11일 이전에는 업무의 주된 초점을 대적정보, 즉 적대적 외국 정보기관에서 비롯되는 위협에 두었었다. 역사적으로 테러는 핵심 임무가 아니었으며, 그런 사건은 워싱턴에 있는 FBI 본부의 별다른 관여 없이 한 지부(field office)에서 개별적으로 처리되었다. 9·11 음모자들에 대한 후속 조사에서 FBI의 대테러 사건 처리에 중대한 결함이 있음이 조명되었다. 그 결함의 예를 들자면, FBI의 업무절차가 수사 첩보를 "연통(stove-pipe)" 안에서만 흐르게 하고 본부의 효과적인 감독을 막았으며 테러 사건에 부여한 우선순위에 일관성이 없었다는 식이다.[27] 9·11과 2004년 정보개혁 이후, FBI는 미국의 주된 '국내 정보' 조직이 되었다.[28] 이 새로운 시대를 맞이하며 FBI는 그 임무 천명을 수정해야 했는데, '법집행'에 집중되었던 종전의 임무를 '국가안보'에 가까운 무언가로 바꾸어야 했다. 이러한 양자의 융합은 새로운 형태의 임무를 요구하고 FBI의 법집행 문화에 변화를 강요했다.

새 시대, 새 임무를 인식한 FBI는 그 부국장이 이끄는 국가안보단(NSB)을 창설했다. 이 신설 부서는 대테러, 대적정보, WMD 등과 관련해서 미국에 대한 범죄와 위협을 수사하는 특수요원과 분석관들로 구성되어 있다. 9·11 이후, FBI 전반에 걸쳐 있는 정보 자원을 신중하게 관리하고 정보 전략·프로그램을 수립하기 위해 정보 부서가 국가안보단에 추가되었다. 2014년부터 FBI는 한 걸음 더 나아가 완전히 별개 부서인 정보단(Intelligence Branch)을 창설했다. 정보단의 임무는 FBI의 정보활동을 통합하는 일을 계속하는 동시에 분석과 첩보가 정부 전체적으로 그리고 국제 파트너들과 공유되도록 보장하는 것이다.

워싱턴 순환도로를 벗어나, 주요 대도시 지역에 설치된 FBI 합동테러대책반은 그 수가 종전의 20여 개에서 9·11 이후 100개 이상으로 증가했다. 이 대책반은 연방정부뿐 아니라 주·시 법집행기관에서 끌어모은 FBI 법집행·정보 전문가들로 구성된다. 해외에서 FBI는 60개 이상의 법무관 사무실을 운영하고 있는데, 이들은 외국에 주재하는 법집행기관과 정보공동체의 일원이다. 이들 법무관은 해외에서 활동하는 다른 미국 정보기관뿐 아니라 외국의 법집행·보안 기관과 협력한다. 미국이 재판에 회부하고 싶은 테러 용의자와 WMD 확산자의 송환·인도를 추진하는 일은 대부분 법무관이 담당한다.

그저 미국의 '최고 경찰(top cop)'이라는 FBI의 조직문화도 바뀌었다. '특수요원들(special agents, 배지와 총기를 소지하고 체포 권한이 있음)'이 주류를 형성하고 있는 FBI는 대규모(약 3000명)의 정보 분석관 집단도 육성했다. 이 분석관들은 워싱턴 시내의 FBI 본부에 있는 국가안보단에서 그리고 여전히 개별 수사를 주도하는 미국 전역의 56개 지부에서 근무한다. 특히 러시아가 2016년 미국 대선에 개입한 후, 점차 FBI는 미국의 정책결정자와 의회, 국민에게 정보활동의 결과와 경보를 제공하는 선도적 역할을 담당해 왔다.

기타 정보기관

16개 정보기관 중 나머지 기관들은 모두 각 부처에 소속되어 아마도 정보공동체 예산과 인력의 10% 미만을 차지하고 있을 것이다. 그럼에도 이들은 제각기 소속 부처 그리고 일부 경우에는 대통령과 그 보좌관들에게 중요한 정보를 제공하는 핵심적 역할을 담당한다. 특히 재무부와 에너지부의 작은 정보 부서들이 수행하는 정보 관련 활동에 관해 문헌은 그리 많지 않지만, 이들은 국제 금융 범죄, WMD 기술의 불법 이전, 핵 확산 문제 등을 집중적으로 다룬다. 재무부의 정보·분석실(OIA)은 최근 테러리스트, 마약 밀매업자, 무기 확산자 등의 금융 거래를 감시·교란할 수 있고, 러시아, 이란, 북한 등에 대해 효과적인 제재를 집행할 수 있는 그 능력 때문에 명성이 높아졌다.

마약단속청(DEA) 또한 지금은 법집행기관이자 정보기관으로 간주되며, 마약 밀매와 관련된 정보를 수집해서 조치하는 데 주력하고 있다. 법무부에 소속된 마약단속청은 해외에서도 상당히 활약하고 있는바, 미국 대사관에 배치된 특수요원들이 마약 관련 정보를 수집하고, 주재국 정부 기관과 협력하면서 마약 단속 작전을 수행하고 있다. 또한 마약단속청은 엘패소 정보센터(El Paso Intelligence Center, EPIC)를 운영하고 있는데, 여러 기관으로 구성된 이 센터는 미국 남서부 국경에서 불법 마약 거래·밀수를 단속하는 데 주력하고 있다.[29]

끝으로, 국토안보부는 두 개의 별도 정보 기능을 가지고 있는데, 첫째가 정보·분석실(I&A)이다. 국토안보부가 처음 창설되었을 때, 이 부처에 더 광범위한 대테러 정보 역할을 부여하자는 일부 여론이 있었지만, 주로 FBI와 CIA에 각각 국내와 국외 대테러 정보를 수집·분석하는 책임을 맡기자는 주장이 그 여론을 빠르게 잠재웠다. 그 대신에, 정보·분석실은 타 정보기관이 수집한 정보를 접수·활용해 본토에 대한 주요 위협을 부처 지휘부에 알리는 역할로 축소되었다. 또한 정보·분석실은 주, 시, 부족과 민간 부문의 파트너들에게 위협 첩보를 소통시키는 일을 담당한다. 그렇긴 하지만, 사이버 이슈에서는 국토안보부가 주된 역할을 담당한다. 최근에 보도되었듯이, 국토안보부는 FBI와 함께 미국 선거 시스템과 힐러리 클린턴(Hillary Clinton) 선거운동에 대한 러시아 정부 후원의 사이버공격에 관해 첫 공개 보고서를 만들었다.[30] 이 보고서의 부분적 의도는 지방 관리들에게 사이버 위협을 경고하고 각급 수준의 정부 간 협력을 고무함으로써 그들의 사이버 보안을 강화하려는 데 있었다.

두 번째 국토안보부 정보기관인 미국 해안경비대(USCG)는 독자적인 하나의 군종으로 활동하는 동시에 상당한 법집행·정보 기능을 보유한 혼성 조직이다. 해안경비대가 항상 군사정보 임무를 수행했어도 정보공동체에 합류한 것은 2005년 국토안보부로 이관되면서였다. 해안경비대의 가장 눈에 띄는 정보 임무는 주로 해상 루트를 통한 마약을 차단하는 것이다.[31] 해안경비대가 수행하는 다른 많은 역할 가운데 아마도 본토에 대한 해상 및 항만 안보 위협을 평가하고 대응하는 역할이 가장 중요할 것이다.[32]

국가정보장의 역할 증대

지금까지 정보공동체의 많은 기관·임무를 설명하면서 대통령과 국가안보 사업을 지원할 수 있도록 그들의 활동을 조직하고 지휘하는 것이 과제임이 강조되었다. 반세기 이상 CIA 부장이 중앙정보장을 '겸직'하면서 정보공동체를 감독하는 책임도 맡았다. 그 기간에 나온 수많은 연구물이 자원 대부분을 통제하는 막강한 국방부 장관과 비교해 중앙정보장의 예산·프로그램 권한을 강화하는 개혁을 주장했다. 중앙의 관리를 강화하자는 가장 과격한 주장은 전직 국가안보보좌관 브렌트 스코크로프트한테서 나왔다. 2001년 그는 조지 W. 부시 대통령에게 3대 국방정보기관, 즉 국가안보국, 국가정찰실 및 국가영상·지도국(국가지공간정보국의 전신)의 예산을 중앙정보장의 권한 아래 두고 국방부 장관에게는 각 군 정보 프로그램의 일상적 관리만 맡길 것을 건의했다고 한다.[33] 공식적으로 공개된 적이 없는 이 계획은 당시 도널드 럼즈펠드 국방부 장관의 강력한 저항을 받았다. 그리고 이전의 시도와 마찬가지로, "국가정보 차르(czar)"를 만드는 구상은 큰 몫의 국방예산 통제권을 정보감독위원회에 넘기고 싶지 않은 의회의 강한 저항에 부딪혔다.[34]

그 모두를 바꾼 것은 세계무역센터와 펜타곤에 대한 9·11 공격이었다. 이 기습공격을 분석한 결과, 정보공동체 전체적으로 첩보 공유가 취약했고 관리 책임이 분산되었으며 중앙정보장은 다른 기관에 빈 라덴의 위협을 더 심각하게 여기라고 지시할 수 없었음이 지적되었다. 설상가상으로 이라크 WMD 프로그램에 관한 2002년 「국가정보판단서」의 오판이 의회를 압박해 새로운 입법을 통과시켰는데, 수집과 분석을 모두 개선하도록 정보공동체를 재편하는 법률이었다.[35]

이에 따라 2004년 정보개혁·테러방지법은 정보공동체의 새로운 수장으로서 국가정보장 직책을 신설했다. 이제는 국가정보장이 종래 중앙정보장이 맡았던 모든 책임을 떠맡아 정보공동체 예산편성, 정보 우선순위 설정, 비밀첩보 보호 등을 총괄하고 「국가정보판단서」 생산을 감독하게 되었다. 가장 중요한 것은 국가정보장이 대통령과 NSC의 수석 정보보좌관으로서 중앙정보장을 대체한다는 사실이다. 특히 국가정보장이 이제 NSC 회의와 수장위원회 회의에서 정보공동체를 대표하며, 그의 참모들은 차석위원회와 기관간정책위원회 회의에서 국가정보장을 대표한다. 국가정보장에게 부여된 책임은 '행정명령 제12333호'에 명시되어 있으며, 이 명령은 2004년 정보개혁·테러방지법이 제정된 후 수정되었다(<글상자 4-2> 참조).

글상자 4-2 '행정명령 제12333호' 발췌(1981년 제정, 2003년 개정)

1.2 국가안전보장회의

(a) **목적** 국가안전보장회의(NSC)는 모든 해외정보, 대적정보 및 비밀공작, 그리고 그에 수반하는 정책과 프로그램의 시행과 관련된 검토·지침·지시에 대해 대통령을 지원하는 최고위 행정부 기관으로서 활동한다.

(……)

1.3 **국가정보장** 대통령의 권한·지시·통제에 따라 국가정보장은 정보공동체의 수장이며, 국가안보와 관련된 정보 문제에 대해 대통령, NSC 및 국토안전보장회의(HSC)의 수석 보좌관 역할을 담당하고, 국가정보 프로그램의 시행과 국가정보 프로그램 예산의 집행을 감독·지시한다. 국가정보장은 통합·조율된 효과적 정보활동을 지휘한다. 또한 국가정보장은 이 조항에 따른 의무와 책임을 수행할 때, 정보공동체의 일원을 거느린 각 부처의 장관과 CIA 부장의 의견을 고려한다.

(……)

(b) 법률에 따른 의무와 책임을 완수함과 더불어, 국가정보장은,

① 정보의 성격과 출처에 관계없이 정보가 적시에 효과적으로 수집·처리·분석·배포되도록 정보공동체를 위한 목표·우선순위·지침을 수립한다.

(……)

⑦ 적절한 부처·기관이 정보에 접근할 수 있도록 그리고 독립적 분석을 수행하는 데 필요한 지원을 받도록 보장한다.

⑧ 출처, 방법 및 활동을 무단 공개로부터 보호하며, 그런 보호 프로그램이 개발되도록 보장한다.

⑭ 정보공동체가 생산하는 정보의 생산·배포에 대해 궁극적인 책임을 지고, 관계된 정보공동체 구성원의 수장과 협의해 정보공동체 내 정보생산 조직에 분석 과제를 부여할 권한이 있다.

(……)

⑰ 정보공동체 구성원들이 수행하는 국가정보 임무부여·수집·분석·생산·배포에 대해 요구사항과 우선순위를 결정하고 그 활동을 관리·지휘한다. 이 책임에는 수집과 분석을 위한 요구사항 승인하기, 수집 요구사항 간 충돌 해소하기, 정보공동체 구성원들의 국가 수집 자산에 임무를 부여할 때 생기는 충돌 해소하기 등이 포함된다(대통령의 다른 지시가 있을 때 또는 국방부 장관과 국가정보장이 승인한 계획과 조치에 따라 국방부 장관이 수집 임무부여 권한을 행사할 때는 제외함).

출처: '행정명령 제12333호', 미국 정보활동. '행정명령 제13284호'(2003년)와 '행정명령 제13355호'(2004년), '행정명령 제13470호'(2008년)에 의해 수정됨. https://fas.org/irp/offdocs/eo/eo-12333-2008.pdf.

국가정보장의 직무가 얼핏 과거의 중앙정보장 직무와 비슷해 보이지만 여러 가지 이유에서 크게 다르다. 첫째, 이전의 중앙정보장과 달리, 신설 국가정보장은 CIA 등 어느 정보기관도 겸임해 운영하지 않는다. 그의 유일한 직무는 더 넓은 정보공동체를 대표하고 대통령과 NSC를 보좌하며 국가정보 프로그램을 감독·시행하는 것이다. 이는 혼합된 효과를 가져왔다. 우선, 국가정보장이 대통령 보좌, 커다란 정보공동체 감독 및 통합된 정보 프로그램·예산 편성이라는 자신의 책무에 집중할 수 있다. 이러한 측면에서 그는 과거 중앙정보장이 가졌던, CIA 예산이나 프로그램에 대한 직접적 통제권이나 관여가 없으므로 예산 투쟁을 훨씬 더 공정한 입장에서 조정할 수 있다. 반면에, 국가정보장은 자신의 활동을 뒷받침하는 CIA 같은 큰 조직의 후원이 없다. 의회는 국가정보장실이 또 다른 정보기관이 되지 말라고, 너무 큰 관료조직이 됨으로써 또 다른 관리 단계를 만들지 말라고 지시했다. 사실, 국가정보장실에는 현재 약 1800명의 직원이 근무하는데, 그들 다수가 다른 정보기관으로부터 순환 배치된 사람들이거나 계약직이다.

둘째, 9·11 이전에 국내정보와 국외정보 간에 그리고 법집행과 정보 간에 있었던 장벽이 무너졌다. 이제 국가정보장이 해외정보 임무뿐 아니라 국내·국토안보의 정보 측면도 감독하는 임무를 맡게 되었다. 국가정보장이 NSC뿐 아니라 국토안전보장회의에 대해서도 수석 정보보좌관임을 기억하자. 따라서 그는 덩치 큰 국방정보기관들, 강력한 CIA 및 각 부처의 작은 정보기관들을 조정해야 할 뿐만 아니라 확대되는 FBI의 국가안보 책무 중 정보 관련 활동과 국토안보부의 정보·분석 기능을 감독해야 한다.

셋째, 그 입법은 재원과 인력에 대한 통제와 관련해, 구 중앙정보장에 비해 국가정보장의 권한을 약간 강화했다. 그러나 그것은 '정보 부처(Department of Intelligence)'를 신설하거나 국방부의 모든 정보 관련 활동을 국가정보장 관할로 가져오는 것과는 거리가 한참 멀었다. 국방부 장관과 강력한 의회 군사위원회들이 연합해 그런 움직임에 반대했으며, 국가정보장이 각 부처 수장들의 법정 책무를 잠식하는 것을 근본적으로 금지하는 법률 문안을 고집했다.[36] 예를 들어, 국가정보장이 몇백만 달러 프로그램을 재편성하고(즉, 정보 예산의 한 항목에서 다른 항목으로 자금을 옮기고) 몇십 명 인원을 한 프로그램에서 다른 프로그램으로 이동시킬 수 있지만, 이보다 수치가 더 클 때는 그렇게 조치하는 부처의 동의를 받아야 한다.

넷째, 국가정보장은 다수의 국가정보센터를 감독할 책임이 있다. 중요한 기능을 중앙에서 관리하고 공동체 전반의 첩보 공유를 개선하기 위해 설치된 이들 센터는 상당한 영향력을 행사하며, 국가정보장실의 상당한 규모를 설명해 준다.

- **국가정보위원회**(NIC)는 2004년 정보개혁·테러방지법 이전부터 있었으며, 정보공동체의 집단적 판단을 제시하는 장기 전략적 분석보고서 작성을 담당한다. 국가정보위원회는 국가정보장의 승인을 받는 「국가정보판단서」를 작성한다. 이 위원회를 구성하는 12명의 국가정보관(NIO)은 각각 지역별·요소별 담당이 있으며, 고위 정책결정자들을 위해 「국가정보판단서」와 기타 공동체 기반의 평가보고서 작성을 감독한다. 국가정보관은 대개 기관간정책위원회에서 정보공동체를 대표하는 고위직이며, 때로는 NSC 및 수장위원회 회의에 배석자(이른바 '플러스 원')로 참석해 국가정보장을 지원한다.
- **국가대테러센터**(NCTC)는 대테러 분석과 전략기획을 주로 담당한다. 이 센터는 테러와 관련된 모든 정보를 입수·통합·분석하는 모든 활동을 감독하기 때문에 국외정보기관과 국내정보기관을 연결하는 독특한 위치에 있다. 마찬가지로 이 센터는 대테러 임무를 가진 다른 기관들이 이러한 첩보에 접근할 수 있도록 책임지고 보장한다. 아마도 국가대테러센터의 가장 독특한 역할은 미국 정부 전체를 위해 전략적 업무기획을 수행하고 모든 군사·외교·법집행·정보 분야의 효과적 활용을 보장하는 일일 것이다. 따라서 센터장은 대테러 활동의 수석 보좌관 지위에서 대통령과 국가정보장에게 보고한다.
- **국가반확산센터**(NCPC)는 정보공동체 기관들의 반확산 활동을 촉진하고, WMD 기술·시스템의 확산을 방지하기 위한 전략적 기획을 수행한

다. 국가대테러센터와 달리, 국가반확산센터는 WMD와 관련된 정보 분석을 생산하지는 않지만, 정보 간극(intelligence gap)을 식별하고 새로운 기법과 기술을 진흥하며 정보기관들과 다른 연방기관들, 미국 산업계·학계 사이의 협력을 촉진한다. 이러한 의미에서 적은 인력의 이 센터 기능은 정보생산보다는 관리 쪽이다.

• **국가대적정보·보안센터**(NCSC)는 국가 대적정보 활동의 중심으로서, CIA, FBI 등 여러 기관의 대적정보 활동을 통합하며 이들의 예산을 조정하고 업무 효과성을 평가하는 데 중점을 둔다. 또한 이 센터가 담당하는 중요한 업무는 대적정보 사건을 수사해 그 피해를 평가하고 미국 정부 전체에 공통된 보안 관행을 수립하는 일이다.

끝으로, 국가정보장은 대통령의 수석 정보보좌관으로서 「대통령일일브리핑(PDB)」 작성을 책임지게 되었다. 이전의 중앙정보장 체제에서는 PDB가 거의 배타적인 CIA 발간물이었으며 CIA 분석관들이 쓰고 브리핑했다. 이제 국가정보장 체제에서 PDB는 정보공동체 문서가 되어 CIA뿐 아니라 국방정보국과 국무부 정보·조사국 분석관들이 작성한 평가보고서도 포함한다. 이에 따라 다양한 분석적 견해가 대통령과 수석 보좌관들에게 제공되며, 국가정보장으로서도 대통령의 의제와 정보 우선순위에 관해 CIA 외 여러 기관에 피드백을 주게 되었다. 국가정보장이 도입한 새로운 절차로, PDB 편집 및 브리핑 팀에 (주로 국방정보국과 정보·조사국에서 나온) 비(非)CIA 분석관들이 포함된다. CIA 사무실이 여전히 대부분의 PDB 기사를 생산하지만, 다른 기관에서 기고한 기사도 많이 있다. 그러나 원칙적으로 국가정보장이 대통령 집무실에 이르는 가장 민감한 첩보를 통제하기 때문에 그가 CIA처럼 큰 관료조직을 통제하지 않더라도 그의 영향력은 매우 크다.

요컨대, 국가정보장은 국가안보 의사결정 프로세스의 핵심 멤버가 되었다. 국가정보장 또는 국가정보차장은 대통령 집무실에서의 PDB 브리핑에 일반적으로 참석해 왔으며, 다수의 NSC, 수장위원회 및 차석위원회 회의에 정규적으로 참석한다. 국가정보장은 고위 관리들에게 도달하는 PDB와 「국가정보판단서」의 내용을 승인해야 한다. 게다가 그는 의회에서 정보공동체의 프로그램과 예산을 편성하고 방어하며, 잘못되거나 논쟁거리가 되는 정보활동에 대해 비난을 감수해야 할 때도 종종 있다. 끝으로, 그는 매년 초봄에 「전 세계 위협평가(Worldwide Threat Assessment)」 보고서를 각 군과 양원 정보감독위원회에 제출하는데, 이 보고서가 종종 언론의 큰 관심을 끌며, 사이버·테러 위협뿐만 아니라 러시아, 이란, 북한 등의 군사적 도전에 관한 정보공동체의 최근 평가를 드러낸다. 댄 코츠(Dan Coats) 국가정보장이 발표한 2019년 보고서가 언론의 주목을 받았는데, 러시아, 북한, 이란에 대한 정보공동체의 견해가 도널드 트럼프 대통령 자신의 평가와 크게 다른 것으로 보인다고 널리 보도되었다.[37]

정보공동체의 핵심 이슈

2004년 정보개혁·테러방지법에 담긴 정보개혁은 이제 국가정보장 등 새로운 정보 조직·프로세스와 더불어 근 20년 동안 시행되었다. 이러한 개혁이 정보공동체의 성과를 제고하기에 충분했는지 여부는 아직 의문이다. 자원을 관리하고 정보공동체를 조율·감독하는 최선의 길이 무엇인지는 여전히 반복되는 이슈다.

정보공동체 예산 관리하기

정보공동체 예산의 규모와 성장은 정보 과제의 확대와 정보 사용자의 증가를 반영했다. 정보공동체의 고위 지도자들도 정보활동을 이야기하면서 '정보 사업(intelligence enterprise)'이라는 말을 사용했는데, 이 말은 다양한 기관·기능이 그 효과성을 극대화하기 위해 그들의 운영을 점차 조율하고 통합해야 한다는 현실을 반영하고 있다. 이 사업을 파악하기 어려운 것은 정보공동체의 업무와 예산이 기밀이기 때문이다. 이러한 프로그램과 예산이 대체로 비밀로 분류되어 있어서 돈이 어떻게 쓰였는지 그리고 정보 우선순위는 무엇이었는지를 조명하기는 어렵다. 그러나 역사적으로 볼 때, 정보공동체 예산을 추동한 것은 신호정보와 영상정보를 위해 — 지상기지, 컴퓨터 처리 시스템, 위성 등과 같은 — 값비싼 기술적 수집 인프라와 장비에 다년간 대규모로 투자한 것이었다.

이러한 투자는 설계하고 건설하고 배치하는 데 수년이 걸린다. 예를 들어 1970년대와 1980년대 미국이 우주 기반의 정찰 시스템을 대거 구축했을 때, 국가정보 프로그램의 절반 이상이 국가정찰실과 국가안보국의 위성 프로그램에 할당되었을 것이다. 그런 시스템 덕분에 미국은 소련과 핵무기 통제 협정을 협상할 수 있었다. 그런 시스템 없이는 소련이 전략무기 감축 등 주요 협정 조건을 준수하는지 감시하기란 불가능했을 것이다. 이러한 이른바 '유산' 시스템이 여전히 유용한 정보를 제공하지만, 더 민첩한 다중센서 위성이 소련 이후의 정보 위협을 다루는 데 이용할 수 있게 되었다.

일부 의회 인사는 테러리스트를 추적·감시하는 데 있어서 위성이 평범한 늙은 스파이보다 유용하지 않다고 주장했다. 인간정보 수집을 희생해 기술적 시스템에 너무 많은 관심과 지출을 쏟는 것은 아닌지 문제가 종종 제기된다. 예를 들어 9·11 이후, 부시 대통령이 인간-출처 보고를 강화하기 위해 CIA 공작관을 50% 늘리도록 재가했다. 그러한 증원이 즉각 결과를 만들어낼 수 없는 것은 인간-출처 모집이 성과를 내려면 여러 해가 걸리기 때문이다. 일반적인 견해에 따르면, 예산 증가는 테러, 확산, 중동지역 내란 등에 대응하는 활동이 크게 증대된 데 따른 것인 동시에 사이버 이슈에 대한 우려와 적극적인 정보-운영(information-operation) 역량의 필요성이 커진 점을 반영한다. 제임스 클래퍼 국가정보장이 언급한 것처럼, 오늘날의 환경이 유동적임에도 정보공동체는 국민총생산의 1% 미만을 지출하고 있다. "9·11 테러 공격 이후 미국은 정보공동체에 상당한 투자를 했다. 특히 이 시기에는 이라크와 아프가니스탄 전쟁, 아랍의 봄, WMD 기술의 확산, 사이버 전쟁과 같은 영역의 비대칭적 위협 등이 있었다."[38]

과거와 마찬가지로, 국가정보 프로그램의 절반 이상이 덩치 큰 국방정보기관들—국가안보국, 국가정찰실 및 국가지공간정보국—에 의해 소비되었다. 2010년 보도된 바와 같이, 이 3대 기관이 약 600억 달러의 정보 예산 가운데 큰 부분을 소비했다. 이 장 서두에서 지적했듯이, 신설 국가정보장에게 국가정보 프로그램 예산에 대한 단독 통제권을 줄 만큼 정보개혁이 진전되지 않았다. 국가정보장이 우선순위를 설정할 수는 있지만, 자금이 대부분 국방 세출법안 속에 들어 있다. 게다가 각 군이 제각기 전술적 군사정보 프로그램을 통제하는데, 이 **군사정보 프로그램**(MIP)은 국가정보 프로그램과 분리되어 있다. 연간 총액이 약 200억 달러에 이르는 이 군사정보 프로그램은 맨 먼저 정보 담당 국방부 차관에게 제출되고 국방부 장관의 승인을 받는다. 따라서 실제로는 국방부 장관이 국가정보 프로그램과 군사정보 프로그램 양쪽에 대해 엄청난 영향력을 행사한다. 특히, 국가정보장이 국방 관련 예산을 조금이라도 변경할 때는 국방부 장관이 동의해야 한다. 게다가 상원과 하원의 정보위원회와 군사위원회가 모두 자신들이 관장하는 정보기관의 프로그램과 예산을 검토·비판·승인할 기회가 있으며, 따라서 국가정보장의 예산 권한은 제한적이다.

통합 대 중앙집권화

1947년 국가안전보장법 제정 이후, 정보활동을 중앙집권화하기보다 어느 정도까지 조율해야 하는지에 관해 논쟁이 있었다. 다수의 정보기관이—대부분 소속 부처 장관에게 보고함—자신들의 직속상관에게 책임을 지는 자율성과 능력을 중시한다. 그러나 대통령과 의회는 광범위한 정보공동체를 간소화·절약하고 합리화하기를 열망한다. 따라서 정보공동체가 하는 일 가운데 중복되거나 과잉인 부분이 너무 많다는 공감대가 있다. 비평가들은 왜 복수의 정보기관이 똑같은 주제를 놓고 완료된 정보를 생산해야 하는지 그럴 이유가 없다고 주장한다. 예를 들어 CIA가 러시아, 중국, 이란, WMD 등 국가안보 이슈에 관해 분석을 생산하는데, 국방정보국이나 정보·조사국도 부처 내 고객들을 위해 똑같은 일을 한다. 그러나 정책기관들은 중국, 이란 등의 대외정책, 군사 역량 또는 경제·금융 관행에 관해 흔히 서로 다른 유형의 특정한 문제를 안고 있으며, 따라서 각 부처의 정보 부서가 똑같은 국가나 주제에 관해 나름대로 맞춤형 평가보고서를 생산한다. 게다가 엄격한 **분석 전문기술**(analytical tradecraft)을 주창하는 이들은 **집단사고**(groupthink)를 경계하기 위해 복수의 관점이 필요하다고 주장한다. 한 전직 국가정보장의 말대로, "**경쟁적 분석**(competitive analysis)이 단일한 실패 지점과 도전받지 않는 분석적 판단을 피한다".[39]

국가정보장직의 신설로 또다시 제기된 문제는 정보공동체 기관들이 분명히 원하는 자율성을 잃지 않으면서 어느 정도까지 통합해야 충분하냐이다. 고위 정보 지도자들 가운데 큰 정보사업의 효율성과 효과성을 위한 활동 조율의 가치를 칭송하면서도 국가정보장이 개별 기관의 일상적 활동을 지휘하고 소속 부처 정책결정자들을 위한 정보생산의 중단을 명령할 수 있다는 의미에서 중앙집권화를 지지하는 사람은 거의 없다. 국가정보장의 역할이 논의될 때, CIA 직원들 다수가 완전히 새로운 조직과 가중된 관료제를 창설함이 없이 당시의 중앙정보장 권한이 다소 강화될 수 있을 것으로 생각했다. 특히 의회는 국가정보장실이 그 자체로 새로운 기관이 되거나 다른 기관의 역할을 떠맡지 않는다는 점에 대해 단호했다. 이에 따라 의회는 국가정보장실이 고용할 수 있는 인원을 수적으로 제한했다.

이와 동시에, 거의 모든 고위 정보 관리들은 모든 가용 첩보가 적절하게 검사·평가되도록 보장하기 위해 수집-이용-분석 프로세스를 더 잘 조율할 필요가 있음을 인식하고 있다. 국가안보국과 국가지공간정보국 간의 긴밀한 협력 덕분에 미군이 이라크와 아프가니스탄에서 활동하는 핵심 테러리스트들을 겨냥할 수 있었다. 전 국가지공간정보국장 로버트 머렛(Robert B. Murrett)은 이를 군사작전에서 승수효과를 낼 수 있는 "수평적 통합"으로 표현했다.[40] 더욱이 합동 비밀공작을 계획할 경우를 보자면, 이라크와 아프가니스탄에서 준군사작전을 관리하기 위해 CIA와 국방부 합동특수작전사령부(JSOC) 간의 긴밀한 조율이 요구된다. 당시 한 참가자의 표현대로, 아보타바드 작전은 "특수부대가 CIA 공작 속에 완전히 통합된" 결과였다.[41]

정보공동체에 대한 NSC 감독

CIA와 정보공동체에 대한 대통령과 NSC의 감독이 항상 충분하지는 않았어도 꾸준히 있었다. 일찍이 1946년 중앙정보단이 직원 100명 미만의 조그만 규모였을 때도 국무부, 전쟁부(즉, 육군), 해군부 등에서 나온 대표들이 대통령의 대표와 함께 중앙정보단의 활동을 감독했다.[42] 1950년대와 1960년대에 걸쳐 정보공동체가 커지면서 NSC의 특별소위원회가 감독 활동을 계속 수행했다. 헨리 키신저가 자신의 회고록에서 적었듯이, 제럴드 포드(Gerald Ford) 대통령이 "NSC의 한 위원회 존재"를 인정한 첫 대통령이었다. "당시 40인 위원회로 알려진 그 위원회는 20여 년 동안 비밀 프로그램을 사전 검토한 후 대통령에게 제출하고 승인을 받았다."[43] 정보활동을 감독하는 NSC 기관대표단은 장기적으로 다양한 이름으로 불렸는데, 이는 민감한 정보 문제를 어떻게 다룰 것인지에 대한 각 대통령의 선호를 반영했다. 그러나 1981년 '행정명령 제12333호'가 명시하듯이, NSC가 정보에서 중심적인 역할을 담당한다.

1.2 국가안전보장회의

ⓐ **목적** 국가안전보장회의(이하 NSC)는 모든 국외정보, 대적정보, 비밀공작 및 그에 수반되는 정책과 프로그램 수행과 관련해 그 검토·지침·지시에 대해 대통령을 보좌하는 행정부의 최고위 기관으로서 활동한다.

ⓑ **비밀공작 및 기타 민감한 정보활동** NSC는 각각의 비밀공작 제안에 대해 모든 반대의견을 포함한 정책 건의안을 검토해서 대통령에게 제출하고, 진행 중인 비밀공작 활동에 대해 정기적인 검토를 수행하며 특히

그러한 활동이 현행 국가정책에 대해 효과적이고 일관성 있는지 그리고 적용되는 법률 요건과 일치하는지 평가한다. NSC는 대통령의 지시에 따라 비밀공작과 관련된 다른 기능을 수행하나, 비밀공작 수행을 떠맡지는 않는다. 또한 NSC는 기타 민감한 정보활동에 대한 제안도 검토한다.[44]

이 행정명령은 1947년 국가안전보장법과 더불어 NSC에 그리고 간접적으로 국가안보보좌관에게 정보활동을 감독·평가하는 특별한 책임을 부여했다. NSC 참모부 내의 정보 프로그램 담당 국장이 관행적으로 정보 문제에 관해 대통령, 국가안보보좌관, NSC 및 국토안전보장회의를 지원하는 일을 담당한다. 따라서 이 NSC 정보국이 국가정보장실 및 관리·예산처(Office of Management and Budget, OMB)와 함께 정보공동체의 예산 결정에 참여하고, 행정부의 수집·분석 우선순위 설정을 지원하며, 진행 중인 비밀공작과 민감한 수집 활동 방안을 감독한다. 정보 프로그램 담당 국장은 또한 민감한 활동을 포함한 정보 정책 문제를 검토하는 기관간위원회를 주재하고 차석위원회와 수장위원회에 올릴 건의안을 작성한다.

다른 고위 임명직과 마찬가지로, 그 국장의 영향력도 대통령, 국가안보보좌관 및 고위 정보 관리들(특히 국가정보장과 CIA 부장)과의 관계에 달려 있다. 그 국장이 정책 프로세스에서 거의 눈에 띄지 않고 무명인 경우가 더러 있었지만, 핵심 지위로 승진할 때도 있었다. 예컨대, 조지 테닛(George Tenet)은 빌 클린턴 대통령의 정보정책 담당 국장이었으며 그 직책에서 승진해 CIA 차장과 부장을 역임했다. 마찬가지로 버락 오바마 대통령은 NSC 정보국을 감독하는 존 브레넌(John Brennan, CIA 경력직 출신)을 테러·국토안보 담당 국가안보 부(副)보좌관으로 발탁했다. 브레넌은 나중에 리언 패네타(Leon Panetta) CIA 부장이 국방부 장관이 될 때 그 자리를 물려받았다.

2003년 이후 NSC는 정보 프로세스에 더욱 강력한 '드라이브'를 걸었다. 이에 따라 각 기관에서 나온 고위직들이 현행 및 장기 정보 수집·분석 우선순위를 검토하게 되었는데, 이 우선순위는 정보공동체 자금을 여러 가지 프로그램에 배분하는 데 사용된다. 이러한 검토는 **국가정보 우선순위 틀**(National Intelligence Priorities Framework, NIPF)이라는 형식을 취하는데, 이 틀은 하나의 행렬(matrix) 내 가로세로 축에 핵심적인 정보 표적과 주제를 배열한다. 다음으로 고위직들은 각 표적과 주제 칸에 1부터 5까지 수치를 부여해 그 순위를 매긴다. 가설적인 예를 들자면, 북한(국가 표적)과 '핵 프로그램'(정보 주제)이 가장 높은 '1' 순위를 받고, 아르헨티나(국가 표적)와 '정치 소요'(정보 주제)가 '4' 순위를 받을 수 있을 것이다. 이러한 순위 매김에 따라 각 정보기관은 자신들의 수집과 분석 활동을 정당화할 뿐 아니라 그 우선순위를 결정한다.

현실적으로 NSC 수장들 대부분이 정교한 NIPF 우선순위를 검토할 시간이나 인내심이 없다. 정보 이슈의 목록은 거의 끝이 없으며, 주제와 표적 행렬이 확대되어 개별 입력항목이 9000개가 넘는다.[45] 그래서 NSC는 매년 NIPF 검토를 두 번까지만 하는 것 같다. 그러나 국가정보장이 이끄는 정보공동체 지도부는 NIPF가 대통령 등의 공식 조치·지침과 일치하도록 정기적으로 검사한다. 당연히, 정책결정자들은 한정된 자원을 가진 정보공동체가 치러야 하는 기회비용을 현실적으로 고려하지 않고 많은 정보 문제에 높은 중요성을 부여하는 경향이 있다. 많은 실무자가 비현실적으로 높은 우선순위가 매겨진 주제가 너무 많다고 개탄한다. 게다가 어떠한 우선순위 목록도 한 이슈나 국가를 최우선 순위로 쏘아 올리는 돌발 위기에 의해 뒤집힐 수 있다. 아랍의 봄이 돌발하기 전에 튀니지의 정치 상황은 십중팔구 우선순위가 낮았겠지만, 위기가 북아프리카를 거쳐 시리아까지 확대됨에 따라 훨씬 더 큰 주목을 받았음이 틀림없다.

대통령과 그 보좌진은 흔히 정보공동체의 효과성과 효율성보다는 자신들의 정책 과제에 더 중점을 두기 때문에 그들이 대대적인 정보개혁을 찬성하는 경우는 매우 드물다. 애석하게도 대대적 정보개혁은 대체로 큰 정보 실패의 결과인바, 그런 실패가 개혁을 위한 압력을 만든다. 국가정보장직을 신설하는 동시에 거대한 정보공동체를 통합하는 관련 조치가 과연 필요하고 현명한 일인지에 대해 9·11 비극 이후 10년이 넘도록 의문이 제기되었다. 그러나 2019년부터 그처럼 거대한 정보사업을 전반적으로 총괄하는 고위직이 필요하다는 데는 의문을 품지 않게 되었다. 비록 그 직책을 정보공동체 내부에서 또는 고위정보 소비자들과의 사이에서 주기적인 충돌 없이 수행하기란 거의 불가능하지만 말이다.

유용한 웹사이트

Central Intelligence Agency, https://www.cia.gov. 주요 정보 이슈에 관한 CIA 관리들의 많은 연설·증언·보고서뿐 아니라 엄청난 분량의 비밀 해제된 정보 문서를 제공한다.

Defense Intelligence Agency, https://www.dia.mil. 국방정보국의 「최신 뉴스」 보고서를 제공하며, 여기에는 러시아 등 군사 경쟁국에 대한 다양한 군사적 평가보고서가 비밀 해제되어 포함되어 있다.

Office of the Director of National Intelligence, https://www.odni.gov. 국가정보장실이 발표한 특별 보고서와 의회에 증언한 「전 세계 위협평가」, 다수의 비밀 해제된 「국가정보판단서」, 국가정보위원회의 『글로벌 트렌드』 보고서 시리즈 등을 수록하고 있다.

더 읽을거리

James Clapper, *Facts and Fears: Hard Truths from a Life in Intelligence*(New York: Penguin Press, 2018). 국가정보장 출신의 첫 회고록으로, 다양한 기관들 집단을 조율하는 어려움을 이야기한다.

Michael E. DeVine, *Intelligence Community Spending: Trends and Issues*(Washington, DC: Congressional Research Service, 2018), https://fas.org/sgp/crs/intel/R44381.pdf. 국가정보 프로그램과 군사정보 프로그램을 포함해 정보공동체 예산에 대해 훌륭하게 개관한다.

Richard Immerman, *The Hidden Hand: A Brief History of the CIA*(West Sussex: Wiley & Sons, 2014). 짧은 역사서로, 비밀공작 및 대적정보와 관련된 논란을 중점적으로 다룬다.

Rhodri Jeffreys-Jones, *The CIA and American Democracy*, 3rd ed.(New Haven, CT: Yale University Press, 2003). 비판적이지만 훌륭한 CIA 활동 역사서다.

Mark M. Lowenthal and Robert M. Clark, *The Five Disciplines of Intelligence Collection* (Washington, DC: CQ Press, 2016). 인간-출처와 공개-출처, 기술적 수집기관들을 그 역사와 함께 명확하고 간결하게 설명한다.

Jeffrey Richelson, *The US Intelligence Community*, 7th ed.(New York: Routledge, 2015). 미국 정보공동체 전체의 조직, 방법 및 활동에 대해 포괄적으로 해설한다.

Michael Warner, *The Rise and Fall of Covert Action: America's Secret Foreign Policy* (Washington, DC: Georgetown University Press, 2014). 미국 정보공동체에 중점을 두어 고대부터 현대까지 정보활동의 역사를 다룬다.

Amy Zegart, *Flawed by Design: The Evolution of CIA, JCS, and the NSC*(Stanford, CA: Stanford University Press, 1999). NSC, FBI 및 CIA 창설을 효과적인 정보기관 운영을 방해하는 관료적 패권 다툼으로 묘사한다.

주석

첫 번째 명언: Lt. Gen. Hoyt Vandenberg, "Testimony before the Senate Armed Services Committee"(April 29, 1947), found in Office of Legal Counsel, *Legislative History of the CIA and National Security Act of 1947*(July 25, 1967), declassified, https://www.cia.gov/library/readingroom/docs/DOC_0000511045.pdf.

두 번째 명언: James Clapper, "A Conversation with James R. Clapper, The Director of National Intelligence in the United States," in Loch K. Johnson, *Intelligence and National Security*, Vol.30, Iss.1(2015), p.6.

1 이 수치는 2008년에 마이클 매코널(Michael McConnell) 전 국가정보장이 인용한 것이다. 2016년에는 국가정보장실이 국가정보 프로그램의 2016년 수치를 530억 달러로 발표했다. ODNI, News Release NR-20-16, October 28, 2016 참조. 이와 동시에, 국방부가 각 군의 정보기관이 통제하는 군사정보 프로그램을 위한 2016 회계연도 공식 예산요청을 발표했다. DOD News Release NR-286-16, October 28, 2016 참조.

2 Rhodri Jeffreys-Jones, *The CIA and American Democracy*, 3rd ed.(New Haven, CT: Yale University Press, 2003), p.16.

3 중앙정보부 신설 구상에 대한 관료적 저항과 관련해서, 자세한 논의는 Richard Immerman, "Birth of an Enigma 1945-49," *The Hidden Hand: A Brief History of the CIA*(West Sussex, UK: Wiley-Blackwell, 2014), pp.11~12 참조.

4 Harry Truman, *Memoirs by Harry S. Truman: Years of Trial and Hope*, Vol.2(New York: Doubleday, 1955), pp.51~60. 전설에 의하면, 트루먼은 자신의 측근 참모인 시드니 사우어스에게 초대 중앙정보장 직책을 수여할 때, 그에게 검은 모자와 검은 외투, 목검을 주면서 그를 초대 "중앙염탐대장(director of centralized snooping)"이라고 불렀다. Jeffreys-Jones, *CIA and American Democracy*, p.34 참조.

5 반덴버그는 직원을 타 기관에서 차출하기보다 직접 고용하는 권한을 획득함으로써 현용정보 활동을 확대하기 시작했다. Immerman, *Birth of an Enigma*, p.17 참조.

6 Michael Warner, *The Rise and Fall of Intelligence: An International Security History*(Washington, DC: Georgetown University Press, 2014), p.140 참조.

7 같은 책, 17쪽.

8 9/11 Commission, *The Final Report on the National Commission on Terrorist Attacks upon the United States*(New York: Norton, 2004), p.86.

9 유명한 예를 하나 들자면, 2003년 이라크의 WMD를 추정한 '핵심 판단'들이다. 모든 기관이 그 판단에 대체로 동의했지만, 다들 CIA만 콕 집어서 흠 있는 분석을 내놓았다고 비난했다.

10 David Thomas, "US Military Intelligence Analysis: Old and New Challenges," in Roger Z. George and James B. Bruce(eds.), *Analyzing Intelligence: Origins, Obstacles, and Innovations*(Washington, DC: Georgetown University Press, 2008), p.143.

11 같은 글, 143~145쪽.

12 Office of the DIA Historical Research, *A History of the Defense Intelligence Agency* (2007), https://fas.org/irp/dia/dia_history_2007.pdf.

13 트루먼은 1952년 10월 24일 신설 국방부 내에 국가안보국을 창설하는 NSC 지침에 서명했다. Records of the National Security Agency/Central Security Service, National Archives, https://archives.gov/research/guide-fed-records/groups/457.html 참조.

14 Morgan Chalfant, "Pentagon Mulling Whether Split of NSA-Cybercom Command," *The Hill*, February 23, 2017, http://thehill.com/policy/cybersecurity/320736-pentagon-mulling-split-of-nsa-cyber-command.

15 Bruce Berkowitz, *The National Reconnaissance Office at 50 Years: A Brief History* (Chantilly, VA: Center for the Study of National Reconnaissance, 2011), p.1, 11 참조.

16 Darryl Murdock and Robert M. Clark, "Geospatial Intelligence," in Mark M. Lowenthal and Robert M. Clark(eds.), *The Five Disciplines of Intelligence Collection*(Washington, DC: CQ Press, 2016), p.124. Bruce Berkowitz with Michael Suk, *The National Reconnaissance Office at 50 Years: A Brief History*(Chantilly, VA: Center for the Study of National Reconnaissance, 2011), https://www.nro.gov/Portals/65/documents/about/50thanniv/The%20NRO%20at%2050%20Years%20-%20A%20Brief%20History%20-%20E%20cond%20Edition.pdf?ver=2019-03-06-141009-113×tamp=1551900692434도 참조.

17 같은 글, 124쪽.

18 영상요구·이용위원회는 1992년 중앙영상실(Central Imagery Office)로 재편되어 국방부 내에 설치되었다.

19 Berkowitz, *National Reconnaissance Office*, p.15.

20 지공간정보의 특성, 과정 및 응용에 관한 심층 설명은 Murdock and Clark, "Geospatial Intelligence," p.111~154 참조.

21 같은 글, 131쪽.

22 David Brown, "10 Things You Might Not Know about the National Geo-spatial Intelligence Agency," News and Career Advice, ClearanceJobs.com, March 22, 2013, https://news.clearancejobs.com/2013/03/22/10-things-you-might-not-know-about-the-national-geospatial-intelligence-agency.

23 Office of the Historian, United States Military Academy, NGA History, http://www.usma.edu/cegs/siteassets/sitepages/research%20ipad/nga_history.pdf 참조.

24 Mark Stout, "Bureau of Intelligence and Research," in *INR*, December 1997.

25 John Prados, "The Mouse That Roared: State Department Intelligence in the Vietnam War," National Security Archive, http://nsarchive.gwu.edu/NSAEBB/NSAEBB121/prados.htm.

26 2002년 존 볼턴 당시 국무부 차관이 다수의 이슈에 관해 자신의 견해와 일치하지 않는 보고서를 발간한 분석관들에게 해고 위협을 가했다고 한다. 이 내용은 2005년 그의 대사직 임명 청문회에서 공개되었다. Jonathan S. Landay, "Ex-State Official Describes Bolton as Abusive, Questions Suitability," McClatchy DC Bureau, April 12, 2005, http://www.mcclatchydc.com/latest-news/article24445810.html 참조.

27 Harvey Rishikof and Brittany Albaugh, "The Evolving FBI: Becoming a New National Security Enterprise Asset," in Roger Z. George and Harvey Rishikof, *The National Security Enterprise: Navigation the Labyrinth*(Washington, DC: Georgetown Press, 2016), p.229 참조.

28 전직 FBI 정보 관리들은 '국내정보'의 공식적 정의는 없지만, 미국 국경 내 어디서든 안보와 관련해 수집된 첩보를 포함하는 '국가정보'라는 재정의가 있다고 주장할 것이다. Maureen Baginski, "Domestic Intelligence," in Roger Z. George and James B. Bruce(eds.), *Analyzing Intelligence: Origins, Obstacles, and Innovations*, 2nd ed.(Washington, DC: Georgetown University Press, 2014), p.267 참조.

29 DEA, Drug Enforcement Center, El Paso Intelligence Center: Intelligence, https://www.dea.gov/ops/intel.shtml#epic 참조.

30 Katie Williams, "FBI, DHS Release Report on Russian Hacking," *The Hill*, December 29, 2016, http://thehill.com/policy/national-security/312132-fbi-dhs-release-report-on-russia-hacking.

31 Ron Nixon, "Coast Guard Faces Challenges at Sea and at the Budget Office," *New York Times*, July 4, 2017, https://www.nytimes.com/2017/07/04/us/politics/coast-guard-faces-challenges-at-sea-and-at-the-budget-office.html?smprod=nytcore-ipad&smid=nytcore-ipad-share&_r=0 참조.

32 USCG, Publication 2-0, *Intelligence*, May 2010, https://www.uscg.mil/doctrine/CGPub/CG_2_0.pdf.

33 Walter Pincus, "Sweeping Revamp of Intelligence System Drafted," *Washington Post*, November 8, 2001, http://www.chicagotribune.com/chi-0111080259nov08-story.html.

34 다수의 정보개혁에 관한 개설서로, Michael Warner and J. Kenneth McDonald, *US Intelligence Reform Studies since 1947*(Washington, DC: Center for the Study of Intelligence, 2005), https://www.cia.gov/library/center-for-the-study-of-intelligence/csi-publications/books-and-monographs/US%20Intelligence%20Community%20Reform%20Studies%20Since%201947.pdf 참조.

35 정보개혁·테러방지법의 입법 역사에 관한 생생한 설명으로, Michael Allen, *Blinking Red: Crisis and Compromise in American Intelligence after 9/11*(Washington: Potomac Books, 2013) 참조.

36 Richard Best, *Intelligence Reform after Five Years: The Role of the Director of Na-*

tional Intelligence, Congressional Research Service, June 22, 2010, 4, https://www.fas.org/sgp/crs/intel/R41295.pdf 인용.

37 Daniel R. Coats, *Worldwide Threat Assessment of the US Intelligence Community: Statement for the Record*, to the Senate Select Committee on Intelligence, January 29, 2019, https://www.dni.gov/files/ODNI/documents/2019-ATA-SFR-SSCI.pdf.

38 "DNI James Clapper's Statement to the Post," *Washington Post*, August 29, 2013, https://www.washingtonpost.com/world/national-security/dni-james-clappers-statement-to-the-post/2013/08/29/52d52090-10e1-11e3-85b6-d27422650fd5_story.html?utm_term=.5fd6ce866caf.

39 Questions and Answers, ODNI, 2010.

40 Robert Murrett, "Issues Confronting Military Intelligence," Incidental Paper, Center for Policy Research, Harvard University, December 2006, http://www.pirp.harvard.edu/pubspdf/murrett/murrett-i06-1.pdf.

41 Nicholas Schmidle, "Getting Bin Laden," New Yorker, August 8, 2011, http://www.newyorker.com/magazine/2011/08/08/getting-bin-laden.

42 Jeffrey-Jones, *CIA and American Democracy*, p.35.

43 Henry Kissinger, *Years of Renewal: The Concluding Volume of His Memoirs*(New York: Simon & Schuster, 1999), p.316. 그는 1948년 창설된 이 위원회가 다양한 명칭으로 계속 존재했으며, 미국 정부가 수행하는 모든 비밀공작을 검토했다고 언급하고 있다.

44 '행정명령 제12333호'에서 발췌, ODNI, United States Intelligence Activities, December 4, 1981, https://www.dni.gov/index.php/ic-legal-reference-book/executive-order-12333.

45 분석 담당 국가정보차장보를 지낸 토머스 핑거(Thomas Fingar)는 NIPF 행렬이 "32개 정보 주제에 대해 280여 행위자들"을 나열했다고 언급한다. Thomas Fingar, *Reducing Uncertainty: Intelligence Analysis and National Security*(Stanford, CA: Stanford University Press, 2011), p.51 참조.

제5장

—

정보 순환과 정책 지원

지전략적·지역적 변화와 그 정치적·경제적·군사적·안보적 함의를 식별해서 대응할 수 있는 미국의 능력은 미국 정보공동체가 첩보를 수집·분석하고 가려내서 실용화하기를 요구한다. 지금의 정보화 시대에, 정보공동체는 단기 정보뿐 아니라 지전략적 변화를 예상하는 전략정보를 지속 추구해야 한다. 그래야 미국이 경쟁국의 행동과 도발에 대응할 수 있다.

_「2017년 미국 국가안보 전략」

전통적인 정보 순환은 정보공동체의 구조와 기능을 충분히 설명하지만, 정보 과정을 설명하지는 않는다.

_로버트 클라크(Robert M. Clark), 『정보 분석(Intelligence Analysis)』(2004)

제4장까지 국가안보 의사결정 프로세스를 개관하고 큰 국가안보 사업을 설명했다. 이 장에서는 '정보 순환(intelligence cycle)' 개념을 조사하고 그 핵심 요소를 해부함으로써, 그리고 그 과정에서 과제와 한계를 설명함으로써 이론과 실무 양면에서 정보가 어떻게 작동하는지 살필 것이다. 그런 다음 정보가 국가안보 사업을 위해 수행하는 개별 임무를 더욱 실천적으로 구분하는 방법을 탐색할 것이다.

앞에서 언급했듯이, 국가안보 전략은 좋은 첩보에 달려 있으며, 미국이 처한 국제환경을 신중하게 분석하고 미국이 실행할 수 있는 행동 방책(course of action)을 개발하는 데 의지한다. 이 '단순한' 프로세스를 좀 더 부연하자면, 항상 어려움이 따른다는 점이다. 미국의 대외정책은 국제환경을 평가하기 위해 좋은 첩보가 필요하지만, 좋은 첩보가 항상 가용한 것은 아니다. 미국의 이해관계를 정의하는 것도 다소 모호한 프로세스인데, 이는 그때그때의 국내외 상황에 따라 이해관계가 변할 수 있기 때문이다. 그런 이해관계를 명백히 정의하더라도, 그 이해관계에 대한 위협과 기회를 식별하는 것 역시 좋은 첩보에 달려 있다. 그리고 당연하지만, 그런 위협과 기회가 적시된 다음에는 여러 정책 옵션의 장단점을 파악해서 비교하는 과제가 남아 있다. 정확한 첩보 없이는 의사결정자들이 국제환경뿐 아니라 정책 결정과 관련된 위험과 비용을 평가하는 데 실패하기 쉽다. 따라서 정보의 과제는 정책결정자들에게 그들이 직면한 세계의 실상을 보여주도록 가장 적합하고 정확한 첩보를 적시에 제공하는 것이다.

정보 순환

국가안보 의사결정자는 어떻게 정보를 얻는가? 지난 반세기 동안 미국의 정보기관들은 고위 관리들이 의사결정 시 사용할 수 있는 중요한 첩보를 수집·분석·배포하는 프로세스를 발전시켰다. 앞 장에서 언급했듯이, 이러한 시스템은 흔히 '정보 순환'이라고 불린다. 미국 정보기관이 확대됨에 따라 실무자와 학자들이 이 순환을 설명하는 정교한 모델을 개발했다. 그 모델을 〈그림 5-1〉과 같은 그래픽으로 표시할 수 있다.

이 그림이 보여주듯이, 정보 순환이 시사하는 선형 프로세스는 미국 대통령을 비롯한 정책결정자들이 정보공동체에 부과하는 정보 요구사항(1단계)을 제시하는 것으로 시작된다. 이러한 첩보 요구는 앞 장에서 논의된 바와 같이 '국가정보 우선순위 틀'의 순위로 표현되며, 백악관 또는 기타 고위 관리들의 수

그림 5-1 **정보 순환**

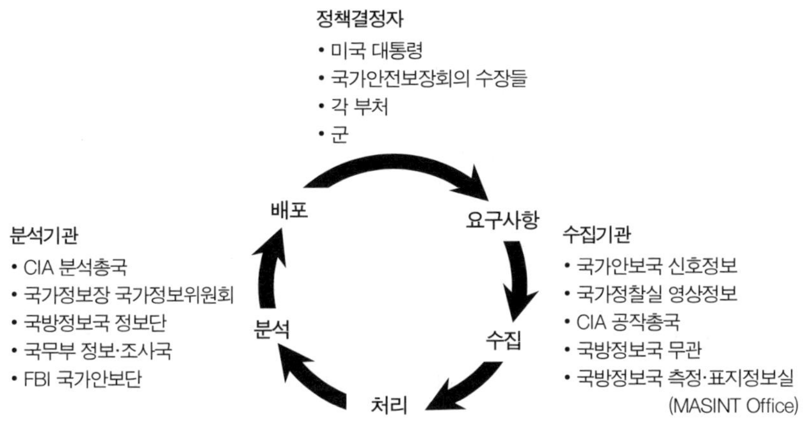

시(ad hoc) 요구사항도 많다. 이러한 요구사항은 대면 브리핑, 고위 정보 관리들에게 내리는 서면 지시, 최우선 순위의 정책 이슈에 관한 기관 간 회의 등을 통해 전달될 수 있다. 그런 다음 **수집**(collection, 2단계)은 각종 정보활동 분야를 통해서 그러한 정보 요구사항을 충족하려고 한다. 그러나 이 '생정보(raw intelligence)', 즉 미평가된 첩보는 분석에 바로 쓰이지 못하고 흔히 추가 처리(3단계)가 필요하다. 예컨대, 수집된 통신정보는 대개 번역이 필요하며, 다른 형태의 전자적 신호정보는 해독해서 분석관들이 사용할 수 있는 형태로 변환할 필요가 있을 것이다. CIA가 은밀히 입수한 생보고도 그 관련성과 유효성을 검토해야 하는데, 이 과정에서 흔히 출처에 관한 첩보를 많이 삭제하며, 새로운 첩보가 유효하고 신빙성 있는지 그리고 분석관들이 이전 보고 속에서 확인하고 싶은 것을 제공하는지를 결정한다. 마찬가지로 공개출처정보도 — 언어 번역이 필요한 데다 — 역정보나 관련 없는 보고를 걸러내야 할 것이다. 이러한 수집이 모두 대표적인 **'단출처(single-source)'**인 것은 제각기 신호정보, 인간정보, 영상정보, 측정·표지정보 또는 공개출처에서 나오기 때문이다. 전(全)출처 분석(4단계)에서, 분석관들은 한 주제에 관해 가용한 모든 첩보를 받아서 미국 국가안보에 의미가 있는 자료들 가운데 중요한 추세, 패턴 또는 관계가 있는지를 평가한다. 분석 프로세스는 보고의 강점과 유효성을 파악하기 위해 수집기관과의 상당한 협력이 필요할 것이다. 분석이 끝난 후에는, 그 결과물이 구두 브리핑이나 — 다양한 인쇄물 또는 전자 포맷 형태의 — 서면 보고서를 통해 정책결정자들에게 배포(5단계) 된다.

정책결정자

〈그림 5-1〉은 또한 정보 순환에서 세 개의 주요 행위자 그룹을 강조한다. 첫째 그룹은 당연히 백악관, 국내외 안보 관련 부처, 군, 그 밖에 행정부와 입법부의 여러 기관에서 일하는 정책결정자들이다. 이들의 주된 역할은 정보 필요(needs) 또는 요구사항의 형태로 정보공동체에 과제를 주는 것이다. 이들은 또한 자신들이 받은 분석에 대해 피드백을 주는데, 특히 분석을 비판하면서 더 많은 첩보를 요청하거나 때로는 정보 판단에 이의를 제기하면서 분석관의 추가적인 설명·검토를 요청한다. 여기서 유념해야 할 점은 정보공동체 외에 다른 첩보 출처를 가진 정책결정자들이 많다는 사실이다. 예를 들어, 정책결정자들이 긴밀히 접촉하는 외국 관리들은 자신들의 정부와 정책을 대변하지, 미국 정보공동체의 평가를 반영하지는 않을 것이다. 자연히 정책결정자들은 정보공동체의 분석과 일치하지 않는 견해를 형성할 수 있으며, 그들의 독자적 출처는 정보 평가와 상충하거나 적어도 다를 수 있다. 드문 경우지만, 어떤 정책결정자는 스스로 '슈퍼 분석관'임을 자처해, 적절한 맥락에서 의미를 파악하는 분석관을 거치지 않고 생정보 그대로를 최대한 많이 받으려고 한다. 이것은 정보 순환의 취지, 즉 모든 가용 첩보를 신중하게 수집·평가·통합해 하나의 완료된 전출처 정보 분석으로 만드는 과정을 훼손하는 것이다.

앞서 언급한 바와 같이, 정책결정자들은 자신의 국가안보 결정을 내릴 때 일정한 전략적 논리를 사용한다. 첫째로, 그들은 국제환경을 평가해서 어떤 주요 추세와 요인이 중요한지를 파악해야 한다. 정책결정자들이 강력한 소신을 지니고 취임하는 경우가 많은데, 그런 소신을 부분적으로 형성하는 것은 그들 자신의 정치 이데올로기, 배경, 경험 등이다. 모든 행정부가 국토 보전, 경제적 번영 촉진, 안정된 국제질서 유지, 미국의 가치와 제도 보존 등과 같은 전통적 '국가 이익'에 기반해 일련의 국가안보 목표를 수립한다. 이러한 목표 설정의 일환에서 최근의 여러 행정부는 테러리즘, 확산, 국토안보, 정보 등에 중점을 둔 장문의 「국가안보 전략」을 발표했다.[1] 일단 이러한 목표와 목적이 설정되면, 정책결정자들은 그런 이익과 목표에 대해 어떤 위협이 있는지 그리고 그런 목적을 증진할 기회는 무엇인지 평가해야 한다. 이러한 평가를 바탕으로 정책결정자들은 미국 이익을 보호하거나 증진하기 위해 사용할 수 있는 정책 조치(옵션)의 유형을 검토한다. 일반적으로 정책결정자들은 군사적·외교적·경제적·정치적 등 다양한 수단을 고려하고 목표 달성을 위한 다양한 옵션을 구성·평가한다. 그들은 각 옵션에 드는 비용이나 감수해야 할 위험에 따라 하나의 옵션을 선택해서 시행한다. 대체로 정책이 영향을 미치는 데는 시간이 걸리며, 정책이 바람직한 효과를 발휘하는지 여하에 따라 재평가도 이루어질 것이다. 이 모든 단계에서 정보가 중요한 역할을 담당하는데, 특히 폭넓은 정책 논의에 자료를 제공하고 위협과 기회를 식별하며, 정책 옵션을 지원하고 그 시행 조치를 평가한다.

숙고하는 정책결정자들은 정보를 사용할 때 여러 가지 어려움에 직면한다. 무엇보다도 정책결정자는 확실성을 갈망하지만, 정보 관리는 모호성과 불확실성의 세계에서 살고 있다. 따라서 정책결정자는 영원히 정보에 대해 불만스럽다. 한 고위 정보 관리자 출신이 언급했듯이, 정책결정자들은 처음에 정보에 대해 매우 회의적이다가 나중에 기분 좋게 놀라든가, 아니면 처음에 크게 기대했다가 급히 실망한다.[2] 어느 쪽이든, 정책결정자는 자신의 의제에 도움이 되는 정보를 원한다. 일반적으로 정책결정자들은 자신의 전문 분야에서 잔뼈가 굵은 사람들이며 자신의 분석적 판단을 확신한다. 따라서 그들은 자신의 견해와 충돌하는 정보를 무시하기 쉬우며, 아니면 적어도 자신의 선입견에 맞도록 정보 판단을 왜곡하고 싶어진다.

둘째로, 정책결정자들은 복잡한 이슈에 대해 거의 시간을 내지 못하며, 정보가 한 페이지로 요약되거나 '요점(bottom-lines)'만 추려진 것을 원한다. 중국이 대만을 침공할 것인가, 아니할 것인가? 이란이 비밀리에 핵무기를 개발할 가능성은 얼마인가? 다음번 본토 위협은 무엇일까? 십중팔구 분석관들은 이런 흑백 질문을 만족시킬 수 없을 것이다. 'x, y, z에 달려 있음', '우리는 확인할 수 없음', '여러 가지 가능성이 있음' 등과 같은 답변은 **실행 가능한 정보(actionable intelligence)**를 원하는 정책결정자들을 좌절시킬 뿐이다. 미래에 관해 정보가 제공할 수 있는 것이 낮은 신뢰수준의 추측에 불과하다면, 정보가 정확하다는 확실성도 없을 때 정책결정자는 위험을 어느 정도까지 감수할 것인지 외롭게 결정해야 한다.

셋째로, 앞의 논점과 관련된 것이지만, 대개 정책결정자들은 성공적인 조치를 보장할 만큼 정보가 충분히 구체적이거나 확실해지기 전에 조치부터 취해야 한다. 다음 장에서 설명하겠지만, 전략적 평가와 경보는 잠재적 사건이 발생하기 한참 전에 보고되어야 한다. 그렇지 않으면 정책결정자들이 그런 긴급사태에 대비할 기회가 거의 없을 것이다. 버락 오바마 대통령은 오사마 빈 라덴의 소재가 상당히 불확실하다는 것을 알고 작전을 승인했다. 미국 특공대는 아보타바드에 착륙한 후에 비로소 빈 라덴을 찾아냈음을 확인할 수 있었다.

수집기관

두 번째 행위자 그룹에는 국가안보국과 CIA 같은 수집기관이 포함되는데, 이들은 정책결정자의 과제 부여(tasking)나 요구사항을 받아서 자신들의 신호정보·인간정보 활동을 위한 수집 우선순위·지침으로 변환시킨다. 흔히 정책결정자의 질문에 대해 가장 관련성·신뢰성·신속성이 높은 방법이 무엇인지를 결정해야 한다. 그런 질문에 답할 때, 공개출처정보가 가장 쉽게 이용할 수 있고 비용과 위험부담도 가장 적은 경우가 많다는 사실을 명심하자. 그러나 '비밀'

첩보가 필요하다면, 고위 정보 관리들은 기술정보 활동이 필요한지 아니면 인간정보 활동이 필요한지 결정해야 한다. 기술정보 수집의 경우, 위험한 인간정보 활동보다 신호정보나 영상정보 위성이 필요한 첩보를 수집하는 데 더 나을지 여하가 관건일 것이다. 인간정보 활동은 CIA 공작관과 은밀한 출처가 외국 정부에 의해 탐지될 위험을 수반하기 때문이다. 수집 우선순위 또한 중요한 역할을 한다. 가설적 예를 들자면, 남중국해에서 중국의 해상 활동을 감시하도록 영상 위성에 과제를 부여하는 것은 같은 위성시스템이 북한의 핵 실험장 또는 남아시아의 다른 어떤 활동을 촬영할 기회를 줄일 것이다. 수집 관리자는 고객 대부분을 최대한 만족시키기 위해 서로 경쟁하는 수집 요구사항을 잘 다루어야 할 것이다. 위성 궤도, 수집 우선순위, 특정 표적에 대한 접근 빈도 등을 조정하는 것은 거의 항상 '기회비용'을 수반하는 결정이다. 그러나 10여 년 전부터 저렴한 상업용 위성 영상을 이용한 덕분에 미국은 고순위 주제의 수집 범위를 희생시키지 않고도 저순위 수집 요구를 충족시키게 되었다.

수집이 분석관과 정책결정자에게 최상의 첩보를 제공하는 데에는 자체적인 어려움이 있다. 첫째, 어떤 첩보는 아예 접근할 수 없다. 다시 말해서 **수집 간극**(collection gap)이 있다. 외국 적대세력의 의도에 관한 첩보는 항상 획득하기 어렵다. 그런 의도가 존재한다고 해도 늘 소수의 사람이 조심스럽게 간직한다. 9·11 공격 계획이 수립되고 있다는 것을 안 사람이 몇이나 되었겠는지를 상상해 보라. 때로는 외국 적대세력의 정책이나 결정이 그 내부에서도 완전히 공개되지 않는다. 그 좋은 예로, 1979년 소련이 아프가니스탄에 침공하기 직전까지 미국 정보공동체는 그런 계획을 까마득히 몰랐다. 그러나 나중에 밝혀진 바로는, 그 침공에 대해 소련 지도부 내에 심각한 분열이 있었으며, 침공을 결정하기 직전에 그 분열이 해소되었다. 둘째, 수집은 적들의 **거부**(denial)와 **기만**(deception) 계획에 의해 방해받는 경우가 흔하다. 미국의 많은 적은 군사 장비를 위장하거나 핵 활동을 지하 시설에 숨기며, 자신들의 계획이나 활동에 관해 거짓 첩보나 오도하는 첩보를 흘릴 수 있다. 사담 후세인은 1990~

1991년 걸프전에 앞서 미국 정보기관을 기만할 수 있었기 때문에 핵 프로그램 등 강력한 WMD 역량을 개발할 수 있었다. 적들은 자신의 계획을 감추기 위해 전화 대신에 암호화된 통신이나 신서사(信書使, courier)를 사용하는 등 '활동 보안(operational security)' 원칙을 준수함으로써 미국의 정보적 접근을 거부할 수 있다. 러시아, 중국, 이란 등과 같은 적대세력의 거부와 기만 활동을 극복하기란 거의 불가능할 수 있다. 셋째, 수집기관들 사이에 첩보가 공유되지 못함으로써 적의 계획과 역량에 대해 종합적인 그림을 그릴 수 있는 능력이 저해될 수 있다. 어떤 경우에는 첩보가 공유되지 않은 바람에 다른 기관이 보유한 추가적 첩보의 중요성이 드러날 수 있을 것이다. 모든 수집기관이 출처와 방법을 보호하기 위해 민감한 정보를 칸막이로 차단하는 이른바 **알 필요**(need to know) 원칙을 가지고 있다. 이 원칙이 잘 지켜지는 경우가 많지만, 지나친 칸막이 현상은 다른 기관에서 귀중하게 쓰일 데이터 흐름을 차단할 수 있다. 9·11 공격 이후, **공유할 필요**(need to share) 원칙이 우선하게 된 것은 CIA와 FBI가 첩보를 충분히 공유하지 않았음이 드러났기 때문이다. 위키리크스(WikiLeaks) 사이트와 에드워드 스노든이 정보 수집 프로그램을 폭로한 이후, 균형추가 공유할 필요 원칙에서 알 필요 원칙으로 다시 움직이고 있는 것 같다. 이런 요인들이 모두 생정보 보고에 대해 어느 범위까지 접근할 수 있는지를 규정할 수 있다.

분석관

세 번째 행위자 그룹은 분석공동체다. 제4장에서 설명한 대로, 여러 기관이 보유한 전(全)출처 분석관들은 정보공동체가 수집하는 거의 모두에 접근할 수 있다. CIA의 분석총국은 가장 큰 분석관 집단을 보유하고 있는데, 이들은 사실상 전 세계를 커버하고 있다고 자처한다. 국방정보국의 정보단도 수천 명의 전문가를 보유하고 있는데, 이들은 외국 군사정보를 다룬다. 규모는 작으나 국무부의 정보·조사국(I&R)은 고도로 숙련된 분석기관으로 여겨진다. CIA와 국방정보국 분석관들이 큰 관료조직 속에서 승진과 함께 담당 업무가 바뀌는 경향이 있는 반면에, 정보·조사국 분석관들은 수십 년 동안 담당 업무를 유지한 경우가 흔하다. 끝으로 FBI가 각 지부에 파견한 분석관 규모가 큰데, 이들은 대적정보, 대테러 및 반확산 위협에 관한 수사에 종사하고 있다. 정보공동체의 분석 과제는 다양하지만, 몇 가지 기본적인 분석 유형은 다음과 같다.

- **추세 분석** 외국 행위자의 군사 프로그램, 경제발전, 정치적 안정 등에서 증가하거나 감소하는 추세를 정립하기 위해 장기적으로 데이터를 분석할 수 있다. 예를 들어 중동의 군사력 증강이나 군비 경쟁을 모니터하기, 중국의 경제성장률을 추적하기, 아프가니스탄과 이라크의 테러·부패·불안정을 평가하기 등이다.
- **패턴 인식** 데이터를 분석하면 또한 군사 동향이나 기타 활동의 흥미로운 시간적·공간적 패턴이 드러날 수 있다. 예를 들어, 테러 사건들을 모형화해 시간·위치·방법별 발생 패턴을 밝혀낼 수 있다. 사이버공격 데이터를 공격 유형, 인터넷 공급자 주소, 볼륨 등에 따라 분석하면 공격자의 배후나 정체를 파악할 수 있다.
- **관계 식별** 외국 행위자들 간의 관계 유무를 파악하기 위해 데이터를 사용할 수 있다. 예를 들어, 링크 분석은 인터넷·전화 메타데이터를 사용해 테러 음모 용의자와 다른 외국 행위자를 연결한다. 또한 이러한 관계 분석을 통해 외국 정부나 테러단체를 해부해 그 핵심 인물, 조직 구조 및 의사결정 과정을 파악할 수 있다.[3]

정보 분석관이 되려면 학술기관에서는 전혀 찾을 수 없는 일련의 기량을 익혀야 한다. 당연히 훌륭한 분석관이 되려면 WMD 확산, 테러리즘 등 다수 주제에 관한 전문지식은 물론이고 주요 국가와 지역에서 일어나는 정치·경제 현상과 군사 프로그램에 대해 전문지식을 갖추어야 한다. 또한 분석관은 정책

결정자의 의제와 정보 질문이 무엇인지를 이해하기 위해 미국의 정책에도 정통해야 한다. 더 독특한 점으로, 분석관은 국외정보 수집 시스템에 과제를 부여하는 전문가가 되어야 한다. 이것은 정보공동체 밖에서는 배울 수 없으며, 일반적으로 다년간 수집기관과 협력하고 나아가 수집기관 내에서 근무하면서 수집 방법과 절차를 더 잘 이해하게 된 결과다. 아마 가장 중요한 것으로, 분석관은 자신의 분석적 편향에 대한 좋은 감각과 일련의 분석적 실무능력을 키워야 한다. 특히 흔히 전문기술이라고 하는 후자는 그런 편향으로 인해 분석관의 평가가 왜곡되는 것을 방지할 수 있다. 끝으로, 분석관은 전문가들의 전문지식이 필요한 다차원적인 정보 표적에 관해 협력적으로 일한다는 의미에서 훌륭한 팀플레이어가 되어야 한다.

분석관은 수집기관과 정책결정자 간의 중요한 연결 고리다. 여러모로 보아, 분석관은 정책결정자가 제기하는 문제에 답하기 위해 가능한 최상의 첩보를 얻을 수 있도록 수집 활동을 지시해야 할 형편이다. 그리고 정말이지 분석관은 흔히 고객의 필요를 파악할 수 있는 가장 좋은 위치에 있는데, 이는 분석관이 백악관, 국무부 및 국방부와 가장 직접적으로 접촉하기 때문이다. 이에 따른 프리미엄 덕분에 분석관은 수집기관이 가장 효율적이고 신뢰성 있는 방식으로 필요한 첩보를 수집하기 위한 전략을 개발하도록 지원할 수 있는 능력을 키운다. 또한 분석관은 여러 가지 수집 방법의 강점과 약점을 잘 알아야 한다(〈표 5-1〉 참조). 외국 적대세력의 계획과 역량에 관한 복잡한 질문에 충분히 답할 수 있는 단출처는 없을 것 같다. 따라서 분석관은 신호, 영상, 인적 보고, 공개출처 매체 등이 그런 질문에 답하겠다고 제시하는 가치를 따져보아야 한다. 현실적 의미에서, 분석관은 많은 데이터 포인트를 종합해서 그 첩보의 의미를 파악하려고 한다. 일부 논객은 9·11 공격이 분석관들이 "점들을 연결하지(connecting the dots)" 못한 결과라고 주장했다. 그러나 이 주장은 모든 점이 두드러져 어린이 색칠용 책처럼 번호를 매기기 쉬웠다고 가정하는 다소 단순한 생각이다. 오히려 포장 상자에 설명이 없는 1000개의 조각 그림 맞추기

표 5-1 수집 분야별 기여 요인과 제약 요인

정보 분야	기여 요인	제약 요인
인간정보 거부된 국외 지역에서 공작원을 운영하는 공작관이 수집하는 인간 보고, 외교관·무관 보고 등	외국 정부, 외국 관리 또는 비국가행위자의 계획과 의도에 관한 첩보를 제공함	출처를 개발·검증하는 데 시간이 소요됨. 의사결정 그룹에 접근하기 어려움. 상대방의 대적정보 활동으로 인해 공작원과 공작관이 위험함
영상정보·지공간정보 상공의 시스템에서 원격으로 수집한 영상 보고와 지공간 보고, 무인항공기가 전장 기타 민감한 장소의 실시간 움직임을 전송하는 것 등	지리적으로 중요한 유형 표적뿐 아니라 외국의 방어 태세, 산업시설, 실험 장소 등을 그래픽으로 빠르게 전송함	영상이 특정 시점만 포착하고 날씨와 오작동에 취약함. 거부와 기만(D&D)이 사용될 경우, 적절한 해석이 어려울 수 있음
신호정보 지상기지나 공중·우주 기반 플랫폼에서 원격으로 수집한 통신 및 전자 신호	외국 정부, 외국 관리 또는 비국가행위자의 의도와 계획에 관해 엄청난 분량의 첩보를 제공함	엄청난 분량의 자료를 해독·번역해서 중요한 행위·행위자가 관련된 것을 식별해 내야 함
측정·표지정보 다양한 지진·방사능·물질 센서를 통해 환경 조건의 변화를 측정하고 보고함	표적 주변의 환경적 변화(예: 온도 변화, 대기 성분, 화학물질 등)에 대해 독특한 통찰을 제공함	정책결정자에게 평가·설명하기 어려움. 일반적으로 표적을 겨냥한 접근 및 특수한 처리가 필요함
공개출처정보 외국의 인쇄·방송 매체와 소셜 미디어 등의 공개출처에서 나옴	표적에 대해 기본적 이해를 제공하며 다른 출처에 의해 확증될 수 있음	번역이 필요한 방대한 자료이며, 거짓이거나 오도하는 첩보를 식별해 내는 데는 시간이 걸림

(jigsaw puzzle)에 비유하는 것이 더 낫다. 더욱이 분석관이 어떤 패턴이나 모양을 만들어내려면 관련이 있거나 없는 수천 개의 퍼즐 조각 가운데 선택부터 해야 한다.

분석 프로세스: 하나의 설명

완료된 정보가 어떻게 생산되는지 이해하려면, 분석 프로세스에 대한 설명이 도움이 된다. 첫째로 분석관은 정책결정자의 핵심 질문이 무엇인지 검토할 필요가 있다.[4] 고위 관리가 무엇을 결정하려고 하며 그 주제에 관해 이미 알고 있는 것은 무엇인지를 검토하는 것은 이 과제의 일환이다. 정책결정자와 그 휘하의 고위 참모들과 긴밀하게 교류하는 것은 정책결정자의 배경지식이 정확하거나 완벽한지 여하를 판단하는 데 도움이 될 수 있다. 마찬가지로, 분석관은 정책결정자가 받고 싶어 하는 답변에 대해 그가 선입견이나 편향을 지니고 있을 가능성에 대비할 필요가 있을 것이다. 분석관의 두 번째 과제는 정책결정자가 얼마나 많은 첩보와 분석을 원하는지, 어떤 시간표를 고려하고 있는지, 그리고 정책 결정 프로세스의 어느 단계에 있는지를 파악하는 것이다. 후자의 경우, 기관 간 논의가 막 개시되었을 뿐인지 또는 전략의 넓은 윤곽이 이미 설정되어 정책결정자가 미국의 조치에 대한 상대방의 예상되는 대응 위주의 정보에 더 관심이 있는지 여하가 중요할 것이다.

하나의 가설적인 예로, 새 행정부가 이란의 핵 프로그램에 관해 가지고 있을 전략정보 문제의 유형들을 생각해 보자. 정보공동체는 4년 이내의 시간표를 설정해 — 이것이 새로 출범한 NSC 팀이 가장 멀리 내다볼 수 있는 시간표이기 때문임 — 이란의 핵 프로그램에 대한 「국가정보판단서」를 생산할 수 있을 것이다. 반면에 2년 뒤 NSC 팀이 이란의 핵 프로그램을 다룰 일련의 정책을 개발했을 경우, 그 팀은 이란이 어떻게 그 정책에 대응할 것인지, 이란이 미국의 목표를 저해하기 위해 취할 조치들, 그리고 이란의 대응조치에 따라 예상되는 결과 등에 중점을 둔 정보 평가서를 찾을 것이다. 따라서 전략정보는 정책결정자의 필요와 시간표에 따른 맞춤형이어야 한다.

전략정보 개발의 세 번째 단계는 그 주제에 관해 가용한 정보 보고를 수집·정리·평가하는 일이다. 분석관은 대답해야 할 정보 질문을 구체적으로 파악한 다음에는 그 주제와 관련이 있는 모든 정보기관 첩보를 — 비밀출처든, 공개출처든 — 끌어모아야 한다. 이 시점에서 당연히 분석관은 수집기관에 대해 추가 첩보를 새로 요청할 — 공식적으로는 '요구사항(requirements)'이라고 함 — 필요가 있다. 대부분의 **전략정보**(strategic intelligence) 주제는 지속성이 있으므로 분석관들이 시간 흐름에 따라 자신들의 평가를 업데이트하거나 수정할 것으로 기대된다. 냉전 시대에는 소련의 군사 동향이 전략정보를 지배했지만, 오늘날에는 대테러, 반확산 및 사이버 위협이 가장 두드러진다. 따라서 분석관들은 이러한 주제와 러시아, 중국, 이란, 북한과 같은 다른 표적에 관한 새로운 첩보에 대해 수집기관의 관심을 상기시킬 필요가 있다.

계속해서 이란 핵 문제를 예로 들자면, 분석관은 인간정보·영상정보·신호정보 시스템에 이란 핵 프로그램의 상태에 관한 첩보를 수집하도록 과제를 부여한다. 오늘날 분석관이 무슨 평가보고서를 생산하더라도 몇 달 후면 새로운 첩보가 입수되어 수정될 것이다. 분석관들은 가용 첩보를 정리·평가할 때 각 보고를 액면가대로 받아들이는 것을 경계할 필요가 있다. 이는 보고가 비밀로 분류되었다고 해서 첩보가 진실이 되는 것은 아니기 때문이다. 실로 인간정보 출처는 모집하고 관리하기가 어려우며, 그 출처가 자가 발전하거나 날조할 수도 있고 이중간첩(double agent)일 수도 있다. 신호정보 활동은 수집·처리하는데 엄청난 자원이 소요되지만, 도청·해독·번역 과정의 품질과 신뢰성에 따라서는 상대방의 동기와 계획에 관해 중요한 통찰을 제공할 수 있다. 알카에다와 이라크·시리아 이슬람국가(ISIS)에 관해 우리가 알고 있는 것이 대부분 테러 조직의 통신을 도청하거나 테라바이트 정보 용량의 컴퓨터 데이터를 캡처한 결과였다. 영상 또한 북한과 같은 국가의 계획된 군사작전이나 핵실험 준비를 탐지할 수 있지만, 이 역시 신중하게 해석할 필요가 있다. 다시 말해서 날씨, 지리 또는 적의 위장술과 기만술 사용으로 인해 영상의 품질이 떨어지거나 오도하는 것일 수 있다.

많은 경우, 분석관의 첩보 가운데 절반 이상이 공개출처에서 나올 수 있는데, 이 역시 정확성과 유효성을 평가할 필요가 있다. 분석관은 공개출처정보가 미국이 믿도록 바라는 외국 정부의 선전일 위험성을 경계해야 한다. 반면에, 때로는 훌륭한 저널리스트가 어느 정부의 정책이나 인물에 관해 분석관이 사용할 수 있는 사실을 찾아낼 수 있다. 일반적으로 분석관은 인간 출처가 제공하는 증거를 가늠할 때 다음과 같은 다섯 요소를 명심할 필요가 있다.

- **정확성**(accuracy) 정보 보고가 정확하다고 검증된 다른 데이터와 일치하는가?
- **전문성**(expertise) 출처가 정보 표적에 관해 정확하게 보고할 지식이나 배경을 가지고 있는가?
- **접근성**(access) 보고가 사건을 관찰한 출처에서 직접 나온 것인가 아니면 전문(傳聞, secondhand) 첩보인가?
- **신뢰성**(reliability) 출처가 여러 번 정확하게 보고한 적이 있는가 아니면 추가 검증이 필요한 신규 출처인가?
- **객관성**(objectivity) 현실을 왜곡하는 숨은 의제나 개인적 이익이 출처의 동기로 작용했는가?

분석관은 가용 보고의 신뢰성과 유효성을 평가한 후, 수집된 첩보가 관련성과 타당성이 있는지 여하도 검토해야 한다. 일부 보고는 정책결정자들의 관심사와 관련이 있어 보이지만 타당성이 거의 없을 수 있다. 2002년 이라크의 WMD 프로그램 사례를 보면, 사담 후세인이 WMD를 알카에다와 공유하려고 한다는 루머가 보고되었지만 거의 신뢰성이 없었다. 분석관이 보기에 이슬람 근본주의를 경멸하고 두려워한 그 이라크 지도자가 자신을 향해 사용할 수도 있는 무기를 알카에다에 준다는 것은 타당하지 않았다. 반면에 가치를 인정받기에는 데이터가 너무 불완전하거나 부족할 때도 있다. 1962년 쿠바 미사일 위기를 예로 들면, 당시 소련의 활동에 관한 수백 건의 일화적인 보고 가운데 소련이 쿠바에 미사일을 배치했다는 믿을 만한 인간정보 보고는 네댓 건에 불과했다. 또한 이런 출처 대부분이 신뢰성이 매우 낮다고 판단된 것은 그들이 소련 무기에 관해 거의 아무것도 모르는 무학의 이민자들이었기 때문이다.[5]

분석 프로세스의 네 번째 단계는 유효한 정보 보고를 설명하는 핵심 가설을 수립하는 것이다. 정보에서 사실 자체로 자명한 것은 없다. 오히려 사실들을 정리·평가해서 어떤 이해의 틀 속에 넣어야 한다. 분석관은 데이터를 훑으면서 관찰하고 있는 것에 대해 그럴듯한 설명을 구상하기 시작한다. 표적에 관해 상당한 지식을 축적했을 숙련된 분석관은 그 표적이 과거에 어떻게 행동했는지에 비추어 데이터를 어떻게 쓸지를 상상할 수 있다. 흔히 분석관은 데이터 속에서 패턴, 관계 및 추세를 찾는바, 새로운 첩보가 표적의 행동을 묘사하는 데 있어서 어떤 차이점과 유사성이 있는지 찾아낼 것이다.

추구할 가치가 있는 가능한 설명은 대개 하나 이상이다. 분석관이 대안적 가설에 관해 열린 마음을 유지하도록 주의를 기울여야 하는 것은 추가 데이터가 자신의 현재 해석을 확인하거나 부정할 수 있기 때문이다. 분석관은 특정 가설을 받아들일 경우, 미래에 어떤 사태가 예상되는지 자문해 보는 것이 현명하다. 달리 자문한다면, 어떤 첩보가 현행 가설을 부정하고 대안적 가설 쪽을 지지할 것인가? 예를 들어 2007년 이란에 관한 「국가정보판단서」는 2003년 개시된 이란의 핵무기 프로그램이 부분적으로 중단되었다고 상정해 논란이 많았는데, 이는 2005년 「국가정보판단서」와 크게 달라진 판단이었다. 2005년에는 이란이 핵 활동을 계속하고 있고 핵폭탄 제조를 의도하고 있다는 결론을 내렸었다.[6] 분명히 이러한 종전 가설은 미묘한 차이가 있는 새 가설로, 즉 이란이 무기화 연구 프로그램의 핵심 부분을 수년 동안 축소했었다는 가설로 변경되어야 했다.

분석 프로세스의 다섯 번째 단계는 주장을 제시하는 것이다. 분석관은 표적의 행동이나 조치에 대해 증거를 가늠하고 가설이나 설명을 발전시킨 다음, 분석 결과나 결론을 제시해야 한다. 이 분석 결과는 — 때로는 평가보고서로 불리며 「국가정보판단서」에는 '핵심 결론' 또는 '핵심 판단'이라는 요약 형태로 실림 — 명확한 논리와 엄격한 증거에 기반해야 한다. 대개 분석관은 강력한 핵심 메시지부터 시작해 사실관계와 신뢰할 만한 정보 보고를 나중에 서술한다. 분석관은 사용된 출처에 대해 생각하는 **신뢰수준**(level of confidence)을 객관적으로 명시해야 하는데, 그래야 정책결정자가 설득력 있는 주장인지 여부를 독립적으로 판단할 수 있다. 일반적으로 분석관이 다양한 수집 분야에서 나오는 복수의 고품질 출처에 의해 뒷받침받지 못할 때는 분석 결과에 대해 높은 *신뢰도*(*high confidence*)를 주지 못한다.[7] 첩보가 부족한 경우나 출처가 충분히 검증되지 않고 믿을 만하지도 않을 때는 *낮은 신뢰도*(*low confidence*) 수준이 주어진다. *중간 신뢰도*(*medium confidence*)는 흔히 모순일 수 있는 일부 보고가 뒤섞여 있음을 반영한다. 분석관이 자신의 판단을 높이 신뢰하더라도, 이 분석 결과에 얼마나 많은 불확실성이 존재하는지 강조하기 위해 그리고 분석관이 환경 변화 시 발생할 다양한 시나리오를 검토했음을 정책결정자에게 확신시키기 위해 대안적 설명을 포함하는 방안을 고려하는 것이 현명하다.

분석의 도전과제는 수집기관이 직면하는 도전과제만큼이나 중요하다. 첫째, 분석관은 가용 첩보가 불완전하고 모순적이며 때로는 거짓일 수 있다는 사실을 받아들여야 한다. 분석관이 1등급의 전출처 보고서를 작성하기 위해서는 높은 수준의 모호성을 처리할 수 있어야 한다. 분석관이 정책결정자의 질문에 답하기 위해 자신이 원하는 첩보를 모두 가지고 있는 경우는 좀처럼 없다. 가끔 분석관을 압도하는 너무 많은 첩보로 인해 정말로 중요한 것을 발견하기가 훨씬 더 어려워질 수 있다. 때로는 수집의 한계나 적의 거부와 기만 활동으로 인해 엄청난 정보 간극이 있다. 정보보고서에서 이른바 '빠진 첩보(missing information)'를 보완하거나 설명하는 것은 매우 힘든 작업이다.[8] 속담에서 말하듯이, 미지수가 있다는 것을 아는 경우가 있지만, 정보 문제를 극적으로 변화시킬 수 있는 미지수가 있다는 것을 모를 경우도 있다. 예를 하나만 들자면, 미국의 정보 분석관들은 1979년 이란 국왕(shah)이 위협을 느끼면 더욱 단호하게 조치할 것이라고 믿었기 때문에 전복될 위험이 없다고 잘못 평가했다. 당시 분석관들이 모르고 있던 미지수는 국왕이 치명적인 암에 걸린 상태였으며(그는 몇 달 후 망명 중에 사망하게 됨), 그로 인해 어쩌면 그가 과거처럼 그리 단호하지는 못할 것이라는 사실이었다.

분석의 두 번째 도전과제는 정보 판단을 세울 때 **분석적 가정**(analytical assumptions) 및 **마인드세트**(mind-sets)에 의존하는 버릇이다. 분석관은 흔히 이른바 '통념(conventional wisdom)'에 따라 움직인다. 이것은 분석관이 정보 평가를 세울 때 사용하는 철석같은 가정이다. 이러한 가정이 낡아빠진 것이거나 명백히 잘못된 것으로 판명될 수 있다. 그러나 분석관은 확실한 증거가 없을 때는 종종 가정에 의존해야 한다. 나중에 잘못된 것으로 판명된 철석같은 가정의 고전적 사례는 사담 후세인이 새로운 핵·화학·생물학 프로그램에 관해 유엔 사찰단을 기만하고 있다는 가정이었다. 이 가정이 수립된 것은 걸프전을 통해 그가 엄청난 양의 WMD를 몰래 비축하고 있었고 위험하게도 핵폭탄 보유에 근접했음이 드러난 후였다. 이후 분석관들은 사담이 유엔 사찰단을 효과적으로 기만할 것이라고 가정했다. 그래서 2002년에, 미국의 수집 활동이 이라크의 프로그램에 관해 새로운 보강 첩보를 생산하지 못했음에도 불구하고, 정보공동체는 사담이 다시 WMD를 숨기고 있다고 평가했다(제6장 참조). 핵심은 분석관들이 그런 가정에 의존하는 데 익숙하다는 점과 그런 가정에 정기적으로 이의를 제기해서 재확인해야 한다는 점이다.

가정 문제와 밀접하게 연관된 것으로 마인드세트 도전과제가 있다. 모든 분석관이 세상이 어떻게 돌아가는지, 특히 특정 표적이 어떻게 행동하는지에 관해 마음속에 하나의 그림을 가지고 있다. 이러한 마인드세트 또는 정신적 지도(mental map)가 분석관에게 들어오는 첩보를 거르는 데 도움이 될 수 있는바, 그는 어떤 보고를 마인드세트를 '확인하는' 것으로 받아들이거나 표적이 과거에 행동했던 방식과 일치하지 않는다고 기각해 버리기 쉽다. 분석관은 생각을 정리하기 위해 이러한 정신적 지도가 필요하지만, 그 지도가 낡아빠진 것이 되지 않도록 주의해야 한다.[9]

1980년대 후반 정보공동체는 미하일 고르바초프(Mikhail Gorbachev)가 새로운 유형의 소련 지도자임을 알아보지 못한 점을 책잡힐 수 있다. 당시 소련은 일련의 빠른 지도부 교체를 겪으면서 노쇠한 정치국 의장들이 잇달아 서방에 대한 소련의 강경 노선을 유지하려고 애썼다. CIA 내부에서는 고르바초프 개혁의 진정성에 관해 그리고 그 개혁이 소련 사고방식의 근본적 변화를 시사하는지 여하에 관해 군사·정치 분석관들 사이에 논쟁이 있었다. 많은 분석관을 지배한 정신적 지도는 보수적인 공산당 지도부가 사회주의 체제 자체를 위협할지도 모르는 급진적 개혁을 꺼릴 것이라고 보았다. 고르바초프의 행동이 그러한 정신적 지도에 이의를 제기했는데도, 많은 분석관이 느리게 이를 알아보았다.[10] 따라서 그들의 분석은 서방에 대한 소련의 관행과 입장을 폐기하려는 고르바초프의 의지를 과소평가했다. 뒤이어 고르바초프는 광범위한 군비통제 협정, 1990년의 독일 통일, 소련군의 궁극적인 동유럽 철수 등에 동의함으로써 분석관들을 경악시켰다.

가정과 마인드세트 문제의 근저에는 더 넓게 '**인지적 편향**(cognitive bias)'이라는 도전과제가 있다. 정보학자뿐 아니라 과학자들도 인간의 두뇌가 첩보를 인지해서 걸러내고 통합하는 방식에 관해 저술했다. 인지 과정에는 엄청난 양의 첩보를 효율적으로 정제하는 작업이 포함된다. 인간은 세상을 인지하는 사고방식을 발전시킴으로써 빠르게 추론하고 결론을 내릴 수 있다. 중요한 연구를 발표한 두 심리학자가 이러한 습관적 인지 과정을 '빠르게 생각하기'로 명명했는데, 그 의미는 정신적 지름길을 사용함으로써 새로운 첩보를 빠르게 흡수해 기존의 인지 지도에 통합시킨다는 뜻이다.[11] 그런 정신적 과정으로 말미암아 분석관이 부정확한 추론을 만들거나 '들어맞지 않는' 새 첩보를 기각할 수 있다. 더 객관적인 첩보 평가를 방해하는 많은 분석적 편향 가운데, 흔히 다음과 같은 편향이 흠 있는 분석의 중심에 있다.

- **확증 편향**(confirmation bias) 선입견을 확증하는 방향으로 첩보를 해석하는 인간의 성향이다. 분석관은 수용된 가설이나 신념을 확증하는 첩보를 추구하거나 중시하지만, 반증하는 첩보는 기각하거나 경시한다.
- **정박 편향**(anchoring bias) 이전의 분석이 작용해 분석관이 자신의 판단을 재평가하지 못하고 예측을 조금만 수정한다. 그리하여 분석관은 그런 이전의 평가에 '정박해' 거기에서 벗어날 수 없다.

- **거울 이미지**(mirror-imaging) 분석관이 자신이 같은 상황에 있다면 행동할 방식으로 외국 행위자도 그렇게 행동할 것이라고 가정한다. 이리하여 분석관은 외국 행위자를 관찰할 때 (거울 속의) 자신을 보며, 다른 문화나 정치체제에 속하는 의사결정자가 달리 행동할 가능성을 무시한다.
- **집단사고**(groupthink) 이 집단행동은 인지적 편향은 아니지만, 첩보에 대해 대안적 가설이나 설명을 추구하기보다는 전원 합의를 위해 협력하고 노력하는 분석관들에게 영향을 미칠 수 있다. CIA와 국방정보국 같은 큰 기관에서는 바뀌기 어려운 '기관 방침(agency line)'이 발달한다. 이 현상은 시간 압박과 스트레스를 크게 받으며 일하는 의사결정자들 사이에 훨씬 더 팽배해 있다.

분석관들이 인지적 편향과 기타 분석적 편향을 극복하기 위해 쓸 수 있는 몇 가지 방법이 있다. 가장 중요한 것으로, CIA와 국방정보국 분석관 대부분이 인지적 편향의 위험에 관해 그리고 그 편향을 찾아내기 위해 취할 수 있는 조치에 관해서 일정한 훈련을 받는다. 이들이 채용한다는 **체계화된 분석기법**(structured analytical techniques, SATs)이 이러한 무의식적 편향에 도전할 수 있다. 오늘날 이런 기법에는 수십 가지가 있지만, 가장 강력하고 많이 채용되는 체계화된 분석기법은 다음과 같다.

- **체계화된 브레인스토밍** 다양한 전문가 집단에서 한 주제를 토론하는 체계화된 방식으로, 새로운 분석적 통찰이나 대안적 가설을 자극하기 위해 새 아이디어가 적극 장려되고 기록된다(일축되는 경우가 없음). 이는 단일한 전원일치 견해 또는 집단사고 오류를 방지한다.
- **핵심 가정 점검** 분석관이 평가의 기초가 되는 핵심 가정을 먼저 식별한 다음, 그 논리와 증거에 대해 어느 정도로 확신하는지 알기 위해 핵심 가정을 재검토한다. 이는 보다 엄격한 증거 평가를 막는 숨은 편향을 밝혀

낼 수 있다.

- **경쟁가설 분석**(analysis of competing hypotheses, ACH) 분석관이 문제를 설명하는 복수의 가설에 따라 데이터 포인트와 첩보를 행렬로 만든다. 이후 분석관은 각 데이터 포인트를 평가해 그 가설을 확인하는지 부정하는지 알아낸다. 모든 대안을 확인하는 첩보는 하나만 제외하고 모든 설명을 부정할 수 있는 첩보보다 쓸모없다고 판단된다. 이는 단일가설 분석을 방지하고, 어떤 보고가 진정으로 중요한지 더 엄격하게 검토하도록 강제한다.
- **시나리오 분석** 복잡하고 매우 불확실한 정보 문제(예: 중국의 미래)에 대해 복수의 장기 시나리오를 만들기 위한 집단설계 기법으로, 큰 전문가 집단을 구성한 다음 대개는 불확실한 중요 요소를 기초로 해서 적어도 서너 개의 대안적 미래를 개발하는 데 중점을 둔다. 이는 분석관을 전통적인 마인드세트 밖으로 몰아내며, 미래에 발생할지도 모르는 그럴듯한 주요 불확실성을 식별한다.[12]

분석적 편향에 대한 두 번째 치유법은 정보공동체가 경쟁적 분석을 건강한 수준으로 유지하는 것이다. 이렇게 되면, 여러 기관이 동시에 첩보를 들여다보고 독자적인 결론을 내리게 된다. 이런 식의 경쟁적 분석은 각 기관의 첩보·논리 사용에 대해 이의를 제기할 수 있다. 냉전 기간에 CIA와 국방정보국이 소련의 군사 프로그램·예산에 관해 경쟁적 분석을 끊임없이 생산했는데, 이것이 분석의 엄격성을 유지하고 어떤 편향을 드러내는 데 도움이 되었다. 오늘날에도 이와 유사하게 러시아, 중국 등 주요국의 군사 프로그램에 관해 경쟁적 분석이 이루어지고 있다. 이러한 복수의 주장은 개별 기관 내에서 발견되는 집단사고나 연통식(stove-piped) 사고를 잘 점검할 수 있는 수단으로 오랫동안 인식되고 있다.

보다 최근에 등장한 메커니즘으로, CIA와 국방정보국 내에 다수의 '**적혈구**

(Red Cell)' 분석 팀이 설치되었는데, 여기서는 분석관들이 반대 분석 — 때로는 '**대안적 분석**(Alternative Analysis)'이라고 불림 — 을 개발하도록 허용된다.[13] CIA는 9·11 공격 이후 그런 팀을 설치해 오늘날까지 계속해서 운영하고 있는데, 개별 분석실 내의 작은 팀이 적혈구로 활동하고 있다. 적혈구가 하는 일의 관념은 '적처럼 생각하기(think like the enemy)'(적의 홍팀 대 미국의 청팀) 및 적의 관점에서 미국의 전략과 조치를 물리칠 최선의 방안을 평가하는 것이다. 이 그룹은 지배적 분석 방침에 도전할 권한을 부여받는데, 왜냐하면 그런 방침에 잘못이 있을 시에는 미국에 재앙적인 결과가 초래될 것이기 때문이다. 일반적으로 말해서, 이 그룹은 분석관 대부분이 무시했던, 확률은 낮아도 그럴듯한 결과에 대해 "울타리를 벗어나 생각하도록" 지시를 받는다. 지금까지 적혈구 팀들은 다양한 체계화된 분석기법을 사용해 수백 종의 그런 반대 분석을 생산해냈다.

세 번째 교정법은 정부 밖의 전문가들이 정보 판단을 논의하고 도전하도록 허용하는 '분석관의 대외 접촉(analytical outreach)'을 확대하는 것이다. 어느 정도 이것은 늘 관행이었는바, 예를 들어 정보 분석관들이 원해서 소련의 군사 프로그램·예산에 관해 또는 전 세계 에너지 생산에 대한 CIA 분석에 관해 외부 학자들을 만났다. 선별적으로 신원조회를 거친 몇 명의 외부 전문가는 「국가정보판단서」 초안을 검토·비평하도록 허용되었다. 아마도 가장 유명하고 존경받는 외부 컨설턴트는 컬럼비아 대학교의 로버트 저비스(Robert Jervis) 교수였을 것이다. 그는 자신의 저서에서 CIA 분석을 다수 검토하는 일에 관여했음을 서술하고 있는데, 예를 들어 그는 1979년 이란 혁명과 2002년 이라크 WMD 추정에 관한 분석을 검토했다.[14]

2004년 9·11위원회 보고서는 정보공동체가 테러 음모에 관해 "상상력의 부족(lack of imagination)"을 예방하기 위해 이런 유형의 대외 접촉을 확대하도록 권장했다. 그 보고서가 발표된 직후, 대외 접촉 활동이 폭증했고, 분석적 교류를 위한 규칙도 완화되었다. 많은 분석관이 자신의 기량을 가다듬고, 전문지식 네트워크를 개발하며, 자신들이 너무 편협하게 생각하는 것을 방지하기 위해 학계 및 기타 외부 전문가들과 교류할 이 기회를 환영했다. 이러한 분석관의 대외 접촉은 첩보를 비밀로 분류하고 조직 간에 차단하는 정보공동체의 '보안 문화'에 의해 자연히 제약된다. 정보공동체가 보안 절차를 거치지 않고 학계나 민간의 전문가들과 견해를 — 공개 방식으로도 — 공유하는 것을 이처럼 내재적으로 꺼림으로써 오래 간직된 기관 견해에 효과적으로 도전하는 일이 방해를 받는다.[15] 정부 밖 전문가들과의 접촉을 규율하는 규칙이 가끔 너무 부담스러워서 활동성이 부족한 분석관들이 그런 관계를 발전시키려는 시도를 단념할 수 있다.

정보 순환을 넘어: 분석관 중심의 프로세스

<그림 5-1>에서 강조된 여러 단계를 보면, 정보 요구에서부터 수집, 처리, 분석 및 보고서 배포에 이르기까지 논리적인 진행이 있다는 인상을 준다. 그러나 그것은 매우 이론적이며, 첩보가 수집·분석되어 정책결정자에게 제공되는 현실의 프로세스를 거의 반영하지 않는다. 현실에서는 정책결정자가 정보 수집·분석의 시발점이라는 관념을 방해하는 복잡한 요소들이 숱하게 많다. 첫째, 정책결정자는 일상적으로 추가 첩보를 다소 즉흥적인 방식으로 요구하지만, 정보 요구의 우선순위를 정하는 데는 거의 시간을 할애하지 않는다. 현실에서 정보기관의 고위 관리자는 흔히 대통령과 각료들의 정보 요구에 대해 — 직접적인 지시가 없다면 — 느낌을 바탕으로 핵심 요구사항을 파악해야 한다. 정보기관이 명시적인 지시를 기다려서 긴요한 정보 자료라고 생각되는 것을 수집할 수는 없다. 분석관들도 담당 표적에 관한 핵심적 정보 질문에 답하는 데 필요한 첩보에 접근하도록 수집기관에 지시하는 중요한 역할을 한다. 분석관이 NSC나 고위 관리로부터 남중국해에서 중국의 군사력 증강에 관한 첩보에 접근하는 일이 중요하다는 말을 들을 필요는 없으며, 정책결정자에게 미국의 주

적의 사이버 역량에 관해 더 알고 싶은지 물어볼 필요도 없다.

둘째, 선형적이거나 순차적인 '정보 순환'이라는 관념은 지나치게 단순화된 것이다. 분석관과 수집기관이 정책결정자의 질문에 답하기 위해 나란히 또는 동시에 일하는 경우가 매우 흔하다. 수집기관이 어떤 주어진 주제에 관해 새로운 첩보를 계속 찾고 있는 동안에도 분석관은 분석보고서를 작성한다. 서면 평가보고서는 스냅 사진처럼 주제에 관해 아는 것을 적시에 보고한 것일 뿐이지만, 새로운 첩보가 수집되자마자 분석관은 새로 수집·평가된 첩보에 맞추어 기존의 평가를 업데이트하고 고치거나 바로잡는다. 이 좋은 예를 2007년 이란 핵 프로그램에 관한 「국가정보판단서」에서 볼 수 있다.[16] 정보공동체는 새로운 첩보에 근거해 종전의 판단을 철회하고, 이란이 국제 압력에 응해 그 프로그램의 중요 부분을 중단했다고 평가했다.

셋째, 정보 순환은 선형적인 프로세스라기보다 상호작용 측면이 더 강한 프로세스다. 말하자면, 정보 주제에 관해 분석관과 정책결정자 사이에 그리고 분석관과 수집기관 사이에 앞뒤로 의사소통이 자주 이루어진다. 분석관은 흔히 고위 정책결정자와의 대화에 근거해 평가를 개선하는데, 이는 그들의 정책 의제에 대해 보다 직접적으로 언급하기 위해서다. 마찬가지로 수집기관은 분석관이 정책결정자의 질문에 답하는 데 필요하다고 보는 첩보의 종류에 맞추어 수집 전략을 변경할 수 있다. 그렇다면, 아이러니하게도 이러한 상호작용은 정보 순환을 다소 역방향으로 흐르게 한다. 정말이지 분석관은 일반적으로 정책결정자로부터 받은 정보 요구사항을 내보내고, 그의 질문을 충족하기 위해 정책결정자·수집기관과 협력하는 프로세스의 중심에 있다. 분석관 중심의 정보 프로세스를 더 현실적으로 묘사하자면, 비록 지나치게 단순화한 것이긴 해도 〈그림 5-2〉와 같을 것이다.

이러한 분석관 중심의 프로세스는 분석 과제의 종류를 더욱 정확하게 정의하는 것이 얼마나 중요한지를 강조한다. 특히 그런 분석은 이제는 국토안보를 담당하는 주·지방 관리들까지 포함한 미국 정부 전반에 걸쳐 의사결정권자들

그림 5-2 **분석관 중심의 정보 프로세스**

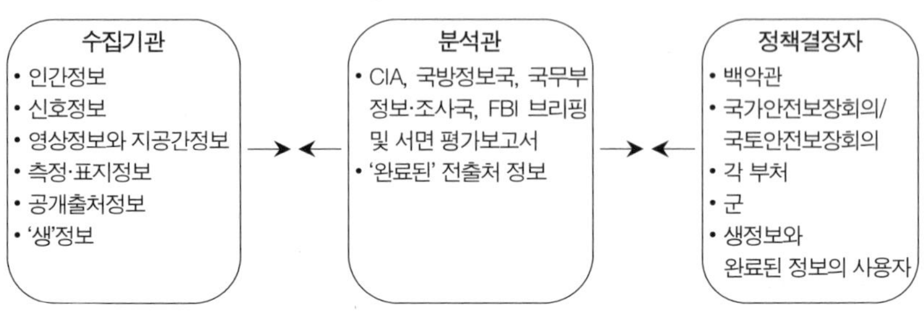

의 수많은 정보 관심사를 충족해야 하므로 더욱 중요하다. 분석관은 중국, 러시아, 이란 등과 같은 국가 및 국제 테러리즘, 마약 밀매, WMD 확산 등과 같은 초국가적 위협에 대한 주제별 전문가여야 한다. 분석관은 또한 이러한 이슈에 대처하기 위해 강구된 미국의 국가안보정책에 관해서도 잘 알고 있어야 한다. 달리 말해서, 분석관은 외국 정부의 정책을 이해하는 것만큼이나 미국의 대외정책에 관해서도 많이 알고 있어야 한다. 그렇지 못한 분석관은 무엇이 대통령과 주요 보좌관들에게 중요한 사태인지 정확하게 가늠할 수 없을 것이다.

조력자로서의 분석관

오늘날 2001년 9월 11일의 테러 공격 이후 다양하게 작성된 안보, 국토방위, 대테러 및 정보에 관한 미국의 명시적 전략들을 파악한다는 것은 분석관의 이점인 동시에 도전이다. 「2010년 국가안보 전략」은 미국의 전략을 수립하는 데 있어 정보기관의 중요한 역할을 종전보다 더 세게 언급했다. "우리나라의 안전과 번영은 우리가 수집하고 분석하는 정보의 품질, 이 첩보를 평가하고 적시에 공유하는 우리의 능력, 그리고 정보 위협에 대처하는 우리의 능력에 달려 있다. 이는 행정부의 결정을 지원하는 전략정보에도 해당하는 동시에 국토안보, 주·부족 정부, 우리 군대 및 중요한 국가적 임무에 대한 정보 지원에

그림 5-3 '국가안보 전략 조력자'로서의 정보

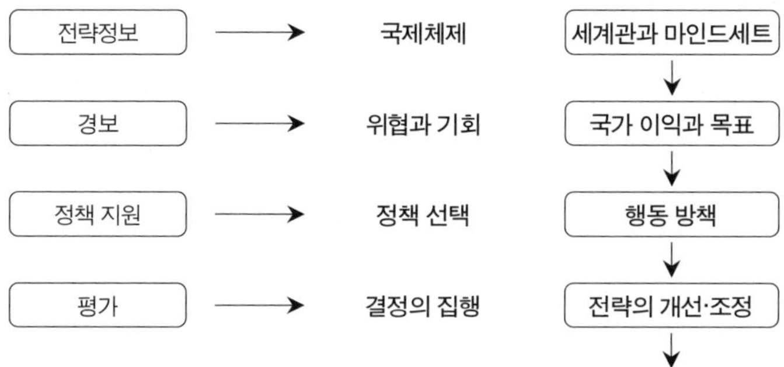

도 해당한다."[17]

마찬가지로 「2019년 국가정보 전략」은 전략정보, 예측(즉, 경보)정보, 의사결정자 지원과 같은 현용 활동 등 정보공동체의 다양한 임무들을 제시하고 있다.[18] <그림 5-3>은 분석관이 의사결정 프로세스 전반에 걸쳐 어떻게 공헌하는지 그래픽으로 보여준다. 주요 정책결정자의 전략적 사고를 연구한 분석관이라면 의사결정 및 정책집행 프로세스의 각 단계에서 그들의 성과 개선을 돕는 조력자 위치가 강화된다. 이러한 맥락에서, 거의 모든 정보 분석이 전략적이라고 볼 수 있는데, 정보 분석이 정책결정자가 필요한 수단으로 소기의 목표를 달성하도록 지원한다는 점에서 그렇다. 즉, 분석관이 일반적인 전략 환경을 설명하든, 모종의 공격을 경보하든, 단순히 적의 군사적 잠재력이나 인프라에 관한 세부 사항을 설명하든, 매우 전술적인 표적 첩보를 제공하든, 그런 노력 자체가 어떤 특정 목적을 달성하기 위한 종합 전략을 뒷받침하는 것이다. <그림 5-3>에서 볼 수 있듯이, 정책결정자의 관심이 문제를 파악하기, 미국 국가안보의 주요 목표를 정의하기, 정책 옵션을 강구하고 시행하기 등 단계적으로 이동함에 따라 분석 임무도 바뀐다.

• 의사결정자는 세계관 또는 국제환경에 대한 인식을 전략 수립 프로세스

에 가져온다. 분석관은 그 환경에 대한 정책결정자의 이해를 높이기 위해 전문지식과 분석적 평가를 가져온다.

- 대통령과 그 보좌진이 국가 이익을 정의하고 국제환경이 제기하는 주요 위협과 기회를 정의할 때, 분석관의 핵심 기능은 그러한 위협이나 기회가 될 수 있는 사건이나 추세를 식별하는 것, 즉 '경보'하는 것이다.
- 행정부가 정책 목표와 행동 방책을 수립할 때, 분석관은 적대 행위자의 강점과 약점, 미국의 행동 방책에 대한 외국의 가능한 대응, 그리고 잠재적 정책 조치의 예상치 못한 결과, 즉 그러한 정책 조치의 실제적·잠재적 비용·위험과 관련된 정보를 설명함으로써 그러한 심의를 뒷받침한다.
- 끝으로, NSC 수장들은 정책의 효과성을 평가하고 전체 전략을 개선하거나 재구성해야 한다. 이 시점에서 분석관의 역할은 적과 동맹국이 미국의 정책에 어떻게 반응했는지, 그러한 정책이 의도한 결과와 의도하지 않은 결과는 무엇인지, 그리고 외국과 비국가행위자가 미국의 조치에 따르거나 반대하기 위해서 향후 어떤 조치를 고려할지 평가하는 것이다.

다음 몇 장에서는 정보 분석을 통해 효과적인 전략을 수립할 수 있는 이 네 가지 독특한 방법에 대해 자세히 살펴볼 것이다. 이 장의 나머지 부분에서는 정보 분석이 만병통치약이 아님을 설명하기 위해 각각의 차이점을 간략하게 설명한다. 실로 정보공동체는 미국의 정책이 수립되거나 실행되고 있는 단계에 대해 민감해야 한다. 전략가가 이미 행동 방책을 선택하거나 구체적인 정책 결정을 실행할 준비가 되어 있을 때, 광범위한 추세에 지나치게 중점을 둔 분석은 무시될 가능성이 높다. 마찬가지로 의사결정자가 전략 수립의 초기 과정에서 문제에 대한 분석공동체의 일반적 견해를 공유하지 않는다면, 정보공동체로서는 정책 지원을 제공하기가 이중으로 어려울 수 있다.

전략정보

정책결정자와 분석관 모두의 가장 근본적인 목표는 미국과 다른 우방 및 적대 행위자들이 활동하는 전략적 환경을 파악하는 것이어야 한다. 그러나 의사결정자와 분석관의 입장은 크게 다르다. 대통령과 같은 정책결정자는 일반적으로 가치관, 선입견 및 정책 목표가 잘 정립된 상태에서 문제에 접근하는 반면, 분석관은 미국적 시각에서 다소 벗어나 전략적 맥락을 검토하려고 시도해야 한다.

냉전 시대 미국의 전략가들은 공산주의 체제에 대해 경멸과 두려움을 동시에 느꼈다. 그들은 소련 체제의 결함을 알 수 있었으나 소련 정책을 추동하는 요인이 주로 이데올로기라고 보았는데, 이는 실제 이상의 지나친 견해였다. 소련을 전체적으로 바라보는 것은 분석관들의 책임이었다. 따라서 분석관이 소련 국가의 경제적·정치적·군사적 힘의 한계, (중국과 같이 경쟁하는 다른 공산주의 강대국에 대한) 러시아 이기주의의 중요성 등을 평가하고, 소련 내부의 이익집단들(예: 당, 군, 정부 부처 등)이 어떻게 서로 경쟁하거나 어긋나는지 파악할 의무가 있었다.

냉전 시대와 마찬가지로 오늘날에도 분석관은 세상을 자신이 바라는 대로가 아니라 존재하는 그대로 고려해야 한다. 또한 분석관은 정책결정자들보다 의식적으로 더 자기 비판적인 태도를 유지해야 하지만, 때로는 분석관이 자신의 지식에 너무 안주하거나 과신한 나머지, 대안적 설명에 저항함으로써 국제 환경이나 미국의 적들의 태도에서 생긴 중요한 변화를 놓치는 경우가 있다. 따라서 분석관은 정보 주제에 대한 자신의 견해에 끊임없이 도전해야 한다. 나아가 그는 다양한 분석기법을 사용해 핵심 가정에 결함은 없는지, 첩보가 불완전하고 오도하는 것이거나 명백히 잘못된 것은 아닌지, 또는 어느 이슈에 대해 이미 아는 사실만 가지고도 단일한 결론보다는 복수의 생각이 당연히 가능한 것은 아닌지 점검해야 한다.[19]

분석관이 정책결정자에게 전략 환경의 변화를 알리는 것은 그가 수행하는 역할 가운데 가장 포괄적인 것이다. 셔먼 켄트의 서술에 의하면, 정책 토론에 지식을 보태는 것이야말로 정책 논의의 수준을 높이는 정보 분석관의 목표다. 정책결정자들 다수가 이처럼 조용히 스며드는 정보의 기능을 항상 인정하는 것은 아니다. 하지만 정보 분석관들은 완료된 분석, 구두 브리핑, 전화와 대면 대화 등을 통해 정책결정자들과 일상적으로 교류하면서 무의식적으로 이러한 기능을 수행한다. 때로는 정책결정자에게 다른 관점을 제시하는 것이 전략 토론에 가장 중요하게 공헌할 수 있는데, 특히 의사결정자를 적의 입장에 서게 하거나 어떤 이슈에 대한 미국의 관점이 현행 문제를 해석하는 유일한 길이 아님을 보여줄 수 있다는 점에서 그렇다.

경보 기능

대개 정보 분석관은 세상의 임박한 변화에 대해 충분한 전략적·전술적 **경보 분석**(warning analysis)을 제공했는지 여하를 결국에는 — 항상 공정한 것은 아니지만 — 판단받는다. 그러나 정책결정자가 직면하는 도전은 훨씬 더 어렵다. 정책공동체는 미국의 지속적인 이익이 무엇인지, 무엇을 보호해야 하는지 — 예를 들어 안전한 국토, 민주적 생활양식, 번영하는 경제, 에너지 공급망, 효과적인 동맹과 국방 등 — 그리고 이러한 목표를 달성하기 위해 어떻게 미국의 경성·연성 국력을 사용할 것인지 우선 정의해야 한다.

주어진 순간에 무엇이 중대한 국가 이익인지 정의하는 것은 쉽지 않으며, 때때로 상충할 수 있는 이익들 사이에서 우선순위를 정하거나 선택하거나 균형을 맞추는 것도 간단치 않다.[20] 실제로, 미국의 의사결정자들은 방어하거나 증진할 가치가 있는 가장 중요한 미국의 이익이 무엇인지 정의하는 데 어려움을 겪는다. 그렇다면 당연히 정보 분석관들도 효과적인 경보를 제공하기 위해 또는 더 적극적으로 미국의 중요한 이익을 증진할 기회가 존재함을 알리기 위해, 어떤 이슈를 주시해야 할지 결정할 때 똑같은 어려움을 겪는다. 여기에 맞는 사례를 들자면, 최근 정보기관의 조사 결과가 러시아 정부의 최고위층이 미국 선거 시스템에 대한 해킹을 승인했음을 가리켰다. 트럼프 대통령이 이 이슈를 "거짓말(hoax)"이라고 일축한 것은 틀림없이 정보 관리자들을 당혹스럽게 만들었을 것인바, 이는 정보공동체가 이에 대한 첩보 수집·분석에 우선순위를 두지 말아야 한다는 것을 시사하기 때문이다. 반면에 의회뿐 아니라 FBI, 국토안보부 등 다른 정책기관들은 이 이슈의 진상을 파헤치려는 의지가 확고한 것으로 보인다. 러시아의 해킹이 미국 민주주의를 심각하게 위협하는지 여하에 대해 의견이 분분한 가운데 미국 정보기관이 이 논란의 한복판에 있는 것으로 보인다.

9·11 이후의 세상에서, 정보공동체의 핵심 임무는 테러 공격을 경보하는 것임은 이제 공리가 되었다. 이러한 위협이 현실화하는 것을 식별하고 예방하기 위해 대규모 분석 센터들을 설립하기 위한 국가적 노력을 기울였다. 다수의 국가정보기관이 참여하는 국가대테러센터가 있을 뿐만 아니라 정부 전체에 걸쳐, 특히 CIA, FBI, 재무부, 국토안보부, 국방정보국, 국무부 정보·조사국 등에서 별도의 부처별 대테러 활동이 이루어지고 있다. 이런 의미에서 분석관들의 임무는 명확하다. 그러나 보호하고 증진해야 할 미국의 다른 국가 이익도 여전히 많이 있는바, 이들 대부분이 대테러나 반확산만큼 명확하게 드러나지 않았다. 미국 시민을 위협하고 잠재적으로 살해할 수 있는 국제 인신·마약 밀매, 불법 입국, 조직범죄 활동 등에 대해 얼마나 많은 분석관이 또한 정기적으로 추적하고 보고해야 할 것인가? 게다가 분석관으로부터 현안에 관해 보고받는 고위 관리들은 이러한 이슈에 관심을 기울이고 있는가?

정책 지원: 분석관의 전술적 역할

분석관의 경보 임무와 비교할 때, 정책 조치를 지원할 수 있는 정보를 제공하는 일은 훨씬 더 빈번하지만, 의사결정 프로세스의 바깥에 있는 사람들이 이를 알아채거나 인정하는 경우는 드물다. 현실적으로 의사결정자들은 처음에 전략적 맥락을 평가하고 주요 위협을 식별할 때보다 행동 방책을 선택하고 실행할 때 — 즉, 정책 수단을 선택하고 그 적용 방법을 결정할 때 — 훨씬 더 많은 시간을 할애한다. 정책결정자들이 국제환경과 국가의 주요 당면과제를 파악했다고 생각하면, 그들의 다음 주된 관심사는 군사, 외교, 경제 및 기타 가용 권력 수단을 사용하는 문제다.

이후 분석관의 역할은 이러한 행동 방책 — 예컨대 제재 부과, 대외 군사원조의 제공 또는 철회, 군사적 개입위협, 공공외교의 사용 등 — 을 전술적으로 가장 잘 적용할 수 있도록 첩보와 분석을 제공하는 것이다. 그러나 정보공동체 외부의 필자들 가운데 분석이 이 단계의 정책 프로세스에 광범위하게 공헌하는 부분을 인식하는 사람이 거의 없다. 이런 일은 중요한 국제적 사태를 경보하거나 날카롭게 재평가하는 등의 주요 범주에 속하지 않기 때문이다. 정책 지원의 범주에 속하는 분석관과 정책결정자 간의 거래는 말 그대로 수천 건에 달한다. 분석관이 구체적 정책 이슈에 대해 잡다한 첩보와 통찰을 제공하는 것이 여기에 포함된다. 예를 들어 외교관이 대외원조 패키지와 같은 수단을 사용할 최선의 방안을 찾아보기, 외국 측 상대방과의 계획된 회담에서 설득력 있는 논거를 제시하기, 미국이 영향력을 높이기 위한 어떤 조치를 개시하려고 할 때 적이 취할 수 있는 대응 방안을 예상하기 등이다. 제니퍼 심스(Jennifer Sims) 교수가 주장했듯이, 이러한 종류의 정보 지원은 흔히 미국의 정책결정자에게 "결정우위"를 제공할 수 있는지 여하에 따라 판단된다.[21] 달리 말해서, 적시성 있는 정보 덕분에 미국의 의사결정자가 적보다 더 신속하고 효과적으로 대응할 수 있다는 뜻이다. 이러한 활동 가운데 외부 관찰자의 눈에 띄는 것은 거의 없다. 분석관의 역할이 중요한 이유는, 그가 정책이 옳거나 성공 가능성이 높다고 생각하든 말든 관계없이, 분석관이 제공하는 첩보가 현행 정책의 목표를 '뒷받침하기' 때문이다.

정책 평가

일단 출발한 대통령의 정책은 명시된 목표에 도달할 때까지 '자동으로' 주행할 것이라고 가정하는 것은 너무 순진하다. 군사령관들이 흔히 말하듯이 "적과의 첫 조우에서 살아남는 계획은 없다". 마찬가지로, 전략적인 계획을 수립할 때 의사결정자는 때때로 '선수(先手)의 오류(fallacy of the first move)'라는 함정에 빠질 위험이 있는데, 이는 적이 미국 조치의 불가피성을 받아들이고 계획 수립자가 생각한 대로 순응할 것이라고 가정하는 것이다. 안타깝게도 세상은 이보다 훨씬 더 복잡하고 예측하기 어렵다. 지나치게 자신만만한 대통령이나 사령관이 어떤 정책 조치가 성공할 것이라고 선언했다가 적의 끈질긴 저항이나 미국의 정책 조치에 대한 적의 영리한 대응에 충격을 받은 경우가 수없이 많다. 우리 머리에 바로 떠오르는 것은 2005년 부시 행정부 관리들이 이라크 내 극소수 "잔당"이 버틸 뿐이라고 주장한 직후 이라크에서 폭력적인 반란사태가 시작된 사실이다. 전략 수립의 시행 후 단계에서 분석관의 역할은 정책결정자가 취한 조치의 효과성에 대해 다시 그에게 보고하는 것이다. 이 역할은 예측보다 피드백에 가까운바, 분석관은 정책결정자가 정책을 재평가하거나 전환하는 데 도움이 될 수 있는 '사후(after-action)' 보고서를 작성해야 한다. 당연히 이러한 기여가 필요하나 항상 환영받는 것은 아니며, 특히 미국 행정부가 낙제점을 받거나 압도적인 성공을 거두지 못할 때 더욱 그렇다. 전 국가안보부(副)보좌관 리언 푸어스(Leon Fuerth)가 푸념했듯이, "정책 실패는 없고 정보 실패만 있을 뿐이다".

따라서 전략가가 대통령이나 다른 고위 관리의 신임을 유지하려면 분석관이 그 전략가에게 피드백을 제공할 때 신중해야 한다. 또 다른 국가안보 부보좌관 출신의 제임스 스타인버그(James Steinberg)가 지적했듯이, 현명한 정책결정자라면 정책에 대한 분석 평가가 자신의 기대와 맞지 않는다고 해서 무시하지는 않을 것이다.[22] 그러나 정책결정자의 기대와 분석관의 정책 조치 평가가 폭넓게 대립한 사례들이 있다. 베트남에서의 미국 군사정책에 대해 정보공동체가 평가하고 미국 정책결정자들이 이를 무시한 오랜 역사가 수많은 정보실무자와 정책결정자들에 의해 기록되어 있는바, 이 책의 뒷부분에서 다시 언급한다.

요컨대, 모든 구체적 정보업무에서 정책 평가는 정보공동체와 정책공동체 사이에 불신을 낳을 가능성이 매우 높다. 다음 장부터 설명하겠지만, 전략정보는 국제환경에 관한 그 두 그룹 간 대화에 토대를 마련하지만, 경보와 정책 지원은 특히 의사결정자가 효과적인 정책을 수립·집행하도록 돕는 데 주력한다. 그러나 정보공동체가 문제에 봉착할 가능성이 가장 높은 경우는 분석이 정책 효과가 없음을 시사하거나 정보가 대통령의 의제를 저해하는 것으로 인식될 때다. 바로 이 지점에서 정보-정책 관계가 가장 어려워진다.

유용한 문서

CIA Analytical Tradecraft Primer, https://www.cia.gov/library/center-for-the-study-of-intelligence/csi-publications/books-and-monographs/Tradecraft%20Primer-apr09.pdf. 마인드세트와 인지적 편향을 방지하기 위해 사용되는 최신 분석 방법을 잘 요약하고 있다.

The Intelligence Cycle, https://fas.org/irp/cia/product/facttell/intcycle.htm. 정보 순환을 선형 프로세스로 설명한다.

더 읽을거리

Robert M. Clark, *Intelligence Analysis: A Target-Centric Approach*(Washington, DC: CQ Press, 2004). 정책-수집-분석 프로세스에서 분석 프로세스와 분석관의 역할에 관해 훌륭하게 고찰한다.

Donald C. Daniel, "Denial and Deception," in Jennifer Sims and Burton Gerber(eds.), *Transforming US Intelligence*(Washington, DC: Georgetown University Press, 2005). 미국의 정보 평가를 복잡하게 만드는 거부와 기만(D&D)의 역할에 대해 간결하게 설명한다.

Richards Heuer, *The Psychology of Intelligence Analysis*(Washington, DC: Center for the Study of Intelligence, 1999). 분석관들이 어떻게 인지적 편향과 마인드세트에 빠지기 쉬운지, 그리고 어떤 조치가 그것을 막을 수 있는지 획기적으로 고찰했다.

Mark Lowenthal and Robert M. Clark, *The Five Disciplines of Intelligence Collection*(Washington, DC: CQ Press, 2011). 각 정보 분야를 연구하는 실무자들이 작성한 뛰어난 논문 모음이다.

Douglas MacEachin, *The Tradecraft of Analysis: Challenge and Change in the CIA*(Washington, DC: Consortium for the Study of Intelligence, 1994). 분석관이 어떻게 분석적 편향을 방지해야 하는지를 근본적으로 고찰한다.

Stephen Marrin, *Improving Intelligence Analysis: Bridging the Gap between Scholarship and Practice*(New York: Routledge, 2012). 한 정보학자가 정보공동체에서 실천되는 정보 분석을 비평하고, 사회과학자들이 어떻게 정보공동체의 성과 제고를 지원할 수 있는지를 제시한다.

Mark Phythian(ed.), *Understanding the Intelligence Cycle*(New York: Routledge, 2013). 유용성이 지났었을 수도 있는 개념의 기원, 발전 및 한계에 관한 뛰어난 논문 모음이다.

주석

첫 번째 명언: White House, *National Security Strategy of the United States*, December 2017, p.32.

두 번째 명언: Robert M. Clark, *Intelligence Analysis: A Target-Centric Approach*(Washington DC: CQ Press, 2004), p.12.

1 '국가안보 전략'이란 외교력, 군사력, 경제력, 정보력 등 모든 국력 요소를 활용해 미국에 대한 다양한 위협을 방지하기 위한 계획을 수립하는 것을 말한다. 일반적으로 그런 계획은 정보공동체와 법집행공동체뿐 아니라 국무부, 국방부, 국토안보부 등 모든 국가안보 기관 간의 조율을 요한다.

2 CIA 논문에 인용된 익명의 고위 정보 관리 말을 달리 표현했다. *Intelligence and Policy: An Evolving Relationship*(Washington, DC: Center for the Study of Intelligence, 2003), p.3, https://www.cia.gov/library/center-for-the-study-of-intelligence/esi-publications/books-and-monographs/IntelandPolicy/Relationship_Internet.pdf.

3 분석관의 모델 수립에 대한 자세한 논의는 Robert M. Clark, *Intelligence Analysis: A Target-Centric Approach*(Washinton DC: CQ Press, 2004), p.39~62 참조.

4 필자는 분석 프로세스에 관한 이 논의의 상당 부분이 한 전직 동료가 CIA 프로그램 '글로벌 미래 동반자관계'를 위해 작성한 논문(비밀 해제됨)에서 인용한 것임을 밝히고 싶다. Timothy Walton, "An Intelligence Analysis Primer: Six Steps to Better Intelligence Analysis," Global Futures Forum's Community of Interest on the Practice and Organization of Intelligence(Vancouver, Canada, March 2008) 참조.

5 Sherman Kent, "A Crucial Estimate Relived," *Studies in Intelligence*(Spring 1964), pp.185~187 참조.

6 당시 국가정보위원회 의장 토머스 핑거가 자신이 쓴 글에서 이 새 「국가정보판단서」를 자세하게 설명했다. Thomas Fingar(ed.), "Tale of Two Estimates," *Reducing Uncertainty: Intelligence Analysis and National Security*(Stanford, CA: Stanford University Press, 2013), pp.89~125.

7 요즈음의 「국가정보판단서」에 포함되는 범위 주석(scope note)은 분석관이 판단의 기초가 되는 첩보를 어떻게 보는지를 나타내는 **높은·중간·낮은 신뢰도** 용어를 설명하고 있다. 2007년 이란 핵 프로그램에 관한 「국가정보판단서」에 다음과 같은 설명이 범위 주석에 포함되었고, 이후 모든 「국가정보판단서」에 반복되었다.

- **높은 신뢰도**는 일반적으로 우리의 판단이 양질의 첩보에 기반하거나 사안의 특성상 확실한 판단이 가능함을 나타낸다. 그러나 '높은 신뢰도' 판단이 사실이나 확실성은 아니며, 이러한 판단도 여전히 틀릴 수 있는 위험을 수반한다.
- **중간 신뢰도**는 일반적으로 첩보가 신빙성 있는 출처에서 나오고 타당성도 있지만, 더 높은 수준의 신뢰도를 보장할 만큼 품질이나 입증이 충분하지 않음을 의미한다.

- **낮은 신뢰도**는 일반적으로 첩보의 신빙성 및/또는 타당성에 의문이 있거나, 첩보가 너무 단편적이거나 입증이 부족해서 확실한 분석적 추론을 할 수 없거나, 출처에 심각한 우려 또는 문제가 있음을 의미한다.

8 빠진 첩보의 영향에 대해서는 James B. Bruce, "The Missing Links: The Analyst-Collector Relationship," in Roger Z. George and James B. Bruce(eds.), *Analyzing Intelligence: National Security Practitioners' Perspectives*, 2nd ed.(Washington, DC: Georgetown University Press, 2014), p.157~177 참조.

9 가정과 마인드세트 문제에 관한 가장 좋은 저서는 Richards Heuer Jr., *The Psychology of Intelligence Analysis*(Washington, DC: Center for the Study of Intelligence, 1999), https://www.cia.gov/libraryfcenter-for-the-study-of-intelligence/esi-publications/books-and-monographs/psychology-of-intelligence-analysis/Psychoflntel New.pdf.

10 당시 논쟁에 참여했던 한 선임분석관이 필자에게 술회한 바에 의하면, CIA 내부 논쟁에서 소련이 계속 높은 국방비를 지출하고 있다는 데 근거해서 평가한 사람들이 이겼는데, 그들은 그런 지출이 소련의 기존 외교·안보 정책 목표가 지속될 것임을 반영한다고 생각했다. 이와는 별도로 1980년대 중반 애스펀(Aspen) 안보 포럼에서 한 CIA 고위 관리가 이러한 군사적 관점에서 발표한 바에 의하면, 우리가 알고 있는 소련에 대한 핵 억지력은 상상할 수 있는 기간 동안 우리 쪽에 있을 것이었다. 시나리오 기획에 대한 설명은 Peter Schwartz, *The Art of Long View: Paths to Strategic Insight for Yourself and Your Company*(New York: Currency Press, 1991) 참조.

11 결정에 이르는 과정에서 공통으로 범하는 분석적 오류에 관한 저술은 Daniel Kahneman and Amos Tversky, *Thinking Fast Thinking Slow*(New York: Farrar, Strauss and Girous, 2001) 참조. 리처즈 휴어 2세(Richards Heuer Jr.)도 정보 분석에서 발견되는 인지적 편향의 역할에 관해 획기적인 저서를 냈다. Heuer, *Psychology of Intelligence Analysis* 참조.

12 체계화된 분석기법과 그 목적·프로세스에 대한 자세한 설명은 Randolph Pherson and Richards Heuer Jr., "Structured Analytical Techniques: A New Approach to Analysis," in George and Bruce, *Analyzing Intelligence*, pp.231~248 참조.

13 Micah Zlenko, "Inside the Red Cell," *Foreign Policy*, October 30, 2015, http://foreignpolicy.com/2015/10/30/inside-the-cia-red-cell-micah-zenko-red-team-intelligence.

14 Robert Jervis, *Why Intelligence Fails: Lessons from the Iranian Revolution and Iraq War*(Ithaca, NY: Cornell University Press, 2010) 참조. 저비스는 외부 컨설턴트로서의 오랜 관계를 서술하고, 그 관계를 통해 정보 실패에 고질적으로 나타나는 다수의 분석·수집 병리 현상을 식별할 수 있었다고 서술하고 있다.

15 최근의 학술적 대외 접촉에 대한 포괄적인 개관은 Susan H. Nelson, "Academic Outreach: Pathway to Expertise Building and Professionalization," in George and Bruce, *Analyzing Intelligence*, p.319~338 참조.

16 The discussion of the 2007 Iran NIE in Thomas Fingar, *Reducing Uncertainty*, p.xxx

참조.

17 백악관, 「미국 국가안보 전략」(2010년 5월 15일), http://nssarchive.us/NSSR/2010,pdf.

18 국가정보장실, 「미국 국가정보 전략: 2014년 6월」, https://www.dni.gov/fles/documents/2014_NIS_Publication.pdf.

19 Roger Z. George, "Fixing the Problem of Analytic Mindsets: Alternative Analysis," in Roger Z. George and Robert D. Kleine(eds.), *Intelligence and the National Security Strategist: Enduring Issues and Challenges*(Lanham, MD: Rowman & Littlefheld, 2005), pp.311~326 참조.

20 오늘날 국토안보 논의는 흔히 미국 시민의 사생활 권리와 본국에서 안전하다고 느낄 권리 사이의 균형을 맞추는 데 중점을 두고 있다. 교육, 의료, 공항 보안 등에 지출하는 형태의 국내 복지와 국방 지출이나 해외원조 프로그램(미래 테러리스트의 피난처가 될 수 있는 실패 국가를 방지하기 위한 것임) 간에 적정한 우선순위를 정하는 것도 마찬가지로 어려운 과제다.

21 Jennifer E. Sims, "Decision, Advantage and the Nature of Intelligence Analysis," in Loch Johnson(ed.), *Oxford Handbook on National Security Intelligence*(Oxford: Oxford University Press, 2010) 참조.

22 James Steinberg, "The Policymaker's Perspective and Partnership," in George and Bruce, *Analyzing Intelligence*, p.95.

제6장

—

전략정보

우리가 정책결정자에게 무슨 말을 해도, 그리고 우리가 아무리 옳고 설득력 있더라도, 그는 가끔 우리가 알 수 없는 이유로 우리 보고서의 취지를 무시할 때가 있다. 영향력이 우리의 목표가 될 수 없다면 무엇이 우리의 목표가 되어야 하는가? 두 가지다. 우리의 역량 범위 내에서 관련성이 있어야 하고, 무엇보다도 신뢰할 수 있어야 한다.

_셔먼 켄트, 전 국가판단이사회 의장, 1968년

대부분의 정보판단서의 주된 목적은 미스터리와 비밀, 수수께끼로 뒤덮인 복잡하고 잠재적으로 중대한 이슈에 대해 의사결정자의 이해를 높이는 데 있거나 있어야 한다. 의사결정자가 바람직하거나 위험하거나 교란적이라고 보는 사태를 예측하거나, 부추기거나, 변경하거나, 회피하거나 개선하도록 돕는 것이 목표다.

_토머스 핑거, 전 국가정보위원회 의장, 2011년

이 장에서는 전략정보를 주제로 해서 전략정보가 어떻게 국가안보 사업을 지원하는지 살펴본다. 전략정보가 어떻게 수행되고 다른 정보 임무의 토대가 되는지 설명한다. 국가정보위원회(NIC)의 핵심 역할과 「국가정보판단서(NIE)」 프로세스를 통해 전략정보를 작성하는 실무를 설명한다. 물론, 다른 정보기관에서도 전략 분석을 생산한다. 끝으로, 이 장에서는 이러한 분석이 영향력을 발휘하고 정확성과 품질을 보장하기 위한 몇 가지 지속적인 과제를 살펴본다.

전략정보란 무엇인가?

정보 분석관과 정책결정자 모두에게 주된 관심사는 미국 및 다른 우방과 적대적 행위자가 활동하는 전략적 국제환경이다. 정보 분석관의 첫 번째 과업은 미국 정부가 활동하는 세계를 형성하는 주요 추세와 요인을 파악하는 것이다. 그렇다면 **전략정보**(strategic intelligence)는 미국의 광범위하고 지속적인 국가안보 이익에 영향을 미치는 중요한 추세와 요인에 관해 정책결정자에게 알려주는 첩보와 분석으로 정의된다. <그림 6-1>에서 볼 수 있듯이, 전략정보는 단순히 아는 사실을 보고하는 것 — **기본정보**(basic intelligence) — 과 일상적인 사건을 보고하는 것 — **현용정보**(current intelligence) — 을 넘어선다. 기본정보는 경제 통계, 인구 데이터, 인프라 및 물류 정보(항만, 공항, 군사시설, 발전소 위치 등)와 같이 알려진 정보의 목록으로 가장 잘 이해될 수 있다. 현용정보는 미국 정보공동체에 들어오는 방대한 흐름의 외교·군사 보고와 은밀한 보고, 공개-출처 보고 등을 농축해 짧은 평가를 매일 생산하는 것이다. 현용정보는 시간이 촉박하고 간결하므로 그런 보고를 아주 조금만 분석한다. 하지만 좋은 현용정보는 탄탄한 전략적 분석에 달려 있다.

결국, 전략정보는 분석관이 기본정보를 파악하고 현용정보 보고를 아는 데 달려 있다. 분석관이 탄탄한 전략정보를 생산할 수 있으려면 담당 국가의 지리적·역사적·정치적·경제적 기본사항이나 담당 요소의 주제를 잘 파악하고 있어야 한다. 그 위에다 분석관은 표적에 관한 최신 첩보를 지난 보고와 통합해야 한다. 그러나 전략 분석은 현재의 동향만 추적하는 것을 피해야 한다. 그 대신에 전략정보는 한 국가나 표적의 조치 또는 예상되는 행동에 대해 포괄적인 그림을 그리기 위해 신규 첩보를 방대한 분량의 과거 보고와 통합해야 한

그림 6-1 정보의 유형

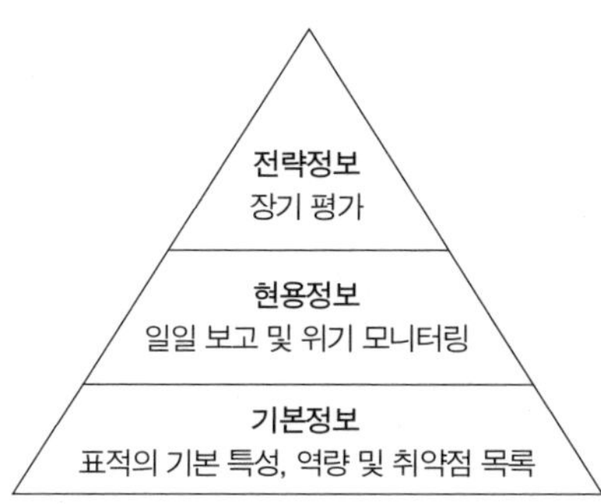

다. 이리하여 한 국가나 요소를 담당하는 분석관은 그 국가의 역사, 경제, 지도부 및 정치에 관해 광범위한 지식을 쌓게 된다.

컴퓨터가 없던 시대의 신입 분석관은 자신의 새로운 담당 업무(예를 들어 이란, 중국, 러시아, 탄도미사일, 화학무기 등)와 관련해 과거의 정보보고서로 가득 찬 서랍 네 개짜리 대형 파일 캐비닛으로 안내되었다. 그의 상사는 손가락으로 가리키며 "저 파일 서랍에 들어 있는 모든 자료를 읽어보게나. 그런 다음에 정보 분석을 쓸 준비가 되었는지 보겠네"라고 말했다. 이것은 약간 과장된 표현이긴 하지만, 이란, 북한, WMD 등과 같은 표적에 관해 주제별 전문가가 되는 과정은 상당한 시간이 걸릴 수 있다. <그림 6-2>는 선임 정보 분석관이 전략정보 분석을 작성하기 위해 갖추어야 할 지식의 층위를 보여준다. 분석관은 표적 국가의 정치사, 지역 여건 및 자원 잠재력을 파악해야 하며, 분석관은 이것을 자양분으로 삼아 다시 더 넓은 국제환경 속에서 기존의 권력 분할과 역학관계를 파악해야 한다. 분석관이 특정 국가의 정치문화, 정부 구조 및 리더십 유형을 고려한 다음에 비로소 그 국가 지도부가 어떻게 자국의 중요한 국익을 정의할 것인지, 어떻게 정책 목표를 개발할 것인지, 그리고 미국 및 미국 파트너와 상대하면서 어떻게 가용한 외교력·군사력·경제력을 활용할 것인지 평가할 수 있게 된다.

그림 6-2 **외국 행위자별 국가안보정책 결정요인**

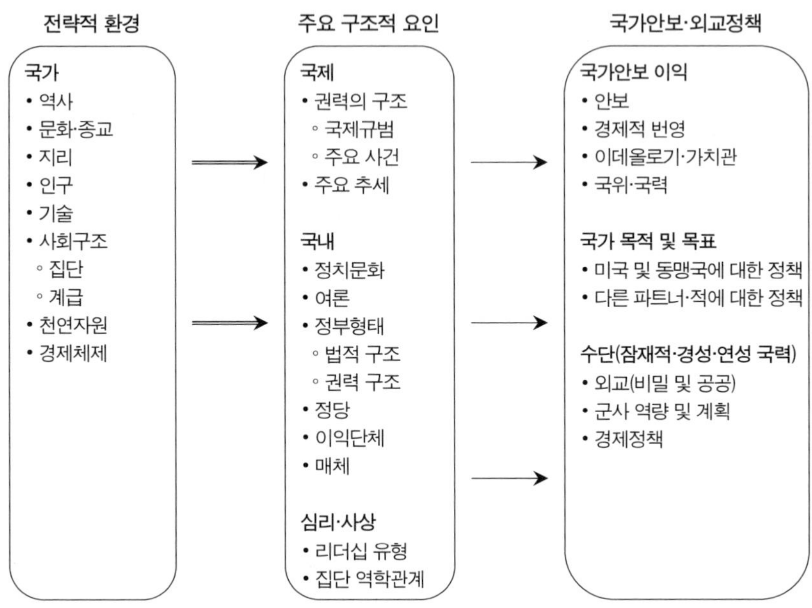

분석관의 첫 번째 도전과제는 고위 정책결정자에게 가장 중요한 전략정보 추세가 무엇인지 파악하고 이러한 전략 이슈에 관한 정책결정자의 논의와 결정에 도움이 될 수 있는 최상의 가용 정보를 모으는 것이다. 전시에는 전략정보가 명백히 상대방의 군사적 역량·계획·의도에 초점을 맞추지만, 평시에도 전략정보는 종종 군사적 이슈에 초점을 맞출 수 있다. 실제로 냉전 기간에 전략정보는 소련의 군사적 도전에 광범위하게 초점을 맞추었다. 하지만 군사 영역에만 국한된 것은 아니었다. CIA 등 정보공동체 기관들은 적의 경제적 성과(군사적 잠재력을 뒷받침할 수 있음), 정치체제 및 리더십 특성과 같은 비군사적 요소도 조사해야 했는데, 이런 요소가 외적이 미국의 정책에 어떻게 행동하거나 반응할지를 미국 정책결정자들에게 알려줄 수 있기 때문이다.

정보 분석관과 마찬가지로 정책결정자들도 국제환경을 파악하고 미국에 유리하도록 국제환경을 조성하려고 노력한다. 어느 쪽도 쉬운 일은 아니다. 때때로 국제환경은 이해하기 어렵다. 특히 오늘날 미국이 처한 격변 시대에, 정책결정자들은 국제체제가 어떻게 변화하고 있는지, 세력 분포는 어떻게 되는지, 어떤 국가가 미국의 이익에 최대의 도전이 될 것인지 등 어려운 문제와 종종 부딪친다. 예컨대, 냉전 말기에 정보공동체는 수집과 분석 자원의 자그마치 80%를 소련이라는 표적에 집중하고 있었으며, 이러한 집착을 줄이고 다른 글로벌 이슈의 비중을 확대하는 데는 상당한 시간이 걸렸다.

냉전 시대와 달리 오늘날의 정책결정자들은 단일한 행위자나 적에 집중하는 사치나 명료성을 누리지 못한다. 미국이 활동해야 하는 국제 여건을 변화시킬 수 있는 추세나 요인이 더 넓게 분산되어 있다. 예를 들어, 지구 기후변화는 미국 외교가 작동해야 하는 새로운 지정학적·환경적 여건을 조성할 것 같다. 과학자들의 예측이 맞는다면 기후변화는 실패 국가, 인도주의적 위기 및 국가 간 분쟁을 더 많이 낳을 것이며, 미국은 이에 대한 정책을 개발해야 할 것이다.[1] 그러나 정보 분석관들과 달리, 정책결정자들은 이러한 요인을 식별하는 것을 넘어 기회를 활용하는 동시에 국제 여건 변화로부터 생길 위협을 예방하거나 적어도 줄이기 위한 전략을 수립하고 정책을 입안해야 한다.

정책결정자에게 전략 환경의 변화에 관해 알리는 것은 분석관이 수행하는 가장 도전적 역할이며, 다양한 형태를 취할 수 있다. 1949년 셔먼 켄트는 지식을 제공하는 것이 정책 토론의 수준을 높이는 정보 분석관의 목적이라고 서술했다. 정책결정자들 다수가 이처럼 조용히 스며드는 정보의 기능을 항상 인정하는 것은 아니다. 그러나 그것은 정보 분석관들이 완료된 분석, 구두 브리핑, 전화, 비화 전자우편, 대면 대화 등을 통해 정책결정자들과 일상적으로 교류하면서 수행해야 하는 기능이다. 때로는 정책결정자에게 다른 관점을 제시하는 것이 전략 토론에 가장 중요하게 공헌할 수 있는데, 특히 의사결정자를 적의 입장에 서게 하거나 어떤 이슈에 대한 정책결정자의 관점이 현행 문제를 해석하는 유일한 길이 아님을 보여줄 수 있다는 점에서 그렇다.

앞에서 언급했듯이, 전략정보는 정책결정자에게 국제환경이 어떻게 작동하는지, 그리고 그 작동 방식을 이해하는 데 중요한 행위자와 요인은 무엇인지에 대해 폭넓은 감각을 제공하기 위한 것이다. 이러한 전략적 관점을 위한 정보 수집·분석을 위해서는 국제환경의 역학관계를 더욱 포괄적으로 살펴볼 필요가 있다. 예를 들어, 1940년대 정보공동체가 창설되었을 때, 냉전 상황은 소련, 바르샤바조약(Warsaw Pact) 동맹국 및 공산주의 중국의 군사적·경제적·정치적 행위와 역량에 초점을 맞춘 전략정보를 요구했다. 그것과 대조적으로 오늘날에는 세계적인 테러 위협, 중국의 경제적 부상, 위험한 WMD 기술의 확산, 사이버 위협 등이 훨씬 더 강조된다. 국가정보장의 연례 「전 세계 위협평가」 보고서는 최상위 전략정보 과제들을 개관하는데, 요즘의 그 목록은 사이버 영역, 대적정보, 인터넷 조작 테러, 확산 등과 같은 초국가적 이슈로 시작하며, 더 전통적인 적대관계로는 중국, 북한, 이란 및 러시아가 가장 눈에 띈다.[2] 미국과 소련의 양극이 세계적 경쟁을 벌이던 시대가 종식되면서 국제환경이 변화한 것은 분명하다. 그럼에도, 러시아는 오늘날 미국이 직면한 주요 위협 목록의 꼭대기에 있지는 않아도 여전히 전략적 도전으로 남아 있다.

따라서 전략적으로 중요하다고 보는 것은 달라지기 마련인바, 미국 정보기관은 1989년 베를린장벽 붕괴 이전에는 모르거나 중요하지 않았던 모든 범위의 주제에 관해 전략정보를 제공할 수 있도록 수집과 분석 우선순위를 조정할 수밖에 없었다. 무엇이 전략적으로 되었는지 파악하는 한 가지 방법은 2000년 이후에 여러 대통령이 공표한 국가 '전략들'의 긴 목록을 살펴보는 것이다. 이러한 문서는 백악관 또는 개별 기관에서 발표했지만, 흔히 그 제목에 *국가*(*national*)라는 단어가 포함되는 것은 국가안보 사업 전반에 걸쳐 높은 수준의 관심을 요구하는 전략적 우선순위를 반영한다는 취지다. 이는 정보에 대해서도 높은 우선순위를 부여한다는 취지이기도 하다. 짧고 불완전하나, 그 문서

목록(및 발행 연도)에는 다음과 같은 것이 포함된다.

- 「국가안보 전략」(2002, 2008, 2010, 2015, 2017년 등)
- 「대테러 국가전략」(2003, 2006, 2011, 2018년)
- 「WMD 대응 국가전략」(2002, 2003년)
- 「생물학적 위협 대응 국가전략」(2009년)
- 「바이오-감시 국가전략」(2012년)
- 「사이버공간 전략」(2002, 2011년)
- 「초국가적 범죄 퇴치 국가전략」(2011년)
- 「국가안보 우주 전략」(2006, 2011년)
- 「북극 지역 국가전략」(2013년)[3]

이 일부 목록만 보아도 알 수 있듯이, 수많은 연방기관의(그리고 많은 경우에 주·지방기관의) 활동을 조율할 수 있는 폭넓은 전략을 요하는 국제 이슈가 광범위하다. 이러한 전략들은 제3장에서 요약된 NSC 심의의 결과로 천명된 것이다. 더 많은 주제가 비밀로 분류되어 있으므로 여기서 예시로 논할 수는 없다. 그럼에도, 이렇게 비밀로 분류된 기관 간 연구물과 결정문서는 기관 간 프로세스에 의해 작성되고 조정된다. 연후에 대통령이 그런 문제를 처리하기 위한 전략을 승인한다. 대부분의 그런 문서에 포함된 정보 평가는 국가안보 결정문서의 일부 또는 별도 부록으로 실린다. 그렇지 않으면, NSC 수장들이 심의할 때 이를 지원하는 정보 평가가 수반된다.

한 가지 예를 들자면, 9·11 테러 공격 이후 조지 W. 부시 대통령의 국가안보팀이 WMD 대응을 위한 비밀 전략을 개발했다. 이 '국가안보 대통령 결정 제17호(NSPD 17)'는 WMD의 확산, 사용 및 결과를 방지하기 위한 3면 접근법을 개발하도록 연방기관에 지시했다. 또한 이 결정은 미국 또는 동맹국을 상대로 WMD를 개발하거나 사용하려는 적에 대한 "예방적" 공격이라는 논란거리 정책을 제시했다. 2002년 9월 부시 대통령은 비밀 해제된 6쪽 분량의 'NSPD 17'을 발표하면서 "미국은 세계에서 가장 위험한 정권과 테러리스트들이 세계에서 가장 파괴적인 무기로 우리를 위협하는 것을 허용하지 않을 것"이라고 선언했다. 이 최초의 WMD 대응 국가전략은 외교와 억지력 사용을 조율하고, 더 나은 반확산 방어 태세를 개발하며, 경제 제재 및 민감한 기술의 수출통제 사용을 확대할 필요가 있다고 강조했다. 그러나 이에 못지않게 중요한 것으로, 이 결정이 전략정보의 개선 필요성도 강조했다. "모든 범위의 WMD 위협을 보다 정확하고 완전하게 파악하는 것은 미국 정보 우선순위의 최상위에 있으며 앞으로도 그럴 것인바, 이리하여 우리는 확산을 방지하고 그런 역량을 우리에게 사용하려는 자들을 억제하거나 방어할 수 있을 것이다. 적의 공격과 방어 역량·계획·의도를 정확하고 적시에 파악할 수 있는 능력을 제고하는 것은 효과적인 반확산·비확산 역량을 개발하는 데 핵심이다."[4] 이는 전략 개발과 정보 지원의 상호연계를 가장 명확히 표현한 말이다. WMD 확산과 잠재적 사용에 대처하는 데 주력하는 정책결정자들은 — 다른 많은 이슈와 마찬가지로 — 진화하는 전략 환경에 대한 적시의 정확한 평가에 의존한다.

예측: 전략정보의 차별화 요소

전략정보는 — 기본정보나 현용정보와 달리 — 미래지향적이고 장기적이어야 하므로 분석관은 정책결정자가 직면할 수 있는 미래 여건에 대해 논리 정연한 판단을 내려야 한다. 이를 위해서는 분석관이 표적 및/또는 그 행동이 시간이 지남에 따라 어떻게 변화할지 **예측**(forecast)하고 그러한 변화가 일어날 확률을 어느 정도 파악해야 한다. 이는 아마도 분석관 업무에서 가장 어려운 부분일 것이다. 셔먼 켄트는 "추정은 모를 때 하는 것"이라고 말한 적이 있다.[5] 정보가 예측에 관한 것은 아니지만, 외적의 행위를 옳게 예측하는지 여하에 따라 평가되는 경우가 많다. 말하자면, 분석관들은 정책결정자가 직면하는 불확실성의 수준을 최대한 낮추어야 한다. 따라서 그들은 대체로 자신에 판단에 대해 일정한 확률을 매기는데, 예를 들어 '개연성이 높다', '다분하다', '낮다', '희박하다' 등이다. 분석관이 어떤 형용사를 사용하든, 그것은 사실이 아니라 인상과 느낌이다. 일반적으로 분석관은 자신의 판단에 대해 한정하는 말 — 흔히 **단서**(caveats)라고 함 — 을 붙이는데, 예를 들어 사건의 개연성이 희박하거나 낮다는 것은 그 확률이 50% 미만이지만, 사건의 개연성이 높거나 거의 확실하다는 것은 그 확률이 50%를 훨씬 넘는다는 뜻이다.

외국 행위자의 행동에 영향을 미칠 수 있는 기지수와 미지수가 매우 많을 때, 더 정밀하기는 불가능할 뿐만 아니라 무모한 일이다. 이러한 확률 문제를 처리하기 위해 분석관들은 여러 대안적 시나리오를 개발해서 외국 행위자의 행동에서 어떤 핵심 요인이 더 두드러지게 나타나는지에 따라 시나리오별 상대적 확률 순위를 매기기도 한다. 대개 분석관들은 표적의 행동 방식을 결정하는 데 가장 강력하게 작용하는 핵심 요소와 힘을 파악함으로써 개연성이 가장 높은 경우와 가장 낮은 경우를 구분한다. 또한 분석관은 여러 시나리오 중에서 미국의 이익에 가장 긍정적이거나 부정적인 결과를 초래할 개연성이 있는 시나리오를 강조할 수도 있다.

하나의 예로, 분석관이 중국이 대만을 공격할 확률을 평가하라는 요청을 받을 경우, 그는 중국 지도부의 성격과 현 대만 정부의 외교정책 등 여러 요인을 바탕으로 몇 가지 시나리오를 구성할 수 있다. 분석관은 어느 시나리오에 대해 압력으로 작용할 개연성이 가장 높은 요인들을 파악한 다음, 이들 요인 중에서 어느 시나리오의 확률이 증가함에 따라 동반해서 개연성이 가장 높아질 일련의 **지표**(indicators)를 구성하게 된다. 예를 들어, 중국 지도부가 안정적이고 자신감이 넘치며 대만 정부는 중국으로부터 독립한다는 생각을 아예 하지 않는다면, 공격 개연성이 낮다고 판단하는 한 시나리오가 나올 것이다. 그러나 베이징이 강경파와 온건파 간에 리더십 투쟁을 벌이고 있고 새로운 대만 정부는 독립선언 구상을 만지작거리고 있다면, 공격 개연성이 훨씬 더 높다고 판단하는 두 번째 시나리오가 나올 것이다. 후자의 시나리오에서는 중국의 선제적 침공 위험성이 훨씬 더 높을 것이며, 정보 분석관들은 베이징과 타이베이가 과거의 공존정책에서 급격히 벗어나고 있다는 새로운 증거(예: 지표)를 찾게 될 것이다.

분석관에게 가장 중요하고도 어려운 과업 중 하나는 전략적 평가에서 사용되는 핵심 가정을 설정하는 것이다. 미래를 예측할 때, 적이 아직 취하지 않은 행위를 강하게 뒷받침하는 증거는 거의 없으므로 대신에 분석관들은 사실 과거의 행동과 패턴에 의존해야 한다. 종종 인식되지 않고 대체로 명시되지 않는 이러한 가정이 잠재적인 분석 오류를 감출 수 있다. 1941년 미군 정보부대가 일본의 진주만 공격 가능성을 기각했는데, 이는 부분적으로 일본인들이 문화적으로 열등하고 미국 태평양함대를 공격할 군사적 역량이나 기량을 갖추지 못했다는 확고한 편견 때문이었다. 1962년 서먼 켄트 휘하의 CIA 분석관들이 대체로 소련이 쿠바에 공격용 미사일을 배치했을 가능성을 기각한 것은 소련이 이전에 자국 영토 밖으로 미사일을 배치한 적이 없으며, 미국 해안에서 90마일 떨어진 곳에 그러한 무기가 배치되는 것을 미국이 결단코 용납하지 않을 것임을 소련도 분명히 알 것이라는 가정 때문이었다. 이러한 가정은 가능한 한 투명하게 공개되어 다른 분석관들이 이의를 제기하고 정책결정자들이 근거가 있는 것인지 판단할 수 있어야 한다. 일부 경우에는, 다양한 외부 전문가들이 정보 평가를 검토하도록 허용하는 것이 유용하다. 왜냐하면, 이들은 종종 주제와 관련해 다른 관점과 가정을 보여줌으로써 정보 분석관의 가정에 대해 신속하게 파악해 이의를 제기할 수 있기 때문이다.

누가 전략정보를 수행하는가?

전략정보는 다양한 생산자가 다양한 형태로 제공한다. 관행적으로 전략정보 생산물은 주로 미래 또는 장기적인 문제에 초점을 맞추어왔는데, 이는 주로 현재 일어나고 있는 일을 보고하는 현용정보와 대비된다. 이러한 구별이 다소 흐려진 것은 대통령과 국가안보팀이 현행 문제와 관련해 내리는 많은 결정이 전략적이고 장기적인 함의를 갖기 때문이다. 그렇긴 하지만, 전략정보의 전통적인 형식은 16개 정보기관의 견해를 반영하는 「국가정보판단서」 및 기타 생산물이다. 1950년대에 중앙정보장이 창설한 국가판단실(Office of National Estimates, ONE)은 CIA의 선임분석관들로 구성되어 전체 정보공동체를 위해 이러한 평가서를 작성했다.

가장 영향력이 큰 국가판단실장은 예일 대학교 학자 출신의 셔먼 켄트 교수였다. 그는 제2차 세계대전 중 전략정보처(OSS)에 영입되었다가 1950년 새로 창설된 CIA에 합류해 새로운 판단서 프로세스를 이끌었다. 그의 지휘 아래 국가판단실은 미국 정부 내에서 가장 권위 있는 정보인 그룹이 되었다. 국가판단실은 아이비리그 대학의 일부 석학들과 전문성 있는 군인, 외교관, 정보관들을 영입했다.[6] 켄트는 대체로 '전략'정보와 '국가'정보를 융합시켰는데, 국가판단실은 한 기관이 좁은 범위의 고객을 위해 생산하는 통상적인 부문정보를 뛰어넘어야 한다는 것이 그의 취지였다. 이에 따라 국가판단실의 대규모 직원들과 그 산하 국가판단이사회(BNE)의 소규모 전문가들은 각 군이나 심지어 CIA의 다른 부서에서 근무하는 분석 직원들보다 더 높은 지위를 갖게 되었다.[7] 국가판단실과 그 산하의 국가판단이사회는 1970년대 초까지 계속 운영되었지만, 너무 "학문적"이고 현실의 정책 이슈와 동떨어져 있다는 지적을 많이 받았다. 윌리엄 콜비(William Colby) CIA 부장이 전략정보를 정책과 더 긴밀하게 연계시키기 위해 이 조직을 국가정보위원회와 이에 소속된 국가정보관들로 대체했다.

정보공동체 초창기에 국가판단실이 대통령과 NSC에 전략정보를 제공하는 주요 기관이었지만, 당연히 CIA와 국방정보국, 국무부 정보·조사국도 독자적인 전략정보 생산물을 만들고 있었다. 냉전 초기에 CIA는 분석관들을 담당 분야를 달리하는 여러 그룹으로 나누었는데, 큰 그룹 하나가 전략연구실(OSR)

이고 다른 하나는 현용정보실(OCI)이었다. 전자는 소련의 군사·과학 발전과 관련된 광범위한 문제에 집중했다. 탄도미사일 개발, 핵 프로그램, 군사력 사용의 지침이 되는 전략적 교리 등 소련의 군사 프로그램에 관한 대부분의 분석이 이곳에서 이루어졌다. 이 분석관들이 생산한 광범위한 CIA 평가는 주로 국방부에서 사용했지만, 소련군이 어떻게 핵무기를 사용할 계획인지, 크렘린이 전쟁에 대해 어떻게 생각하는지, 소련이 유럽과 아시아에서 정치적·군사적 영향력을 확대하기 위해 어떤 전략적 계획을 세우고 있는지 등을 이해하려는 고위 문민 지도자들에게도 귀중한 자료였다. 전략적 군사 문제에 관한 이러한 작업을 보완하기 위해 당시 CIA 경제조사실은 소련 경제의 성과, 성장률, 그리고 무엇보다도 소련 경제에 미치는 국방비 부담의 정도를 측정하는 최상의 모델을 개발했다. 이 CIA 분석관들은 또한 「국가정보판단서」 작성에 정기적으로 참여했으며, 특히 정보공동체 내에서 전문가로 인정받으면, 그 판단서 초안을 작성하는 주무관이 되었다.

이와 동시에 국방정보국은 고위 군사 분석관들로 구성된 자체 간부진을 유지했는데, 이들은 소련의 군사력 및 미국에 대한 대응 역량에 초점을 맞추었다. 국방정보국 내 판단 부서(Directorate of Estimates)에서는 미사일, 탱크, 항공기, 함정 등의 장기적 추정치를 개발했다. 이러한 군사 추정치는 더 넓게 정보공동체가 발전시키는 「국가정보판단서」의 일부가 되었다. 소련 군사 프로그램·예산의 규모와 증가율에 관한 국방정보국과 CIA 분석관들 사이의 의견 불일치는 여러 해 동안 상당한 논란이 되었고 격렬했다. 다소 단순하게 말하자면, 국방정보국 분석관들은 소련을 "3미터가 넘는 거인"으로 보는 경향이 있었던 반면, CIA 등 문민 정보 분석관들은 소련의 군사적 위협을 더 작고 후진적인 것으로 보는 경향이 있었다.[8] 소련의 전략적 역량과 의도에 관한 논쟁은 1970년대와 1980년대 내내 지속되었으며, 당시 소련의 무기체계와 군사 교리에 관한 아주 정교한 연구는 미국이 소련의 핵 공격을 억제하고 살아남을 수 있을지 가늠하는 중요한 요소로 여겨졌다. 이러한 평가는 리처드 닉슨 대통령과 헨리 키신저 국가안보보좌관이 협상한 1970년대 전략무기 통제 협정에 대한 논쟁에서도 중요한 역할을 했다(다음 장에서 더 자세히 설명함).

국무부 정보·조사국은 대규모 정보-평가 작업을 수행할 인력을 보유한 적이 없다. 그럼에도 이 기관은 전략적·국가적 관심사로 생각될 수 있는 독자적 장기 평가보고서를 정기적으로 작성했다. 정보·조사국 분석관들 가운데 「국가정보판단서」의 주제에 관해 뛰어난 전문가가 있으면 가끔 그 초안을 작성하기도 했다. 정보·조사국 소속의 전(全)출처 분석관들은 CIA와 국방정보국 분석관들과 마찬가지로 모든 국가 수집기관에서 보고하는 정보를 사용할 수 있었으며, 때로는 소련의 전략적 의도나 베트남에서의 성공 전망 등 주요 이슈에 관해 대안적 견해를 낼 수 있었다. 특히 베트남전쟁의 경우, 정보·조사국의 비관적 예측이 다른 정보기관들이 낸 다수의 예측보다 훨씬 더 정확한 것으로 판명되었다.

국가정보위원회

오늘날 전략정보는 국가정보위원회뿐 아니라 각 기관 내에서도 계속 생산되고 있다. 국가정보위원회는 국가판단실에 역사적 뿌리를 두고 있어 정보공동체의 으뜸가는 전략정보 생산자로서의 위상을 유지하고 있다. 2004년 정보개혁·테러방지법에 명시된 바와 같이, 국가정보위원회는 "정보공동체 내 선임분석관들 및 공공과 민간 부문의 상당한 전문가들로 구성되며 (……) 국가정보위원회 구성원들은 미국 정부 내에서 정보공동체의 견해를 대표하기 위한 선임 정보자문단을 구성한다".[9]

국가정보위원회는 현재 약 100명의 전문가 및 지원 인력으로 구성되어 있는바, 이들은 미국 정부의 전략정보 우선순위에 따라 여러 분야별로 포진해 있다. 국가정보위원회 의장은 각기 주요 지역과 중요한 요소별 주제를 담당하는 10여 명의 국가정보관 업무를 감독한다. 의장은 고위 정보 관리, 높은 평가를 받는 학자 또는 정책결정자 출신이다. 최근 의장으로는 하버드 대학교의 조지프 나이(Joseph Nye) 교수, 랜드연구소(RAND Corporation)의 그레고리 트레버턴(Gregory Treverton) 박사, 9·11위원회의 지원실장을 지낸 크리스토퍼 코즘(Christopher Kojm) 등이 있었는데, 모두가 이전에 고위 정책직에서 근무한 경험이 있는 터라 NSC, 국무부 및 국방부의 카운터파트와 긴밀히 협력할 적임자였다. 위원회 자체는 국가정보관, 부(副)국가정보관 및 일련의 보고서를 작성하는 장기분석 그룹으로 구성되어 있다. 국가정보위원회의 조직 구조를 보면, 국가정보관들이 다음과 같은 지역별·요소별로 각 분야를 담당한다.

- **지역별** 아프리카, 아시아, 유럽, 서반구, 근동, 러시아·유라시아 및 남아시아
- **요소별** WMD, 사이버 위협, 초국가적 위협(예: 테러리즘), 세계경제, 기술

국가정보위원회는 군인, 외교관, 학계, 사기업 등 다양한 배경을 가진 전문가들로 구성되어 있어 다양성을 그 특징으로 삼았다. 한 전직 의장이 지적했듯이, 국가정보위원회는 CIA와 국방정보국의 고위 관리들뿐 아니라 다른 정보공동체 기관, 연방준비제도(Federal Reserve), 육군사관학교 교수단 및 저명 싱크 탱크 출신의 전문가들도 끌어들였다.[10] 그의 말대로, 국가정보위원회는 "정부 안팎에서 널리 인정받고 전문성도 존중받는 인재를 원했다".[11] 국가정보관의 직무는 실질적인 전문가일 뿐만 아니라 분석관 공동체의 리더이자 정책 세계와의 가교 역할을 하는 것이었다. 국가정보관은 개인적인 판단 위주가 아니라 국제 문제에 대한 정보공동체의 집단적 견해를 대표하는 책임을 졌다. 따라서 국가정보관들은 일반적으로 각자의 담당 분야에 따라 기관간정책위원회 회의에 참석했으며, 종종 수장위원회 회의에 배석해 국가정보장을 보좌했다. 국가정보관들은 NSC, 국무부 및 국방부 고위 관리들과 정기적으로 만나

공동체의 정보 평가에 대해 브리핑하고 그들의 요구에 맞는 정보 조사 의제를 개발한다.

대개 국가정보관들은 정책결정자들의 요구를 파악한 것을 바탕으로 「국가정보판단서」 및 기타 국가정보위원회 생산물을 위한 주제를 제안한다. 혹은 고위 정책결정자나 의회 위원회가 어떤 국가판단서를 요청할 수 있다. 이 경우에 요청자의 지침과 일정에 따라 이를 작성하는 것은 국가정보위원회와 국가정보관들의 책임이다. 국가정보관들의 책무는 각 프로젝트에 대한 — '준거틀(terms of reference)'이라고 하는 — 개요를 작성하고, 평가서의 초안 작성을 배정·관리하며, 초안을 검토·수정한 분석관들을 소집해 기관 간 '조율' 회의를 주재하고, 최종 생산물을 편집하는 것이다. 프로세스 마지막에 국가정보관은 정보공동체 모든 기관의 수장들로 구성되고 국가정보장이 주재하는 국가정보이사회(National Intelligence Board, NIB)에 그 판단서를 제출하고 검토를 받는다. 국가정보이사회는 「국가정보판단서」에 대한 어떤 수정이나 이견이 고려되는 최종 단계다.

2005년부터 국가정보위원회는 국가정보장실의 일부가 되었으며 현재 국가정보장에게 직접 보고한다. 국가정보장은 정보공동체의 수장 자격으로 국가정보위원회가 생산한 모든 「국가정보판단서」를 승인한다. 정책결정자들이 「국가정보판단서」를 정보공동체의 가장 권위 있는 생산물로 인정하지만, 그렇다고 가장 널리 읽히거나 인기 있는 국가정보위원회 발간물은 아니다. 일반적으로 「국가정보판단서」는 가장 철저한 초안 작성과 검토 과정을 거치는데, 종종 몇 달은 아니라도 몇 주가 걸린다. 역사적으로 「국가정보판단서」는 길고 상세한 연구서 경향이 있었는데, 수백 쪽은 아니라도 수십 쪽에 달했으며 심지어 무기 기술과 같이 어떤 기술적 주제가 복잡할 때는 여러 권에 이를 수도 있었다. 일부 정책결정자들은 이런 문서를 읽을 틈을 내지 못했다. 그래서 국가정보관들은 종종 신속한 메모 보고 — '공동체의 느낌 메모(sense of the community memoranda)'라고 불림 — 에 의지했는데, 우선순위 현안에 치중된 이 메모는 국가정보장과 기타 정보공동체 수장들의 긴 검토가 필요하지 않았다. 기관 간 협의를 거친 이런 메모의 최근 사례는 2017년 1월 '최근의 미국 선거 관련 러시아의 활동과 의도 평가'라는 제목의 정보공동체 보고서였다.[12] 이런 생산물과 국가정보관들이 개별적으로 특정한 정책 고객들을 위해 작성한 메모를 합친 발간물은 연간 700종을 넘었다.[13] 또한, 최근의 국가정보위원회 의장들은 「국가정보판단서」의 길이가 20쪽을 넘지 않아야 하며, 3쪽 분량의 '핵심판단'(주요 결론)을 서문에 포함하도록 지시했다. 이 모두가 「국가정보판단서」 자체를 더 유용하게 만들고 바쁜 정책결정자들이 생산물을 실제로 읽을 개연성을 높이기 위한 것이다.

「국가정보판단서」: 프로세스와 생산물

권위 있는 전략정보 생산은 중요한 장기 문제에 대해 통찰력을 제공할 수 있는 정보공동체 내 선임분석관층의 두터움에 달려 있다. 또한 해당 주제에 관한 과거 평가를 훑어보고, 새로운 추세와 동향을 평가하며, 6개월 후부터 수년에 걸쳐 문제가 어떻게 진전될지 예측을 개발하는 엄격한 프로세스를 요구한다. 이 프로세스에는 새로운 보고서와 지난 보고서를 비교하고, 모든 정보공동체 기관의 시각이 반영되도록 하는 것이 포함된다. 그 결과물은 「국가정보판단서」부터 국가정보관 메모(NIO memoranda)와 같은 현안별 기관 간 생산물, 『글로벌 트렌드』 시리즈로 알려진 정교한 다년 프로젝트에 이르기까지 다양한 형태로 나온다.

프로세스

「국가정보판단서」는 모든 정보공동체 생산물을 가장 많은 시간을 들여 선임급의 검토를 거쳐 담아냄으로써 가장 권위 있는 전략정보 형태로 여겨진다. 전형적인 「국가정보판단서」는 흔히 고위 정책결정자가 결정이 필요한 주제에 관심을 보인 결과이거나, 국가정보관이 우선순위 주제에 관한 과거의 판단을 재검토할 목적으로 또는 정책공동체가 내릴 결정을 예상해서 그런 판단서가 필요하다고 본 결과다. 종종 「국가정보판단서」의 초점은 국가정보관이 NSC, 국무부 및 국방부의 카운터파트와 교류하면서 도출된다. 일단 주제가 합의되면, 국가정보관은 범(汎)정보공동체 전문가 회의를 주재해 「국가정보판단서」가 다룰 예정인 핵심 질문에 초점을 맞춘 개요를 만든다. 국가정보관이 CIA, 국방정보국, 정보·조사국 등의 분석관들에게 초안 작성 책임을 배정하고, 그의 부(副)국가정보관은 초안 작성 과정을 감독하고 제1차 검토자 겸 편집자 역할을 한다. 일단 초안이 작성되면, 국가정보관은 각 정보공동체 기관에 「국가정보판단서」 초안을 회람시켜 의견을 묻고, 피드백을 받아 수정한다. 대부분의 「국가정보판단서」가 여러 차례의 대면 회의 — **조율 과정**(coordination process)의 일환임 — 를 거치는데, 여기서 각 기관을 대표하는 분석관들이 초안을 한 줄씩 검토한다. 「국가정보판단서」의 복잡성과 범위에 따라서는 하루 종일 또는 한 주가 걸리는 힘든 작업일 수 있다. 말이 *조율*이지, 전혀 협조적이지 않으며 좌절을 경험할 수도 있다.

회의 끝에 국가정보관은 주제에 대한 합의가 있는지 아니면 기관 간의 이견을 포착하기 위해 추가적 검토와 모종의 '반대의견'이 필요한지를 결정한다. 과거에는 「국가정보판단서」가 흔히 합의 문서로서 작성되었으며, 어느 기관이 특정 사항에 대해 동의하지 않을 때는 작은 각주가 삽입되었다. 각 페이지의 하단에 등장하는 각주는 반대하는 기관을 명시하고 그 이유를 간단히 설명했다. 그러나 이라크의 WMD 문제가 논란이 된 후에는 그런 이견이 본문에서 강조되었는바, 이에 따라 각 기관은 자신들의 판단이 왜 다른지 그리고 가용 증거가 다수설을 뒷받침한다고 보는지 여부를 더 자세히 명시하게 되었다.

오늘날 국가정보위원회 고위 관리들은 합의 자체를 위해 기관 간 이견을 최소화하는 것을 싫어하며, 오히려 각 기관의 견해를 '명료화'하는 데 중점을 둔다. 중요한 사실로, 각 기관이 한 표씩 행사하며 결국에는 각 기관의 수장들이 국가정보이사회의 최종 서면 회의를 통해 승인 여부를 확인해야 한다. 2002년 이라크 WMD 판단서의 흠이 드러난 후 제도화된 이 프로세스는 국가정보장이 승인·배포하기에 앞서서 각 기관이 한 주제에 관한 과거의 판단을 제로-베이스에서 검토한 후 그 견해를 견지하도록 강제하기 위한 것이다. 국가정보이사회의 최종 서면 회의에서 각 기관장이 판단에 동의한다고 확인해야 할 뿐만 아니라, 수집기관들도 자신들의 출처 자료가 사용된 것을 검토해서 그 첩보가 「국가정보판단서」에서 유효하게 사용되었음을 확신한다고 확인해야 한다. 이 모두가 「국가정보판단서」의 정확성에 대해 최대한의 권위와 책임을 부여하기 위한 것이다.

추정 생산물

「국가정보판단서」는 각종 모양과 크기로 나온다. 냉전 시대에는 소련의 전략핵전력에 관한 판단서가 권당 수백 쪽에 이르는 여러 권으로 나온 경우가 드물지 않았다. 참으로 이러한 판단서는 가장 기본적인 형태의 전략적 연구였다. 소련의 전략군에 관한 이들 판단서가 '국가정보판단서 11-3/8'(<글상자 6-1>의 인용문 참조) 시리즈로 명명되어 매년 발간되었는데, 국방부는 이를 활용해 소련의 가능한 핵 타격을 억지하기 위한 미국 전략군의 규모를 정하고 전략계획을 수립했다. 미국 정책결정자들은 이 판단서에 근거해 소련의 '선제 타격(first strike)' 유혹을 무력화하기 위한 지상·해상·공중 운반시스템의 핵 삼두마차를 개발했다. 이러한 판단서가 논란이 된 것은 1970년대 닉슨 대통령과 키신저 국가안보보좌관이 데탕트(détente)를 추진해 소련과 제1차 전략무기제한회담(SALT I) 협정에 서명했을 때였다. 소련의 미래전력 추정에 관한 국방정보국과 CIA 사이의 이견은 나중에 CIA가 키신저의 데탕트 정책에 맞추어 정치화하는 바람에 전력을 낮게 추정했다는 비난으로 이어졌다. 그러한 판단서를 공격한 외부 논객들은 CIA 분석관들이 모스크바가 전략군의 우위보다는 균형에 만족할 것이라고 가정함으로써 소련 프로그램에 대해 "최상의 경

글상자 6-1 소련의 대륙간 공격 전력(주요 조사 결과)

이 보고서에서 검토하는 대륙간 공격 전력은 대륙간 탄도미사일(이하 ICBM), 잠수함 발사 탄도미사일(SLBM) 및 중폭격기를 포함한다. 지난 10년 동안 소련은 이러한 군사력 요소를 왕성하게 고비용으로 증강했다. 이 기간에 모든 국방 지출이 증가했지만, 이 3대 전력에 배분된 비중은 1960년 약 5%에서 후반기에 10% 이상으로 배증한 것으로 추정된다. 1969년 수준 — (56억 달러에 상당하는) 23억 루블로 추정됨 — 은 1960년 수준의 세 배 이상이었다. 그 10년 전체를 놓고 볼 때, 대륙간 공격 전력에 대한 누적 지출은 대략 160억 루블(약 360억 달러)에 달했으며, 이 중 ICBM이 80%를 차지했다. (……)

이러한 노력의 결과, 소련은 1970년 10월 1일 현재 가동 ICBM 기지에 대략 1291기의 가동 ICBM 발사대를 보유하고 있으며, 1972년 중반까지 약 1445기의 발사대를 가동시킬 것이다. (……) 1972년 중반까지 가동될 것으로 추정되는 1445기의 ICBM 발사대 가운데 아마도 306기는 대형 SS-9 계열이고 850기는 소형 SS-11 계열일 것이다. (……)

1960년대 초반, 정치적·이념적으로 미국에 대해 적대적이고 강대국 통치자로서 생각하고 행동하는 소련 지도자들은 바로 이 부분에서 자신들의 군사력이 가장 위험한 경쟁국 미국에 비해 현저히 열등하다고 인식했다. 따라서 그들은 불균형을 바로잡으려고 — 최소한 대략적인 균형 관계를 달성하려고 작정했다. 이러한 의미의 균형이 객관적으로 측정될 수 없는 것은 그것이 본질적으로 정신 상태(a state of mind)이기 때문이다. 우리가 가지고 있는 증거는, 대부분 전략무기제한회담에서 나온 것이지만, 소련 지도자들이 적어도 대륙간 사정거리 무기에 관해서는 이제 그런 위치에 도달했거나 도달하기 직전이라고 생각하고 있음을 시사한다.

출처: 비밀 해제된 「국가정보판단서 11-8-70」에서 발췌함. CIA, *Intentions and Capabilities: Estimates on Soviet Strategic Forces, 1950-1983*(Washington, DC: Center for the Study of Intelligence, 1996), pp.263~267.

우를 상정(best-casing)"하는 경향이 있었다고 주장했다.[14]

「국가정보판단서」가 두껍고 소련의 전략 교리·전력에 관해 이견이 길어지던 시절은 오래전에 지나갔다. 요즘 판단서는 외국 정부의 생존 가능성과 같이 좁은 문제에 초점을 맞춘 간단한 추정부터 미국 본토에 대한 위협의 장기 전망까지 모든 범위를 다룬다. 아프가니스탄, 이라크 등 분쟁지의 안정화 전망을 추정하는 「국가정보판단서」가 꾸준히 짧아지는 흐름이 있었다. 그런 전망은 NSC의 기관 간 회의에서 미국의 분쟁 대응 전략을 논의할 때 중요하다. 이러한 하나의 사례로, 이라크 전망에 관한 2007년 1월의 「국가정보판단서」(<글상자 6-2> 참조)가 있는데, 이 판단서가 수니(Sunni)파 반군을 물리치기 위해 어떻게 미군을 '증강'할 것인지를 결정하는 데 크게 공헌했다.

글상자 6-2 2007년 1월 국가정보판단서 「이라크의 안정화 전망: 험난한 전도」(발췌)

핵심 판단

이라크 사회의 양극화 심화, 보안군과 국가 전반의 지속적인 취약성 및 모든 분파의 당연한 폭력 호소가 집합적으로 작용해 집단 폭력과 반란, 정치적 극단주의를 증가시키고 있다. 이 판단서가 고려하는 향후 12~18개월 동안 이러한 추세를 역전시키려는 노력이 상당한 진전을 보이지 못할 경우, 전반적인 안보 상황이 2006년 하반기와 비슷한 속도로 계속해서 악화할 것으로 평가된다. 강화된 이라크보안군(ISF), 즉 정부에 더 충성하고 연합군의 지원을 받는 이라크보안군이 폭력 수준을 줄이고 이라크 국민을 위해 더 효과적인 치안을 확보할 수 있다면, 이라크 지도자들이 장기 안정화, 정치 프로세스 및 경제 회복에 필요한 정치적 타협 프로세스를 시작할 기회를 가질 수 있을 것이다.

- 그러나 폭력이 감소하더라도, 정계에 만연한 현재의 승자독식 태도와 종파적 적대관계를 감안할 때, 이 판단서의 고려 기간 내에 이라크 지도자들을 압박해서 지속적인 정치적 화해를 성취하기는 어려울 것이다.

이라크의 현행 진로를 추동하는 부정적 추세를 역전시키는 데 도움이 될 수 있는 여러 가지 동향을 식별할 수 있는바, 특히 다음과 같은 것들이다.

- **현행 정치구조와 연방주의를 수용하는 수니파의 확장 (……)**
- **시아파와 쿠르드족의 중대한 양보 (……)**

지속적인 종파적 대량 학살, 주요 종교·정치 지도자 암살, 수니파가 정부에서 완전히 이탈한 것 등 국내 치안과 정치에 파장을 일으킨 큰 사건이 다수 발생함으로써 향후 이라크의 안보 환경이 심각하게 교란될 잠재성이 있다.

주: 굵은 강조는 원문대로임.

출처: Office of the Director of National Intelligence, *National Intelligence Estimate: Prospects for Iraq's Stability: A Challenging Road Ahead*, January 2007, https://www.google.com/search?q=https://www.fas.org/irp/dni/iraq020207.pdf.

조지 W. 부시 대통령은 잘 다듬어진 「국가정보판단서」를 통해 안보 상황이 악화하고 있음을 알자마자, 이라크 주둔 미군을 2만 명 증파해 — 그 판단서에서 주요 약점으로 지적된 — 이라크보안군(Iraqi Security Forces, ISF)에 배속시키는 새로운 전략을 발표했다. 이 판단서에 뒤이어 나온 다른 여러 판단서는 그 병력 증강이 얼마나 주효하고 있는지 그리고 상황이 개선되고 있는지 여하에 대한 정보공동체의 판단을 업데이트했다. 예컨대 2007년 8월 국가정보위원회는 '이라크의 안정화 전망: 안보는 일부 개선되나 정치적 화해는 난망임'이라는 제목의 업데이트된 「국가정보판단서」를 배포했는데, 그 제목이 미국의 전략에 대해 반반의 성공임을 시사했다. 이 새 버전은 앞의 1월에 나온 「국가정보판단서」를 기준선으로 잡고 향후 6~12개월 동안의 안보 및 국민화해 전망을 검토했다.[15]

자연히 다른 「국가정보판단서」들은 본토에 대한 테러 위협에 초점을 맞추었다. 역시 2007년에 국가정보위원회는 '미국 본토에 대한 테러 위협'이라는 제목의 주요 「국가정보판단서」를 생산했는데, 미국이 "향후 3년 동안 지속적이고 진화하는 테러 위협"에 직면할 것으로 판단했다. 이 판단서에서 정보공동체 전문가들은 "지난 5년 동안 급증한 대테러 활동이 미국 본토를 다시 공격하려는 알카에다의 능력을 저지했으며, 테러단체가 본토를 9·11 때보다 더 타격하기 어려운 표적으로 인식하도록 만들었다"라고 판단했다. 다른 미래 예측 「국가정보판단서」와 마찬가지로 이 판단서 예측에 의하면, "급진적인 ― 특히 이슬람 근본주의(Salafi) ― 인터넷 사이트의 확산 가능성, 점차 공격적인 반미 구호와 행위, 서방 국가에서 급진적인 자생 조직의 증가 등이 예상되며, 이는 미국 등 서방의 무슬림 인구 가운데 급진적이고 폭력적인 부분이 확대되고 있음을 시사한다".[16] 또다시 이러한 종류의 평가보고서들이 해외에서의 테러 대응 활동과 국내에서의 감시 및 국경 보안 강화가 주효하고 있다는 부시 행정부의 확신을 뒷받침했지만, 워싱턴의 정책결정자들에게 급진적인 이슬람 극단주의가 확산하고 있다는 경각심도 일깨워 주었다. 뒤이어 유럽과 심지어 미국에서 발생한 이라크·시리아 이슬람국가(ISIS)발 공격은 알카에다가 미국의 안보를 위협하는 유일한 단체가 아님을 확인했다.

『글로벌 트렌드』: 비전형적인 전략 평가

적절한 전략정보의 마지막 사례는 국가정보위원회가 관행적으로 발행하는 대형 공개 보고서인데, 이 보고서는 추측성이 강한 '세계 판단서(estimate of the world)'에 해당한다. 『글로벌 트렌드』 시리즈의 전략 평가는 향후 5~20년 동안 핵심 추세와 불확실성이 어떻게 세계를 형성할 것인지 논의한다. 이는 정책결정자들이 현용 전략과 정책을 개발할 때 장기적 동향을 고려하도록 돕기 위한 것이다. 이 발간물은 다른 어느 정보 생산물과도 같지 않다. 첫째, 다른 국가정보위원회 생산물과 달리, 『글로벌 트렌드』 보고서는 비밀이나 비공개 첩보에 의존하지 않는다. 명약관화한 사실이지만, 20년이나 먼 미래에 초점을 맞춘 비공개 첩보는 거의 없다. 둘째, 『글로벌 트렌드』 보고서 작성은 정보분석관과 정보기관만으로 제한되지 않는다. 또한 관행적으로 조율을 거치는 정보공동체의 초안 작성 프로세스의 결과도 아니다. 오히려 국가정보위원회는 보통 국가안보나 정보의 주제로 생각되는 범위를 훨씬 넘는 광범위한 주제에 대해 미국 내외의 전문가들과 광범위하게 접촉한다. 예를 들어, 『글로벌 트렌드』 보고서는 인구통계, 에너지, 기후변화, 생의학적 발전과 보건, 금융과 비즈니스 추세, 정보기술 등과 같은 요인들의 상태와 미래 영향을 정기적으로 평가한다. 이에 따라 국가정보위원회는 통상적인 안보 전문가들 외에 인류학자, 사회학자, 인구통계학자, 전염병학자, 최신 과학기술 분야 전문가 등과 접촉해야 한다.

끝으로, 다른 정보 생산물과 달리 『글로벌 트렌드』 시리즈는 점차 '미국의 역할'을 추측 분석에 반영했다. 잘 알려져 있듯이, 미국의 정보 분석관들은 관행적으로 미국을 분석하지 않는데, 이는 그들의 임무가 대외정책 개발에 초점을 맞추기 때문이다. 그러나 미국이 최중심의 행위자이고 외적과 동맹국들의 정책과 행위에 엄청난 영향력을 행사하는데도, 워싱턴의 행위가 어떻게 다른 행위자들의 미래 행위를 형성할지를 고려하지 않는다는 것은 어불성설이다. 따라서 『글로벌 트렌드』는 미국의 역할을 주요 '판세 변수(game changer)' 중 하나로 간주했는데, 특히 오늘날 미국의 역할이 유동적으로 보이기 때문에 그렇다.[17] 또한 미국의 현행 정책에 대한 해외 참여자들의 인식을 반영하는 것은 미래를 도발적으로 추측하는 작업에 매우 중요하다.

국가정보위원회는 지금까지 새 행정부가 4년마다 1월에 출범하는 시기에 맞추어 여섯 번의 『글로벌 트렌드』를 발간했다.* 주요 기안자들은 다양한 싱크 탱크와 전문가들에게 연구를 위촉하고, 여러 대륙에서 일련의 컨퍼런스를 개최하며, 초대된 전문가들이 비평할 수 있도록 예비 보고서와 초안을 온라인에 게시한다. 그 의도는 오늘과 내일의 세계를 형성하는 가장 중요하다는 요인에 대해 다양한 관점을 생성하고, 현재의 지정학적 환경을 근본적으로 바꿀

* 이 책의 원서가 출간된 후 1종이 추가되어 7종이 나왔다 _옮긴이 주.

수 있는 주요 불확실성을 조명하려는 것이다. 그 결과, 생각하게 만드는 획기적인 보고서 시리즈가 탄생했다. 예를 보자.

- 1997년 『글로벌 트렌드 2010(Global Trends 2010)』은 전후의 국제질서가 종식되고 중요한 3대 추세가 이어질 것으로 예측했다. 즉, 분쟁이 국가 대 국가가 아니라 주로 국내에서 발생하고, 취약 국가들이 실패해 종족 분쟁과 난민 흐름을 초래하며, 강대국들조차도 세계화 진전과 기술혁명으로 인해 자기 운명을 일부 통제하지 못할 것이다.
- 2000년 『글로벌 트렌드 2015: 미래에 관한 대화(Global Trends 2015: A Dialogue about the Future)』는 세계적인 변화 동인(인구통계학적 추세, 천연자원, 세계화, 미국의 역할 등)을 강조하고, 그럴듯한 대안적 미래를 통해 매우 불확실한 조건에서 가능한 범위의 결과를 묘사했다.
- 2004년 『글로벌 트렌드 2020: 미래 세계 예측(Global Trends 2020: Mapping the Global Future)』은 세계화, 거버넌스(governance) 등과 같은 주요 불확실성을 결합하는 관행을 심화하고 가상의 시나리오들을 제시했다. '다보스 세계'는 세계화의 긍정적인 측면을 유지하는 데 따르는 도전을 예견하고, '팍스 아메리카나'는 미국의 단극 시대가 계속될 수 있을지 조사했으며, '새로운 칼리프 시대'는 새로운 정체성 정치의 영향을 보여주고, '공포의 순환'은 WMD 확산, 국제 테러 및 세계의 권력 이동이 합쳐진 완전한 폭풍을 포착했다.
- 2008년 『글로벌 트렌드 2025: 변모된 세계(Global Trends 2025: A Transformed World)』는 다극화된 세계에서 중국, 인도, 브라질, 이란, 그리고 어쩌면 부활하는 러시아가 미국과 경쟁하는 강대국 블록으로 부상할 것으로 예측했다. 전후의 국제제도는 더 이상 효과적이지 않거나 신흥 강대국들에 정당하게 보이지 않을 것이며, 이는 세계질서에 중대한 변화가 필요함을 시사한다고 보았다.

• 2012년 『글로벌 트렌드 2030: 선택적 세계(Global Trends 2030: Alternative Worlds)』는 네 가지 매우 다른 시나리오를 만들 수 있는 '메가트렌드(megatrend)'와 '판세 변수'(미국의 세계적 역할을 포함함)를 식별했다. 개인의 힘 증대, 기술 확산, 국가 간 권력 분산, 저개발국의 도시화와 청년 인구 급증 등이 매우 어려운 국제정세를 초래할 수 있을 것이다. 이 보고서는 나아가 12개의 파괴적 핵심 신기술이 세계정세에 미칠 영향을 식별했다.

새로 발간될 때마다 『글로벌 트렌드』 시리즈는 신임 국가안보팀 및 외부 전문가들과의 협의와 온라인 소셜 미디어 사용을 다양한 형태로 실험했다. 이러한 공개 평가보고서는 워싱턴과 전 세계의 정책결정자들에게 놀라운 영향을 미쳤다. 새 행정부는 이 보고서를 공식 발간되기 훨씬 이전에 받았으며, 종종 새 행정부는 「국가안보 전략」 문서를 작성할 때 『글로벌 트렌드』의 생각 일부를 포함했다. 또한 국가정보위원회 의장을 지낸 토머스 핑거에 따르면, 보고서 작성에 수백 명의 외국인을 참여시킴으로써 그 간행물을 외국어로 번역하고 그들의 정부에서 사용하는 데 관심이 높아졌다. 여러 북대서양조약기구(NATO) 동맹국은 일부 연구 결과를 채택하거나 반영했으며 자체적인 '미래' 프로젝트를 시작했다.[18]

최근 버전인 『글로벌 트렌드 2035: 진보의 역설(Global Trends: Paradox of Progress)』(2017)은 아마 국가정보위원회가 가장 야심차게 수행한 전략 분석일 것이다. 이 보고서는 외부에 연구를 위촉하고 가정과 주제를 검증하는 데 2년이 걸렸으며, 35개국에서 2000명 이상이 참여했다. 이 보고서는 아주 획기적으로 기존의 싱크 탱크 전문가와 외국 관리들을 넘어 많은 국가의 학생들과 여성단체, 기업가들로 여러 포커스 그룹을 구성했다. 과거의 『글로벌 트렌드』와 달리, 이 보고서는 5년 프레임과 20년 프레임 양쪽으로 초점을 맞추었는데, 그래야 정책결정자들이 자신들의 정책과 우선순위에 실제로 영향을 미칠 수 있는 종류의 예측에 더 관심을 기울이고 나아가 같은 정책이 어떻게 장기적인 미래를 형성할 것인지 생각하게 될 것이라고 보았다. 이 보고서는 다음의 요약된 3대 시나리오를 제시했는바, 그 기반이 된 핵심 추세와 시사점은 〈글상자 6-3〉에 요약되어 있다. '섬', '궤도' 및 '공동체'로 묘사된 세 시나리오는 가까운 미래에 발생할 것으로 예상되는 변동성에 대해 주요국 정부와 기타 국제 행위자들이 보일 반응을 모은 것이다.

- *섬*(*Islands*)은 저성장이나 제로 성장을 보이는 세계경제를 대대적으로 재편하는 시나리오인데, 그런 성장으로 인해 물리적·경제적 안보에 대한 사회적 요구에 각국이 제대로 대응하기 어렵기 때문이다. 여기서는 세계화와 신흥 기술에 대한 대중의 거부가 노동과 무역을 변모시킨다. 각국 정부는 보호무역주의 정책을 채택하고 다자 협력에 대해 지지를 축소한다.
- *궤도*(*Orbits*)는 국수주의 대두, 파괴적 기술, 국제협력을 저해하는 형태의 분쟁 진화 등으로 인해 주요 강대국들이 국내 안정을 유지하는 동시에 세력권을 추구하면서 서로 경쟁하는 세계다. 이 시나리오는 핵무기 사용이 가능하다고 예측하는데, 이는 국제 이해관계자들이 자신들의 행위를 재고하도록 강요한다.
- *공동체*(*Communities*)는 국가 역량이 쇠퇴하는 바람에 지방정부와 개인 비국가행위자들이 중앙정부의 저항에도 불구하고 협력 네트워크를 구축할 여지가 생기는 세계를 보여준다. 이 시나리오는 정보기술이 핵심 조력자로서 기능함에 따라 어떻게 기업, 이익단체 및 지방정부가 자신들의 의제에 대해 효과적으로 업무를 수행하고 지지층을 구축할 수 있을지 상상한다.[19]

글상자 6-3 2017년 『글로벌 트렌드』가 2035년까지 내다본 주요 시사점

부국은 고령화되나 빈국은 그렇지 않다 노동연령 인구가 부국과 중국, 러시아에서 감소하나 빈곤 개도국, 특히 아프리카와 남아시아에서는 증가해서 경제, 고용, 도시화, 복지에 부담을 가중하고 이주를 부추긴다. 선진국과 개도국 모두 훈련과 평생교육이 매우 중요할 것이다.

세계경제가 변화한다. 가까운 미래에는 낮은 경제성장이 지속될 것이다 주요 경제가 노동력 감소와 생산성 증대의 둔화를 겪는 가운데, 많은 부채와 낮은 수요, 세계화에 대한 회의 속에서도 2008~2009년 금융위기에서 회복될 것이다. 중국은 오랜 수출·투자 위주에서 소비자 주도 경제로의 전환을 시도할 것이다. 저성장이 개도국의 빈곤 감소를 위협할 것이다.

기술이 발전을 가속화하고 불연속성을 초래한다 급속한 기술 진보가 변화의 속도를 높이고 새로운 기회를 창출하지만, 승자와 패자의 격차를 벌릴 것이다. 자동화와 인공지능은 경제가 적응할 수 있는 속도보다 더 빠른 산업 재편을 강요하면서 잠재적으로 노동자를 대체하고 빈곤국의 통상적인 발전 경로를 제약할 것이다. 유전체(게놈) 편집과 같은 바이오 기술은 의료 및 기타 분야를 혁신하지만, 도덕적 이견도 부각할 것이다.

사상과 정체성이 배타의 물결을 일으킨다 저성장 속에서 세계의 연결성 증대는 사회 안팎으로 갈등을 고조시킬 것이다. 좌우 양편에서 대중영합주의가 증가해 자유주의를 위협할 것이다. 일부 지도자는 민족주의를 이용해 통제를 강화할 것이다. 종교의 영향력이 점점 커져서 정부보다 더 큰 권위를 갖는 경우가 많을 것이다. 거의 모든 국가에서 경제력이 여성의 지위와 리더십 역할을 신장시킬 것이나 이에 대한 반발도 발생할 것이다.

통치하기가 점점 힘들어진다 대중은 정부가 안보와 번영을 제공하기를 요구하나 세수(稅收) 정체, 불신, 양극화 외에 새로 늘어나는 이슈들이 정부의 성과를 저해할 것이다. 기술 덕분에 정치적 조치를 차단하거나 회피할 수 있는 행위자들의 범위가 늘어날 것이다. 비정부기구, 기업, 유력한 개인 등 행위자

수가 급증함으로써 글로벌 이슈를 관리하기가 점점 힘들어지며 그 결과, 포괄적 활동이 줄고 임시변통이 늘어날 것이다.

분쟁의 성격이 변화한다 주요 강대국 간 이해 대립, 테러 위협 증대, 취약 국가의 불안정 지속, 치명적인 교란 기술 확산 등으로 인해 분쟁 위험이 증가할 것이다. 장거리 정밀무기, 사이버, 로봇 시스템 등으로 원격지에서 인프라를 겨냥할 수 있고 WMD 제조 기술에 접근하기가 쉬워짐으로써 사회 교란 행위가 더욱 빈발할 것이다.

기후변화, 환경 및 보건 이슈가 주목받을 것이다 지구의 위험 요소들이 제기하는 임박한 장기적 위협은 집단적 대응조치를 요구할 것이다 — 협력이 점점 어려움에도 불구하고 그렇다. 기상이변, 물과 토양 오염, 식량 불안 등이 더욱 사회를 교란할 것이다. 해수면 상승, 토양 산성화, 빙하 해빙, 오염 등이 삶의 패턴을 바꿀 것이다. 기후변화를 둘러싼 갈등이 증가할 것이다. 여행 증가와 열악한 보건시설로 인해 전염병을 관리하기가 더욱 어려워질 것이다.

출처: Office of the Director of National Intelligence, *Global Trends: Paradox of Progress*, January 2017, https://www.dni.gov/files/documents/nic/GT-Full-Report.pdf에서 발췌함.

분명히 『글로벌 트렌드』 시리즈는 조율을 거친 비공개 「국가정보판단서」가 아니며 국가정보장과 기타 미국 정보기관 수장들의 진지한 승인도 받지 않는다. 그러나 이 시리즈는 새로운 유형의 전략 분석을 도입했는바, 미국의 정책과 외국 정부의 행위 간 상호작용을 "순 평가한 것(net assessment)"에 가까우며, 정보공동체가 예측하는 것이 아니라 상상할 수 있는 미래의 추세다. 국가정보위원회는 새 프로젝트를 작성할 때마다 자체 검토를 수행하지만, 예측 면에서 "무언가 잘못되어도" 사과하지 않는다. 이러한 전략적 추측에는 정보공동체의 공식적인 견해를 대변하지 않는다는 단서가 반드시 붙어야 한다. 또한, 이 『글로벌 트렌드』 연습에 참여한 외국 전문가들이 고마워하더라도, 그들 다수는 정보공동체가 작성하는 이 보고서가 미국이 보고 싶지 않은 세계를 예측하거나 미국의 역할을 약화해서 예측할 수도 있다고 생각한다. 우리가 말할 수 있는 것은 이 전략 분석이 격언에 따라 정책결정자의 선호에 맞추지 않으면서 최선을 다해 미래를 상상하려고 노력한다는 사실이다.[20]

핵심 이슈: 영향력, 정확성, 품질

전략정보는 필수적이지만 항상 널리 인정받는 정보공동체 기능은 아니다. 비평가들은 전략정보가 일상의 정책 결정과 관련성이 적고 전쟁과 평화의 문제에 대해 결정적인 경우가 드물다고 주장한다. 이러한 주장에 일부의 진실이 들어 있지만, 우리는 좋은 전략 연구가 좋은 현용정보와 적시의 경보를 제공하는 토대가 된다는 점을 명심할 필요가 있다. 전략 환경에 대한 정보공동체의 파악이 잘못되면, 십중팔구 현행 사안이나 주요 위협에 대한 견해도 왜곡된다. 따라서 정책결정자들이 국가정보위원회, CIA, 국방정보국 및 기타 기관이 수행하는 좋은 전략정보가 자신들의 정보 요구사항을 항상 다루지는 않더라도 그 중요성을 무시하는 것은 어리석은 짓이다. 그렇긴 하지만, 전략정보가 정책결정자에게 제공할 수 있는 것과 없는 것을 보다 균형 잡히게 인식하기 위해 이러한 주장을 여러 차원에서 검토하는 것이 중요하다.

전략정보는 영향력과 관련성이 있는가?

정책결정자들은 흔히 미국 정보에 유의하지 않으며 중요한 「국가정보판단서」도 읽지 않는다. 이는 새로운 문제가 아니다. 1950년대부터 오늘날까지 정보 관리들은 바쁜 정책결정자들이 긴 「국가정보판단서」나 다른 정보 생산물을 읽도록 만들기가 어렵다고 한탄했다. 흔히 정책결정자는 '요점'만 원하며, 그것도 자신이 이미 진실이라고 생각하는 내용을 재확인하는 것만 원한다. 일부 정보 연구에서 학자들은 현실에서 전략정보가 국가안보 결정에 미치는 영향이 매우 제한적이라는 결론을 내렸다. 정보학자 스티븐 마린(Stephen Marrin)에 따르면, "전략정보는 미국 대외정책에 다수가 기대하는 것보다 적은 영향을 미쳤다".[21] 마린의 주된 주장은 정책결정자도 분석관이라는 점이다. 분석관들처럼 그들에게도 인지적 편향과 선호하는 첩보 출처가 있다. 그러나 그들은 정보 분석관이 제공하려는 것보다 더 큰 확실성을 선호한다. 이러한 모든 이유로 인해, 정책결정자는 정보공동체의 세계관보다 자신의 세계관을 선호하는 경향이 있으며, 특히 정보공동체의 결과물이 자신이 생각하는 것과 어긋날 때 그렇다. 오늘날 다양한 이데올로기적 뉴스 출처가 널려 있는 것이 여러모로 정책결정자들에게 힘을 실어준다. 그들은 또한 나름대로 생정보 출처를 가지고 있어 — 그래서 더욱 스스로 분석관이 됨 — 어떤 보고가 현재 자신의 이데올로기적 관점에 맞는지 골라잡을 수 있다.

정책결정자가 전략정보를 무시한 예는 수도 없이 찾을 수 있다. 정보기관의 고위 관리자 출신인 더글러스 맥이친(Douglas MacEachin)은 정책결정자들이 전략정보를 무시해 이른바 "전략적 기습(strategic surprise)"을 당한 다수의 사례를 상술했다.[22] 이 연구에서 몇 가지 일반적 원인은 다음과 같다.

- 정태적인 정책 마인드세트가 대안적 정책 접근을 억제함
- 반대하는 정보 분석이나 정책 조언을 무시하는 마인드세트가 의사결정 프로세스를 지배함
- 현장의 전문지식과 현지 보고의 진가를 알아보지 못함
- 조직 간의 과도한 첩보 차단(칸막이 현상)이 정책결정자에게 가는 정보 흐름을 방해함
- 조직문화가 정보 결과물을 경시하거나 의사결정 프로세스를 왜곡하도록 만듦
- 시간적 압박으로 인해 정보 결과물과 전문적인 조언을 소홀히 함

이러한 연구 결과가 시사하는 것은 등불이 될 수 있는 전략정보가 그 품질, 정확성이나 관련성과 무관한 이유에서 무시될 수 있다는 점이다.

마찬가지로, 구체적인 정보 생산물을 구체적인 정책 결정과 연계하려고 시도하면, 종종 전략정보가 의사결정에 공헌한다는 평가를 받지 못한다. 앞서 언급했듯이, 냉전 시대 소련의 군사적 도전이나 오늘날의 테러 위협과 같은 우선순위 주제에 대한 전략정보가 다양한 생산물과 포럼을 통해 꾸준히 제공되고 있다. 따라서 제공된 정보의 총합이 간접적으로나 잠재의식 면에서 국제문제에 대한 정책결정자들의 종합적인 시각을 형성했다고 생각할 이유가 많다. 냉전 시대 정책결정자들은 소련의 전략핵·재래식 전력부터 민수·군수 산업에 이르기까지 다양한 주제를 다루는 소련 관련 「국가정보판단서」에 파묻혔다. 이처럼 꾸준히 제공된 첩보 덕분에 역대 행정부는 중앙계획 경제체제의 성과가 얼마나 형편없었는지 그리고 소련군이 경제에 얼마나 큰 부담이었는지 파악하게 되었다.

보다 최근에는 2002년 이라크 WMD 판단서가 조지 W. 부시 행정부의 이라크 침공 결정과 무관했다는 주장이 제기되었다.[23] 그러나 2005년 이라크 WMD 위원회 보고서의 결론에 의하면, 정보공동체는 1990년대 말 클린턴 행정부 때도 이라크의 프로그램에 대해 본질적으로 같은 평가를 제공했었다. 이것이 강조하는 바는 잔존하는 전략정보가 사담 후세인이 제기하는 위협에 관해 — 부시 행정부뿐만 아니라 — 워싱턴 정책결정자들 대부분의 마인드세트를 형성했었다는 사실이다.[24] 「국가정보판단서」가 침공 결정을 추동하지 않았다고 말하는 것은 그 판단서의 결론이 이미 당시의 통념이었다는 사실을 무시하는 것이다. 실제로 많은 부시 행정부 관리들은 바로 그런 이유에서 「국가정보판단서」가 필요하다고 생각하지 않았다. 그 「국가정보판단서」가 생산된 것은 상원 정보특별위원회(SSCI)가 투표로 군사력 사용을 승인하기에 앞서 요청했었기 때문이다.[25] 다른 실무자들이 지적했듯이, 「국가정보판단서」가 전략정보의 결과물을 전달하는 가장 좋거나 유용한 수단이 못 되는 것은 대체로 그 판단서가 다른 수단을 통해 널리 알려진 견해를 반영하기 때문이다. 국가정보위원회 의장을 지낸 토머스 핑거가 지적했듯이, “대부분의 판단서가 생산될 무렵, 그 이슈에 대해 궁리하는 정책결정자들은 이미 그 주제에 관해 다량의 첩보를 받은 상태이며, 여기에는 생정보와 분석 생산물뿐 아니라 정기적으로 교류하는 분석관들과의 대화와 그들의 브리핑이 포함된다”.[26]

요컨대, 전략정보는 늘 결정적인 조치로 이어지지는 않더라도 최소한 토론과 논쟁을 자극할 가능성이 높다. 미국 정보의 여명기에 켄트가 주장했듯이, 그러한 분석은 대화의 일부가 되어야 하지만, 그렇다고 꼭 정책결정자가 항상 정보가 담보하는 조치를 실행한다거나 동의한다는 의미는 아니다. 더욱이, 정책결정자들이 전략정보에 무관심하더라도 정보공동체가 이를 생산하고 싶어 하는 이유가 따로 있다. 첫째, 전략정보는 중요한 주제에 대한 정보공동체의 공식적인 견해를 기록한다. 정말이지, 과거의 판단서를 되돌아보고 분석의 엄격성과 진실성을 위해 그 판단을 재검토해야 할지를 결정하는 것이 종종 필요하다.[27] 그러한 전략 보고서는 정보공동체의 판단이 어떻게 진화했는지에 대해 그리고 정보의 품질을 통시적으로 비판하는 방법에 대해 미래에 조사하고 사후에 분석할 자료가 된다.

둘째, 「국가정보판단서」는 해당 주제의 전문가는 아니나 정보공동체가 어떻게 문제를 평가하는지 실무적으로 알고 싶은 정책결정자들에게 매우 유용할 수 있다. 필자의 경험에 비추어 이란, 이라크, 아프가니스탄 등의 주제에 대해 ‘똑똑해지고’ 싶은 외교관과 군 장교들이 중동의 대사관이나 해당 지역사령부에 배치될 때 중요해질 그 주제에 익숙하기 위해 최근 「국가정보판단서」 등 정보 생산물을 읽는 경우가 매우 많다. 마찬가지로, 대사와 같이 새로 임명된 정무직은 주재국에서 미국 외교를 수행할 때 직면할 도전과제를 파악하기 위해 최신 「국가정보판단서」 등 완료된 정보 생산물을 열심히 읽는다.

끝으로, 정보공동체는 전략정보를 개발할 이기적인 이유가 있다. 이러한 작업은 분석관들이 설득력 있는 주장을 구성하고, 엄격한 방식으로 증거를 평가하며, 자신의 판단을 동료들의 비판과 외부 검토에 내놓아 검증받는 등 기량을 발전시키는 데 필요하다. 후자와 관련해 「국가정보판단서」 등 전략적 수준의 분석은 통상적으로 외국 정보기관과 교환된다. 국가정보이사회가 소독된(즉, 가장 민감한 정보 보고를 없앤) 버전을 다른 파이브 아이즈(Five Eyes) 국가(영연방 4개국)* 및 가까운 나토 동맹국 정보기관에 배포하는 것은 일반적인 관행이다.[28] 이러한 교환은 미국 분석관이 다른 관점에 비추어 자신의 가설을 테스트하는 데 도움이 될 뿐만 아니라 미국에 유리한 방향으로 어떤 문제에 대한 외국 정부의 견해를 형성하는 데도 도움이 될 수 있다.

전략정보는 얼마나 정확해야 하는가?

전략정보는 예측보다는 최대한 불확실성을 줄이는 데 초점을 맞춘다. 하지만 많은 정책결정자와 외부의 정보비평가들은 정보공동체가 비현실적으로 정밀하게 예측할 것을 기대한다. 의사결정자의 관점에서 볼 때, 불확실성은 조치할 능력을 어렵게 만든다. 정보보고서가 어떤 사건이 발생할 가능성이 50% 미만이라고 기본적으로 말한다면, 정책결정자는 그에 대한 계획을 세울 것인가 말 것인가? 만약 50% 미만의 사건이 실제로 발생한다면, 정보공동체가 사건을 정확히 예측하는 데 '실패한' 것인가? 이란이 3개월에서 1년이면 핵무기를 생산할 확률이 50% 미만이거나 러시아가 발트 3국 중 하나에 대한 하이브리드전쟁 수행을 고려할 확률이 50% 미만일 때, 정책결정자들은 그 위험을 감수하고 싶지 않을 것이다. 이라크가 테러단체에 핵무기 접근을 허용할 확률이 1%에 불과했는데도 딕 체니 부통령은 마치 확실한 것처럼 미국이 행동하고 이라크를 침공하자고 건의했다.[29] 정책결정자들은 확실성을 갈망하지만, 일반적으로 정보 분석관이 줄 수 없는 것이다. 그렇다면 전략정보는 얼마나 정확하고 정밀해야 하는가?

• 영국, 캐나다, 호주, 뉴질랜드다 _옮긴이 주.

「국가정보판단서」라는 용어에 그 답의 일부가 들어 있다. '판단(estimates, 추정)'은 사실이나 예측이 아니다. 미래를 확실하게 알 수는 없다. 판단은 최상의 가용 첩보에 근거해 추정한 것이지만, 그 지식은 대개 불완전하며 때로는 모순되는 증거를 포함한다. 어떤 사실이라도 100% 확실한 경우는 거의 없다. 한 전직 CIA 차장이 지적했듯이, 이러한 판단은 늘 변하지 않도록 "돌에 새겨진 것"이 아니다.[30] 오히려 새로운 첩보가 입수되어 이전의 판단을 확인하거나 바꾸거나 거부할 때마다 수정되기 마련이다.

정책결정자들이 알아야 할 것은 추정과 일반적인 정보 판단이란 어떠하든 몇 가지 사실만으로도 미래가 어떻게 보일지 예측을 만들어야 한다는 점이다. 전략정보는 미래를 바꿀 수 있는 핵심 요소를 제시한다는 점에서 유용할 수 있으며, 나아가 일련의 조건을 그럴듯하게 조합할 때, 어떻게 서로 다른 결과가 나올지 시사한다면 더 바람직하다. 그 과정에서 전략정보는 정책결정자들에게 유념해야 할 정치적·경제적·군사적 요인들의 상호관계에 대해 교육할 수 있다. 대안적 결과를 개발하는 것도 정책결정자들이 이전에 생각하지 않았던 상황에 대비하도록 만들 수 있다. 이렇게 함으로써 다시 민·군 지도자들은 그런 여러 시나리오별로 미국의 대응 정책과 조치가 어떻게 바뀌어야 하는지 철저히 검토할 수 있으며, 어떤 요인이 가장 문제가 되는지 그리고 어떤 요인이 미국의 예방조치 대상으로 적합한지 조명할 수도 있다.

전략정보는 얼마나 양호한가?

전략정보의 품질은 항상 관련성과 영향이 있을지 여하를 판단하는 중요한 기준이다. 정보공동체가 양질의 정보를 제공하지 못한다면, 중요한 대외정책 결정에 영향을 미치지 못할 뿐 아니라 장래의 정보보고서에 대한 정책결정자들의 신뢰도 저해할 수 있다. 구상이 잘못된 2002년 10월의 이라크 WMD「국가정보판단서」가 바로 그런 사례다. 그 판단서가 심한 엉터리였다는 것이 알려진 후, 의회와 대중은 미국 정보기관을 불신하게 되었고 이라크전쟁을 주로

CIA의 형편없는 분석 탓으로 돌리게 되었다. 다소 아이러니하게도, 일부 부시 행정부 관리들도 그 「국가정보판단서」가 공개되기 전에 이미 결정을 내렸음에도 그 판단서 뒤에 숨으려고 했다. 그러나 이 특정한 「국가정보판단서」가 증거를 부실하게 검토하고 논증에 하자가 있었기 때문에 오늘날까지 정보공동체를 괴롭히고 있는 것은 사실이다.

2002년 「국가정보판단서」의 기원

2002년 이라크 WMD 「국가정보판단서」에서 무엇이 잘못되었는지 살펴볼 가치가 있는 것은 그 판단서가 고품질의 정보 분석을 작성하기 위한 핵심 도전과제를 드러내기 때문이다. 2005년 이라크 WMD 위원회는 90쪽이 넘는 「국가정보판단서」 외에 다른 정보 생산물과 그 판단서 작성에 사용된 모든 보고를 조사했다. 그 결과, 그 판단서를 집대성하는 데 사용된 보고와 분석의 품질에 대해 엄청난 비난이 쏟아졌다. 그 위원회의 보고서뿐 아니라 역시 「국가정보판단서」의 하자에 초점을 맞춘 상원 정보특별위원회 조사에서도 배울 교훈이 많다.[31]

9월 중순에 작성된 이 「국가정보판단서」는 상원 정보특별위원회가 국가정보위원회에 늦어도 10월 1일까지 이라크 WMD 프로그램에 대해 폭넓은 판단서를 작성하도록 요청한 데 따른 것이었다. 상원은 부시 행정부가 요청한 '군사력 사용 승인'에 대해 10월 3일 투표하기에 앞서 이 판단서를 원했다. 이 '신속 처리(fast-track)' 국가정보판단서는 3주 만에 작성되었는데, 정보공동체의 WMD·이라크 전문가들이 판단서를 조율할 시간이 하루밖에 없었다. 게다가 지난 첩보 보고를 세세하게 검토할 시간이 없는 속성 판단서였기 때문에 본질적으로 이라크의 WMD 프로그램에 대해 과거에 내린 정보 판단을 '잘라 붙이기' 식으로 짜깁기한 것이었다. 그 「국가정보판단서」의 주요 결론은 다음과 같았다.[32]

• 이라크는 핵 프로그램을 재건하고 있으며 향후 몇 년이면 핵무기를 보유할 수 있다.
• 이라크의 생물학무기(BW) 역량은 1991년 걸프전 이전에 비해 더 커지고 발전했다.
• 이라크는 화학무기(CW) 생산을 재개했으며 100~500톤의 겨자가스, 사린가스, 브이엑스(VX)가스 및 기타 위험한 신경독소를 비축하고 있다.
• 이라크는 또한 생물학무기 운반용 무인항공기와 유엔이 금지하는 사정거리 150킬로미터 초과 탄도미사일을 보유하고 있다.

이러한 주요 판단의 거의 모두가 여러 면에서 틀린 것으로 판명되었다. 나중에 이라크조사단(ISG)의 조사관들은 화학무기나 생물학무기를 연구하거나 비축하고 있었다는 아무런 증거를 찾지 못했으며, 가장 중요하게는 활동 중인 핵무기 연구·개발 증거도 찾지 못했다.[33] 무인항공기는 필시 생물학적 독소 살포용이 아니었으며, 발견된 탄도미사일 가운데 일부만이 150킬로미터 사정거리를 초과할 수 있었다. 아마도 가장 충격적인 것은 이 판단서가 무모하게도 다수의 이러한 판단에 대해 '높은 신뢰도'와 '중간 신뢰도'를 부여한 사실인데, WMD 활동 증거가 매우 빈약하거나 대부분 거짓인 것으로 판명되었음에도 그랬다.

어떻게 정보공동체가 이렇게 중요한 판단서를 그르칠 수 있었을까? 첫째, 1998년 유엔 사찰단이 이라크에서 철수한 이후 사담의 WMD 활동에 관해서 유의미하고 입증된 첩보를 수집하지 못했다. 이라크 WMD 위원회가 내린 결론에 의하면, CIA는 이라크 내에 헌신적인 인간정보 출처가 없었고 그나마 있던 한 줌의 자산도 신뢰할 수 없었다. 수집된 약간의 신규 첩보도 출처의 개인적 동기에 의해 거짓이거나 과장·날조된 것으로 판명되었다. 나중에 이라크 조사단은 사담이 비축 WMD를 1991년에 일방적으로 폐기했었다는 결론을 내렸다.[34]

둘째, 양호한 첩보가 부족한 상황에서 분석관들은 사담이 아마도 WMD를 보유했을 것이며 이를 유엔 사찰단이나 미국 정보공동체로부터 숨기는 데 매우 영악하다는 가정에 의존했다. 1990년에 사담의 WMD 역량을 과소평가했던 담당 분석관들은 이라크가 무언가 성취했다고 가정하며 10년을 보냈는데, 위원회 조사에 의하면 그것은 하나의 가설이 아니라 확고한 결론이었다.[35] 위원회 보고서에 따르면, "분석관들이 증거를 독립적으로 가늠하기보다 기존 통설에 맞는 첩보는 받아들이고 그에 반하는 첩보를 거부했다".[36] 더욱이, 분석관들은 한 판단 위에 또 다른 판단을 "포개기(layering)"했는데, 그리하여 입증되지 않은 가정들이 증거를 가장해 무더기로 쌓였다. 이 포개기 효과가 그 이전의 판단들도 제한적이고 불확실한 첩보에 기초했었다는 사실을 감추었다.[37]

셋째, 정보 분석관들은 압박에 시달린 사담 정권이 WMD 프로그램을 재개하기보다 오히려 축소한 것을 파악하지 못하는 실수를 했다. 무기 분석관들은 이라크 담당 지역전문가들이 아니었으며, 정치적·문화적·지역적 역학관계가 어떻게 작용해 사담이 더 이상 보유하지 않은 WMD에 대해 사찰을 거부하는 연극을 벌이게 되었는지 전혀 검토하지 않았다. 분석관들은 "사담이 실제로 진실을 말하고 있다"라는 생각을 품지 않았으며, 그의 프로그램이 해체되었음을 시사하는 이전의 정보를 재검토하지도 않았다.[38]

끝으로, 그 판단서는 "높거나 중간의" 신뢰도 판단에 대한 아무런 설명 없이 결과물을 내놓았다. 그 장문의 판단서 곳곳에 붙은 수많은 단서가 일정한 정보 간극(intelligence gap)이 존재함을 강조했지만, '핵심 판단' 자체에는 한정하는 말이 훨씬 적었다. 따라서 의회와 부시 행정부 관리들은 그런 판단에 도달한 근거를 알 길이 없었다. 소수의 판단서 독자들이 몰랐던 사실이지만, 분석관들도 자신들이 의지하는 출처에 관해 거의 알지 못했는데, 이는 수집기관이 출처에 관한 첩보를 분석관들 대부분으로부터 차단했기 때문이었다. 그때까지 일반적인 '알 필요' 원칙에 따라 인간정보 수집기관이 출처의 정체와 기타 특성을 분석관들에게 노출하는 것을 막았다. 따라서 출처의 신뢰성을 판단할

수 있는 가용 첩보가 거의 없었다.[39]

전략정보 개선 방안

2002년 이라크 WMD 판단서 이후, 많은 비평가가 전략정보의 작성·배포 방식을 개혁할 것을 주장했다. 2005년 이라크 WMD 위원회의 긴 보고서에 포함된 일련의 권고사항은 국가정보장직과 관련 분석 센터를 창설한 대대적 개혁으로 이어졌을 뿐만 아니라 정보공동체에 대해 수집·분석 프로세스를 개선하도록 지시했다. 이러한 권고사항 중 다음 다섯 가지가 돋보인다.

- **공유할 필요**(need to share) 원칙을 수용해, 분석관이 첩보 보고의 신빙성을 평가하는 데 필요한 출처정보가 과도하게 차단되는 칸막이 현상을 피하라.
- 전략 분석을 강조하고, 심층 분석과 외부 전문가 접촉 확대를 포함하는 기관 간 프로젝트를 주도할 장기 연구·분석 조직을 국가정보위원회 산하에 설치하라.
- 정보공동체 차원에서 분석관들과 그 관리자들을 위한 재직 중(career-long) 훈련 프로그램을 제도화하라.
- 대안적 가설 수립을 장려하고, 독립적 분석에 전념하는 사무실을 설치함으로써 정보공동체 전반에 걸쳐 다양하고 독립적인 분석을 장려하라.
- 분석관들이 방대한 양의 첩보 보고를 처리하고 검토하는 데 도움이 될 새로운 전문기술 도구들을 개발해서 활용하라.
- 분석관들이 경쟁적 분석에 참여하고, 완료된 정보를 일상적으로 검토하며, 사후 평가에서 나온 '교훈'이 훈련 프로그램에 통합되도록 조치하라.

아직 더 개선할 여지가 있지만, 정보공동체는 이 모든 분야에서 진전을 이루었다. 국가정보위원회는 처음에 장기평가단(Long-Range Assessment Group)

을 설치해서 광범위한 주제에 걸쳐 장기 평가를 개발하도록 했다. 이 조직은 나중에 '전략미래단(Strategic Futures Group)'으로 이름을 바꾸어 현재 『글로벌 트렌드』 시리즈를 기획하고 초안을 작성하는 업무를 주로 담당하고 있다. 이러한 노력은 광범위한 국가안보 문제에 대해 비(非)정보계 전문가들의 지식을 활용하기 위한 외연 확대의 좋은 본보기일 것이다. 정보공동체는 또한 분석관들이 빈약한 분석의 위험을 이해하고 자신들의 가정과 판단에 도전하는 더욱 엄격한 분석 방법을 활용할 수 있도록 더 심층적인 분석관 훈련에 매진하고 있다. 분석관이 더욱 체계화된 분석기법을 사용할 수 있도록 몇 주짜리 과정이 개설되었다. 제5장에서 일부 설명한 체계화된 분석기법은 핵심 가정을 밝혀내고, 첩보 보고를 비판적으로 검토하며, 대안적 가설을 개발하는 데 목적이 있다. 이러한 이른바 전문기술 도구들을 주입하는 것은 CIA, 국방정보국 등 여러 정보기관에서 표준적인 훈련 목표가 되었다. 또한 CIA와 국방정보국이 창설한 교훈학습(lessons-learned) 센터에서는 분석의 성공과 실패에 대한 사후 평가 작업이 비공개로 진행되고 있다. 이러한 연구는 다시 정보공동체 훈련 과정에서 종종 활용된다.

CIA와 국방정보국에 다수의 적혈구 팀이 창설되었는데, 그 임무는 분석관들이 가진 인습적 견해에 도전하는 대안적 분석을 만들고 주요 정보 문제에 대해 색다른 관점을 제공하는 것이다. 제5장에서 설명한 것처럼, 이 기법은 분석관들이 미국적 마인드세트를 탈피하는 데 도움을 준다. 이러한 지위에 있는 적혈구는 미국의 이익을 저해하기 위한 전략을 설계하고 나아가 적이 기획자의 예상과는 달리 어떻게 대응할지를 보여준다. 정보공동체 안에서 발견되는 적혈구들이 종종 요청받는 일은 적의 '국가안보팀' 역할을 하는 것인데, 미국 정책결정자들에게 적의 계획과 의도가 어떻게 그들이 추정한 것에서 벗어날지 설명하기 위해 가설적인 의사결정 메모와 정책을 만들어서 보여준다.

끝으로, 국가정보장이 2002년 이라크 WMD 판단서에서 저지른 실수가 반복되지 않도록 「국가정보판단서」 프로세스를 개선하는 여러 조치를 단행했다. 첫째, 국가정보장은 수집기관이 분석관들이 사용하는 모든 출처를 검토해서 그 신뢰성과 유효성을 담보하도록 지시했다. 즉, 국가정보이사회가 판단서를 검토할 때마다 수집기관은 자신들의 생산물이 어떻게 최종 판단서에 사용되었는지 밝혀야 한다. 이와 동시에 국가정보장은 분석관들이 사용하는 출처의 성격과 신뢰성에 관해 더 많은 첩보를 분석관들에게 제공하도록 인간정보와 신호정보 수집기관들을 압박했다. 둘째, 국가정보장과 국가정보위원회는 장차 「국가정보판단서」를 작성할 때 일면에서는 제로-베이스에서 정보 문제를 검토하되 과거의 판단을 출발점으로 삼는 것을 피하기로 다짐했다. 다른 관점을 제시할 수 있는 외부 검토자의 활용도 다시 활성화되었다. 또한, 향후 「국가정보판단서」에서는 정보 문제에 대한 대안적 견해를 과거처럼 무시하거나 짧은 반대의견을 각주로 최소화하지 않고 본문에서 동등하게 취급한다.

국가정보장이 취한 세 번째 조치는 여러 번의 중요한 「정보공동체 지침(Intelligence Community Directive, ICD)」을 통해 분석의 엄격함을 제고하고 비(非)정보계 전문가들과의 학술적 대외 접촉을 확대하도록 장려한 것이다. 예를 들어, 2007년 국가정보장은 「정보공동체 지침 제203호: 분석의 표준」을 공표했는데, 해당 지침에 따라 모든 정보공동체 생산물은,

- 모든 출처, 데이터 및 방법론을 적절히 서술한다.
- 주요한 분석적 판단과 관련된 불확실성을 적절히 표현하고 설명한다.
- 분석관의 가정, 판단과 그 근저에 있는 첩보를 적절히 구별한다.
- 명확하고 논리적으로 논증한다.
- 분석적 판단의 일관성이나 변동 사항을 설명한다.

마찬가지로, 2008년 국가정보장은 「정보공동체 지침 제205호: 학술적 대외 접촉」을 공표했는데, 이는 이라크 WMD 위원회가 외부 전문지식의 활용을 확대하도록 권고한 것을 반영했다.

- 분석관은 업무의 일환으로 외부의 전문지식을 활용한다.
- 정보공동체의 각 기관은 학술적 대외 접촉 조정관 한 명을 임명한다.
- 정보공동체는 내부 생산물과 분석에 기여하고 비판과 이의를 제기하며 대안적 관점을 제공하도록 외부 전문가를 가능하면 늘 활용해야 한다.[40]

이러한 지침들이 공동체 목표를 제시했지만, 각 기관과 고위 관리자들은 여전히 이러한 활동을 장려하든가 아니면 저항하는 형편이다. 훈련 개선의 경우, 새로운 전문기술 방법을 도입하기 위한 프로그램이 계속되었지만, 이러한 기법 일부는 진정으로 분석 성과를 제고하는지 여하가 아직 검증되지 않은 상태다.[41] 그러나 가장 놀라운 것은 정보공동체 예산이 삭감되고 이전의 전문기술 훈련도 일부 축소되었다는 사실이다. 학술적 대외 접촉면에서, 분석관들이 싱크 탱크, 학계 및 민간 부문의 카운터파트와 교류하도록 장려하는 기풍이 크게 진작되지는 않았다. 실로 위키리크스와 에드워드 스노든의 출현으로 인해 고위 정보 관리자들이 분석관들을 외부 전문가들에게 노출하는 것을 꺼리게 되었다. 아이러니하게도, 「정보공동체 지침 제205호」에 의해 신설된 대외 접촉 조정관들이 학술적 교류 확대를 오히려 방해한 경우가 더러 있었는데, 이는 그들이 너무 번거로운 절차를 만들어 걱정거리가 생긴 분석관들이 정부 밖의 전문가들과 접촉하려는 노력을 아예 포기해 버리는 경우가 빈번했기 때문이다.[42]

이 모두를 종합해 볼 때, 고품질의 전략정보는 분석관들과 고위 정보 관리들이 가용 첩보의 한계 내에서 정확하고 설득력 있게 주장하는 보고서를 적시에 제공하는 임무를 진지하게 받아들이는 자세에 달려 있다. 새로운 증거에 따라 기꺼이 평가를 바꾸고 자신의 분석적 편향을 스스로 인지하는 것은 분석관의 책무다. 리처드 커(Richard Kerr)와 같은 고위 정보 관리들이 주장했듯이, 전략정보 역량을 구축하고 제고하는 것은 하루아침에 이루어지는 것이 아니다. "전문지식 구축은 빠르게 또는 쉽게 달성할 수 있는 일이 아니다. 분석은 최고의 인재를 채용하고 훈련해서 끌고 가야 하는 '사람 사업'이다. CIA는 중요한 안보 이슈에 관해 가장 완전한 지식을 쌓도록 분야별 전문지식, 기술적 훈련 및 언어 능력을 갖춘 인재를 추구했다."[43]

또한, 정책결정자가 더 많은 현용정보 보고를 끊임없이 요구하더라도, 전략정보 수행에 충분한 우선순위를 부여하려는 노력을 기울여야 한다. CIA의 또 다른 고위 관리 출신인 더글러스 맥이친이 주장했듯이, "포괄적이면서 세밀한 태피스트리를 짜는 일과 최고위 정책 관리에게 보내는 보다 간결한 생산물을 '둘 중 하나'의 상충관계로 취급해서는 안 된다. 전략정보는 전반적 정보 사업에 대한 자본투자 같은 것이다".[44]

유용한 웹사이트

CIA Center for the Study of Intelligence, https://www.google.com/search?q=https://www.cia.gov/library/center-for-the-study-of-intelligence. 다수의 비밀 해제된 사례 연구물, 다량의 비밀 해제된 「국가정보판단서」 및 기타 전략 분석을 수록하고 있다.

ODNI, Global Trends website, https://www.dni.gov/index.php/global-trends-home. 최신 및 과거 『글로벌 트렌드』 발간물을 수록하고 있다.

______, National Intelligence Council, https://www.google.com/search?q=https://www.dni.gov/index.php/who-we-are/organizations/nic/nic-who-we-are. 비밀 해제된 「국가정보판단서」 및 기타 국가정보위원회 생산물을 수록하고 있다.

더 읽을거리

Richard Betts, *Enemies of Intelligence: Knowledge and Power in American National Security*(New York: Columbia University Press, 2007). 전략정보의 역할과 불가피한 실패에 대한 저자의 평론을 모았다.

Center for the Study of Intelligence, *Sherman Kent and the Board of National Estimates: Collected Essays*(Washington DC: Center for the Study of Intelligence, 2007). 셔먼 켄트가 「국가정보판단서」 프로세스를 어떻게 구축했고 전략정보를 어떻게 보았는지를 탁월하게 서술한다.

Commission on the Intelligence Capabilities of the United States regarding Weapons of Mass Destruction, *Report to the President*(March 31, 2005). https://fas.org/irp/offdocs/wmd_report.pdf. 주요 전략적 이슈에 대한 정보 실패를 가장 완전하게 사후 검토했다.

Thomas Fingar, *Reducing Uncertainty: Intelligence Analysis and National Security*(Stanford, CA: Stanford University Press, 2011). 전략정보가 정책에 어떻게 영향을 미치는지를 한 실무자가 조사한 것으로, 유용한 사례 역사를 제공한다.

Harold P. Ford, *Estimative Intelligence*(Washington DC: Association of Former Intelligence Officers, 1993). 저명한 CIA 선임 판단관이 국가판단서 프로세스를 초기에 설명하고 평가했다.

Gregory F. Treverton, *Intelligence in the Age of Terror*(Cambridge: Cambridge University Press, 2009). 한 전직 고위 관리가 전략정보가 어떻게 9·11 이후 세계에 맞추어 조정되었는지를 고찰했다.

주석

첫 번째 명언: Sherman Kent, "Estimates and Influence," in Donald P. Steury(ed.), *Sherman Kent and the Board of National Estimates: Collected Essays*(Washington D.C.: Center for the Study of Intelligence, 1994), p.34.

두 번째 명언: Thomas Fingar, *Reducing Uncertainty: Intelligence Analysis and National Security*(Stanford CA: Stanford University Press, 2011), p.72.

1 국가정보위원회가 작성한 기후변화에 대한 정보 평가 사례 참조. ODNI, *Implications for National Security of Global Climate Change*(National Intelligence Council, September 2016), https://www.google.com/search?q=https://www.dni.gov/files/documents/Newsroom/Reports%2520and%2520Pubs/Implications_for_US_National</2>_Security_of_Anticipated_Climate_Change.pdf.

2 ODNI, Statement for the Records, Worldwide Threat Assessment of the US Intelligence Community(May 11, 2017), 상원 정보특별위원회 증언, https://www.google.com/search?q=https://www.dni.gov/files/documents/Newsroom/Testimonies/SSCI%2520Unclassified%2520SFR%2520%2520%2520Final.pdf.

3 이 문서들은 국가안보 아카이브(National Security Archive, http://nsarchive.gwu.edu)와 국토안보부 디지털 라이브러리(Homeland Security Digital Library, https://www.google.com/search?q=https://www.hsdl.org/collection/nid-4)에서 찾을 수 있다. 괄호 안의 여러 연도는 역대 정부가 유사한 주제에 관해 국가전략 문서를 발행했음을 나타낸다. 이는 이러한 국제 이슈의 지속적이면서도 진화하는 특성을 강조한다.

4 백악관, 「WMD 대응 국가안보 전략(National Security Strategy to Combat Weapons of Mass Destruction)」(2002년 9월 17일), https://www.google.com/search?q=https://lewis.org/irp/offdocs/nspd/nspd17.html. 이 짧은 버전은 나중에 갱신·확대되어 2003년 2월 발표된 「테러 대응 국가전략(National Strategy for Combating Terrorism)」으로 대체되었다. https://www.google.com/search?q=https://www.cia.gov/news-information/cias-war-on-terrorism/Center_Terrorism_Strategy.pdf.

5 Sherman Kent, "Estimates and Influence," *Studies in Intelligence*(Summer 1968), 2007년 비밀 해제됨, https://www.google.com/search?q=https://www.cia.gov/library/center-for-the-study-of-intelligence/csi-publications/books-and-monographs/sherman-kent-and-the-board-of-national-estimates/collected-essays/document_html.

6 Donald P. Steury, *Sherman Kent and the Board of National Estimates*(Washington DC: Center for the Study of Intelligence, 1994), p.xxii.

7 같은 책, xv쪽. 국가판단실은 분석관들과 지원 인력으로 구성되었으며, 여기에 포함된 소규모 엘리트 조직인 국가판단이사회에는 켄트 외에 주요 대학교와 싱크 탱크에서 뽑은 여섯 명의 컨설턴트가 근무했다.

8 역사적으로, 소련의 미사일 생산 속도, 미사일 정확도 및 국방비 부담에 대한 CIA와 국방정보국의 추정은 지속적인 정부 내 이견의 대상이었으며, 때로는 대중에게까지 알려지기도 했다. 1980년대에 국방정보국이 주도해 「소련 군사력(Soviet Military Power)」이라는 제목의 공개 보고서를 시리즈로 생산했다. 국방부는 이 시리즈를 활용해서 위협을 강조하고 미국의 군사 프로그램과 예산 확대를 정당화했다. DOD, *Soviet Military Power*(1981), http://edocs.nps.edu/2010/May/SoctMilPower1981.pdf 참조.

9 공법 제109-458호, 118 Stat.3657, 50 U.S.C.403-3b.

10 Christopher A. Kojm, "Change and Continuity: The National Intelligence Council 2009-2014," *Studies in Intelligence*, Vol.59, No.2(June 2015), p.7.

11 같은 글, 8쪽.

12 ODNI, Intelligence Community Assessment, ICA-2017, *Assessing Russian Activities and Intentions in Recent US Elections*(January 6, 2017), 비밀 해제됨, https://www.dni.gov/files/documents/ICA_2017_01.pdf.

13 2017년까지 국가정보위원회 의장을 지낸 그레고리 트레버턴 박사가 전략국제연구센터(Center for Strategic and International Studies, CSIS) 청중에게 한 연설에서 인용함. "Strategic Intelligence: A View from the NIC"(March 4, 2016), https://www.csis.org/events/strategic-intelligence-view-national-intelligence-council-nic.

14 포드 대통령은 당시 CIA 부장이던 조지 H. W. 부시와 이른바 A팀/B팀 연습을 시행하기로 합의했는데, 이는 CIA 분석에 대한 외부 비평가 그룹과 「국가정보판단서 11/3-8」의 초안 작성자 그룹을 대립시켜 소련의 전략 프로그램을 분석할 때 서로 다른 가정을 사용하도록 했다. 이 연습은 상대방이 서로 확고한 견해를 가지고 있다는 것이 처음부터 명확했기 때문에 일반적으로 실패로 여겨졌다. 더 자세한 논의는 Donald Steury(ed.), *Intentions and Capabilities Estimates of Soviet Strategic Forces, 1950-1983*(Washington DC: Center for the Study of Intelligence, 1996), pp.335~336 참조.

15 ODNI, *Prospects for Iraq's Stability: Some Security Progress but Political Reconciliation Elusive*, National Intelligence Estimate(Update to *NIE, Prospects for Iraq's Stability: A Challenging Road Ahead*)(August 2007), https://www.dni.gov/files/documents/Newsroom/Press%20Releases/2007%20Press%20Releases/20070823_release.pdf.

16 ODNI, *The Terrorist Threat to the Homeland*(National Intelligence Estimate, July 2007).

17 한 전직 국가정보위원회 의장에 따르면, 국가정보위원회는 『글로벌 트렌드』 시리즈 생산물에 "미국 요인"을 반영하려고 노력했다. 전직 고위 관리와의 개인 이메일(2017년 6월).

18 Fingar, *Reducing Uncertainty*, p.55.

19 ODNI, *NIC Global Trends: Paradox of Progress*(January 2017), https://www.dni.gov/files/documents/nic/GT-Full-Report.pdf 참조.

20 전 국가정보위원회 의장 토머스 핑거가 필자에게 언급한 바에 의하면, 외국 관리들은 미래에 미국이 무엇을 할지에 대한 자신들의 견해를 공유하자는 요청을 받았을 때, 많은 사람들

이 처음에는 기쁘게 생각했지만 결국에는 부정적으로 언급하는 것을 거부했다. 개인 이메일(2017년 6월).

21 Stephen Marrin, "Why Strategic Intelligence Analysis Has Limited Influence on American Foreign Policy," *Intelligence and National Security*, Vol.32, No.6(2017), pp.725~742.

22 Douglas MacEachin and Janne Nolan, *Discourse, Dissent, and Strategic Surprises: Formulating US Security Policy in an Age of Uncertainty*(Washington, DC: Institute for the Study of Diplomacy, 2006). 검토된 사례들은 1979년 미국의 대이란 정책, 1988년 동아프리카 주재 미국 대사관에 대한 위협, 1979년 이전 소련군의 아프가니스탄 침공 준비, 1989년 아프가니스탄 무자헤딘('성스러운 전사') 부상, 1998년 아시아 금융위기 등이다.

23 Paul Pillar, "Intelligence, Policy and the War in Iraq," *Foreign Affairs*, Vol.85, No.2 (2006), pp.15~27.

24 사담 후세인의 WMD 프로그램 문제를 정보기관이 주도했다는 일반적인 견해에 대해 추가 증거를 원하는 독자는 Kenneth Pollack, *The Threatening Storm: The Case for Invading Iraq*(New York: Random House, 2002) 참조. 이 책에서 전직 CIA 분석관은 사담 봉쇄가 충분하지 않았던 이유에 대해 부시 행정부보다 더 잘 설명한다.

25 흥미로운 사실은 「국가정보판단서」를 읽은 소수의 상원의원 중 거의 모두가 군사력 사용 승인에 반대투표를 했다는 것이다. 이는 아마도 전체 「국가정보판단서」 속에 국무부와 에너지부 정보 분석관들의 반대의견뿐만 아니라 판단에 대한 단서가 많이 포함되었기 때문일 것이다. 이는 「국가정보판단서」가 실제로 정독한다면 영향을 미칠 수 있음을 시사한다.

26 Fingar, *Reducing Uncertainty*, p.108.

27 같은 책, 85~87쪽.

28 제2차 세계대전 중 미국과 영연방 제국 간의 국방·정보 협력을 기반으로 하는 파이브 아이즈 포럼에는 미국, 영국, 캐나다, 호주, 뉴질랜드가 포함된다. 이 포럼은 다국간 비밀정보 교환이 가장 솔직하고 완전하게 이루어지는 곳이다.

29 Ron Suskind, *The One Percent Doctrine*(New York: Simon & Schuster, 2006).

30 John McLaughlin, CNN interview, December 10, 2007.

31 SSCI, *Report on the Intelligence Community's Pre-war Assessments of Iraq WMD* (July 7, 2004), https://fas.org/irp/congress/2004_rpt/ssci_iraq.pdf도 참조.

32 Commission on the Intelligence Capabilities of the United States regarding Weapons of Mass Destruction, *Report to the President*(March 31, 2005), "Overview," pp.8~9, https://fas.org/irp/offdocs/wmd_report.pdf.

33 이라크조사단은 1400명의 조사관과 지원 인력을 거느렸으며 조사 결과를 포괄적인 최종 보고서로 발표했다. 세 권짜리 그 보고서에서 이라크조사단은 이라크 정권의 의도와 전략을 체계적으로 평가하고, 이라크의 무기 운반시스템 및 핵·화학·생물학 프로그램의 상태를 검토했다. ISG, *Comprehensive Report of the Special Advisor to the DCI on Iraq's WMD*

(September 30, 2004), https://www.google.com/search?q=https://www.cia.gov/library/reports/general-reports-1/iraq_wmd_2004 참조. 이라크조사단은 사담 후세인이 경제 제재의 해제가 더 중요하다고 생각해 1991년에 핵 프로그램을 포기했었다고 결론지었다. 나아가 이라크조사단은 어떠한 화학무기나 생물학무기의 증거를 발견하지 못했다. 그 결론에 의하면, 사담은 자신에 대한 적의 공격을 억지하기 위해 자신이 일부 WMD를 보유하고 있다고 적이 생각하도록 기만하고 싶었다.

34 ISG Comprehensive Report, p.151.

35 같은 책, 9쪽.

36 같은 책, 169쪽.

37 같은 책, 172쪽.

38 같은 책, 174쪽.

39 같은 책, 176쪽.

40 「정보공동체 지침 제205호」는 2008년 이후 개정되었지만 공개되지는 않았다. 일부 정보 관리들은 새 지침이 원래의 지침보다 더 신중하다고 암시했다.

41 Steve Artner, Richard S. Girven and James B. Bruce, *Assessing the Value of Structured Analytic Techniques to the U.S. Intelligence Community*(Washington, DC: RAND Corp. 2016), pp.1~15, https://www.rand.org/content/dam/rand/pubs/research_reports/RR1400/RR1408/RAND_RR1408.pdf.

42 Susan Nelson, "Analytic Outreach: Pathway to Expertise Building and Professionalization," in Roger Z. George and James B. Bruce, *Analyzing Intelligence: National Security Practitioners' Perspectives*(Washington, DC: Georgetown University Press, 2014), p.331. 그는 대외 접촉을 시행하기 어려움을 강조하면서, 대적정보 우려와 분석관들의 외부 관점 필요성 사이에서 더욱 균형 잡힌 접근을 주장한다. 더 비관적인 관점에 대해서는 Roger Z. George, "Reflections on CIA Analysis: Is It Finished?," *Intelligence and National Security*, Vol.26, No.1(March 2011), p.78, https://www.google.com/search?q=http://www.tandfonline.com/doi/abs/10.1080/02684527.2011.556360 참조.

43 Richard J. Kerr and Michael Warner, "The Track Record of CIA," in George and Bruce, *Analyzing Intelligence*, p.50~51.

44 Douglas MacEachin, "Analysis and Estimates," in Jennifer E. Sims and Burton Gerber (eds.), *Transforming U.S. Intelligence*(Washington, DC: Georgetown University Press, 2011), p.126.

제7장

—

경보의 도전과제

성공적인 경보 프로세스는 본질적으로 두 겹이다. 효과적인 경보가 되려면, 경보가 전달되어야 할 뿐만 아니라 정보 소비자가 실제로 경보를 받았다는 사실을 받아들여야 한다.

_CIA 부장 존 맥콘(John McCone), 1962년

모든 위기 다음에는 어떤 모호한 정보보고서나 분석관이 그 위기를 예측했으나 정책결정자가 어리석게도 무시했다고 주장하는 기사가 언론을 도배한다. 이러한 주장이 간과하는 것은 경보가 너무 일상화되면 그 의의가 모두 사라지고, 경보가 구체적으로 최고 지도부의 주의를 끌지 않으면 관료들의 시끄러운 잡음 속에 묻혀버린다는 사실이다. 이는 특히 모든 경보 보고서마다 그것과 반대되는 내용을 십중팔구 문서철 속에서 찾을 수 있기 때문이다.

_헨리 키신저, 『백악관 시절(White House Years)』(1979)

경보는 미국 정보계에서 특별한 우선순위를 누린다. 1941년 일본의 진주만 공격이 없었다면, 1947년 CIA를 창설하고 오늘날과 같은 거대한 정보 사업으로 성장하도록 고무할 긴급성이 과연 있었을 것인가는 논란의 여지가 있다. 1941년 12월 7일의 '기습 공격'이 없었다면, 미국의 정보활동은 국무부가 일부 외교정보를 보고하지만 주로 각 군의 기능으로 남았을 것이다. 그와 반대로, '제

2의 진주만' — 예컨대 냉전 시대 소련의 전략핵미사일 공격, 9·11과 같은 재앙적인 테러 공격, 미국 본토의 인프라에 대한 대규모 사이버공격 가능성 등 — 에 대한 두려움이 커졌기 때문에 경보가 미국 정보공동체의 주요 임무가 되었다. 이번 장에서는 **경보 분석**(warning analysis)이 무엇이며 경보 프로세스가 어떻게 수행·조직되는지 설명할 것이다. 또한, 주요 경보 사례를 간략히 살펴본 다음, 어떤 일반적인 교훈학습과 미래의 도전과제를 위해 그런 사례를 분석할 수 있을 것이다.

경보란 무엇인가?

모든 전략 분석이 경보를 포함하는 것은 아니다. 그러나 언제나 경보는 상세한 정보 검토를 수반하며 그에 따라 분석관은 어떤 추세가 위험한 방향으로 움직이고 있다는 결론을 내리게 된다. 역사적으로 경보는 군사적 위협과 관련되었다. 실제로, 가장 유명한 '전략적 기습' — 예를 들어 진주만, 1941년 이오시프 스탈린(Joseph Stalin)의 군대에 대한 아돌프 히틀러(Adolf Hitler)의 동부 공세, 1950년 북한의 남침, 1979년 소련의 아프가니스탄 침공 등 — 은 대개 직접적인 군사 공격과 관련되었다. 냉전 기간에 미국의 정보활동은 소련이나 중국이 미국 및 유럽·아시아 동맹국들을 재래식 또는 핵으로 공격할 위험성에 중점을 두었다. 예를 들어, 1975년 중앙정보장이 발표한 "전략적" 경보의 권위 있는 정의에 의하면, "전략적 경보는 소련, 바르샤바조약기구, 중화인민공화국 또는 북한이 국경 너머로 무장병력에 의한 군사행동을 고려하고 있거나 미국과의 군사적 대결을 위협하는 식으로 국경 너머로 군사 역량을 배치하고 있음을 최대한 조기에 경보하는 것으로 정의된다".[1] "청천벽력 같은" 재래식 공격이나 핵 타격에 대한 두려움이 동기가 되어 미국의 국방 기획자들은 소련이 전쟁을 준비한다는 증거를 적시에 워싱턴에 알릴 수 있는 철저한 경보 시스템을 주장했다. 이에 따라 경보 임무가 정보 관리들과 정책결정자들 모두의 마음속에 가장 중요하게 자리 잡았다.

다른 형태의 전략 분석과 마찬가지로, 정보와 정책 간에 강력한 연계가 있어야 한다. 군사정보 분석관으로 오래 근무한 신시아 그라보(Cynthia Grabo)가 오늘날에도 여전히 타당한 1960년대의 경보에 관해 주요 논문을 작성했다. 이 논문의 설명에 의하면, 경보 분석이란 "모든 가용 징후의 철저하고 객관적인 검토를 바탕으로 최고의 분석 마인드를 동원해 신중하게 내린 판단으로, 이는 정책 관리에게 충분히 설득력 있는 어조로 전달되어 그가 그 타당성을 확신해서 적절한 국익 보호 조치를 취하게 된다".[2] 이 장 서두의 두 명언과 이 인용문에 내포된 것처럼, 좋은 경보의 3대 특징은 ① 모든 가용 첩보를 철저하게 조사하고, ② 경보 분석관에게 임박한 위협을 알릴 수 있는 일련의 지표를 개발하며, ③ 정책결정자들이 조치할 수 있도록 그들에게 설득력 있게 성공적으로 그 위협을 전달하는 것이다. 경보 프로세스에 대한 이처럼 단순해 보이는 설명은 정말로 찾기 힘든 결과를 가리고 있다.

경보는 여러 면에서 가장 어려운 형태의 전략 분석이다. 첫째, 효과적인 경보가 무엇인지 이해하는 분석관들이 심층적인 전략정보를 수행하는 것이 경보 활동에 필요하다. 경보 정보(warning intelligence)는 기우(杞憂) 같은 최신 첩보나 보고하는 것이 아니라 적의 역량과 의도에 관해서 주의 깊게 살펴보는 것 — 가르보 등은 "철저한" 조사로 표현함 — 이라는 점에서 독특하다. 경보 활동은 현재의 행동뿐 아니라 과거의 행동도 주의 깊게 파악할 것을 요구한다. 이 결과로 경보 분석관들이 시간별로 모니터하는 **지표**(indicators, 적대적인 의도와 연계된 독특하고 관찰 가능한 조치나 행동)를 개발하는 경우가 매우 흔하다. 그라보가 언급한 대로, "[분석관이] 단일 보고나 징후를 정보공동체에 알릴 근거로 삼는 경우는 거의 없을 것이다".[3]

둘째, 경보는 어떤 사태가 미국의 국익에 상당한 피해를 줄 것인지 잘 이해해야 한다. 냉전 시대에 경보 분석관들은 소련의 전략미사일 부대가 어떻게 운용되는지 그리고 핵무기 사용에 관한 소련의 전략적 군사 교리를 이해했다. 또한 군사 분석관들은 나토 반대편에 있는 소련 지상군의 역량을, 그리고 소련의 전쟁계획에 따라 벌어질 일을 잘 이해했다. 정치적 불안정, 금융위기, 민족분쟁 등과 같이 비군사적 상황의 경우에는 지표가 아주 다르며 그 대부분이 평가하기 더 어렵다. 정부 안팎의 분석관들이 국가 실패 또는 정치적 불안정의 확률을 예상하는 데 도움이 될 지표를 개발하려고 노력했다. 한동안 CIA는 '정치 불안정 태스크 포스'를 설치해 개도국들 가운데 어디서 다음번 정부 위기나 쿠데타가 발생할지 예측하는 모델을 개발하려고 시도했다. 이 노력은 광범위한 정치적 소요를 촉발할 수 있는 "방아쇠"(사건) 또는 취약 국가를 위기에 빠뜨릴 수 있는 주요 "취약점"을 식별하는 데 중점을 두었다.[4] 그러나 군사 지표 방법과 달리, 예측력이 높은 요인은 훨씬 적은 것 같다. 경제적 성과, 인구통계학적 변동, 실업률 추세, 권력 남용 등을 연관시키려는 노력이 꼭 국가 실패의 좋은 지표가 되지는 않았다. 일부 전문가들은 북한의 경제적 성과, 삶의 질 및 인권 침해의 암울한 통계를 보면서 수십 년 동안 정권 붕괴를 예상했지만, 일어나지 않았다. 따라서 사회경제적 분야에서는 지표가 군사 영역만큼 잘 작동하지 않을 것이다.

셋째, 경보는 미국의 국익이 위태롭다는 것을 정책결정자들에게 확신시킬 수 있는 분석관의 능력에 달려 있다. 이 대목에서는, 그럴듯한 결과가 군사적 적대행위의 실제 개시, 군사 쿠데타, 정부 붕괴, 미국 이익에 대한 경제적 타격 등을 초래할 것이라는 충분한 증거를 제시하는 것이 도전과제다. 이러한 메시지는 너무 쉽게 간과될 수 있는 긴 보고서 속에 묻혀서는 안 되며, 보고서의 표제가 되거나 특별경보 메모로 보고되어 정책결정자의 주의를 끌어야 한다. 간단한 예를 들자면, 분석관은 관찰된 군사 활동이 단순한 훈련 연습이나 상대를 협박하려는 시도가 아니라는 이유에 대해 설득력 있는 주장을 제시해야 한다. 이후 그 주장은 이 군사작전의 결과를 제시해야 한다. 예를 들어, 경보가 대규모 침공의 전조가 아니라 제한적인 군사적 충돌 가능성을 시사한다면, 정책결정자들은 조치 필요성을 못 느낄 것이다. 반면에 경보가 적이 며칠 만에 신속한 침공을 감행하는 데 충분한 전력을 결집했다는 것이라면, 아마 훨씬 더 많은 관심을 끌 것이다. 이런 경보가 너무 많으면 '양치기 소년의 거짓말(crying wolf)'로 들리고, 시간이 흐름에 따라 정책결정자에게 주는 영향을 잃을 위험이 항상 있다. 정책결정자들은 정보기관이 종종 **최악의 경우 분석**(worst-case analysis)을 제공해 그런 경우의 과잉 대응을 유발한다고 우려한다.

넷째, 경보는 정책결정자를 확신시켜 그런 사태의 영향을 피하거나 적어도 줄일 수 있도록 조치하게 해야 한다. 흔히 정책결정자는 어쩔 수 없이 조치하기 전에 숙고할 시간과 확인하는 첩보를 더 바라는 법이다. 좋은 전략적 경보는 때때로 정책결정자에게 "우리는 경보했으며, 많은 전술적 경보를 줄 수 없을 것 같다"라고 말하는 것이 필요하다. 고위 관리나 군 지휘관들은 지금 당장 조치하지 않으면 현재 직면한 상황이 얼마나 빨리 악화할 것인지 인식해야 한다. 최근의 예를 하나 들자면, 나토의 전문가들이 러시아의 발트국가 침공이 곧 발생해서 미군이나 나토군이 전장에 도착하기 한참 전에 완료될 가능성이 있다고 말했다. 이를 안 정책결정자들은 발트 3국을 방어하려는 동맹의 결의를 보여주기 위해서 더 많은 나토군을 발트 3국 가까이 배치하는 방안과 발트 3국에 임시로 순환 주둔하는 나토군의 기동 속도와 규모를 높이는 방안에 대해 그럴 가치가 있는지 따져보아야 했다.[5] 요컨대, 너무 늦은 경보는 전략적이지 않고 도움도 안 된다.

경보: 용어와 방법론

경보 정보에 관해 이야기할 때 쓰는 독특한 용어들이 있다. 첫째, 우리는 *전략적 경보*와 *전술적 경보*를 구별해야 한다. 정보 전문가는 적의 적대적인 의도에 큰 변동이 생기기 전에 가급적 많은 시간을 정책결정자들에게 벌어주고 싶어 하는데, 그래야 그들이 적의 가능한 군사 공격을 둔화시키기 위해 미국 국방력을 증강·재배치하거나 적어도 분산시키는 조치를 할 수 있기 때문이다. 이와 마찬가지로, 다른 유형의 전략적 경보는 정책결정자에게 미국의 적시 대응으로 완화될 수 있는 핵심 국가의 불길한 정치적·경제적 추이를 알릴 수 있다. 전술적 경보는 본질적으로 군사적 적대행위나 기타 위험한 사건이 현재 일어나고 있으며 미국은 어떤 군사적 충격이나 정치·경제적 교란이 발생하더라도 흡수해야 한다고 알려주는 정보다. 적시의 정확한 전술적 경보의 부재는 전략적 기습을 많이 당하는 원천이 되는데, 분명한 전략적 경보가 의사결정권자에게 전달되었더라도 그렇다.

전략적 경보의 특성

전략적 경보는 아마도 엄밀하게 정의하기가 가장 어려운 개념일 것이다. 이러한 종류의 정보에는 적어도 세 가지 중요한 차원이 있다. 첫째, '*전략적*'이라는 단어가 시사하는 것은 경보가 (미국, 가까운 동맹국 또는 협력국의 영토나 군대에 대한 직접적 공격과 같이) 미국의 국익에 물리적으로 중대한 영향을 미치거나 미국의 경제적 번영이나 정치적 대외영향력을 저해할 사건이나 추세에 초점을 맞춘다는 점이다. 둘째, 분석관은 그 사태가 정책결정자들에게 중요한 일정 시간 내에 발생할 확률이 상당히 있다고 결정하려면 충분한 첩보와 확신을 가져야 한다. 셋째, 이러한 전략적 경보는 정책결정자들이 위험을 날려버리거나 적어도 사건 발생의 결과를 개선하기 위해 조치할 수 있도록 충분히 미리 제공되어야 한다.

이 세 가지 특성이 모두 큰 논란의 대상인데, 무엇이 전략적 위협에 해당하는지, 무엇이 분석관과 정책결정자들이 우려스럽게 생각하는 상당한 확률인지, 그리고 정책결정자들이 어떤 재난이나 부정적인 추이를 피하는 조치를 채택할 수 있으려면 얼마나 미리 경보(즉, 준비 시간)를 받아야 하는지가 문제다. 이러한 질문에 대한 간단한 답은 이슈에 따라 다르며, 그 이슈를 둘러싼 여건 및 현행 미국의 정책과 정책결정자에게 달려 있다는 것이다. 냉전 기간에 정책결정자들은 소련과의 핵전쟁을 가장 큰 위협으로 여겼음을 생각해 보자. 따라서 그들은 모스크바가 선제 핵 공격을 고려하는 것을 억지하기 위해 최대한의 생존 가능성과 경보 시간을 우리에게 줄 수 있는 전략을 중심으로 미국의 군사력과 정보 시스템을 설계했다.[6] 일반적으로 분석관들은 미국이 다양한 핵 시스템을 유지하는 한, 소련의 선제공격 확률이 높다고 보지 않았지만, 비록 확률이 낮더라도 결과가 엄청나서 충분한 경보는 대통령에게 미국의 반격 여부를 결정할 시간을 주는 데 매우 중요하다고 생각되었다. 오늘날 러시아의 공격에 대한 전략적 경보의 압도적인 중요성은 블라디미르 푸틴 시대에 낮아졌으나 그 확률이 영은 분명히 아니다. 그 대신에, 북한과의 군사적 대결이 벌어지거나 핵을 보유한 이란이 출현할 경우의 결과는 모스크바와의 또 다른 핵 대결보다 더 위협적이고 더 가능성이 있는 것으로 보인다.

군사적 위협이 전략적 경보를 요구하는 유일한 위협은 아니다. 오늘날의 세계에는 사전 경보가 제공되어야 하는 그럴듯한 시나리오가 다양하게 있다.

① 군사 공격: 경보는 전쟁 준비를 나타내는 적국들 사이의 전투서열 변화를 탐지하는 데 중점을 둔다. 일반적으로 좋은 지표는 과거의 군사 연습, 재배치 또는 교리 변화에 대한 분석을 기반으로 한다.

② 군사적·과학적 돌파구: 이 경보는 무기연구소와 시험 시설(예: 핵폭발, 미사일 시험, 탄도미사일 요격 등)에서 탐지되는 주요 군사 역량을 발표하거나 예측하는 것이다.

③ 내부 불안정: 군사 쿠데타 가능성, 국가 실패 또는 효과적인 거버넌스 실종을 경보하는 것인데, 예를 들어 대규모 폭력 사태 발생, 대량 학살, 인종청소 작전 등을 예측하는 것이다.

④ 초국가적 위협: 테러리스트 음모와 공격, 세계적 유행병 발생, 금융 붕괴, 주요 인프라나 금융기관에 대한 사이버공격 등을 경보하는 것도 좋은 지표가 부족하다는 점에서 어려운 경보 문제에 속한다.

경보가 가장 쉬울 때는 큰 병력의 이동이나 집결, 명확한 전선, 시간과 대량의 장비·인원이 필요한 대규모 작전 등과 같이 쉽게 관찰할 수 있는 지표가 있을 경우다. 이러한 지표는 미국의 정찰위성과 신호정보 시스템에 의해 더 쉽게 관찰된다. 미국의 정보 시스템은 주로 군사적 유형의 **징후와 경보**(indications and warning, I&W) 분석을 바탕으로 했다. 분석관들은 소련이나 현재의 러시아와 중국과 같은 적국이 유럽이나 아시아에서 어떤 유형의 군사행동을 고려할 것인지 파악했다. 이는 그들 군대가 수행한 군사훈련 연습이나 실제 전투의 유형을 관찰한 결과에 근거했다. 예를 들어, 러시아가 2008년 조지아와 벌인 전쟁과 우크라이나에 대해 하이브리드전쟁을 전개한 것이 러시아가 발트 3국에서 전개할 군사작전의 유형에 대해 통찰을 제공했다. 또한 러시아가 동부 우크라이나에서 그 의도나 군대의 실제 주둔을 가리거나 흐리기 위해 어떤 조치를 할 수 있을지도 파악되었다.

징후와 경보 분석은 적국이 어떻게 군사력을 계획하는지 또는 어떻게 사용했는지 연구하기에 이르렀다. 그라보가 정의한 바에 의하면, 지표 목록은 "어떤 국가가 적대행위나 다른 해코지를 하기 위해 취할 것으로 추정되고 예상되는 가설적 조치를 모은 것"이다.[7] 그러나 이러한 지표는 어떤 계획된 행동과 분명히 연계된 것이어야 하며, 수집하거나 볼 수 있어야 한다. 가능한 군사적 적대행위의 전형적인 지표에는 다음과 같은 것들이 있다.

- 민수용 산업생산을 군수용으로 재배분하기
- 전략물자(예: 석유, 의료품, 식량)의 배급 계획
- 갑작스러운 군 전역 취소 또는 예비군 동원
- 주요 군 주둔지의 재배치 또는 증강
- 군사시설 주변의 보안 조치 강화
- 야전사령관과 본부 간의 비정상적인 통신 급증
- 방공부대에 내려진 경계령의 격상

• 특정한 군사 표적에 대한 정보 수집 증가[8]

군사적·기술적 돌파구 같은 범주의 경보에서도 상당히 관찰·신뢰할 수 있는 지표들이 있는데, 이는 그 지표들이 알려진 연구소나 산업시설에서 일어나는 광범위한 연구·개발 활동에 통상적으로 수반되기 때문이다. 외국 군대가 그러한 시험을 고도의 기술을 통해 모니터하는 것 자체가 미국 정보 수집기관에 의해 탐지되거나 수집될 수 있다. 한 전직 CIA 고위 관리가 언급했듯이, 소련과 중국의 군사 프로그램을 모니터한 실적은 상당히 좋았다. 비록 정보공동체가 적국이 예상보다 빠르게 군사 역량을 성취할 때 종종 놀라기는 해도, 군사적·과학적 사태를 완전히 놓치는 경우는 거의 없다.[9] 최근 북한의 핵 및 미사일 시험이 보여주듯이, 군사 역량 확보에 전념하는 가난한 국가라도 충분한 은폐와 기밀 유지를 통해 그 프로그램에 대한 정확한 예측을 어렵게 만들 수 있다.

내부의 정치 불안정 — 예를 들어 국가 실패, 내전, 대량 학살 등 — 에 대한 전략적 경보는 군사·기술적 위협보다 설득력과 정확성이 떨어지는 경우가 흔하다. 어느 때에 한 정부나 국가가 혼돈이나 쿠데타 직전의 '한계점'에 이르렀는지 아는 것은 그 나라 정치문화와 리더십의 고유한 특성을 이해하는 데 달려 있다. 다수의 정보판단서가 미국이 지지하거나 반대하는 정부의 정치적 난제를 예측했다. 미국이 지지한 경우를 보면, 1960년대와 1970년대 남베트남 정부의 안정성에 관해 비관적인 「국가정보판단서」가 다수 작성되었다. 그러나 1979년 정보기관은 이란 국왕의 커지는 우유부단함이나 죽음의 가능성을 경보하는 데 실패했다. 적대국의 경우를 보면, CIA와 정보공동체가 대체로 소련의 붕괴 가능성을 예측하지(즉, 경보하지) 못했다고 부당한 비난을 받는다. 보다 최근에는 이라크와 아프가니스탄에 대한 정보 예측이 종파적·종교적 적대관계, 높은 수준의 부패, 정치적 정통성이 거의 없는 정부에 대한 대중의 지지 약화 등을 경보하는 것으로 채워졌다. 정부 붕괴나 군사 쿠데타가 임박했음을 정책결정자는 고사하고 분석관이라도 확신시킬 수 있는 신뢰할 만한 지표를 개발하기는 훨씬 더 어렵다. 흔히 분석관들은 아주 끔찍하거나 최악의 경우 시나리오를 포함해 다양한 결과를 제시하는 데 의지한다. 몇몇 경우에는 명확한 경보음을 울렸지만, 그럼에도 정책결정자의 선택으로 적시에 조치하지 않을 수 있다.

마지막 네 번째 경보 범주로서 테러리즘, 금융위기, 기후변화, 팬데믹(pandemic) 등 초국가적 위협에 대한 경보 실적은 훨씬 더 암울하다. 우리는 실제 음모에 대한 전술적 경보는 성패가 혼재했어도 주요 테러 위협에 대한 전략적 경보는 상당히 양호했다고 주장할 수 있다. 금융위기의 경우, 은행이나 투자회사의 실패 또는 통화 위기가 언제 전면적인 세계 금융 붕괴로 전환될지 파악하려면 개입 변수가 너무 많아서 정확하게 예측된 경우가 거의 없다. 이런 것들은 '검은 백조(black swans)'의 영역에 속하는데, 나심 탈레브(Nassim Taleb)가 유행시킨 이 용어는 엄청난 결과가 아무런 경보 없이 불쑥 튀어나오는, 독특하고 예측 불가한 불연속성을 말한다.[10]

이 '검은 백조' 개념도 너무 불분명해서 분석관이 징후와 경보식의 지표 목록을 개발할 수 있을 정도로 그 특성을 일반화하기는 어렵다. 테러리즘이 이러한 분석에 적합할 수 있는데, 다만 표적이 알카에다 또는 이라크·시리아 이슬람국가(ISIS)처럼 크고 다면적인 조직일 경우다.[11] 여러 면에서 그 두 조직은 군사 조직처럼 활동했는데, —그 구성원들이 스스로 '군인'이라고 생각했음— 예를 들어 병참 전문가, 재무 담당자, 폭탄 제조자, 다양한 통신시스템과 위치를 사용하는 지휘관 등이 뚜렷이 포착되었다. ISIS의 경우, 탱크와 야포 부대를 운영하고 시리아와 이라크에 조직된 여단이 있었으며, 스스로 단체가 아닌 국가임을 자처했다. 따라서 기술적 수단과 인적 수단을 통한 모니터링은 계획과 역량에 관해서 일부 지표를 산출할 수 있었을 것이다. 실제로, 알카에다의 9·11 공격 이전에 조지 테닛(George Tenet) CIA 부장이 "시스템에 빨간불이 깜박거리고 있다"라고 언급했는데, 이는 도청된 통신의 많은 대화가 뭔가 큰 것이 오고 있음을 말한다는 의미였다.[12] 반면에, 자발적으로 과격화된 작은 세포조직이나 '외로운 늑대(lone wolf)' 개인은 무방비 상태의 표적을 공격하려는 의도와 역량이 있는지 모니터하고 예측하기가 훨씬 더 어렵다. 지진, 쓰나미, 팬데믹 등 자연발생적 사건은 불가사의한 것이어서 정확하게 예측할 신뢰할 만한 방법이 전혀 없다. 일각의 주장에 따르면, 캘리포니아주 주민들은 '큰 것'이 무르익었다는 전략적 경보를 이미 받았으며, 따라서 남은 문제는 주민들이 대비하는지 여부, 그리고 지진감시 시스템의 개선으로 주민들이 충분한 전술적 경보를 받고 대피할 수 있을지다.

전술적 경보: 제공하기 어려움

전략적 경보의 실적을 보면 성공만큼이나 실패도 많지만, 전술적 경보는 훨씬 더 어렵다. 앞에서 시사한 것처럼, 전략적 경보가 주어진 다음에는 '어디서, 언제, 어떻게, 누가?'라는 질문에 답할 수 있는 충분한 첩보를 수집하는 것이 정보기관의 과제가 된다. 정보공동체가 이러한 질문에 대해 신뢰도 높은 답변을 제공할 형편이 아닌 경우가 많다. 분석관과 의사결정자가 일반적인 위협이 그곳에 있다는 것을 알 때도 전술적 기습이 발생할 수 있다. 이러한 실패의 많은 원인 중에서 가장 흔한 것은 다음과 같다.

① 위협이 어떤 형태로, 어떤 시간에, 어디서 현실화할 것인지에 관해 *수집 간극*이 빈번히 존재한다.

② 적이 작전보안을 잘 유지하고, 분석관을 혼동시키기 위해 역정보를 퍼뜨리며, 준비 태세를 감추는 다른 기만술에도 숙달했다면, *거부와 기만(D&D)*이 기존의 수집 간극을 확대할 수 있다.

③ *마인드세트와 잘못된 해석*으로 인해 분석관이 어떤 신호가 자신이 기대하는 적의 행동 방식에 맞지 않는다고 해서 그 신호를 놓치거나 '잡음(noise)' 또는 역정보로 일축할 수 있다.

④ 경보의 *부실한 소통*이 메시지를 약화하거나 혼란스럽게 만들어 정책결정자들이 경보받은 것을 깨닫지 못할 수 있다.

⑤ *정책결정자들이 희망적 사고*로 인해 경보를 정보공동체의 '최악의 경우' 또는 '양치기 소년' 증후군을 나타내는 것이라고 일축할 수 있다.

진화하는 경보 철학

미국 정보기관은 근본적으로 두 가지 방식, 즉 모든 분석관에게 경보 임무를 부과하거나 전문화된 경보 담당관들을 통해 경보 활동을 수행했으며, 양자를 혼합해 실행하기도 했다. 단순화해서 보자면, 냉전 기간에는 소련과 중국의 군사적 위협 및 미·소 양극의 경쟁과 관련된 분쟁에 중점이 두어졌다. 유럽이나 아시아에서 핵전쟁이나 대규모 지상전 위협에 직면함에 따라 미국 정보기관은 공격 가능성을 경보하는 데 전념하는 일련의 특별 정보조직을 설치했다. 수십 년 동안 이들 조직의 명칭은 '감시위원회', '국가징후센터', '국가경보참모부' 등으로 다양하게 바뀌었다. 그러나 본질적으로 이들의 임무는 소련과 그 동맹국들이 전쟁을 준비하고 있지 않다는 것을 확인하기 위해 분석관들이 모니터할 일련의 지표를 만드는 것이었다. 이들 조직은 적대국들(예컨대 소련, 중국, 북베트남, 북한 등)의 군사태세 제고와 같은 군사 정세 변화를 적시한 '경보 메모(alert memoranda)'를 독자적으로 상보할 수 있었다. 이러한 경보는 또한 국방정보국과 CIA가 생산하는 「대통령일일브리핑」, 신속 처리 특별 「국가정보판단서」 또는 기타 민감한 일일 발간물에 삽입되었을 것이다.

국방부는 당연히 군사 공격을 경보하는 데 특별한 중점을 두었으며, 역사적으로도 자체 경보시스템을 조직해 전체 정보공동체 활동의 일익을 담당했다. 펜타곤의 합동참모부 정보국처럼 각 전투사령부(예컨대 유럽사령부, 태평양사령부, 전략사령부 등)도 경보참모부를 유지했다. 이들 경보참모부는 각자의 구체적 지표군(群)에 관해 신호정보, 영상정보 등의 수집기관으로부터 첩보를 수

취했으며, 그 지표들을 통해서 경보 담당관들이 군사적 적대행위 가능성을 높일 정도로 여러 요인의 중요한 변화가 있었는지 여하를 판단했다. 이 시스템은 1960년대와 1970년대에 '전 세계 징후·경보시스템'으로 불리다가 1990년대 '국방 징후·경보시스템'으로 개명되고 2008년 '글로벌 경보사업(Global Warning Enterprise)으로 다시 개명되어 오늘날까지 이어지고 있다.[13]

국가정보위원회도 적대국의 군사 역량과 의도에 관한 「국가정보판단서」 발간을 통해 경보 제공에 관여했다. 소련의 전략 및 재래식 전력 개발에 관해 매년 업데이트한 그 판단서는 꾸준히 소련의 새로운 군사 역량을 기술하고 전쟁 계획과 관련된 소련의 군사 교리를 해석했는데, 이 속에 중요한 경보가 포함되었다. 쿠바 내 소련군 증강에 관한 1962년 특별 「국가정보판단서」가 유명한데, 이 특별 판단서에 포함된 경보는 피델 카스트로(Fidel Castro) 정권을 지원하는 모스크바의 의도를 정책결정자들에게 알리기에 부족했다. 또한 이라크 WMD에 관한 2002년 「국가정보판단서」도 비록 흠은 있었으나, 핵과 기타 프로그램을 재개하려는 사담 후세인의 의도에 관한 경보 분석으로 분류될 수 있었다.

국가정보위원회가 경보 프로세스에 훨씬 더 관여하게 된 것은 1979년 스탠스필드 터너(Stansfield Turner) 중앙정보장이 경보 담당 국가정보관(NIO/W) 직책을 신설했을 때다. 이란 국왕의 몰락이라는 전략적 기습을 당한 터너는 이 새로운 직책을 설치해 기존의 국가경보 시스템을 이끌도록 했다. 이제 경보 담당 국가정보관이 중앙정보장과 정책공동체에 경보 분석을 제공하는 일을 직접 담당하게 되었다. 이러한 임무에 따라 그는 정보공동체의 분석 부서 전반에 걸쳐 경보 옹호자가 되었고, 정보 간극을 줄이고 분석을 제고하기 위한 수집 개선을 역설했다. 당연히 이 국가정보관이 국가경보 시스템을 감독하는 한편, 지역·요소 담당 다른 국가정보관들의 경보 활동을 조정하는 업무도 맡았다. 다시 각 국가정보관은 담당 분야별로 상황을 모니터하는 책임을 맡아 매월 '경보 회의'를 주관했다. 그 회의에 참석한 기관들은 정치적 불안정, 군사 분쟁 또는 기타 부정적인 결과를 초래할 수 있는 사태에 대해 우려 사항을 제기할 수 있었다. 이러한 개별 국가정보관 보고서는 경보 담당 국가정보관의 월간 보고서로 취합되어 중앙정보장에게 올라갔다. 게다가 경보 담당 국가정보관은 다른 국가정보관들의 담당 분야에서 더 주목을 요하는 사태가 일어나고 있다고 생각하면 독자적으로 그들에게 우려를 제기할 수 있었다. 이러한 방식으로 경보 담당 국가정보관은 안보 이슈에 관해 분석관들 사이의 합의나 안주가 너무 심할 때, '두 번째 의견'을 제시하거나 '악마의 옹호자(devil's advocate)' 역할을 할 수 있었다. 이는 당연히 그와 다른 동료들 사이에 갈등을 일으킬 수 있었는데, 그들은 이러한 개입을 '양치기 소년의 외침' 또는 소소한 것까지 챙기는 것으로 보았을 것이다. 경보 담당 국가정보관의 개성에 따라 그의 사무실과 다른 동료 사무실 간의 관계가 냉각되거나 협동적일 수 있었다.

경보 담당 국가정보관이 국가경보 시스템을 운영하는 이러한 중앙집중식 시스템이 끝난 것은 2011년 제임스 클래퍼 국가정보장이 그 직책을 폐지하고 "모든 분석관이 경보 분석관"이라는 지시를 내렸을 때다. 경보가 모든 정보 분석관의 중요한 임무를 구성한다는 관념이 결코 새로운 것은 아니었다. 경보시스템이 중앙 집중화되었던 냉전 시대에도 모든 분석관이 정책결정자들에게 위협과 기회를 모두 강조하는 보고서를 작성해야 한다는 주문(呪文, mantra)이 있었다. 그러나 양극의 군사 경쟁이 종식되고 다수의 비군사적 위협이 확산하면서 경보 담당 국가정보관은 지나간 시대의 유물로 보였다. 국가경보 시스템과 그 징후와 경보 방법론 전체가 지속적인 미국과 소련의 군사 경쟁에 기반했었다. 마찬가지로 경보 담당 국가정보관과 국가경보 담당관들도 정치적 불안정, 경제적 위기 또는 다른 많은 초국가적 과제의 전문가라기보다는 군사 분석관에 가깝다고 보였다. 이에 따라 정보 관리들은 각 이슈를 담당하는 분석관들이 미국의 국익을 위태롭게 할 변화에 대해 경보할 최적임자라고 생각하게 되었다.

그렇긴 하지만, 개별 국가정보관은 자신이 맡은 지역별·요소별 분야에서 경보 활동을 계속 담당한다. 그러나 무엇보다도 정보공동체를 단일 운영체로 만들기 위한 활동의 '통합'이 새로운 주문(呪文)이 되었다. 이런 이유로, 경보를 다른 분석·수집 기능보다 더 드러내는 것은 국가정보 사업을 더욱 통합하려는 클래퍼 국가정보장의 비전과 충돌했다. 이를 성취하기 위해 클래퍼는 국가정보관리관(national intelligence managers, NIMs) 그룹을 신설했는데, 대체로 국가정보관들이 담당하는 지역별·요소별 분야를 반영했다. 이제 이 신설 그룹이 정보공동체의 여러 기능(경보 포함)이 서로 독립적으로 운영되기보다는 통합되도록 하는 책임을 맡았다. 그리하여 국가정보관리관들이 적시 경보를 촉진하기 위한 수집·분석 자원을 충분히 확보하는 책임도 맡게 되었다.

경보의 성공과 실패 기록

전략적 경보와 전술적 경보의 차이점 및 그 특성과 과제를 설명했으니, 이제 경보가 성공하고 실패한 유명 사례를 일부 살펴보는 것이 유용하다. 그런 다음 마지막으로, 그런 사례로부터 무엇을 배울 수 있는지 평가할 것이다.

1941년 일본의 진주만 공격

고전적인 경보 실패 사례로 여겨지는 일본의 진주만 주둔 미국 태평양함대 공격은 미군에 상당한 타격을 입혔을 뿐만 아니라 심리적으로 미국 국민의 불가침 의식을 강타한 '전략적 기습'이었다. 그 원인은 여전히 학자들의 논란 대상이다. 그 공격에 관해 저술한 초기 학자들은 일본이 태평양 지역 어딘가에서 미국에 대해 적대행위를 개시할 것이라는 전략적 경보를 제공하기 위한 충분한 첩보가 있었지만, 그 첩보가 다른 첩보들의 "잡음" 속에 묻혀 적시에 파악되지 못했다고 생각했다.[14] 다른 학자들은 분석관과 군사 지도자들 대부분이 가진 마인드세트, 즉 군사적으로 열등한 일본군이 진주만 같은 항만을 공격하는 훈련을 받지 않았으며 그토록 얕은 바다에서 쓸 수 있는 어뢰도 보유하지 않았다는 인식을 강조한다. 많은 논객이 또한 미국 육군과 해군 간에 조율과 첩보 공유, 정보 전파가 빈약했으며 이것이 정책결정자들과 군사령관들이 전쟁 대비의 시급성을 제대로 인식하지 못하도록 만들었다고 강조했다. 또 다른 학자들은 일본군의 뛰어난 작전보안을 고려할 때 첩보를 획득하기 어려웠다고 생각한다.[15] 결국, 우리는 일본의 공격 계획에 관해 언제, 어디서, 어떻게 등 전술적 첩보가 부족했다고 말할 수 있다. 따라서 미·일 분쟁이 불가피함을 알았더라도 전쟁이 바로 거기서 시작될 것으로 생각한 워싱턴의 고위 관리와 하와이의 군사령관은 거의 없었다.

1950년 북한의 남침

더글러스 맥아더(Douglas MacArthur) 장군 휘하의 남한 내 미군은 남침 가능성에 관한 보고서들을 보았으나 무시하는 경향이 있었는데, 이는 북한군이 열세라고 판단했기 때문이다. CIA는 공격 역량을 갖춘 김일성 군대가 구축되었다고 보고했었지만, 그 북한 지도자가 소련의 묵인 없이는 일방적으로 적대행위를 개시할 수 없을 것이라는 마인드세트가 분석을 지배했다. 가장 중요한 사실로, 분석관들은 모스크바가 독일과 중유럽의 냉전 위기에 가장 집중하고 있다고 확신했기 때문에 스탈린이 워싱턴과의 분쟁을 시작하고 싶어 하지 않을 것으로 생각했다. 전반적으로 공격 쪽의 증거는 산발적이었으며, 그러한 정보 보고도 대부분 구체성이 없는 데다 북한이 유포시킨 전쟁 수사(修辭)로 인해 흐려졌다.[16] 맥아더 장군이 압록강을 향해 진격할 때, CIA는 미국의 정책결정자와 사령관들에게 북한을 위한 중국의 개입 준비 상황을 알림으로써 나아진 모습을 보였다. 그러나 맥아더가 여전히 그런 경보를 무시하다가 때가 너무 늦어버렸다.

1962년 쿠바 미사일 위기

쿠바 미사일 위기는 가장 널리 논의·해부되고 재검토된 경보 실패 사례지만,

후속 정보의 도움을 받아 결국 위기관리에 성공한 사례이기도 하다.[17] 1962년 9월 국가판단이사회는 「특별국가정보판단서(SNIE) 85-3-62」를 통해 소련이 미국의 침공을 유발할 우려 때문에 쿠바에 공격용 핵미사일을 배치하는 위험한 조치를 피할 것이라는 결론을 내렸다. 이 안심시키는 메시지가 곧장 폐기된 것은 불과 2주 뒤 정찰을 재개한 U-2기 영상으로 수십 기의 중·단거리 미사일 배치가 진행된 사실이 드러났을 때였다. 나중의 사후 조사에 의하면, 인간정보 활동이 제한적이었고 소련이 효과적인 거부와 기만 활동을 전개한 데다(소련 외교관들이 존 F. 케네디 대통령에게 노골적으로 거짓말한 것은 물론임) 그런 조치는 과거 소련이 영토 밖 핵미사일 배치를 조심한 것과 배치된다고 생각하는 마인드세트가 분석을 지배했다. 셔먼 켄트는 미국이 어떻게 반응할지에 관한 니키타 흐루쇼프(Nikita Khrushchev) 서기장의 오판에 대해서는 분석관들이 책임을 질 수 없었을 것이라고 암시함으로써 휘하 분석관들을 변호했다.[18] 정책결정자들은 그 위험을 알았지만, 흐루쇼프가 감히 미국의 뒷마당에서 미국에 도전하지는 않을 것이라는 분석관들의 견해에 일반적으로 — 존 맥콘(John McCone) CIA 부장은 예외였음 — 동의했다.

1967년 아랍제국에 대한 이스라엘의 6일전쟁

CIA가 이스라엘이 아랍연합군을 패배시킬 것으로 예측한 것은 성공적인 경보 사례였다. 이집트·시리아·요르단 연합군의 위협 증대를 감지한 이스라엘은 그 연합군이 남쪽과 북쪽 국경을 공격할 것이라는 자국 정보기관의 예상에 따라 선제공격을 통해 그 위협을 제압했다. 그 전쟁에 앞서 소련제 무기 운반체가 그때까지 이스라엘 측에 유리했던 군사적 균형을 위협했었다. 그러다가 1967년 5월 이집트가 이스라엘이 홍해로 나가는 주된 출구인 아카바(Aqaba)만을 봉쇄함으로써 긴장을 더욱 고조시켰다. 이스라엘은 (이전에는 미국과 함께) 이를 전쟁행위로 규정했었다.

그 무렵 CIA가 생산한 군사적 균형에 관한 평가보고서는 이스라엘이 "아랍

제국의 동시 공격을 성공적으로 방어할 수 있을 것"으로 예측했다. 이스라엘과 아랍제국의 군사 역량에 관해 두 번째로 나온 CIA·국방정보국 합동 보고서는 이스라엘군이 수에즈(Suez)운하까지 도달하는 데 7~9일이 걸릴 것으로 예측했다. 6월 5일 전쟁이 발발했을 때, 린든 존슨(Lyndon Johnson) 대통령은 이스라엘이 승리할 것이라는 정보공동체의 판단을 이미 알고 있었고, 따라서 그는 골다 메이어(Golda Meier) 이스라엘 총리의 긴급한 비상 군수품 요청에 응하지 않기로 했다. 백악관은 그 지원이 불필요하다고 본 것이었다. 당시 CIA 부장 리처드 헬름스(Richard Helms)는 이러한 일련의 판단을 "대단한 개가"로 간주했다.[19] 아랍의 군사적 준비 태세에 관한 좋은 정보와 양측 군대의 전투서열에 관한 분석관들의 뛰어난 파악에 그 공이 돌려졌다. 또한 이러한 성공에 힘입어, 많은 중동 군사 담당 분석관들이 이스라엘의 제공권을 확신했으며, 나아가 그러한 군사적 균형이 급격히 무너지기 전에는 또 다른 전쟁이 없을 것이라고 생각하게 되었다.

1973년 이집트의 이스라엘 공격(욤 키푸르 전쟁)

앞의 사례와는 대조적으로, 1973년 10월 욤 키푸르(Yom Kippur) 휴일에 이집트가 시나이(Sinai)반도를 공격했을 때 미국과 이스라엘 정보기관은 완전히 무방비 상태의 기습을 당했다. 그 이전에 1972년과 1973년 초 좋은 인간정보와 신호정보 출처에서 비롯된 경보에 힘입어 이스라엘이 군사 동원령을 내렸으며, 이집트의 공격은 없었다. 이스라엘의 정보기관과 군 간부들은 이집트의 전쟁계획에 관한 좋은 정보를 바탕으로 이집트가 이스라엘의 우월한 공군력을 막아내는 데 필요한 방공시스템을 충분히 갖추지 않는 한 공격하지 않을 것이라는 결론을 내렸다. 이에 따라 이스라엘군 간부들은 이집트 군대가 공격을 준비하고 있었는데도 명절을 맞아 군인들의 귀가를 허용했다. 미국 정보기관의 판단도 전쟁이 없을 것이라는 이스라엘의 분석을 받아들임으로써 완전히 틀렸다. 이 틀린 메시지가 10월 6일 아침 키신저 국가안보보좌관에게 전달된 것은 시나이반도에서 공격이 개시된 직후였다.

이 경보 실패의 원인에 대한 공식적인 사후분석은 이집트가 대규모 연습을 수행하면서 보인 뛰어난 기만술에 초점을 맞추었을 뿐만 아니라 이집트가 이길 수 없는 전쟁을 개시하지 않을 것이라는 이스라엘과 미국의 낙관적 가정도 집중 조명했다. 열등한 이집트군은 이스라엘 공군 기지를 공격하거나 이스라엘의 공습을 방어할 수 없다는 이 가정은 — 다수 논객이 "개념(the concept)"이라고 표현했음 — 여러 차례 이집트의 공격을 "거짓 경보"한 지난 경험과 결합해 이스라엘군이 또 동원령을 내리는 것을 단념시켰다.[20] 이러한 의사결정으로 인해 이스라엘은 패배에 가까운 결과를 맛보았고, 정보기관을 대대적으로 개편하는 후속 조치를 단행했다. 게다가 미국과 이스라엘의 분석관들은 안와르 사다트(Anwar Sadat) 이집트 대통령의 전쟁 동기를 파악하지 못했다. 그는 자신이 이길 것을 상정하지 않았지만, 이스라엘의 군사적 기량과 안보 의식에 심각한 타격을 입힐 수 있고 그리하여 외교적 주도권을 되찾을 것으로 생각했다. 미국으로서는 욤 키푸르 전쟁이 외국 정부의 평가에 지나치게 의존하는 것은 위험할 수 있음을 상기시켜 주었다 — 1990년 이라크가 쿠웨이트를 침공했을 때, 이 문제가 다시 돌출되었다.

1979년 소련의 아프가니스탄 침공

1979년 크리스마스에 소련군이 아프가니스탄을 전면적으로 침공한 것은 카터 행정부를 충격에 빠뜨렸다. 카터 행정부는 모스크바가 워싱턴과 새로 타결한 제2차 전략무기제한협정(SALT II)을 약화하고 싶지 않을 것이라고 믿으며 그 가능성을 일축했었다. 이란 인질 위기와 나토 반대편의 소련 중거리 핵미사일 배치에 관한 논란 확대에 정신이 팔린 고위 관리들은 희망적 사고에 빠졌다. 그 침공은 또한 대부분의 미국 정보기관 분석관들을 깜짝 놀라게 했다. 분석관들이 지속적인 병력 증강을 감시하고 보고하면서 소련군이 대규모로 개입할 위치에 있다는 데 거의 모두가 동의했다. 그러나 분석관들 대부분이 모스크바가 멀리 떨어진 땅에서 장기적이고 비용이 많이 들며 성공할 가능성이 낮은 전쟁에 뛰어들지는 않을 것으로 생각했다. 경보라고 제공된 것은 소련군의 점진적인 소규모 투입을 예측했다. 1979년 9월의 기관 간 정보 메모에 의하면, 모스크바가 당면한 두 가지 옵션은 "한두 개 사단"까지 점진적으로 지원을 늘리든가 아니면 "잠재적으로 무기한인 작전에 정규 지상군을 대규모로 투입"하는 것이었다.[21] 11월과 12월에 소련의 병력 증강이 강화되자 일부 카터 보좌진은 경각심을 느꼈지만, 정책 옵션에 대한 논의는 그들 사이의 의견 불일치와 다른 이슈에 사로잡힘으로 인해 방해받았다. 일부 참석자는 정보공동체가 침공을 "예측"해서 카터 행정부가 모스크바의 개입을 억지했을 수도 있는 보다 확고한 대응을 검토하도록 만들었어야 했는데 그러지 못했다고 개탄했다.[22]

1990년 이라크의 쿠웨이트 침공

정보공동체가 사담 후세인의 쿠웨이트 침공 의도를 적시에 경보하지 못한 것은 때때로 확률이 낮은 사건이라도 빠르게 바뀔 수 있음을 분석관들에게 상기시키는 중요한 사례였다. 1989년 CIA 분석은 이라크의 군사적 잠재력을 평가하면서, 주로 이란과의 상호소모적인 8년 전쟁으로 인해 "지역에 대한 위협이 감소했음"을 시사했다. 분석관들은 이라크를 전쟁으로 피폐해진 국가로 인식했는데, 이란과의 전쟁을 계속하는 데 필요한 자금을 쿠웨이트 등 걸프 제국으로부터 차입함으로써 큰 빚을 지고 있었기 때문이었다. 분석관들은 쿠웨이트를 보는 사담의 시각을 평가하면서 그가 쿠웨이트 왕정에 대해 영토적·재정적 불만을 품고 있으나, 그의 위협적인 군사력 증강은 전쟁 준비라기보다는 "무력 점검"에 가깝다는 데 일치했다. 사담이 쿠웨이트를 침공하기 열흘 전에, 미국의 정책결정자들과 분석관들은 주요 걸프 동맹국들, 특히 호스니 무바라크(Hosni Mubarak) 이집트 대통령과 후세인(Hussein) 요르단 국왕으로부터 사담이 허세를 부리고 있다는 메시지를 받고 안심했다. 조지 H. W. 부시 행정부 관리들은 위협의 심각성에 대해 의견이 갈렸으며, 행동하기보다는 문제를 연구하는 경향을 보였다. 1990년 7월 중순, 국방정보국과 CIA는 각각의 보고서를 통해 이라크가 쿠웨이트에 대해 "중대한 무력"을 사용하지 않을 것이라고 평가했다.[23]

그러나 사담의 군사력 증강이 가속화되면서 정보기관의 일부 마인드세트는 사담이 채무 탕감과 영토 양보에 대한 자신의 요구가 받아들여지지 않는다면 침공할 의도가 있다고 인식하기 시작했다. 이라크 군대가 쿠웨이트로 들어가기 일주일 전인 7월 25일 경보 담당 국가정보관이 이러한 위험을 백악관에 알렸다. 다른 CIA 분석관들의 경보는 너무 늦었는데, 아마도 이것이 왜 부시 행정부가 사담을 억지하기 위해 더 강력한 성명을 내거나 어떤 준비를 조치하지 않았는지 그 이유를 설명할 것이다. 그러나 딕 체니 국방부 장관은 행정부를 변호해 상원의원들에게 말했다. "우리가 직접 관련된 기관들로부터 받은 모든 보고서가 사담이 결코 쿠웨이트를 침공하지 않을 것이라는 명제를 특별히 강조했다."[24]

소련의 해체와 쿠데타 가능성

냉전이 끝나면서 정보공동체는 소련이 어떻게 될지를 예측하는 문제와 씨름했다. 1980년대 내내 정보공동체는 소련의 지속적인 경제 쇠퇴, 사회적·정치적 문제 증가 그리고 바르샤바조약 동맹국들의 정세 불안을 모니터했는데, 폴란드와 헝가리, 체코슬로바키아에서는 반체제인사들이 정치적·경제적 개혁을 위해 공산당 정부를 압박하고 있었다. 「국가정보판단서」와 CIA 보고서들은 미하일 고르바초프와 같은 개혁가를 포함해 여러 문제를 수없이 경보했다.[25] 조지 H. W. 부시 대통령은 1989년 몰타에서 열릴 고르바초프와의 정상회담을 준비하면서 한 CIA 문건에 감명받았다고 언급했는데, 그 내용은 회담 상대방의 경제적·정치적 개혁이 구체제를 교란하기에 충분하나 어떤 성과를 내기에는 부족하므로 고르바초프가 위험에 빠질 수 있다고 경보하는 것이었다.[26]

고르바초프가 실패한 쿠데타에서 간신히 살아남았던 1988~1990년 기간에 생산된 「국가정보판단서」들 가운데 일부 제목을 뽑아보면, 수많은 정보보고서에 경보가 포함되었음을 증언하고 있다.

- 국가정보판단서 11-23-88, 1988년 12월: 「고르바초프의 경제 프로그램: 앞으로의 과제」
- 국가정보판단서 11-18-89, 1989년 11월: 「위기의 소련 체제: 향후 2년의 전망」
- 국가정보판단서 11-18-90, 1990년 11월: 「소련의 심화하는 위기: 내년의 전망」

만약 정보공동체에 대해 직접적으로 잘못을 지적할 수 있다면, 그것은 아마도 모스크바의 경제문제에 압도적인 비중을 둔 것이지 그들이 어떻게 정치체제를 해체할 수 있을지를 상상한 것은 아닐 것이다. 1991년 4월 소련분석실장인 조지 콜트(George Kolt)가 선견지명 있는 분석을 통해 힘으로 개혁파를 제거하고 공산주의 독재체제를 복원하려는 강경파의 움직임을 포함해 정치적 붕괴 가능성을 제시해 보였다. '가마솥 소련'이라는 제목의 그 분석 보고서는 고르바초프가 깊은 곤경에 처해 있으며 민·군의 개혁 반대파가 이미 움직이기 시작해 군사 쿠데타가 가능하다고 경보했다(더 상세한 분석 결과는 <글상자 7-1> 참조). 고르바초프의 불안정한 위치에 대해 사전 경보를 받은 부시 대통령은 이 불운한 개혁가가 크림반도에서 휴가를 보내던 1991년 8월 쿠데타가 발생했어도 충격을 덜 받았다. 부시는 쿠데타 음모자들의 계획이 엉성한 데다 폭넓은 지지를 받지 못할 것임을 시사하는 다른 보고서도 이미 받은 터라 고르바초프를 지지했다.

글상자 7-1 1991년 4월 CIA 분석: 「가마솥 소련」(발췌)

경제 위기, 독립 열망 및 반공산주의 세력이 소비에트 제국과 거버넌스 시스템을 무너뜨리고 있다.

고르바초프는 광범위한 무력 사용 없이 중앙집권적 연방, 공산당 통치 및 중앙계획경제의 본질을 유지하려고 시도함에 따라 어쩔 수 없이 전술적 미봉책을 쓰고 있는데, 이러한 미봉책은 근본적인 문제를 해결하지 못하고 있으며, 새로운 시스템의 발전을 방해하나 막지는 못하고 있다.

소련을 실패한 경직된 구체제에서 벗어나게 하려고 노력하는 고르바초프는 참으로 괴로운 선택에 봉착했다. 그의 미봉책이 지금까지 그의 권좌를 유지하고 시스템을 돌이킬 수 없게 변화시켰지만, 동시에 전환의 고통을 연장하고 가중했다. (……)

완전한 독재체제를 복원하려는 미리 계획된 조직적 시도는 새로 얻은 자유를 후퇴시킬 것이고 장기적으로 근본적인 불안정 요인이라는 점에서 가장 치명적일 것이다. 불행히도 독재 통치를 위한 준비가 두 방향에서 시작되었다.

- 군부, 내무부(MVD) 및 국가보안위원회(KGB) 지도자들이 정치 프로세스에서 광범위한 무력 사용을 준비하고 있다.
- 민주적 성향의 장교들을 퇴역시키거나 적어도 핵심 직책에서 몰아내는 캠페인이 한동안 진행되고 있다.

완전한 독재체제를 복원하려는 어떠한 시도도 모스크바에서 보리스 옐친(Boris Yeltsin)과 다른 민주주의 지도자들을 체포하거나 암살하는 것으로 시작될 것이다. (……) 그러한 사업의 장기적인 전망은 좋지 않으며 단기적인 성공조차 장담할 수 없다.

쿠데타가 시도되더라도 1990년대가 끝나기 전에 다원주의 세력이 지배적인 위치를 차지하는 것을 막지 못할 것이다.

현재의 소련 상황과 여러 가지 방향으로 전개될 수 있는 단기적 전망에 비추어, 내년에 우리가 마주할 소련은 다음 세 가지 모습일 것이다.

- 현재의 정치적 교착상태가 지속됨으로써 경합 세력들과의 관계를 적절히 조절해야 하는 현재 서방의 딜레마가 이어질 것이다.
- 독재체제 복원 시도로 인해 서방은 1981년 폴란드 사태의 재현을 보겠지만, 더 잔인한 유혈사태가 확실시된다.
- 다원주의자들에 의해 가속화된 돌파구에 힘입어 협력적 합의를 바탕으로 대내외적 안정을 이룰 전망이 최고조에 이를 것이다.

출처: 조지 콜트가 작성한 10쪽짜리 보고서에서 발췌함. "CIA Memo, The Soviet Cauldron," in Center for the Study of Intelligence, *At Cold War's End: US Intelligence on Soviet Union and Eastern Europe, 1989-1991*(Washington DC: Center for the Study of Intelligence, 1993), https://www.cia.gov/library/center-for-the-study-of-intelligence/csi-publications/books-and-monographs/at-cold-wars-end-us-intelligence-on-the-soviet-union-and-eastern-europe-1989-1991/art-1.html#note7.

1990년 유고슬라비아 해체

이 경보 '성공'은 '우리가 말했는데도 당신이 듣지 않았다'에 해당하는 사례다. 소련이 해체되고 있었고 조지 H. W. 부시 행정부는 걸프전을 추진하고 있을 때, 정보공동체는 또한 유고슬라비아 사회주의연방공화국을 구성하는 다양한 민족 지역들 사이에 알력이 커지는 것을 주시하고 있었다. 강력한 지도자 슬로보단 밀로셰비치(Slobodan Milošević)가 이끄는 대국 세르비아공화국은 요시프 브로즈 티토(Josip Broz Tito) 원수가 1980년 죽을 때까지 다스렸던 연방체제를 보전하고 지배하기 위해 크로아티아공화국, 슬로베니아공화국 및 보스니아공화국과 전투를 벌이고 있었다. 1990년 10월 정보공동체는 이례적으로 냉혹하고 정확한 경보를 생산했는데, "유고슬라비아는 1년 내 연방국으로 기능하는 것을 중지하고 2년 내 해체될 가능성이 높다"라는 내용이었다(전체

요점은 <글상자 7-2> 참조). 이 보고서는 나아가 이 나라의 산발적인 민족 간 폭력이 공화국 간의 내전으로 발전할 것이라는 결론을 내렸다. 그러나 가장 불길하고 논란이 많았던 서술은 "미국은 유고슬라비아의 통일성을 보전할 능력이 거의 없을 것"이라는 대목이었다.

글상자 7-2 1990년 10월 「국가정보판단서 15-90: 전환기의 유고슬라비아」(핵심 요점)

- 유고슬라비아는 1년 내 연방국으로 기능하는 것을 중지하고, 아마도 2년 내 해체될 것이다. 경제개혁이 해체를 막지 못할 것이다.
- 세르비아가 전(全)유고슬라비아연합을 결성하려는 슬로베니아와 크로아티아의 시도를 봉쇄할 것이다.
- 코소보에서는 알바니아인들의 장기적인 무장봉기가 일어날 것이다. 공화국 간 전면전은 일어나지 않겠지만, 공동체 간 심각한 갈등이 연방의 해체에 수반되어 이후 계속될 것이다. 폭력 사태가 걷잡을 수 없이 악화할 것이다.
- 미국과 유럽 동맹국들이 유고슬라비아의 통합을 보전하기 위해 할 수 있는 일이 거의 없다. 유고슬라비아 사람들은 그러한 노력을 민주주의와 자결권 옹호에 배치되는 것으로 볼 것이다.

출처: DCI, *NIE 15-90: Yugoslavia Transformed*(October 18, 1990), p.iii.

이 판단서가 배포되었을 당시에, 부시 행정부는 소련의 해체 문제에 완전히 매달렸으며 또 다른 연방국의 해체를 정당화하는 데는 아무런 관심이 없었다. 그 경보 메시지가 수신되었다는 데는 의심의 여지가 없지만, 유고슬라비아에서 근무한 적이 있어 상황을 잘 아는 고위 관리들이 가득한 행정부의 정책적 관심을 거의 끌지 못했다.[27] 그 대신에, 행정부는 전략적 이익이 걸린 것이 없다고 판단했으며 — 예컨대, 제임스 베이커(James Baker) 국무부 장관은 "싸움판에 우리 개는 없다"라고 선언했음 — 위기를 관리하겠다고 약속한 유럽 동맹국들에 의존했다. 그 경보는 미국의 어떠한 주요 정책적 이니셔티브나 변화를 유발하지 않았다. 보스니아에서의 폭력 사태 발생 가능성에 관한 후속 국가판단서도 빌 클린턴 대통령이 취임할 때까지 정책적 대응을 거의 끌어내지 못했다. 그때 세르비아 주도의 인종청소 캠페인이 세계의 양심을 깨웠으며 새 행정부가 더 개입하도록 압박한 것이다.

이 사례에서, 정치적 해체에 대한 경보는 폭력 사태를 불길하게 예측한 것만큼이나 정확했다. 그러나 그 경보는 정책결정자들을 1991년부터 1995년까지 지속된 폭력 사태를 막으려고 했을 행동으로 이끄는 데는 실패했다. 일부 논객들의 견해에 의하면, 「국가정보판단서」가 미국이 그 해체를 막을 수 없을 것으로 추정한 것은 잘못일 뿐만 아니라 정책 금지에 가까웠다. 다른 일부 비평가들은 행정부가 이미 견해를 정립하고 이를 재검토하기 꺼릴 때, 전략적 경보 분석이 얼마나 무의미할 수 있는지 보여주는 예로 이 판단서를 꼽는다.

2001년 알카에다 공격

뉴욕시 트윈타워와 펜타곤에 대한 알카에다의 놀라운 여객기 공격은 미국에 대한 알카에다 후원 테러와 관련해 첫 정보 실패가 아니었다. 그에 앞서 1993년 트윈타워에 대한 실패한 공격, 1998년 동아프리카에서 발생한 미국 대사관 폭파 사건, 그리고 2000년 예멘에서 미국 구축함 콜(Cole)호에 대한 보트 적재 폭발물 공격이 있었다. 테러리즘은 이미 1990년대 중반에 중요한 정보 표적이자 주요 경보 사안이 되었다. 실로, 테닛 CIA 부장은 1998년 정보공동체의 각 기관장들에게 보낸 각서에서 "우리는 알카에다와 전쟁 중"이라고 선언했고, 클린턴 행정부는 새로 당선된 조지 W. 부시 팀에게 취임하자마자 테러리즘이 가장 심각한 위협이 될 것이라고 충고했다.[28] 테닛이 술회한 바에 의하면, 고위 정보 관리들이 수많은 회의를 통해 백악관의 새 국가안보팀에 우려 사항을 전달했다. 2001년 7월 콘돌리자 라이스(Condoleezza Rice) 국가안보보좌관에게 공작 담당 고위 관리가 오사마 빈 라덴의 의도에 관해 브리핑하면서 "향후 몇 주 또는 몇 달 후에 상당한 테러 공격이 있을 것"이라고 말했다. CIA가 그 구체적 날짜는 몰랐지만, 그 고위 관리는 "그것은 장관(壯觀)일 것이며, 복수의 동시 공격이 가능하다"라고 말했다.[29]

그러한 의미에서, 정보공동체는 "전략적 경보"를 제공했었다. 1995년 「국가정보판단서」 같은 발간물이 미국 내에서의 테러 공격까지도 이미 예측했었다.[30] 중앙정보장이 1998년부터 매년 의회에 제출하는 「전 세계 위협평가」는 빈 라덴의 보이지 않는 조직을 테러 위협 제1호로 꼽았다. 게다가 2001년 8월 조지 W. 부시 대통령의 질문에 응해, 「대통령일일브리핑」은 '미국 본토를 타격하려는 빈 라덴의 의도'라는 제목을 첫 항목으로 실었다(<글상자 7-3> 참조). 공격이 발생한 후, 9·11위원회는 광범위한 조사를 수행하고 정보공동체가 자체의 경보 방법들을 알카에다에 적용하지 못한 것이 "상상력의 실패"에 이바지했다는 결론을 내렸다. 또한 9·11위원회는 CIA와 FBI 간의 부실한 첩보 공유를 비난했는데, 첩보를 공유했더라면 이미 미국에 입국해 비행 교육을 받고 있던 19명의 음모자 일부를 식별할 수 있었을 것이라고 지적했다.

글상자 7-3 2001년 8월 6일 「대통령일일브리핑」(빈 라덴 관련 발췌)

은밀한 외국 정부 소식통과 언론 보도에 의하면, 빈 라덴은 1997년부터 미국에 테러 공격을 가하려고 했다. 빈 라덴은 1997년과 1998년 미국 TV와의 인터뷰에서 자신의 추종자들이 세계무역센터 폭파범인 람지 유세프(Ramzi Yousef)의 본보기를 따라 "미국에 대해 전투를 벌일" 것임을 암시했다.

1999년 캐나다에서의 밀레니엄 음모는 미국에 테러 공격을 가하려는 빈 라덴의 첫 번째 진지한 시도였을 것이다.

빈 라덴이 성공하지 못했지만, 케냐와 탄자니아 주재 미국 대사관을 공격한 사건은 그가 수년 동안 작전을 준비하고 차질이 생겨도 중단하지 않는다는 것을 보여준다.

알카에다 구성원들은 — 일부는 미국 시민권자임 — 수년 동안 미국에서 거주했거나 여행했으며, 이 그룹이 공격을 도울 수 있는 지원 조직을 유지하고 있는 것으로 보인다.

우리는 더욱 놀랄 만한 위협 첩보를 받았지만 확인할 수 없었다. 예를 들어 1998년 외국 정보기관이 제공한 첩보에 의하면, 빈 라덴이 '맹인 셰이크(Blind Shaykh)' 우마르 압드 알라흐만(Umar Abd al-Rahman) 등 미국 억류 극단주의자들의 석방을 얻어내기 위해 미국 항공기를 납치하려고 했다.

출처: "Bin Laden Determined to Strike the US," *President's Daily Brief* (August 6, 2001), https://nsarchive2.gwu.edu/NSAEBB/NSAEBB116/pdb8-6-2001.pdf.

9·11위원회의 조사 결과는 논란의 여지가 있지만, 많은 정보 전문가가 9·11 희생자 가족과 국민 대중의 비난 목소리에 대해 정보공동체의 성과를 옹호했다.[31] 그 옹호자들은 CIA와 그 산하의 대테러센터(CTC)[32] 등 여러 기관이 미국의 이익을 공격하려는 빈 라덴의 계획을 반복해서 경보했다는 사실을 정보공동체가 전략적 경보를 제공했다는 증거로 본다. 그들은 정보기관이 그러한 공격을 막기 위해 '어디서', '언제', '누가', '어떻게'에 대한 세부 첩보를 충분히 수집하는 것은 거의 불가능하다고 주장한다.

특히 빈 라덴을 생포하거나 사살하기 위해 모든 임무를 수행한 CIA로서는 그와 같은 대담한 공격을 상상하지 못했다고 콕 집어서 비난받는 것은 부당하다고 느꼈다. 9·11 이전에 CIA 대테러센터가 빈 라덴을 잡으려고 10여 차례 계획했지만 대부분 클린턴 행정부에 의해 억제되었다. 당시 클린턴 행정부는 정보의 불확실성을 걱정한 데다 그런 공작이 불러올 역풍 가능성을 우려했었다. 일부 잘못은 부시 행정부에도 있다. 부시 행정부는 고위 대테러보좌관인 리처드 클라크(Richard Clarke)가 건의하던 더욱 철저한 대테러 전략을 채택하는 데 미적거렸으며, 다른 연방기관(예컨대 연방항공청, 세관, FBI 등)에 대해 대테러 조치를 강화하도록 압박하는 데도 꾸물거렸다.

경보 활동의 주요 교훈과 과제

경보의 성공과 실패 사례들이 대체로 강조하는 것은 정책결정자들이 경보를 받았는데도 어떻게 기습이 발생하는지와 관련해 어떤 패턴이 반복된다는 점이다. 효과적인 경보와 관련해 가장 전형적인 원인과 도전과제를 들자면, 인지적 편향, 조직상의 장애물 그리고 정책결정자들이 경보를 수용하고 경보에 따라 조치하기를 꺼리는 것이다. 그러나 그다음의 네 번째 교훈은 적들도 흔히 거부·기만과 역정보를 효과적으로 구사함으로써 경보 프로세스의 그런 취약성을 가중할 수 있다는 점이다.

인지적 편향: 마인드세트 문제

앞서 언급된 많은 사례를 보면, 정책결정자들도 종종 포함해서 분석관들이 미국의 이익에 대한 군사적 공격이나 다른 도전과 관련해 기존 증거를 무시하는 경향이 있었다. 진주만의 경우, 군사 분석관들은 열등한 적이 십중팔구 미국 영해 내 태평양함대에 도전하기보다 동아시아의 쉬운 표적을 겨냥할 것이라는 마인드세트를 가지고 있었다. 마찬가지로, 이스라엘과 미국의 분석관들은 아랍연합군이 너무 약해 더 강한 이스라엘 방위군(Israel Defense Forces, IDF)에 덤빌 수 없다는 선입관을 지니고 있었다. 결국, 그 분석관들은 이스라엘의 궁극적인 승리에 관해서는 정확했지만, 이집트가 이스라엘을 이길 수 있으리라고 기대하지 않고 오직 이스라엘에 협상을 강요하는 충격을 가하는 데 목적이 있었음을 깨닫지 못했다(결국 협상이 진행되었음).

특히 통념에 도전하는 첩보가 부족할 때는 마인드세트가 바뀌기 어렵다는 것이 드러난다. 그래서 1962년 9월 미국 분석관들은 소련이 감히 쿠바에 전략 미사일을 배치하지 않을 것임을 확신한다고 보고했으며, 10월에 U-2기가 비행하기에 앞서서 미사일이 배치된 사실을 신빙성 있게 보고한 문건이 거의 없었다. 이러한 인지적 편향을 극복하려면 분석관이나 정책결정자들이 흔히 가진 것보다 훨씬 더 많은 긍정적 첩보가 필요하다. 2002년 분석관들은 사담이 상당한 양의 WMD를 비축하고 있으며 핵무기 개발을 추진 중일 수 있다고 경보했다. WMD 활동의 재개를 가리키는 실제 첩보가 거의 없었지만, 수집기관들 역시 어떠한 반증 첩보도 제공하지 않았다. 따라서 좋은 첩보가 없는 상황에서 분석관들은 항상 적의 능력이나 교활함에 관한 자신들의 가정에 의존하기 마련이다. 저명한 정치학자이자 정보기관의 단골 컨설턴트인 로버트 저비스는 의사결정자의 인식과 오해가 과녁을 크게 벗어날 수 있다면서 그 위력에 관한 명저를 남겼다.[33]

따라서 좋은 경보를 위해서는 분석관과 정책결정자들이 세계가 어떻게 움직이는지에 관한 자신들의 편향과 입증되지 않은 가정을 인식해야 한다. 너무 흔히 미국인들은 외국 지도자들이 어떤 조치를 할 때 워싱턴에서 하는 방식과 흡사하게 그 위험성과 이득을 계산하고 움직일 것이라고 상정한다. 이런 경우에 분석관들은 적이 이길 수 없는 전쟁을 개시하지 않으며 너무 위험한 조치를 하지 않을 것이라고 마치 미국이 결정하는 것처럼 결론을 내린다. 분석관은 그러한 거울 이미지(mirror-imaging)를 경계해야 한다. 매우 다른 문화에서 성장해서 위험성과 이득의 계산법이 다른 외국 지도자들을 이해하는 것은 아마도 분석관들이 직면하는 가장 어려운 일일 것이다. 역사적으로 정보공동체는 이라크의 사담 후세인, 세르비아의 슬로보단 밀로셰비치 또는 북한의 김정은과 같은 독재자들이 어떻게 행동할지 예상하는 데 능숙하지 못했다. 외국 지도자들의 변칙적 행동, 즉 혹자가 생각하는 비합리적 행동에 대해 경보하는 것은 다른 문화적·심리적 렌즈를 통해 보지 않고서는 현실적으로 어려운 과제다. 적어도 경보 분석은 체계화된 분석기법을 이용할 필요가 있는데, 예를 들어 적혈구 분석, **악마의 옹호**(devil's advocacy), 가정 점검 등을 통해 미국식 분석 마인드세트에 도전할 수 있다.

조직의 영향

경보를 생산할 때, 정보공동체 자체의 운영 방식과 조직문화가 수행하는 역할이 다수의 성공과 실패에 기여하고 있다. 냉전 기간의 중앙집중식 경보 시스템은 미국이 핵무기가 포함된 전략적 기습을 경험하지 않을 만큼 잘 작동했다. 국가경보 시스템은 충분히 신뢰할 만했고, 미국 핵전력도 생존 가능성이 충분해서 소련은 기습 '선제공격'으로 미국의 군비를 해체할 수 없다고 확신했다. 경보 담당 국가정보관의 활동과 상당한 규모의 경보 전담 직원들을 포함한 국가경보 시스템은 정책결정자들에게 적의 주요한 군사력 증강을 알리는 일에도 매우 능숙했다. 그러나 조직으로서의 CIA와 국방정보국은 소련 위협의 본질에 관해서 인식과 예측이 뻔히 보이는 두 진영으로 갈리는 경향이 있었다. CIA는 소련의 전략 프로그램에 대해 보다 온건한 견해를 취하는 경향이 있었는데, 모스크바가 핵전쟁은 "이길 수 없으며" 따라서 미국과 전략적 균형을 달성하는 것으로 충분하다고 판단하리라 믿었다. 반면에, 국방정보국과 각 군의 정보기관은 소련 지도부가 전략적 우위 달성하기와 핵전쟁 "이기기"를 포함해 더욱 야심 찬 목표를 가지고 있다고 생각하는 경향이 있었다. 어느 쪽도 정확하지 않았다. CIA는 때때로 소련의 전략 프로그램을 과소평가하고, 반면에 국방정보기관은 일반적으로 '최악의 경우' 입장을 택한다고 생각되었다.

또한 정보기관들은 경보에 대해 '조직 방침(party line, 당론)'을 발전시키는 경향이 있다. 1973년 CIA는 우세한 이스라엘군이 패배할 리 없으며, 따라서 사다트 이집트 대통령이 감히 이스라엘을 공격하지 않을 것이라고 확신했다. 또한 CIA는 이스라엘 정보기관을 따르는 경향이 있었는데, 그 이스라엘 정보기관도 이집트가 군의 방공망을 엄청나게 개선하기 전에는 이스라엘 재공격을 고려하지 않을 것이라는 '신념'을 발전시켰었다. 한 기관 내에서 어떤 분석적 판단이 공표되면, 그것은 미래의 모든 분석을 위해 중요한 근본적 토대가 된다. 널리 수용된 사무실 방침에 이의를 제기할 분석관은 거의 없다. 따라서 한 CIA 고위 관리가 명명한 "핵심(linchpin)" 가정이 도전받지 않는 것은 그것이 그 기관의 분석관들이 변호해야 한다고 느끼는 과거의 결론을 반영하기 때문이다. "사담이 WMD를 숨기고 있음", "이집트는 이길 수 없는 전쟁을 시작하지 않을 것임", "소련은 공격용 미사일을 쿠바에 배치하지 않을 것임" 등의 통념은 어느 개별 분석관이라도 틀렸음을 밝히기는 고사하고 의심하기도 어려웠을 것이다.

또한 정보기관들의 부실한 첩보 공유가 효과적인 경보를 저해할 수 있다. 1941년 진주만 공격 사례를 보면, 당시 육군과 해군의 암호 분석관들은 해독한 메시지를 비밀 취급이 인가된 워싱턴의 소수 관리들에게 전달하기 위해 경쟁하고 있었는데, 관료주의적 내분이 정책결정자들과의 소통을 둔화시켰다. 9·11 사례를 보면, 음모자들에 관해 해외에서 수집된 첩보가 있었으나 CIA가 FBI와 공유하지 않았으며, FBI의 국내 지부들도 첩보를 수집했으나 워싱턴 본부나 CIA에 제공하지 않았다. 여러 가지 이유로 인해, 각 기관이 자체의 고유한 첩보를 서로 건네야 할 이유가 없었다. 이에 따라 분석관들이 국내와 국제 양면을 가진 위협에 대해 전체적인 그림을 그리지 못했다. 9·11 이후, 오래된 '알 필요' 원칙을 완화하려는 노력이 있었는데, 그 원칙은 첩보를 각 기관 내에 또는 그 기관의 부서별로 가두어놓는 것이다. 국가정보장이 '공유할 필요' 원칙을 요구한 것이 이러한 조직의 장벽을 일부 허무는 데 도움이 되었다. 그러나 현재 수많은 정보기관이 일련의 첩보 위협을 모니터하는 일에 매달린 상황에서 '공유할 필요' 원칙은 아직 도전과제다.

경보 전문가들에게 의존하는 중앙집중식 경보 시스템에서 모든 분석관에게 일차적인 경보 책임을 부여하는 시스템으로 순조롭게 전환되고 있는지 여하를 검토할 필요가 있다. 이러한 전환은 경보가 무엇이며 어떻게 정책결정자에게 전달되어야 하는지에 대한 견실한 이해를 전제로 한다. 그러나 현재로서는 공식적인 경보 교육이 거의 없는바, 특히 CIA 같은 문민 정보기관에서 그러하다. 또한 그러한 전환이 전제하는 것은 경보가 과학이자 예술이라는 점에서 정상적인 분석생산 방법을 통해 효과적인 경보가 생산될 수 있다는 것이다.[34] 골칫거리지만, 최근 국가정보장이 구식의 경보에서 벗어나 새롭게 이른바 "예상(anticipatory)" 정보를 강조함으로써 추가적 정의가 필요한 새 개념을 만들었다. 국가정보장이 언명한 바에 의하면, "예상 정보는 미국의 국익과 관련해 잠재적이거나 임박한 불연속성, 중요한 사건, 상당한 기회, 위협 등을 식별하고 특징짓기 위해 추세, 사건 및 상황 변화에 중점을 둔 수집과 분석의 결과다".[35]

일부 분석관들이 보기에, 예상 정보는 오랫동안 전략적·경보 분석이라고 부르던 것에 새 전문용어를 붙인 것에 불과하다. 하지만 그 정의에서는 분석관들에게 고급 기량을 공급할 필요성 또는 그런 예상 정보를 조치할 수 있는 정책결정자에게 전달하기 위한 메커니즘을 개발할 필요성이 강조되지 않는다. 적어도, 용어야 무엇이든 그런 임무를 수행할 기량을 촉진하기 위해 더 노력할 필요가 있다. 그런 노력의 필요성을 일부 인식해, 국가정보위원회는 현재 경보에 관한 특별자문역을 두고 있는데, 그의 임무는 경보 이슈에 더 많은 관심을 환기하는 것으로 보인다. 이 책을 집필하는 시점에서, 그 자문역은 과거에 경보 담당 국가정보관이 가졌던 상당한 권위나 부하 직원들이 없는 것으로 보인다.

정책결정자의 희망적 사고

대통령과 국가안보팀에 제공된 많은 경보 사례를 검토할 때, 정보공동체가 보내는 경보를 믿고 싶지 않다는 일부 정책결정자들의 패턴이 나타난다. 이 장 서두에서 셔먼 켄트의 언급이 암시하듯이, 국가안보 의사결정자들이 정보를 무시할 수 있다. 그 부분적 이유로, 정책결정자들은 상정된 위협이 실제로 발생할 약간의 위험성은 있지만 확실성은 없다는 식의 불완전한 첩보를 바탕으로 결정하는 것을 꺼린다. 일반적으로, 어떤 재앙을 피하려고 취하는 조치는 그 자체의 결과와 비용을 수반한다. 오늘날 북한 핵 프로그램의 중단 딜레마는 정책결정자들이 내린 일련의 나쁜 선택을 잘 보여준다. 궁극적으로 북한이 핵 탑재 대륙간탄도미사일로 미국을 타격할 수 있는 역량에 대해 전략적 경보가 전달되었다. 실로 이 경보는 클린턴 대통령 이후 줄곧 백악관에 전달되었다. 클린턴과 그의 후임자들이 모두 그런 위협을 저지하기 위한 노력의 일환에서 예방적 선제공격에 못 미치는 여러 조치 — 예컨대, 그 프로그램을 중단시키기 위한 제재와 경제적 인센티브 사용 — 를 시도했다. 그러나 오늘날 도널드 트럼프 대통령은 그 위협을 최소화하든가, 김정은이 핵 프로그램을 중단하도록 압박하기 위해 경제 제재를 사용하든가, 아니면 그 프로그램을 파괴하거나 적어도 지연시키기 위해 군사적 행동 방책을 고려하든가 선택해야 하는 똑같이 불쾌한 상황에 직면해 있다. 그러한 군사적 조치는 한국과 미국, 그리고 다른 아시아 동맹국과 협력국에 엄청난 결과를 초래할 것이다. 이런 이유로, 정보기관 경보에 따라 행동하는 것은 보기보다 쉽지 않다.

앞서 언급된 일부 경보 사례들을 보면, 군사 분쟁 가능성(예컨대, 1979년 소련의 아프가니스탄 침공) 또는 옛 유고슬라비아에서 민족 간 폭력 사태(1990~1995년 연방 해체와 보스니아전쟁) 가능성이 점점 커지고 있다는 증거와 마주했을 때, 카터 행정부나 부시 행정부 모두 조치하고 싶지 않았다. 전자의 경우, 모스크바가 워싱턴과의 관계를 위태롭게 만들지 않을 것이라는 판단은 희망적 사고(wishful thinking)였다. 더구나 소련이 침공한다면 의회가 십중팔구 전략무기협정 비준을 거부함으로써 그 협정을 망칠 터였다. 후자의 경우, 유럽인들이 유고슬라비아 위기를 관리할 것이고 미국은 개입을 피하면서 소련 해체와 걸프전과 같은 더 시급한 문제를 처리할 수 있을 것이라는 판단은 부시 행정부의 희망 사항이었다. 두 경우 모두 경보가 있었으나 조치가 뒤따르지 않았다. 분석관의 관점에서 볼 때, 이것은 우유부단하거나 무책임하게 보일 수 있다. 그러나 정책결정자들의 관점에서 볼 때, 이것은 자신들이 선택할 문제다. 그러나 흔히 일어나는 일이지만, 나중에 정책결정자들은 정보공동체가 우려 사항을 효과적으로 전달하지 않았다고, 발생할 결과를 강조하지 않았다고, 또는 그런 대담한 사건이 발생할 확률을 저평가했다고 개탄한다.

적이 가진 발언권

경보 실패를 분석관이나 정책결정자의 탓으로 돌리는 것이 전적으로 정확한 것은 아니다. 일부 요인은 적에서 비롯되며, 그들이 미국을 혼란에 빠뜨리고 기습하려고 노력한 탓이다. 적들이 흔히 미국의 분석관과 정책결정자들이 가진 인지적 편향, 조직상의 장애물 및 희망적 사고를 매우 영리하게 활용한다는 점을 인식하는 것이 중요하다. 앞서 살펴본 다수 사례에서, 적들은 자신들의 실제 의도와 준비를 숨기기 위해 또는 적어도 분석관의 기존 마인드세트와 정책결정자들의 희망적 사고를 파고들기 위해 거부와 기만 기법을 사용할 수 있었다. 일본인들이 진주만 공격에 앞서서 거부와 기만을 효과적으로 사용했기 때문에 미국은 일본 함대가 어디로 향하고 있는지 전혀 몰랐다. 소련은 쿠바로 선적되는 군사 장비의 성격을 몇 달 동안 위장했다가 결국 공중 정찰비행에 의해 탐지되었다. 이집트는 욤 키푸르 휴일을 앞두고 일상적인 연례 군사 연습처럼 얼핏 보이는 것을 교묘하게 발표하고 실행했다. 그리고 사담 후세인은 1990년 걸프전에 앞서서 자신의 WMD 프로그램을 효과적으로 미국으로부터 숨겼다.

군사 분야에서, 분석관들은 적들이 군사적 공격 준비를 은폐하기 위해 거부와 기만을 사용한다는 점을 특히 유의해야 한다. 많은 적이 이러한 은폐 기법을 예술 수준으로 발전시켰다. 이란이 다수의 핵 관련 시설을 지하에 건설한 것은 그것을 숨기려는 의도지만 공격에 덜 취약하게 만들려는 목적도 있다. 마찬가지로, 북한이 많은 군사자산을 지하 시설이나 동굴에 배치했는데, 그런 곳은 관찰하기 어렵고 파괴하기는 더 어렵다. 러시아군은 군사작전을 숨기기 위해 다양한 기법을 계속 사용하고 있는데, 예를 들어 '작은 녹색 인간들'(부대 표시가 없는 제복을 입은 군인들)이 활동하거나 '자원봉사자들'을 활용하는 하이브리드전쟁을 수행한다.

작전보안 — 미국 정보공동체의 민감한 통신 도청을 막으려는 조치 — 또한 적군뿐 아니라 테러단체들이 흔히 사용하는 기법이었다. 일본군은 도쿄와 태평양의 함대 사이에 무선통신 침묵을 유지했다. 소련과 러시아 군대는 군사 계획의 비밀 유지를 위해 통신시스템을 일상적으로 암호화했으며, 또한 참된 의도를 위장하려고 일상적으로 역정보를 흘렸다. 알카에다와 이라크·시리아 이슬람국가도 작전보안 방식을 잘 안다. 그들은 미국 정보기관의 수집에 취약한 휴대폰이나 인터넷 사이트 사용을 피할 줄 알았으며, 그 대신에 전령(courier)과 저급한 통신 방법을 선택했다. '다크 웹(dark Web)'* 과 강력한 암호를 사용하면 테러리스트와 기타 불법 활동을 미국 정보기관과 법집행기관으로부터 차단할 수 있다. 마찬가지로, 그러한 집단들은 정보공동체가 감청하고 있다는 의심이 들면, 완곡한 표현이나 음어(陰語, 암호)를 사용해 계획된 활동을 설명한다. 테러 조직과 그 네트워크는 본질적으로 분산되어 있으며, 따라서 핵심 지도자를 생포하거나 테러 조직의 컴퓨터와 휴대폰을 확보하더라도 그들의 음모를 모두 밝혀내기가 그만큼 더 어렵다.

효과적인 경보가 가능한가?

모두를 고려해 볼 때, 경보는 여전히 정보기관의 가장 어렵지만 가장 중요한 임무다. 앞서 논의된 사례들이 보여주듯이, 정보공동체의 경보 기록에는 성공과 실패가 혼재한다. 그 기록을 개선하기가 더 어렵게 된 것은 특히 경보 이슈의 유형이 순전히 군사적인 문제에서 비밀은 더 적으나 미스터리가 더 많은 초국가적 이슈로 이동했기 때문이다. 정보와 전략적 기습에 관해 폭넓게 저술한 리처드 베츠(Richard Betts)는 "정보 실패는 불가피하다"라는 결론을 내렸다. 그의 견해에 의하면, 기습이 발생하는 가장 흔한 이유는 정책결정자들이 경보를 수용하고 그에 따라 조치할 능력이나 의지가 없기 때문이다. 경보 첩보가 모호할 때, 즉 확실성이 떨어질 때, 정책결정자들은 왠지 정보가 개선되었어야

* 특정 프로그램에서만 접속할 수 있는 웹이다 _옮긴이 주.

한다든가 개선될 필요가 있다고 잘못 생각할 것이다.[36] 반면에, 정보 결함을 전적으로 용서해서도 아니 된다. 일부 학자는 전략적 기습을 피하기에 충분한 전략적 경보를 제공하는 경우는 좀처럼 없다고 주장했다.[37] 그러나 좋은 전략적 경보는 정보공동체가 수집·분석 자원을 보다 많이 투입해서 전술적 경보를 개발하도록 각성시킬 수 있다. 그리하여 전략적 경보 이슈에 관해 첩보 간극(information gap)을 줄이는 수집 활동을 확대하도록 구체적으로 조치할 수 있다. 또한 전략적 경보는 분석관들도 무사안일주의에 빠지지 않도록 스스로 가정과 마인드세트를 검토할 필요가 있음을 그들에게 주지시켜야 한다.

그러나 이와 동시에, 정책결정자들은 정보공동체가 전달하는 것에 더 주의를 기울여야 하며, 또한 어떤 이슈가 경보를 필요로 하는 가장 큰 관심사인지 정보 관계자들에게 말하는 데 익숙해야 한다. 한 베테랑 정보 분석관이 내린 결론에 따르면, "어떠한 기습도 모두 예측하거나 예방하기를 기대하는 것은 불합리하다. 그러나 정보 분석관들이 실수하지 않을 것이라고 기대하는 것도 불합리하다. 정책결정자들도 실수하기 마련이다".[38]

유용한 문서

Improving CIA Analytic Performance: Strategic Warning, 2002, https://www.cia.gov/library/center-for-the-study-of-intelligence/kent-csi/kent-vol1no1/html/v01n1p.htm. CIA의 한 고위 정보자문관 겸 교관이 향후 정보 실패를 피하는 방법에 대해 평가했다.

Joint Military Intelligence College, *Intelligence Warning Terminology*(October 2001), https://archive.org/stream/JMICInteligencelwarnterminology/JMICintelligencewarnterminology_djvu.txt. 국방부에서 사용되는 전문적인 경보 개념과 용어를 유용하게 모았다.

The 9/11 Commission Report, https://www.9-11commission.gov/report/911Report.pdf. 9·11 테러가 어떻게 발생했으며 당시 정보기관이 무엇을 하고 있었는지 잘 기술되어 있다.

더 읽을거리

Erik Dahl, *Intelligence and Surprise Attack: Failure and Success from Pearl Harbor to 9/11 and Beyond*(Washington, DC: Georgetown University Press, 2011). 저자는 두 사례 모두 전술정보가 충분한 경보를 제공하지 못했다고 주장한다.

John Gentry and Joseph Gordon, *Strategic Warning Intelligence: History, Challenges, and Prospects*(Washington, DC: Georgetown University Press, 2019). 두 저명한 경보 실무자가 경보에 대해 최근에 가장 명확하게 다루었다.

Cynthia Grabo, *Anticipating Surprise: Analysis for Strategic Warning*(Lanham, MD: University Press of America, 2004). 경보 문제에 관한 초기 연구 중의 하나로, 현재 기밀 해제된 고전이다.

Robert Jervis, *Why Intelligence Fails: Lessons from the Iranian Revolution and the Iraq War*(Ithaca, NY: Cornell University Press, 2010). 저자는 두 사례의 경보 실패를 비교하고 그 원인과 영향을 분석한다.

Janne Nolan and Douglas MacEachin(eds.), *Discourse, Dissent, and Strategic Surprise: Formulating U.S. National Security Policy in an Age of Uncertainty*(Washington, DC: Georgetown University Institute for the Study of Diplomacy, 2006). 저자는 정보기관의 경보가 전달되었으나 정책결정자들이 주의를 기울이지 않은 덜 알려진 사례들을 검토한다.

Roberta Wohlstetter, *Pearl Harbor: Warning and Decision*(Stanford, CA: Stanford University Press, 1962). 이 연구는 정보기관의 경보 실패에 관한 고전적 문헌으로, 너무 많은 잡음에 가려져서 일본의 공격 신호를 잡아내지 못했다고 주장한다.

주석

첫 번째 명언: John McCone quotation in the CIA's Historical Intelligence Collection, in Charles E. Lathrop, *The Literary Spy: The Ultimate Source for Quotations on Espionage and Intelligence*(New Haven, CT: Yale University Press, 2004), p.411에서 인용.

두 번째 명언: Henry Kissinger quotation from his *White House Years*, in Lathrop, *Literary Spy*, p.413 인용.

1 US Intelligence Board, DCI Directive No.1/5, "Strategic Warning"(February 6, 1975), https://www.google.com/search?q=https://www.cia.gov/library/readingroom/docs/CIA-RDP91M00696R000600150012-2.pdf.

2 Cynthia Grabo, *Anticipating Surprise: Analysis for Strategic Warning*(Lanham, MD: University Press of America, 2004). '징후'는 적의 공격적인 행동 의도를 드러내는 새로운 첩보다. 보통 징후는 '지표'로 정의되는 행동이나 역량의 구체적 변화를 포함한다. 예를 들어, 국경분쟁 지역으로의 병력 이동을 보여주는 새로운 영상, 군의 준비 태세 제고, 탄약고의 대대적 증강 등이 군사행동을 개시하려는 의도의 지표가 될 수 있다.

3 같은 책, 37쪽.

4 Eli Margolis, "Estimating State Instability," *Studies in Intelligence*, Vol.56, No.1(March 2012), p.13.

5 David Shlapak and Michael Johnson, *Reinforcing Deterrence on NATO's Eastern Flank*, RAND Paper 1200(2016), https://www.google.com/search?q=https://www.rand.org/content/dam/rand/pubs/research_reports/RR1200/RR1253/RAND_RR1253.pdf.

6 핵 기획자들은 소련의 대륙간탄도미사일(ICBM) 발사가 탐지된 후, 그 ICBM이 미국의 지상 핵미사일을 파괴하기 전에 미국 대통령이 미사일 발사를 결정할 수 있는 시간은 30분 이내라고 보았다.

7 Grabo, *Anticipating Surprise*, p.365.

8 이 예시는 John Gentry and Joseph Gordon, *Strategic Warning: Intelligence, History, Challenges, and Prospects*(Washington, DC: Georgetown University Press, 2019)에 들어 있는 더 포괄적인 군사 지표 모음에서 인용되었다.

9 Richard Kerr and Michael Warner, "The Track Record of CIA's Analysis," in Roger Z. George and James B. Bruce(eds.), *Analyzing Intelligence: National Security Practitioners' Perspectives*(Washington, DC: Georgetown University Press, 2014), p.41 참조. 한 가지 분명한 예외는 고위급 귀순자가 폭로하기 전까지 발각되지 않은 소련의 생물학무기 프로그램이었는데, 그는 모스크바가 생물학무기 금지협정을 위반해 수행한 광범위한 연구·개발 활동을 폭로했다.

10 Nassim Taleb, *The Black Swan: The Impact of the Highly Improbable*(London: Penguin, 2008).

11 Roger Z. George and James Wirtz, "Warning in an Age of Uncertainty," in George and Wirtz, *Analyzing Intelligence*, p.225.

12 George Tenet, *At the Center of Storm: My Years at CIA*(New York: HarperCollins, 2007), p.203~220 참조. 비록 '후견지명(hindsight)'을 발휘한 것이지만, '그들이 이리로 오고 있다'는 제목의 장은 2001년 봄과 가을에 큰 공격이 있을 심각한 위험에 대해 CIA 부장이 주의를 환기하지 못했음을 이야기한다. 이는 경보 메시지의 설득력이 조치를 유도하기에 충분치 않을 수 있음을 보여준다.

13 John A. Gentry and Joseph S. Gordon, *Strategic Warning: History, Challenges, and Prospects*(Washington, DC: Georgetown University Press, 2019). 이 문헌에 있는 경보·지표 방법론 및 전략적 경보에 관한 훌륭한 설명을 참조하라.

14 Roberta Wohlstetter, *Pearl Harbor: Warning and Decision*(Stanford, CA: Stanford University, 1962).

15 Erick Dahl, *Intelligence and Surprise Attack: Failure and Success from Pearl Harbor to 9/11 and Beyond*(Washington, DC: Georgetown University Press, 2013).

16 Erick Dahl, "Getting the Assignment Right: Causes of Surprise Attack," in Erick Dahl, *Intelligence and Surprise Attack*, p.69~70 참조.

17 Graham Allison and Phil Zelikow, *The Essence of Decision: Explaining the Cuban Missile Crisis*(New York: Longman, 1999). 이 책이 널리 읽히며 케네디 대통령과 그의 보좌진이 13일간의 위기 동안 미사일 철수를 어떻게 협상했는지를 권위 있게 다룬다.

18 His defense in Sherman Kent, "A Crucial Estimate Relived," *Studies in Intelligence* (Spring 1964), declassified, https://www.cia.gov/library/center-for-the-study-of-intelligence/csi-publications/books-and-monographs/sherman-kent-and-the-board-of-national-estimates-collected-essays/9crucial.html 참조.

19 David S. Robage, "CIA Analysis of the 1967 Arab-Israeli War," *Studies in Intelligence*, Vol.49, No.1(April 2007), https://www.cia.gov/library/center-for-the-study-of-intelligence/csi-publications/csi-studies/studies/vol49no1/html_files/arab_israeli_war_1.html.

20 Ephraim Kam, "Surviving Surprise: The Case of the Yom Kippur War 1973," *Intelligence and National Security*, Vol.17, No.2(2002), pp.81~104 참조.

21 발췌 및 인용 출처는 *IIM Soviet Operations in Afghanistan*, found in Janne Nollan and Douglas MacEachin(eds.), *Discourse, Dissent, and Strategic Surprise: Formulating U.S. National Security Policy in an Age of Uncertainty*(Washington, DC: Georgetown University Institute for the Study of Diplomacy, 2006). p.55.

22 같은 책, 62~63쪽.

23 CIA와 국방정보국의 보고서가 설명된 문헌은 John Diamond, *The Cia and the Culture of Failure: U.S. Intelligence from the End of Cold War th the Invasion of Iraq*(Stanford, CA: Stanford University Press, 2008), pp.141~156 and pp.126~127.

24 같은 책, 139~140쪽.

25 소련의 몰락을 추적한 CIA의 기록에 대한 옹호는 Bruce Berkowitz, "Intelligence Estimates of the Soviet Collapse: Prediction and Reality," *International Journal of Intelligence and Counterintelligence*, 21(2008), pp.237~250, https://www.cia.gov/library/readingroom/docs/berkow2.pdf 참조.

26 Jon Meacham, *Destiny and Power: The American Odyssey of George Herbert Walker Bush*(New York: Random House, 2015), p.383 인용.

27 공군 중장 출신의 브렌트 스코크로프트는 1960년대 초 유고슬라비아 주재 공군 무관보로 근무했으며, 로렌스 이글버그(Lawrence Eagleberger) 국무부 부장관은 1970년대 말 유고슬라비아 주재 대사였다.

28 Tenet, *At the Center of Storm* 참조.

29 같은 책, 151~152쪽.

30 9/11 Commission, *Final Report of the National Commission on the Terrorist Attacks against the United States*, p.341, https://www.9-11commission.gov/report/911Report.pdf.

31 폴 필러의 비판에 따르면, 9·11위원회의 보고서는 CIA를 비난하면서 9·11 공격을 국가정보장실과 국가대테러센터를 창설하는 불필요한 정보개혁을 정당화하는 데에 사용했다. Paul Pillar, *Intelligence and U.S. Foreign Policy: Iraq, 9/11, and Misguided Reform*(New York: Columbia University Press, 2011).

32 CIA의 대테러센터는 주로 테러단체에 대한 인간정보 수집에 중점을 두며 그것과 관련된 표적화를 담당하는 소수의 분석관이 있다. 2004년 창설되어 국가정보장이 운영하는 국가대테러센터는 대테러 정책을 조정하는 총괄적 책임을 지며, 대테러 위협에 관한 완료된 분석을 생산한다. CIA의 대테러센터는 2015년 대대적인 조직 개편의 일환에서 공작총국의 여러 부서와 결합해 대테러임무센터로 개명되었다.

33 Robert Jervis, *Perception and Misperception in International Politics*(Princeton, NJ: Princeton University Press, 1976).

34 Gentry and Gordon, *Strategic Warning*, pp.82~89 참조. 두 저자는 국가경보 시스템의 폐기에 대해 대체로 비판적이다. 그 시스템에서는 교육받은 "경보 분석관들"이 전력을 다해 우려스러운 추세를 모니터했으며, 외국의 거부와 기만 기법뿐 아니라 경보 방법론에 관해 공식적인 교육훈련이 강조되었다.

35 ODNI, *The National Intelligence Strategy of the United States*(February 2014), p.7, https://www.dni.gov/files/2014_NIS_Publication.pdf.

36 Richard Betts, *Enemies of Intelligence: Knowledge and Power* in *American National Security*(New York: Columbia University Press, 2007), p.19.

37 Dahl, *Intelligence and Surprise Attack*, p.176.

38 John Hedley, "Learning from Intelligence Failures," I*nternational Journal of Intelligence and Counterintelligence*, Vol.18, No.2(February 2007), p.447.

제8장

—

정책 조력자로서의 정보 지원

정보의 궁극적인 목표는 행동의 최적화를 가능하게 만드는 것이다. 행동을 결정해야 하는 개인이나 기관은 그 결정에 필수적인 요소로서 적에 관한 첩보가 필요하다. 그리고 이러한 첩보에 따라서는 이 첩보가 없을 경우와 비교해서 더 크거나 더 작은 행동을 취해야 하고, 심지어 다른 행동 방책이 더 나을 수도 있을 것이다.

_R. V. 존스(R. V. Jones), 「정보와 지휘(Intelligence and Command)」(1988)

현용실전정보(current operations intelligence)는 분쟁이나 위기 시에 군사, 외교, 국토안보 및 정책 고객들의 요구사항을 적시에 지원하는 데 필요한 정보를 포함하며, 나아가 미래의 실전 및 바람직한 실전 결과에 공헌할 기회를 제공한다.

_「2019년 미국 국가정보 전략」

장기 전략정보 예측 또는 긴급한 경보 분석과 비교할 때, 효과적인 정책 결정이나 조치를 위해 필요한 정보는 눈에 덜 띄거나 논란의 여지가 적다. 하지만, 여러 면에서 이러한 유형의 **정책 지원**(policy support)은 정보의 활력소다. 정책 지원은 광범위한 주제에 걸쳐 현용정보 보고와 분석관 브리핑 형태로, 그리고 모든 국가안보 부처의 정책결정자들과 상호작용을 통해 끊임없이 발생한다.

따라서 이 장에서는 정보가 국가안보정책의 개발뿐만 아니라 그 실제 시행과 운용에 공헌하는 몇 가지 주요 방식을 검토한다. 먼저 현용정보의 역할을 조사하는 것으로 시작하지만, 범위를 더 넓혀 위기관리, 외교협상 및 실전적 표적화(operational targeting)에 대한 여러 가지 독특한 형태의 정책 지원을 논의할 것이다. 이러한 전술적 지원을 제공하는 것은 제한된 자원을 어떻게 수많은 표적에 분산시킬 것인지 그리고 어떻게 국가정보 사용자와 군사정보 사용자를 모두 만족시킬 것인지와 관련해 다소 짓궂은 선택 문제도 제기한다.

일단 의사결정자들이 특정 사안을 가늠해서 관련 정보를 검토하고 가능한 행동 방책을 평가한 후에는 정책을 발표하거나 외교적·경제적 또는 군사적 조치를 시행한다. 그러나 정보기관은 정책 지원을 완료한 것이 아니다. 북한 사례에서, 평양이 핵무기 프로그램을 중단하고 결국 포기하도록 압력을 가하려는 대통령의 결정은 북한을 고립시키기 위한, 또는 신규 경제 제재를 가할 국제 합의를 도출하려는 새로운 외교 조치를 포함할 수 있다. 또한 그 결정은 한국의 미사일 방어를 강화하는 등의 전쟁에 못 미치는 군사적 조치를 수반할 수도 있다. 최악의 경우, 대통령은 미국 본토를 직접적으로 위협할 수 있는 북한의 대륙간-사거리 핵무기 시스템 성취를 막기 위해 모종의 예방적 선제 조치가 필요하다고 결정할 수 있을 것이다. 평양에 대해 미국이 취하는 조치의 모든 측면에서 정보가 수행할 역할이 있을 것이다.

하나의 예를 들어보자면, 광범위한 정보 분석이나 활동이 북한의 핵 확산 위협을 억제·축소하기 위한 미국 전략의 여러 요소를 지원할 수 있다고 구상할 수 있다. 〈표 8-1〉은 정책결정자들이 기대하거나 요청할 그런 유형의 직접적인 정보 지원을 일부 적시하고 있다. 이러한 식으로 정보는 미국 정책 수단의 — 외교적·군사적·경제적 및 정보화 정책의 — '조력자(enabler)'다. 외교 분야에서 정보기관은 유엔 안전보장이사회 및 아시아 지역 안보기구와 같은 국제 포럼에서 주요 외국 정부가 미국의 제안에 대해 어떻게 반응할지를 평가해 제공할 수 있다. 이와 동시에 정보기관이 북한의 핵 프로그램을 평가하는 브리핑

표 8-1 **정책 지원 '조력자'로서의 정보: 북한 관련 사례**

외교정책	경제정책	정보 관련 정책	군사정책
국제기구 • 유엔 안전보장이사회 이사국들에 대한 브리핑 준비 • WMD에 대한 항의 지원 • 백서 발간	**해외원조** • 불법적 밀매 모니터하기 • 중요한 부족분 식별	**공공외교** • WMD에 관한 백서 작성 • 정부 발표·연설 검토 • 외국 매체 모니터하기	**강압 조치** • WMD 차단 활동 지원 • 사이버 공작 추진 • 비밀공작 기획
국제법 • 인권 침해 보고 • 범죄인 인도·송환 지원	**경제 제재** • 국경 밀매 모니터하기 • 제재 위반 보고 • 역내 영향 평가	**정치적 조치** • 정치적 취약점·기회 식별 • 전략적 소통 계획 지원	**준군사적 조치** • WMD 장치를 포획하기 위한 특수작전부대의 계획을 지원하기 • 북한의 남침 계획을 경보·식별 하기
동맹·연합 • 일본과 한국의 계획·의도 평가 • 미국의 조치에 대한 외국 국민의 반응 예측	**국제 무역정책** • 세계시장 모니터하기 • 무역자유화 협상 지원	**첩보 공유** • 국제원자력기구와 첩보 공유 • 합동 반확산 활동	**전쟁에 버금가는 강제력** • 의심스러운 WMD 장소·시설에 대한 지도 작성 • 강제 사찰 체제 지원
국제 협상 • 북한·러시아·중국의 협상 스타일·자세 평가 • 미국의 협상 입장 지원	**인도주의 활동** • 중국으로 유입되는 북한 난민 모니터하기 • 분쟁 시의 사상자 수 예측	**연성 국력(soft power)** • 북한의 공공외교 활동 평가 • 북한의 역정보·사이버 활동 모니터하기	**전쟁계획** • 표적 첩보 제공 • 폭탄-피해 평가 수행

주: 이 표는 로버트 러빈(Robert Levine) 박사가 국방대학에서 정보학을 가르치면서 사용하는 것을 허락받아 고쳐 실었다.

이나 공개 백서(정보기관이 작성했음을 명시하지 않은 공식 보고서)[1]를 제공하도록 요청받을 수 있는데, 그런 자료는 동맹국 정부와 국민을 대상으로 하는 '공공외교(public diplomacy)' 활동의 일환으로 사용될 수 있다. 국제사회가 미국 주도로 북한의 무역·금융 거래에 대해 완강한 경제 제재를 가함에 따라 정보기관은 그 제재가 미치는 영향에 관해 그리고 대응조치가 필요한 위반 사항이 있는지 여하에 관해 감시하고 보고하는 역할이 기대된다. 잠재적인 군사 옵션의 경우에는 정보공동체가 주요 핵·미사일 시설과 그 취약성을 식별해야 하고, 평양의 핵·미사일 프로그램을 무력화하거나 파괴하기 위한 군사적 공격이나 잠재적 비운동성 공격(예: 사이버공격)에 그 시설이 얼마나 민감한지를 알아내야 할 것이다.

다음 장에서 논의되겠지만, 모종의 정보 기획에 따라서는 북한 정권의 안정성이나 지위를 폄훼하거나 약화하고 군사 프로그램을 교란하기 위한 비밀공작 활동을 잠재적으로 추진할 수 있을 것이다. 각각의 경우에 정보기관이 제공할 수 있는 '기회' 분석은 북한 정권의 군사적·경제적 취약점, 내부의 급소, 미국의 영향권 내에 있는 주요 협력국과의 관계 악화 등을 조명하게 된다.

〈표 8-1〉이 분명히 보여주듯이, 분석관들은 여러 가지 정책 조치와 관련된 온갖 첩보와 분석을 제공하고 있다. 여기서 정책결정자들은 어떤 수단을 가장 잘 활용하는 방법을 결정하고, 미국이 레버리지를 높이기 위한 어떤 조치를 개시할 때 적이 취할 수 있는 대응 방안을 판단하려고 한다. 이러한 정보활동 가운데 외부 관찰자에게 공개되는 것은 거의 없지만, 모두 미국 정책이 성공할 수 있도록 중요하게 공헌한다.

간단히 말해서, 정보 분석은 의사결정자들이 최선의 행동 방책을 선택할 수 있도록 만든다. 그러나 정보공동체 외부의 저자들은 이 단계의 정책 프로세스에 분석이 공헌하는 광범위한 부분을 인식하는 경우가 거의 없는데, 이는 중요한 국제사태에 대한 정보기관의 주요 경보나 예지적인 전략적 분석에 비해서 눈에 덜 띄기 때문이다. 오랫동안 정보 전문가이자 교육자였던 잭 데이비스(Jack Davis)가 언급했듯이, 분석관과 정책결정자 사이에는 정책 지원 범주에 속하는 수천 가지 "거래(transactions)" — 데이비스가 명명한 용어임 — 가 정말로 존재한다.[2] 이러한 정책 지원 활동의 목록은 거의 끝이 없으며, 매일의 요구도 끊임없다. 정보공동체 분석관들이 이러한 요구사항, 즉 "과제 부여(tasking)"를 받는 것은 일대일 브리핑의 결과로 기관 간 회의가 열릴 때 또는 정책결정자와 중요한 전화나 이메일 대화 끝에 이루어진다. 여기가 분석관들이 가장 객관성을 발휘하는 부분이며, 비판적인 분석을 한다고 해서 현행 정책을 저해한다고 여길 가능성도 가장 적다. 분석관들이 일반적으로 중요한 것은 첩보를 제공하기 때문인데, 바로 그 첩보가 현행 정책 목표를 — 분석관이 그 정책이 옳다거나 성공할 것으로 생각하는지 여하와 관계없이 ─ "가능하게 만든다".

현용정보

현용정보(current intelligence)는 정책결정자에 대한 정보 지원의 꾸준한 주요소였다. 제5장에서 논의된 전략 분석과 달리, 현용정보는 미래보다 현재에 더 중점을 둔다. 하지만 솔직히 말해서 정책결정자들도 대개 미래보다 현재에 더 주력한다. 정보공동체 생산물의 대부분이 정책결정자들이 매일 아침 사무실이나 군 본부에 출근할 때 부딪치는 현안을 다루어야 한다. 현용정보의 미덕은 신속하게 생산될 수 있으며 각 의사결정자의 단기 의제로 올라 있는 특정 이슈에 집중할 수 있다는 데 있다. 이 책의 서두에서 언급했듯이, 정보 사용자와 그들의 정보 요구는 범위가 방대하다. 따라서 현용정보는 여러 기관에 의해 다양한 형태로 작성되어야 한다. 대체로 각 정책기관의 부문정보 조직은 자체 주요 고객들의 구체적 요구사항에 따라 맞춤형 생산물을 생산한다.

CIA와 국방정보국 같은 대형 기관은 자체의 고유한 현용정보 발간물을 생산한다. 1950년대 초 CIA에는 일일 발간물 생산을 전담하는 현용정보실이 있었다. 국가판단실과 대비되는 이 사무실은 잇따라 발생하는 사건에 중점을 두었다. 그 「현용정보회람(Current Intelligence Bulletin, CIB)」은 대통령과 고위 관리들을 위해 생산되었다. 시간이 지나면서 현용정보실은 일일 발간물의 배포를 확대했으며, 오직 대통령을 위한 버전 ─ 나중에 「대통령일일브리핑」으로 알려짐 ─ 도 작성했다. 이 「현용정보회람」은 그 간결함과 심층 분석 없는 것으로 유명했는데, 장기 추세에 대한 전략적 평가가 아니라 속보 사건에 대한 신속한 업데이트를 의도했다. 〈글상자 8-1〉에서 보듯이, 초기의 현용정보 보고서는 몇 페이지에 걸쳐 여섯 개 토픽을 실었는데, 당일의 사건들을 요약하고 그 의미에 대한 간략한 논평만 덧붙였다. 이 한국 관련 발췌문에서, 분석관들은 1950~1953년 분쟁의 종식에 관한 중국 정부의 최근 발표를 보고했다. 이것은 드와이트 아이젠하워 대통령에게 최대 관심사였을 것이다. 그는 전임 트루먼 행정부로부터 유엔 군사작전을 물려받아 이를 끝내겠다고 약속했었다.

글상자 8-1 1954년 「현용정보회람」(한국 관련 발췌)

1954년 9월 17일 **극동**

① *중국, 한반도에서의 병력 철수에 관한 중립국 감시 허용*

북한 신안주 주재 중립국 사찰단은 중공군 7개 사단이 다음 주부터 한반도를 떠날 것이라는 공식 통보를 받았다고 9월 16일 보고했다. 중립국 사찰단의 감시하에, 그 이동을 위해 20~24개 객차로 구성된 열차가 매일 10편씩 편성될 것이다.

평가 지난 9월 5일 베이징이 이 사단들을 철수하겠다는 의향을 공개 발표한 것은 종래의 관행에서 벗어난 조치였으며, 유엔군의 철수 발표에 대응하려는 의도가 틀림없었다. 그 발표 당시에는 중국이 이미 발표 없이 중국으로 귀환한 병력에 추가해 병력을 철수시키겠다는 의도인지 여하가 불분명했었다.

처음으로 중립국 사찰단 감시를 허용함으로써, 공산주의 국가들이 유엔 총회에서 중립국 사찰단 임무를 종료시키려는 움직임에 반대하는 자신들의 명분을 강화하려고 시도할 것이다. 이 사단들이 보병부대라면, 그 철수로 한반도 내 중국 병력이 70만 9000명에서 60만 4000명으로 감소할 것이다.

출처: CIA, 현용정보실, 「현용정보회람」, 2004년 1월 16일 공개됨.

이러한 CIA 현용정보 생산물은 시간이 지나면서 정책결정자들이 냉전 상황을 더 많이 신도록 요구함에 따라 더 길어지고 더 정교해졌다. 「현용정보회람」으로 시작된 것이 「일일국가정보(National Intelligence Daily, NID)」로 발전해 NSC, 국무부, 국방부 및 다른 정보기관의 고위 관리 수십 명에게 배포되었다. 「일일국가정보」는 수십 년간 CIA 분석관들이 매일 보고한 내용을 기록한 문서가 되었다. 그 기간에 정보기술 혁명이 일어나고 의사결정자들이 신속한 정보 지원을 요구함에 따라 「일일국가정보」가 「고위간부정보브리핑(Senior Executive Intelligence Brief, SEIB)」이라는 더 빠른 발간물로 바뀌었다가 「**전세계정보보고**(Worldwide Intelligence Report, WIRe)」라는 훨씬 더 정교한 일일 발간물로 변모했다. '와이어(WIRe)'라는 약어가 의미하듯이, 사용자 친화적인 이 발간물은 문민 의사결정자들과 군사령관들에게 그리고 국내외 각 정보기관으로 전송되었다.

그러나 다른 정보기관들도 자신들의 부처 고객을 위해 일일 발간물과 브리핑을 생산하고 있었다. 국방정보국의 분석관들은 전 세계의 정치·군사 동향에 관해 일일 요약을 작성한다. 국방정보국은 펜타곤에 있는 국방부 장관과 그 휘하의 민간인 국방전문가들뿐 아니라 합참과 전 세계의 군 전투사령관들을 지원하는 일을 담당한다. '국방정보알림(DINs)'이라고 불리는 짧은 정보 항목들이 「국방정보요약(DINSUM)」과 「군사정보요약(MID)」이라는 두 종의 일일 발간물로 편집되었다. 이들 생산물은 미국의 국방력이나 이익이 위협한 모든 경우에 대한 '상황 인식(situational awareness)' 제공을 겨냥했으며, 자연히 외국군의 역량과 위협 외에 미국 국방정책에 영향을 미칠 정치적·경제적 관련 동향도 보고했다. 비교하자면, 「국방정보요약」과 「군사정보요약」은 CIA의 「일일국가정보」, 「고위간부정보브리핑」 및 나중의 「전세계정보보고」 발간물에 해당했다. CIA와 마찬가지로, 국방정보국도 국방부 장관과 합참의장을 위해 더욱 배타적인 정보 요약을 작성했는데, 「아침 요약(Morning Summary)」이라고 불린 이 보고서는 널리 회람되지 않았으며 민감성과 배포 면에서 「대통령일일브리핑」을 모방했다. 국방정보국은 또한 합참 정보국의 일일 '의장브리핑(Chairman's Brief)'을 지원했다. 가장 중요한 주제에 대해 파워포인트 슬라이드를 사용해 구두로 보고된 '의장브리핑'은 나중에 펜타곤 내 일부에 전송되어 회람될 수 있었다.[3] 국방정보국은 또한 브리핑 담당관 시스템을 통해 펜타곤 내 고위 고객들에게 직접적 지원을 제공하는 특별사무실을 설치했다.

분량이 20여 쪽에 이르는 이들 정보 생산물은 미국 국방 이익이 위협한 모든 경우의 정치·군사적 사태를 업데이트하려고 시도했는데, 펜타곤 내의 관리들, 합참 장교들 또는 유럽·아시아·중동 주둔 해외 사령관들이 고객이었다. 개별 사용자의 관심사에 따라, 일부 일일보고 항목은 직접적 관련성이 있었지만, 일부 업데이트는 독자의 담당 분야와 동떨어지기도 했다. 이들 생산물은 배포 범위가 넓은 점을 고려해 가장 민감한 국방 첩보는 포함하지 않았다. 〈글상자 8-2〉에 제시된 예는 국방정보국이 1960년대에 베트남에서의 미군 공세에 영향을 미칠 수 있는 정치적 사건을 어떻게 추적해야 했는지 보여준다. 국방정보 분석관들은 북베트남에 대한 폭격 공세를 중단하기로 한 린든 존슨 대통령의 결정에 중국이 어떻게 반응할지를 평가하고, 그 결정이 중국의 하노이에 대한 공약이나 방위생산에 큰 변화를 초래하지 않을 것이라는 결론을 내렸다.

글상자 8-2 1966년 「국방정보요약」(중국 관련 발췌)

1966년 1월 3일 「국방정보요약」 **극동 아시아 편**

중공의 동향

미국의 북베트남 공습 중단에 대한 중공 군부의 반응은 아직 탐지되지 않았다.

그러나 베이징이 베트남 관련 입장을 날카롭게 재천명했다. 공산당기관지 ≪인민일보≫의 1월 1일 자 사설은 미국이 전쟁 확대를 위한 준비를 감추려고 평화 연막을 피우고 있을 뿐이며 "무조건의 논의"는 "무조건 항복"을 의미한다고 주장했다. 따라서 평화 회담을 막으려는 베이징의 노력은 계속될 것 같다.

베이징에서 연말에 쏟아진 보도는 1965년의 산업 성취를 언급하고 1월 1일 오래 기다렸던 제3차 5개년계획이 개시된다고 알렸다. (……) 중국은 발전의 둔화를 예상하면서 중국 경제가 "선진국" 경제를 추월하는 데 20년 내지 30년이 걸릴 것이라고 계산한다.

새로운 계획은 베트남에 대한 공약과 미국과의 대결 가능성에 특별히 맞춤형으로 부응하려는 일부 징후를 보여준다. 12월 31일 자 ≪인민일보≫는 국방을 강화하고 기초산업, 통신 및 운송을 강화할 것이라고 언급했다. (……) 중국 지도자들은 여전히 경제적 우선순위에 주된 관심을 두고 있음을 시사했으며, 군수생산 강조가 식량 생산에 부정적인 영향을 미칠 것을 두려워했다.

출처: 정보의자유법(Freedom of Information Act)에 따른 공개, 「국방정보요약」, #10-66(1966년 1월 13일).

국방정보국과 CIA 같은 큰 정보기관은 많은 고객을 위해 다양한 안보 주제에 관해 현용 생산물을 생산하지만, 작은 정보기관은 일일 보고서를 생산하는 것이 아니라, 어떤 사태로 인해 꼭 필요할 때 또는 평소 다루는 특정 주제를 평가하라는 과제를 특정한 정책결정자로부터 받을 때 현용정보 보고서를 내는 경향이 있다. 예를 들어, 국무부 정보·조사국이 이러한 모델을 채택했다. 한동안 정보·조사국은 CIA와 국방정보국 발간물과 비견되는 일일 현용정보 생산물을 고생하며 생산했다. 물론 그것은 국무부 장관을 비롯해 지역별 외교정책, 협상 또는 기타 정치·군사 문제를 담당하는 여러 차관보에게 흥미로운 다양한 주제들에 초점을 맞추었다. 이 문서가 바로 「장관의 아침 요약」이었다. 「일일국가정보」와 「국방정보요약」처럼, 이 문서도 10여 개의 주제를 실었지만 12쪽을 넘기지 않아야 했다. 「장관의 아침 요약」이 역대 국무부 장관들의 환영을 받은 것은 그들의 관심 이슈를 다루었기 때문이다. 그러나 여러 면에서 그것은 CIA 발간물에서 발견되는 것의 복제판이었다. 게다가 정보·조사국의 정보 분석관 집단이 아주 소규모였다. 그래서 2000년대 초 그 지휘부가 일일 정보물 생산을 중단하고 특정한 고위 외교관들을 위한 맞춤형 정보보고서를 생산하기로 했다. 그렇긴 하지만, 일부 백악관 근무자들이 「장관의 아침 요약」에서 보는 문장 스타일을 좋아했으며 CIA 발간물보다 배울 것이 더 많았다고 아쉬워하는 경우가 많았다. 〈글상자 8-3〉에서 보듯이, 이 중단된 정보생산물은 1994년 미군 패트리어트(Patriot) 요격미사일 포대의 한국 이전과 같은 강압적 외교활동에 중점을 두었다(글상자의 'DPRK'는 조선민주주의인민공화국, 즉 북한을 가리킴).

글상자 8-3 1994년 국무부 「장관의 아침 요약」(북한 관련 발췌)

1994년 1월 29일 **DPRK: 패트리어트 미사일에 대한 반응**

평양이 미국의 한국 내 패트리어트 미사일 배치 계획 보도에 정확히 어떻게 반응할지는 앞으로 수일 또는 수주 안에 일어날 다른 상황에 부분적으로 좌우될 것이다. 현재로서는 북한이 모든 선택지를 열어두고 있다.

첫 반응 어제 발표된 익명의 논평에 나타난 패트리어트 미사일 배치 뉴스에 대한 북한의 첫 반응은 평양이 새로운 상황의 초기 단계에서 보이는 전형적인 모습이다. 북한은 선택지를 정리하는 동안 어떤 행동 방침에도 얽매이지 않으면서 강력한 반대를 기록하고 싶어 한다. 예를 들어 ≪노동신문≫ 사설이나 외무성 성명과 같은 더 높은 수준의, 더 명확한 반응은 대개 며칠이 걸리는 지도부 결정을 기다리고 있다.

패트리어트 미사일에 대한 이 첫 반응은 지난 한 달 동안 다른 논평에서 나타난 주제문들을 거의 모방한 것이지만, 적어도 현재로서는 핵 문제에 관한 미국과의 외교적 교섭에서 물러나겠다는 결정이 없었음을 알리려는 의도임이 분명하다.

숨 돌릴 시간 그 논평은 패트리어트 미사일이 아직 도착하지 않았으며 배치가 여전히 "계획"일 뿐임을 언급하고 있다. 북한은 이 과정을 초기 단계로 묘사함으로써 스스로 운신할 여지를 확보했다. (……) 패트리어트 도입 계획을 "용납할 수 없는 중대한 군사적 우위"로 규정하고 대북 압박이 "재앙"으로 이어질 수 있다고 경고한 것은 특히 이러한 하위급의 익명 글에서 드물지 않다.

출처: 국무부 검토 당국, 2008년 8월 11일 비밀 해제됨.

대통령일일브리핑: 법정통화

지금까지 국가안보 기관들이 널리 생산·배포하는 현용정보 생산물을 광범위하게 설명했는데, 우리는 이러한 발간물의 의도가 미국의 주요 정책을 근본적으로 형성하거나 변경하려는 것이 아님을 인식해야 한다. 그러나 대조적으로, 「대통령일일브리핑(President's Daily Brief, PDB)」은 정보공동체가 생산하는 현용정보 가운데 가장 영향력이 크고 실행 가능한 발간물일 것이다. 대통령을 위해 현행 사건들을 매일 요약한 이것은 해리 트루먼 대통령이 모든 정부 출처에서 나오는 정보를 통합한 요약본을 처음 요청한 이후로 미국 정보활동의 특징이 되었다. CIA는 1946년 2월 15일부터 정보 보고를 편집해 당시 「일일 요약」이라는 이름으로 제1호를 생산했다. 이 단순한 두 쪽짜리 문서는 주로 독일, 유고슬라비아, 터키, 중국 등에서 비롯되는 냉전 이슈에 초점을 맞추었다.[4] 그 이후로 모든 역대 대통령이 미국의 국가안보 이익을 위협하는 세계의 분쟁지대에 관해 가장 민감한 보고를 일일 요약본으로 받았다. 초창기에는 이 일일 발간물이 다양한 명칭 — 예컨대, 「현용정보회람」 및 「대통령정보체크리스트(The President's Intelligence Checklist)」 — 과 형태를 취했으며, 1964년이 되어서야 공식적으로 「대통령일일브리핑」으로 알려지게 되었다. 대통령의 바쁜 일정을 고려해 그 문서는 좀처럼 12쪽을 넘지 않았다. CIA 부장을 지낸 앨런 덜레스(Allen Dulles)는 PDB를 가리켜, 지난 24시간 동안 세계에서 발생한 중요한 사건들을 커버하려고 노력하는 면에서 "간결하고 짧지만, 동시에 상당히 포괄적"이라고 표현했다.[5] 1980년대까지는 PDB의 존재가 널리 알려지지 않았다.

PDB는 CIA의 독점적 발간물로 시작되었는데, 다만 정기적으로 다른 기관의 분석관들이 초대되어 기사를 제출하거나 CIA 분석에 대한 논평과 반대의견을 제시했다. 2005년 국가정보장직이 생긴 이후에는 국가정보장이 PDB 작성을 책임지게 되었다. 이에 따라 PDB는 이제 공동체 생산물이 되어 정보·조사국, 국방정보국 등 다른 정보기관의 분석 부서에서 작성한 기사도 포함한다. PDB에 대한 독점적 통제권을 국가정보장에게 넘김으로써 많은 CIA 직원이 정서적 타격을 받았지만, 분석관들은 점차 거기서 회복되었다. 사실, CIA 분석관들이 계속해서 대부분의 PDB 항목을 작성하고 있다. 현실적으로, 대부분의 다른 기관 분석관들은 백악관이 아니라 자기 부처의 관리들을 주된 고객으로 여기며, 복잡하고 시간 소모가 큰 PDB 조율 프로세스를 두려워한다. 국가정보장이 PDB 작성을 감독하지만, PDB의 검토·편집·취합은 CIA 본부에서 이루어진다. 따라서 실무적으로는 여전히 PDB가 거의 CIA의 생산물이며, CIA 부장을 지낸 로버트 게이츠가 말했듯이, "PDB를 작성하는 것은 (……) 우리의 존재 이유였다".[6]

PDB는 다른 현용정보와 구별되는 몇 가지 특징이 있다. 첫째, PDB에는 그 배타성으로 인해 극도로 민감한 정보도 포함되며, 특히 정부 전체에 널리 배포되는 일일 발간물에서 허용되는 것보다 (매우 제한된 신호정보와 인간정보 보고를 포함해) 더 많은 출처 설명이 포함된다. 수십 년 동안 PDB의 존재 자체가 대통령 집무실이나 CIA 밖으로 드러나지 않았다. 이 문서는 너무 민감하다고 여겨져서 신서사(courier)를 통해 전달되고, 대통령이 읽은 후에는 회수되었다.

PDB는 참으로 대통령의 문서였다. 따라서 모든 대통령이 자신만의 수신자 명단을 만들었다. 행정부 초기에는 으레 그 명단이 극히 협소했다. 몇몇 경우에는 처음에 대통령과 국가안보보좌관만이 PDB를 수취했다. 부통령이 정기적으로 PDB를 본 것은 제럴드 포드 부통령이 취임한 이후였다. 그러나 일반적으로 대통령의 재임 기간이 길어지면서 수신자들이 추가되었다. 이런 추가가 거의 불가피하게 된 것은 PDB에 포함된 항목이 계기가 되어 대통령이 그 이슈에 관해 국무부·국방부 장관과 논의를 시작했기 때문이다. 이런 이유에서 국가안보보좌관 외에 그런 고위 관리들을 포함하는 것이 곧 필요하게 되었다.

대체로 최종적인 배포 명단에는 — 대통령과 부통령, 국가안보보좌관 외에 — 백악관 비서실장, 국무부 장관, 국방부 장관 및 합참의장이 들어간다. 대개 이 고관들의 차석 — 대통령 정책에 관해 종종 끝장 토론을 벌이는 차석위원회 회의에 참석함 — 도 PDB를 받는다. 따라서 대통령이 정보 공유에 대해 편안하게 느끼는 정도와 스타일에 따라 고관 명단의 범위가 몇 명에서 정부 전반의 10여 명까지 다를 수 있었다. 9·11 이후 테러에 대한 우려가 커지면서 FBI 국장과 국토안보부 장관에게도 PDB가 제공되었는데, 그들이 이제 국토를 보전하는 주요 국가안보 책임을 맡았기 때문이다.

PDB의 두 번째 고유한 특징은 각 대통령의 취향에 맞추어 재구성된다는 점이다. 포맷과 분량이 대통령이 읽기에 편하도록 맞춤형으로 바뀐다. 그래픽과 지도, 사진 영상을 써서 발간물의 매력을 높인다. 예를 들어 전형적인 PDB는 중국의 장기적 군사 지출 증가를 도표로 보여주고, 최근 북한의 미사일 발사 기지나 핵실험을 사진으로 보여줄 것이다. 대통령이 어느 주제에 특별한 관심이 있다면, PDB가 그 주제에 관해 특별 분석을 수록하거나 은밀한 생첩보 또는 외교 보고를 포함할 것이다. 최근의 PDB는 비화 아이패드(iPad)로 제공되고 있어 항목별로 검색할 수 있다. 상당한 그래픽을 포함할 수 있고 저장 용량이 크다는 장점에 힘입어, 수신자가 PDB 항목에 대해 질문이 있었을 때는 추가 보고와 다른 정보 생산물을 아이패드에 실을 수 있다.[7]

PDB의 세 번째 고유한 특징은 생산 과정과 발표에 있다. 매일 아침 분석관들은 들어온 메시지들을 검토하고 현용정보 항목을 작성할 필요가 있는지 판단하는데, 이 가운데 몇 개 항목만 '대통령 수준의' 관심사로 선정된다. 예를 들어 도널드 트럼프 대통령은 북한 지도자 김정은의 발언과 그 해석 또는 이란의 최근 미사일 시험에 관심이 있는 것 같다. 그런 항목은 분석관과 그 상관들의 훨씬 더 철저한 검토를 거치게 되는데, PDB에 포함되려면 고위 정보 관리들의 심사·선정을 통과해야 하기 때문이다. 분석관은 기사를 쓰고 수정하며 기관 내와 더 넓게 정보공동체 내의 다른 분석관들과 조율하는 데 하루 이상 소비할 것이다. 그 일이 완료되면, PDB 편집진이 그 항목을 검토해서 높은 관심 사안인지 그리고 대통령에게 새로울 중요 첩보나 분석을 반영하는지 여부를 결정한다. 편집진이 그 항목을 편집하고 승인한 후에도 그 분석관이 할 일이 남아 있다. 그 분석관은 자신의 기사가 다음 날 PDB에 실릴 것이라는 가정하에, 다음 날 새벽 사무실에 출근해서 밤새 들어온 신규 첩보 가운데 그 기사의 수정을 요하는 것이 있는지 검토해야 한다.

게다가 PDB는 정규적으로 '브리핑 담당관(briefer)'이 전달하는 유일한 현용정보 생산물이 되었다. PDB가 신서사를 통해 운반되던 시절이 있었지만, 그런 사람은 이제 수신자를 위해 브리핑하는 고위 담당관으로 대체되었다. 대통령(및 기타 수신자들)에 따라서는 브리핑 담당관이 그 문서를 단순히 전달할 수도 있고, 아니면 구두로 핵심 항목을 강조하거나 요약할 수도 있다. 이는 대통령(및 기타 수신자들)에게 일일 정보브리핑을 제공하기 위해 여러 분석관이 배정되어 있음을 의미한다. 이러한 임무를 위해 선정된 분석관들은 단순히 훌륭한 분석관 이상이어야 하는바, 실로 이들은 두뇌 회전이 빠르고 말을 잘해야 하며, 요구가 많은 고객의 거친 피드백에도 흔들리지 않아야 한다. 이러한 브리핑 직책은 선망의 대상인데, 그 이유는 대통령이 무엇에 관심이 있는지, 특정 주제에 관해 얼마나 많이 알고 있는지, 그리고 받은 PDB에 대해 어떤 구체적 칭찬이나 불만을 표했는지 알게 되기 때문이다.

이러한 일일 피드백은 대통령의 요구에 맞도록 정보 보고의 방향을 잡는 데 매우 중요하다. 또한 이 피드백은 분석관들이 자신의 작업이 영향력 있다는 것을 앎으로써 대통령과 기타 고위 관리들을 위해 부담스러운 PDB 프로세스를 기꺼이 수행하도록 동기를 부여한다는 점도 중요하다. 따라서 PDB 기사를 작성한 분석관은 으레 이른 아침에 브리핑 담당관을 만나, 대통령이 그 기사에 관해 물을 후속 질문에 대해 준비시키기 마련이다. 일반적으로 PDB 브리핑 담당관들도 대통령이 "우리가 어떻게 알았는지"를 캐묻거나 정보공동체가 이러한 판단에 대해 얼마나 확신하는지 물을 때에 대비해, 분석관으로부터 출처의 신뢰성에 관해 듣고 싶어 한다.

매일 이른 아침, PDB 브리핑 담당관들은 워싱턴 D.C. 전역의 각 수신자에게 흩어져 문서를 전달하고 항목을 설명한 후, 후속 질문을 받아 사무실로 돌아와 PDB 진행이 어땠는지에 대해 고위 정보 관리와 분석관들에게 보고한다. 백악관에서는 PDB 브리핑 담당관들이 대통령보다 먼저 국가안보보좌관과 간혹 부통령에게 별도의 브리핑을 제공하는 경우가 흔하며, 이때 비서실장 같은 다른 인사들이 합석하기도 한다. 조지 W. 부시 대통령의 PDB 브리핑 담당관이었던 마이클 모렐(Michael Morell)은 그 준비 과정을 다음과 같이 설명했다.

> 정권 인수 기간에는 주 5일, 취임 후에는 주 6일 PDB를 전달하는 것이 나의 직무였다. 나는 새벽 4시에 일을 시작해 가장 중요한 현용정보·분석 항목들을 훑어보고 어떤 것을 어떤 순서로 보고할지 결정했으며, 대통령이나 그 방의 다른 인사들 — 딕 체니 부통령과 콘돌리자 라이스 국가안보보좌관, 앤디 카드(Andy Card) 백악관 비서실장이 거의 항상 있었음 — 이 추가 질문할 때를 대비해 각 주제에 대한 추가 첩보를 내 머릿속에 급히 채워넣었다. 실제로 거의 항상 추가 질문이 나왔다. (……) 그것은 여러 개 대학원 논문의 구두 발표를 매일 준비하는 것 같았다. 그것도 주 6일씩이나.[8]

PDB의 마지막 특징은 언급할 가치가 있는 교육적 측면이다. 대통령 당선자가 첫 PDB 브리핑을 받을 때, 그것은 종종 국가정보에 처음 노출되는 경험이다. 전통적으로 선거운동 기간에 주요 후보는 일반 브리핑을 여러 차례 받지만, 대통령 당선자는 선거가 끝나야 완전한 PDB를 받기 시작한다. 따라서 PDB 프로세스는 대통령과 다른 수신자들에게 광범위한 국가안보 주제뿐 아니라 정보공동체가 무엇을 제공할 수 있는지에 대해 교육하는 방편이 된다. 4년 또는 8년의 임기 동안 대통령의 학습곡선이 평평해지므로, 행정부 초기에 PDB에 실리는 자료가 노련한 대통령에게는 너무 일반적이고 초점이 뚜렷하지 않을 가능성이 매우 높다. 시간이 지남에 따라 대통령은 외교 문제에 대해 더 많이 알게 되고, 어쩌면 정보기관에 대해 더 많이 요구하게 된다. 대통령이 매일 PDB 담당관을 접견해서 좋은 업무 관계를 발전시킬 때는 PDB 담당관을 정규적으로 만나지 않는 대통령에 비해 훨씬 더 많은 통찰을 제공하도록 정보기관을 압박할 수 있다.

PDB 프로세스는 또한 대통령의 스타일과 요구사항에 관해 정보공동체를 교육한다. 즉, 새 대통령이 어떤 종류·형태의 정보를 얼마나 원하는지 판단하는 데 도움이 될 수 있다. 안타깝게도 이 프로세스는 새 대통령이 정보공동체가 전임자가 아닌 자신을 위해 일한다는 것을 신뢰하게 되기까지 시간이 좀 걸린다. 그렇더라도, PDB를 받아보는 각료들 대부분이 대통령과 부통령, 국가안보보좌관도 본다는 것을 알기 때문에 그 내용을 검토해야 한다고 느낀다. 현재로서는 트럼프 대통령이 PDB 담당관과 실질적인 관계를 형성했는지 또는 이 문서가 자신에게 도움이 될 방안이라는 데 익숙해졌는지 여하가 분명하지 않다. 트럼프가 어떻게 국가정보에 접근하는지를 다룬 몇몇 언론 보도에 의하면, PDB 작성자들이 경제적인 주제에 집중하고 가급적 그래픽을 많이 사용한 것으로 보인다.[9]

전문화된 형태의 정책 지원

PDB와 「국가정보판단서」가 정보공동체의 업무를 바라보는 외부 관찰자들의 가장 큰 관심을 끌지만, 거의 눈에 띄지 않거나 파악되지 않는 업무로서 훨씬 더 전문화된 정책 지원이 있다. 이러한 유형의 정책 지원으로는 협상을 위해 외교관들에게 제공되는 정보, 민·군의 위기 관리자들을 지원하는 데 쓰이는 정보, 그리고 테러리즘, 확산, 마약 밀매 등과 같은 기타 위협에 대응하기 위해 진행하는 작전을 지원하는 정보가 있다. 그 예를 몇 가지 설명함으로써 이러한 활동이 전략 분석, 경보 또는 현용정보 보고와 얼마나 다른지 알아본다.

외교협상에 대한 정보 지원

정책 지원은 또한 분석관이 고위 관리들에게 제공할 수 있는 일종의 '정찰(scouting)' 기능으로 설명될 수 있을 것이다. 과거 수많은 협상 무대에서 미국 외교관들은 상대방이나 동맹국의 협상 전략이 무엇일지 파악하기 위해 그들의 입장이 되어보려고 했다. 분석관은 종종 그러한 협상에서 상대방이 어떻게 행동할지, 최종안은 무엇일지, 그리고 어떤 타협을 원할지 상상하도록 요청받는다.

어떤 경우에는 핵, 화학 또는 재래식 무기를 포함하는 군비통제 협상을 위해 기술적 분석이나 평가를 제공한다. 매들린 올브라이트(Madeleine Albright) 주유엔 미국 대사의 정보보좌관을 지낸 인사가 말했듯이, "정보는 이러한 외교적 활동의 조용한 파트너로서 거의 인정 또는 인식되지 않는다. 정보는 외교를 지원하는 기능이지 동료 관계가 아니다".[10] 분석관들은 — 미국 대표부의 자문관을 맡거나 서면 평가를 통해 — 미국이 무엇을 해야 할지 직접 제시하지 않으면서도 미국에 가장 유리하도록 이슈를 처리할 방법을 간접적으로 제시할 수 있으며, 미국의 협상 입장을 강화하는 첩보를 제공할 수도 있다.

미·소 군비통제 협상이 진행되던 시대에 CIA 분석관들은 협상 프로세스의 일부였다. 그들은 크렘린 정치를 이해한 데다 상대방 소련의 군사적 역량과 과거의 협상 행태에 관한 지식을 제공함으로써 효과적인 협상 전략 수립을 도왔다. 그러한 양자 외교협상에서 군사 분석관들은 미국 외교관에게 소련군의 구성과 역량에 관해 조언할 수 있었는데, 종종 소련 핵무기에 관해 — 러시아 군부가 자국 협상단과 공유하지 않았던 — 놀랍도록 세부적인 사실까지 제공했다. 게다가 정보 지원의 일환에서 전략무기 협정 조항들의 함의도 평가해야 했다. 첫 번째 질문은, 협정으로 소련군이 미군에 대해 상대적으로 향상될 것인가? 분석관들은 소련군이 협정 제약하에서 어떻게 현대화할 수 있을지 예측해야 했다. 그러나 정보공동체에 항상 던져진 두 번째 질문은 군비통제 협정을 충분히 모니터하고 군사적으로 중요한 협정 위반을 탐지할 수 있을지 여하였다. 1970년대에 양 초강대국의 핵무기를 제한하는 주요 군비통제 협정을 모니터하는 일은 주로 **국가기술수단**(national technical means, NTM) 사용에 의존했다.[11] 쉬운 말로, 협정 준수를 모니터하기 위해 양측의 정보 자산이 쓰인다는 의미였다(<글상자 8-4> 참조). 그런 협정에 관한 논쟁의 대부분이 정보공동체가 소련의 속임수를 탐지할 수 있는지 여하와 관련되었다. 행정부는 회의적인 상원의원들에게 그런 조약의 비준이 미국의 이익에 가장 부합함을 확신시키고자 정보 수집을 포함한 추가 국방 프로그램에 대한 재원 배정을 종종 약속해야 했다.

글상자 8-4 국가기술수단

국가기술수단(이하 NTM)은 다수의 미·소 쌍무 군비통제 협정에서 각 당사국이 전략무기제한회담, 탄도탄요격미사일, 중거리핵전력 및 제1차 전략무기감축협정(START I) 조약상의 제한을 준수하는지 모니터하기 위해 자국의 국가정보 자산에 의존하는 것을 가리킬 때 사용되는 용어다. 특히 미국이 NTM에 의존한다는 것은 모든 종류의 다분야 정보 수집 시스템을 사용한다는 의미다. 그러나 그 전통적 의미는 특정 조약에 의해 다루어지는 상대방의 군사 역량 가운데 무기 기지, 시험장, 생산시설 및 기타 중요한 요소에 대해 신호정보와 영상을 수집하는 비(非)침해적인 상공의 정찰위성에 크게 의존한다는 것이었다. 실제로 1970년대와 1980년대에 상공의 감시 시스템을 설계하고 배치하는 것은 근본적으로 소련의 역량을 모니터하는 데 중점을 두었으며, 이로써 군비통제 협정이 가능하게 되었다.

이러한 일부 조약의 경우, 각 당사국은 또한 조약상 주요 제한을 준수하는지를 NTM에 의해 모니터하도록 허용하는 일종의 '협력 조치'에도 합의했다. 여기에는 미사일 기지 위로 위장이나 덮개를 사용하는 것의 금지, 무기체계의 작동 역량을 모니터하기 위해 한 당사국이 사용하는 원격측정 정보를 암호화하는 것의 금지 등이 포함되었다. 다수 협정이 무기의 수량과 위치를 쉽게 검증하도록 정보 교환도 의무화했다.

NTM과는 별개로, 일부 미·소 조약은 금지된 시스템의 파괴나 제거를 검증하기 위한 일정 횟수의 현장사찰도 포함했다. 실제로, 현재 발효 중인 일부 조약의 이행을 검증하기 위해 각 당사국의 정찰기가 몇 차례 러시아와 미국 영공을 비행하는 것을 허용하는 협정이 아직도 시행되고 있다.

출처: Amy Woolf, *Monitoring and Verification in Arms Control*, Congressional Research Service(December 23, 2011), https://fas.org/sgp/crs/nuke/R41201.pdf.

CIA는 전략무기제한회담(SALT) 협상을 지원하기 위해 처음에 'SALT 지원단'이라는 작은 군사 분석관 팀을 설치했다. 군비통제 협상안에 대한 기관 간 합의를 도출할 때, 이 지원단과 확대된 그 후신들이 협정이 미·소 군사 균형에 미칠 영향에 대해 정보공동체의 견해를 발표하는 책임을 맡았다. 정보 분석관들은 기관 간 프로세스에 참여해 소련군의 수준과 계획에 관해 브리핑을 제공하고, 협정을 모니터할 수 있으려면 어떤 협정 조항이 가장 필요한지에 대해 정보공동체의 견해를 제시했다. 모니터링 요건에 관한 이러한 기관 간 '협상'은 소련과 힘겹게 타결해야 했던 협상만큼이나 중요하고 까다로울 경우가 많았다. 현장사찰과 관련해, 정보공동체는 국방부가 미국 국방 프로그램에 대해 허용하려는 수준보다 더 심하게 소련 프로그램에 대해 파고드는 조치를 제안했다.[12]

일단 미국이 협상 전략을 수립한 후에는, 제네바 개최 SALT 협상 팀에 최신 정보 평가를 제공하는 것이 이 지원단의 임무였다. SALT 지원단은 또한 미국 대표단 구성원들에게도 조언을 제공하게 되었다. 나중에 제2차 전략무기제한회담(SALT II) 조약의 비준을 준비할 때, 당시 CIA 부장 스탠스필드 터너(Stansfield Turner)는 다음과 같은 세 분야에서 정보공동체의 역할을 더욱 강조했다.

- 협정으로 제한될 소련 전략부대의 규모, 역량 및 미래 잠재력을 평가하기
- 미국의 입장을 발전시키는 프로세스에서, 그리고 협정을 교섭할 때 정책 결정 기관과 관리들에게 부응하는 지원을 적시에 제공하기
- 제안된 조약 조항을 모니터할 수 있는 미국의 역량을 평가하기[13]

모니터링 책임과 관련해, 이 활동에는 소련의 조약 준수 여부를 보고할 수 있도록 그리고 소련의 위반에 관해 결정을 내려야 하는 미국 관리들을 지원할 수 있도록 충분한 정보 수집·분석 자원을 그 임무에 배정하는 조치가 포함되

었다. 고위 정보 관리들은 정보공동체가 그러한 협정을 얼마나 잘 모니터할 수 있는지 설명하기 위해 상·하원의 군사위원회와 외교위원회에서 증언해야 했다. 다수의 고비용 공중정찰 프로그램들이 주로 군비통제 조약들을 충분히 모니터할 수 있도록 상원에 의해 승인되었다.

나중에 1980년대 들어 미국은 유럽의 전략핵무기와 중거리핵전력(INF)을 둘러싼 다수의 협상뿐 아니라 빈에서 개최된 유럽의 재래식전력(CFE) 감축 회담에도 참여했다. 당시 그렇게 군비통제의 중요성이 커지면서 그 SALT 지원단이 확대되어 군비통제정보단(ACIS)이 되었다.[14] 이 정보단은 CIA뿐 아니라 정보공동체 전체의 수집·분석 물류센터(clearinghouse)가 되어 협상 팀의 질문에 답변하고 조약 준수를 감시·평가했으며, 행정부 고위 관리들과 의회 감독위원회에 여러 군비통제 협정의 정보적 함의에 대해 브리핑을 제공했다. 유럽의 중거리핵전력 및 재래식전력 조약 협상과 관련해, 군비통제정보단은 미국의 협상 접근방식에 대한 유럽의 지지를 확보하기 위해 소련의 입장과 현장사찰 조항에 관해 나토 동맹국들에 열심히 브리핑했다. 이 점에서 정보는 미국 정책을 위해 직접적인 외교적 지원 역할을 담당하고 있었다.

오늘날에도 다수의 분석관이 북한, 이란 및 기타 국가와의 어려운 협상을 지원하기 위해 노력하고 있는 것은 그런 국가의 의도와 행위가 진지한 전(全)출처 분석과 깊은 전문지식을 요하기 때문이다. 1990년대와 2000년대 초반에 이러한 이슈와 관련된 정책 지원을 CIA 내에서 가장 많이 책임진 부서가 무기정보·비확산·군비통제센터(WINPAC)였다. 이 센터는 핵·화학·생물학 프로그램을 포함해 WMD 개발과 관련된 프로세스에 박식한 분석관들을 포용했다. 그 명칭이 말하듯이, 이 센터는 WMD 기술의 확산 방지(및 관련 협상)에 관여하는 정책기관의 요구사항도 서비스했다. 버락 오바마 대통령 재임 기간에, 당시 CIA 부장 리언 패네타가 이 센터를 개편해 그 대부분의 분석 부분을 공작총국 산하에 별도로 있는 반확산센터(확산 네트워크를 추적·교란하는 업무를 담당했음)와 통합했다. 이렇게 해서 신설된 CIA의 반확산임무센터는 국가정보장 직속의 국가반확산센터의 카운터파트가 되었다. 이는 CIA의 대테러임무센터(분석총국과 공작총국이 공동 운영함)가 국가정보장 직할의 국가대테러센터를 보완하는 방식과 비슷하다.

반확산 분야에서, 미국은 화학무기금지협약과 생물무기금지협약뿐 아니라 비확산조약(NPT) 체제에 적극적으로 참여했다. 각각의 경우에, 외교적 논의나 공식 협상에 돌입하는 미국 외교관들은 정보적 필요를 지원하는 정보공동체에 의지할 수 있다. 국제 협상에 대한 정보 지원의 주요 사례로, 국제원자력기구(IAEA) 주재 미국 대표부가 빈에서 어떻게 운영되는지 보자. IAEA 주재 미국 대사가 이끄는 미국 대표부는[15] — 원자력의 평화적 이용을 지원하는 역할 외에 — 주로 비핵 NPT 회원국들의 핵 활동을 통제·감시하는 일을 담당한다.[16] 이러한 지위에서 그 대사는 이란, 북한, 그리고 과거의 시리아 같은 국가의 의심스러운 핵 활동에 관해 미국의 입장을 발표한다. 이를 효과적으로 수행하기 위해 대사는 WMD 전문가들이 제공하는 정보 지원에 크게 의존하며, 그들 중 일부는 빈 주재 대표부의 일원이다.

IAEA 주재 대사는 정보공동체와 독특하고 긴밀한 협력 관계를 유지해 왔다. 미국은 비확산 위협을 모니터하는 일과, 북한·이란 같은 국가들의 확산 위협에 대해 설득력 있는 주장을 IAEA 이사회에 제시하는 일을 최우선 과제로 삼는다. 이것이 정보 지원을 불가결하게 만든다. 따라서 대사는 정보 팀에 의지해서 CIA 지원 통신선을 통해서 매일 받는 최신 정보 — 생 정보와 완료된 정보 — 를 강조할 수 있다. 게다가 북한·이란의 핵 프로그램 문제가 돌출할 경우, IAEA 주재 대사는 특별한 유형의 추가적인 정보 지원이 필요할 때마다 워싱턴으로 귀환해 고위급 WMD 정보 전문가들과 대화할 수 있다. 빈에 주재하는 소규모 정보 팀 외에도, 다른 WMD 전문가들이 단기간 특별 출장으로 미국 대표부에 파견되어 — 어떤 경우에는 IAEA에서 타국 대표부들을 대상으로 — 심층 브리핑을 제공할 수 있다.

중요한 점으로, IAEA는 미국과 같이 정보를 제공하는 회원국들에 크게 의존해 비확산조약 안전조치의 준수에 관한 보고서를 작성한다. 당연하지만, 이란과 북한의 의심스러운 활동을 모니터하는 IAEA 업무에서 극히 중요한 파트너가 미국이었다. 그 반대급부로, 미국 대표부는 IAEA 안전조치 준수에 대한 외국 정부의 태도를, 그리고 의심스러운 장소의 사찰과 관련된 중요한 통찰을 정보기관 분석관들에게 제공할 수 있다. 이러한 쌍방통행 사례는 정보-정책 관계가 미국 정책의 시행에 중점을 둘 때 가장 친밀하고 마찰이 적을 것임을 잘 보여준다.

표적 분석: 임무의 확장

앞에서 정보의 조력자 역할을 논의하면서 정보가 위협이나 무력 사용과 관련된 미국의 많은 활동을 지원한다는 것을 언급했다. 역사적으로, 군사정보기관들이 외국군의 생산시설, 기지, 장비 및 병력 자체에 대한 표적 세트를 개발하는 데 관여했다. 각 군의 정보기관이나 나중에 생긴 국방정보국에 근무하는 군사정보 분석관들은 군사적 위협을 식별하고, 이용이 가능한 적군 시스템의 취약점을 식별하는 업무를 배정받았다. 냉전 기간에는 소련, 중공 및 그 동맹국들을 대상으로 이러한 기량을 연마했다. 미국이 한국, 베트남 등지에서 벌인 전쟁에서, 일종의 **표적 분석**(target analysis)은 적의 군수생산, 병참 및 병력 집결을 감소시키는 데 가장 중요한 요소였다. 예컨대 베트남전쟁에서, 북베트남에 대해 폭격 작전을 수행하고 하노이가 남쪽으로 보내는 보급품 경로를 차단하기 위해서는 광범위한 군사적 표적 분석이 있어야 했다. 보다 최근에는 보스니아와 코소보에서 교전 당사자들이 평화 정착을 협상하도록 강요하기 위해 동원된 나토군의 공습과 관련해, 보스니아와 세르비아의 주요 군사 표적을 식별하는 데 군사적 표적 분석이 사용되었다.

그러한 표적화를 위해서는 분석관들이 인간정보, 신호정보 및 공개출처에서 나온 첩보를 결합해 일정한 물체나 개인을 식별하고 모니터해야 한다. 많은 군사작전에서 국가지공간정보국, 국가안보국, 국방정보국 등과 같은 국방정보기관의 작업이 중심적인 역할을 맡았다. 그러나 대규모 작전에서는 CIA도 그러한 표적 분석을 제공하도록 요청받았다. 예를 들어 보스니아에서 빌 클린턴 대통령은 미군 '병력 보호'에 가장 높은 정보 우선순위를 두었는데, 이는 사실상 CIA도 가능한 세르비아 표적을 식별하도록 요청받았다는 것을 의미했다. 또한 CIA는 폭격-피해 평가에도 관여했는데, 이에 따라 군사 분석관들이 미군의 공격을 받은 표적을 조사해서 파괴되었는지 여하를 판단해야 했다. 그러나 9·11 이전에는 CIA가 목표 분석을 사소한 책무로 간주했었다.

2001년 9월 공격 이후에 이 모두가 바뀌었다. CIA의 대테러센터 내에 테러리스트 네트워크 추적을 담당하는 소수의 공작관과 분석관 그룹이 있었다. 이미 1995년에 CIA 분석총국의 분석관 몇 명이 일부 공작총국 요원들과 합류해 아프가니스탄에 대해 작업을 시작하고 알카에다(기지)로 알려진 단체를 조사했다. 알렉 거점(Alec Station)이라고 불린 이 CIA 조직이 알카에다 표적 분석팀의 핵심이 되었다. 이 팀은 아프가니스탄에서 소련에 맞서 싸웠고 무자헤딘(mujahideen)의 자금조달을 도왔던 한 미지의 사우디 사람에 관해 수많은 보고서를 작성했다. 이 팀은 공작 정보 보고(operational intelligence reporting)를 조사하고 알카에다 네트워크의 자금조달, 모집, 리더십 및 작전역량에 대해 충분히 파악하게 되었다. 이 소수의 표적 분석관이 정책결정자들을 위해 PDB 항목 및 기타 긴 보고서를 계속해서 작성했지만, 점차 공작총국의 활동을 지원하는 업무에 흡수되어, 알려진 테러리스트를 추적해서 위치를 파악하고 체포하는 것에 도움을 주었다. CIA 분석총국의 분석관들 대부분이 활동 요원들과 일상적인 접촉이 거의 없지만, 이들과 달리 표적 분석관들은 수집관들과 공작 수준의 논의에 몰두했다. 그들은 CIA 내 다른 어떤 분석 집단보다 출처를 잘 알았다.[17] 그들의 수는 처음에는 적었지만 1988년 케냐와 탄자니아 주재 미국 대사관 폭파 이후 서서히 증가했으며, 9·11 공격 이후에는 급증했다(<글상자 8-5> 참조).

글상자 8-5 표적화(targeting) 분석: 빈 라덴 급습

2010년 여름과 초가을에 CIA의 한 작은 분석관 팀이 빈 라덴과 접촉하고 있다고 생각되는 운반책에 대해 단서를 확보했다는 사실을 필자는 몰랐다. 결국 그는 2500만 달러의 현상금이나 파키스탄인의 도움을 통해 발견되지는 않았다. 빈 라덴은 CIA 전문가들의 구식 탐정 작업과 길고 힘든 분석을 통해 발견되었다. 빈 라덴 급습에 많은 영웅이 활약했고 워싱턴에서는 훨씬 더 많은 사람이 그 공을 차지하려고 했지만, CIA의 비범한 분석관들이 없었다면 급습은 없었을 것이다.

_로버트 게이츠, 전 국방부 장관, 2014년

출처: Robert M. Gates, *Duty: Memoirs of a Secretary of Defense*(New York: Knopf, 2014), pp.538~539.

CIA는 대테러센터에 이미 있던 소수의 표적 분석관을 증원하기 위해 부내 범죄·마약센터에 있는 분석관들에게 눈을 돌렸다. 이들은 마약 밀매업자와 조직범죄 단체를 추적하고 활동 요원들과 법집행기관이 그들을 체포하는 작전을 지원하는 일에 익숙했다. 이러한 기량은 대테러센터와 나중에 국가대테러센터에서 더 큰 규모로 벌이는 대테러 작전으로 쉽사리 이전되었다. 범죄·마약센터의 수장 출신이 표적 분석을 다음과 같이 설명했다. "정보공동체 내 표적 분석관들은 정책 결정 프로세스를 지원하기 위한 분석 보고서를 작성하는 데 집중하기보다는, 작전 목적을 위해 개인, 네트워크 및 조직을 상세하게 파악하려고 노력한다. 이러한 작전 목표는 관련된 개인이나 단체에 관해 추가 정보를 수집하기 위한 계획 수립부터 그들의 활동을 교란하기 위한 작전 설계에 이르기까지 다양할 수 있다."[18]

오늘날 표적 분석은 정치·군사·경제 분석과 나란히 하는 주요 분석 분야로 여겨진다. 국방정보기관들과 CIA는 이러한 어려운 임무를 맡을 분석관들을 채용해서 훈련하고 있다. 모든 분석관이 증거와 출처 평가하기, 기만을 찾아내기, 정보 간극을 메우기, 체계화된 분석기법을 사용하기 등에 관해 훈련받는데, 그런 훈련의 대부분이 표적 분석에도 매우 타당하다. 표적 분석이 구별되는 것은 데이터 세트와 출처가 다르고, 전문화된 데이터 마이닝(data mining) 도구가 일부 다르며, 일련의 표적에 대해 사용하는 네트워크 분석기법이 다르다는 점이다. 이리하여 표적 분석이 테러, WMD 확산, 반란, 마약 밀매, 대적정보 또는 사이버 위협을 겨냥할 수 있다. 이 분석관들도 정책결정자를 위해 위협 평가서를 작성하지만, 그런 위협의 식별·제거를 담당하는 정보기관 활동 요원, 군대 및 법집행 관리들에게 긴밀한 지원을 제공하는 업무에 훨씬 더 몰두한다.

위기관리: 태스크 포스 보고

일일 전술정보 지원이 가장 중요할 때는 아마도 고위 관리들이 멀리 떨어진 곳의 급변하는 사태를 파악하려고 하는 위기 상황일 것이다. 이러한 위기를 관리하기 위해 정책결정자들은 종종 관례적인 정보 보고 이상의 것을 요구한다. 따라서 주요 사태가 전개될 때 CIA 등 정보기관은 흔히 여러 부서에서 차출된 분석관들로 구성된 특별 태스크 포스(task force)를 설치해 이슈를 더욱 심층적으로 24시간 커버한다. 일찍이 쿠바 미사일 위기 때 CIA가 이런 본보기를 보였다. 소련의 미사일 선적을 발견한 CIA는 신속하게 팀을 구성해 수집 범위를 확대하고 모스크바, 아바나 및 쿠바 주변 해역의 동향에 관해 **상황 보고 (situation reports, sit-reps)**를 생산했다. 그 유명한 13일 동안 공중 수집이 재개되었으며, 쿠바에 접근하는 소련 함정에 대해 그리고 의심스러운 미사일 기지의 소련 미사일 요원들에 대해 신호정보 수집이 증가했다. 인간정보 출처는 해당 미사일의 준비상태에 관해 밝힐 수 있는 어떤 첩보라도 있는지 조사를 받았다. 분석관들은 미사일 기지 자체의 영상 등을 빈번히 업데이트했다.

특급기밀인 U-2기 사진을 공개적으로 사용한 가장 유명한 사례를 보자. 미국 대사 애들레이 스티븐슨(Adlai Stevenson)이 유엔 안전보장이사회에 소련

미사일의 증거를 제시해 미국이 소련을 현행범으로 체포했음을 입증했다. 군사 분석관들은 존 F. 케네디 대통령의 NSC 수장위원회에 자주 브리핑했으며, 해당 미사일이 언제 가동될 수 있을지 추정하도록 요청받았다. 이 모든 첩보가 케네디가 미사일 철수를 협상할 시간이 얼마나 남았는지 손수 계산하는 데 직접적으로 작용했다.

태스크 포스는 자원 요구로 인한 제약 때문에 위기가 가장 심각한 짧은 기간만 유지된다. 중동에서 전쟁이 예상되거나 발발했을 때, 태스크 포스가 구성되었다. 마찬가지로, 소련의 영향권 내부에서 위기가 발생했을 때 — 예컨대, 1968년 프라하의 봄을 소련이 진압했을 때 또는 1981년 폴란드에서 계엄령이 발동되었을 때 — 태스크 포스가 가동되어 소련의 외교적·군사적 움직임을 모니터하고 보고했다.[19] 태스크 포스는 정책적 요구에 대한 신속하고 조율된 반응이 긴급히 필요할 때 특히 유용하다. 왜냐하면, 태스크 포스가 한 문제에 대한 모든 전문지식을 끌어모으고, 다수의 수집기관에 수집 요구사항을 신속히 전파하며, 정보가 틀림없이 위기 상황에 관한 일관되고 공통된 그림을 제공하도록 담보하기 때문이다.

이러한 종류의 정책 지원의 초기 사례 중 하나는 1990년 유고슬라비아 해체로 탄생한 발칸 태스크 포스(BTF) 설치였다. 1992년 6월 설치된 이 조직은 정보공동체 역사상 최초이자 가장 오래 지속된 기관 간 태스크 포스가 되었다. 30개월 이상 지속된 BTF는 조지 H. W. 부시 대통령 재임 기간에 시작되어 클린턴 대통령 첫 임기 동안 계속된 유고슬라비아 해체 과정을 추적했다. 당시 로버트 게이츠 CIA 부장이 발칸지역 전체로 불안정이 확산하는 여러 가지 우려 상황을 관리하도록 부시 대통령을 지원하기 위해 이 태스크 포스 설치를 발표했다.[20] 실제로는, BTF 업무의 대부분이 보스니아전쟁과 세르비아에 대한 제재에 집중되었다.

BTF의 조직 구조는 정보가 대통령과 휘하의 민·군 보좌관들에게 제공할 수 있는 광범위한 정책 지원 기능을 잘 보여준다. BTF는 다음 세 가지 주요 기능을 가졌다. ① 발칸 위기에 대해 강화된 수집 활동을 중앙 집중화하고 조율하는 일, ② 세르비아와 그 동맹국들에 대한 경제 제재 모니터링을 중앙 집중화하고 조율하는 일, 그리고 ③ 미국 정책에 대한 일반적·전술적 군사정보 지원을 조율하는 일이다. 실제적인 면에서, 이에 따라 CIA는 대통령의 결정이 요구할 정보-수집 우선순위를 높이기 위해 국가안보국, 국방정보국 및 산하 공작총국의 수집 부문 고위 대표를 태스크 포스에 합류시켰다. BTF는 또한 이러한 활동을 추적하고 미국 정책의 여러 측면을 직접적으로 지원하기 위해 세 개의 분석 팀을 설치했다.

- 정치 팀: 리더십 분석뿐 아니라 역내 정치정세에 대해 현용정보와 장기 평가를 작성했다. 결국에는 주요 동향의 일일 요약본과 주간 요약본을 모두 생산했다.
- 경제 팀: 제재가 미치는 영향을 조사하고 역내 인접국들의 준수 여부를 평가하는 제재 모니터링 보고서를 주간으로 발행했다.
- 군사 팀: 유엔 평화유지군과 나중의 미군에 전술정보를 지원했는데, 일반적인 전투서열 데이터베이스, 군사적 평가, 옛 유고슬라비아로의 무기 유입 감시 정보를 포함한 전술정보 지원을 제공했다. 또한 최신 군사 보고를 매주 생산했다.[21]

BTF의 이러한 개별 분석 팀들은 부시와 클린턴 두 행정부에서 정책결정자들에게 군사 분쟁에 관해서 최신 평가를 제공하고 세르비아에 대한 경제·무기 금수조치의 시행을 직접적으로 지원하는 중요한 역할을 했다. 고객들 가운데는 행정부 관리들 외에 의회 상임위원회의 주요 의원들과 그 보좌진도 있었는데, 그들은 발칸 분쟁을 추적하면서 행정부 관리들에게 그 분쟁의 모든 사안에 관해 증언하도록 요청했다. 눈에는 덜 띄었으나 마찬가지로 중요했던 사실로, 크로아티아와 보스니아에서의 인종청소 운동에 관한 BTF의 보고서들이 보스니아 난민들에게 인도주의적 원조 제공을 결정하는 데, 그리고 보스니아의 세르비아계 고위 관리들을 궁극적으로 전쟁범죄 혐의로 기소하는 데 중요한 역할을 했다.[22] 더 전통적인 방식에 따라 BTF는 매일 발간되는 「대통령일일브리핑」과 「일일국가정보」에 기사를 수록하기도 했다. 또한 BTF는 미국의 발칸 정책을 담당하는 고위 관리들을 위해서 8~12시간마다 상황 보고를 전송했다.

클린턴 행정부가 출범했을 때 보스니아는 상위의 여러 우선순위 가운데 하나였지만, 곧 대통령의 의제를 지배하게 되었다. 클린턴 행정부가 처음 개최한 두 번의 NSC 수장위원회 회의에서는 오로지 보스니아 문제만 논의되었는데, 여기서 BTF의 군사 보고서가 핵심 정보 생산물이었다.[23] 클린턴 행정부의 고위 관리들도 세르비아의 경제적 취약점에 대한 BTF의 평가에 크게 의존해서 제재의 표적 부문을 설정했다. 여러 가지 점에서, 어떻게 해야 제재가 가장 효과적일지, 즉 어떻게 해야 제재가 포괄적이고 모든 세르비아 인접 국가들을 참여시킬지에 대해 핵심 보고서를 내는 것은 BTF의 몫이었다. 정책에 실제 영향을 미친 예를 들자면, 다가오는 혹독한 겨울 동안 보스니아 내 난민의 수가 10만이 넘을 것이라는 BTF의 암울한 보고서가 계기가 되어 NSC 차석위원회가 미국 공군이 그 지역에 공중 투하할 계획인 텐트, 담요, 식량 및 연료의 양을 두 배로 늘리기로 했다. 이러한 직접적인 지원은 BTF의 책임자가 NSC, 수장위원회 및 차석위원회 회의에 CIA 부장의 배석자로 참석함으로써 더 쉬워졌다.[24] 1995년 미국·나토의 세르비아군 폭격과 보스니아·크로아티아 연합군의 승리로 인해 결국 베오그라드가 협상 테이블로 나오게 되었을 때, BTF가 역시 각 당사자의 협상 한계선과 타결 장애요인에 관해 미국 협상단에 정보를 제공하는 중요한 역할을 맡았다. 발칸지역 분석관들은 휴전이 유지될지 여하를 묻는 정책결정자들에게 보다 역사적인 관점을 제공할 수 있었다(<글상자 8-6> 참조).

글상자 8-6 「발칸 태스크 포스 보고서, 1995년 9월」(발췌)

중앙정보장의 기관 간 발칸 태스크 포스

1995년 9월 27일

발칸지역의 휴전: 역사적 개관

과거에 전국적 휴전이 가장 오래 지속된 사례들은 교전 당사자들이 일시적으로 폭력 수준을 낮추는 데 이해관계가 일치했기 때문이든가, 날씨가 어떠한 전투도 제한했기 때문이었다. 평화유지군의 존재가 휴전 지속 기간에 다소 영향을 미쳤지만 결정적이지는 않았다.

보스니아 주둔 유엔군은 이동의 자유를 완전히 누리는 한, 발효 중인 휴전 이행을 충분히 모니터한다. 그러나 유엔군이 어느 교전 당사자가 평화 프로세스를 파기하는 것을 억지하지는 못한다.

양측이 휴전을 준수하려는 어떤 유인이 — 어쩌면 전투 재개에 앞서 병력을 증강하려는 의도를 포함해 — 휴전 유지의 핵심 요인이었다. 지금까지의 '성공적인' 휴전은 공격행위를 중지하겠다는 의지를 드러냈는데, 이는 어느 쪽도 공격행위로 득을 보지 않기 때문이다. (……)

협상 당사자들이 신의를 지켜 휴전 협정에 돌입한다면, 유엔이 기존의 평화유지군과 군사 감시단을 사용해 비교적 신속하게 휴전 준수를 모니터할 수 있을 것이다. 이미 입국한 감시단이 이동의 자유를 누리는 한, 그리고 평화협정의 조건들 — 예를 들어 비무장지대, 훈련과 기동의 제한, 중무기 신고 장소의 현장사찰 등 — 이 휴전 준수의 검증을 단순화하도록 설계되는 한, 대규모의 외부 병력은 곧바로 필요 없게 될 것이다.

출처: *Bosnia, Intelligence and the Clinton Presidency: The Role of Intelligence and Political Leadership in Ending the Bosnian War*, CIA Library, https://www.cia.gov/library/readingroom/collection/bosnia-intelligence-and-clinton-presidency, 굵은 강조는 원문대로임.

여러 기관과 수십 명의 분석관들이 참여하고 거의 3년 동안 활동한 BTF의 범위와 규모는 매우 이례적이었다. 그러나 전 세계에서 정치적 불안정이나 극단적 폭력이 발생할 때마다 존속 기간과 규모가 다양한 태스크 포스를 사용하는 것은 정상이다. 보다 최근에 나타난 임시적 태스크 포스 현상의 변종은 전술적인 군사 및 대(對)반란 지원이 증가한 것인데, 이러한 지원을 현재 CIA와 국방정보국이 중동과 동남아시아의 전투원들에게 제공하고 있다. 국방부 산하 전투지원 조직으로서의 국방정보국은 항상 야전의 군사령관들을 지원하는 역할을 담당했다. 일반적으로 CIA는 야전의 군사작전에서 항상 주요한 역할을 하지는 않았다. 그러나 1990년 걸프전에서 CIA의 성과가 비판의 대상이 되자, CIA는 어떻게 군부를 지원할 것인지를 다시 생각하게 되었고, 결국 군무실(Office for Military Affairs)을 설치했다 — 그 수장은 CIA와 군부 간의 협력과 정보 흐름을 제고할 수 있는 현역 소장이다. 또한 CIA는 군부를 긴밀히 지원하기 위해 합참의장실에 고위 대표를 파견하고 각 통합사령부와 특수사령부에 선임분석관들을 파견하기 시작했다.

아프가니스탄과 이라크에서 거의 20년 동안 지속된 전쟁에서 전투사령부에 대한 정보 지원이 엄청나게 증가했다. 오늘날 CIA와 국방정보국의 수많은 분석관이 야전에 배치되어 표적 분석부터 국내와 역내의 정치·군사 정세에 대한 평가에 이르기까지 다양한 서비스를 제공하고 있다. 한편으로 이 분석관들은 지역 전문지식을 개발하는 동시에 각자의 본부로 보고서를 보내는데, 이 보고서들이 워싱턴에 있는 관리들을 위한 현용정보와 장기 평가보고서에 포함될 수 있다.

정책기관 순환근무: 책상머리 지원

의사결정권자에게 제공되는 정보 지원의 여러 유형에 관한 논의를 완결 지으려면, 중견 또는 선임급 분석관과 때로는 공작관을 핵심 정책기관에서 근무하도록 파견하는 관행을 언급해야 할 것이다. 이에 대한 가장 좋은 예를 NSC에서 찾을 수 있는데, NSC에 파견된 정보 관리는 지역별 또는 요소별 부서 가운데 한 곳에서 1~2년 근무하도록 요청받는다. 정보 관리들이 NSC에서 소중하게 여겨지는 한 가지 이유는 정책 편향이나 기관 편향이 없다는 점, 즉 정책을 옹호하지 않도록 훈련받았다는 점이다. 따라서 직업 외교관이나 군 장교와 달리, 이들은 국무부나 국방부의 정책 선호를 백악관으로 가져오지 않는다고 생각된다. 이들의 또 다른 강점은 전문지식에 있다. NSC에서 근무하는 대부분의 정보 관리들이 담당 지역이나 기술 이슈를 다년간 다루었으며 자수성가한 전문가들이다. 좋은 예로, 조지 W. 부시 대통령의 NSC에서 근무한 데니스 와일더(Dennis Wilder)가 있다. CIA 중국 분석관이자 고위 관리자 출신인 와일더는 중국학 박사학위를 가지고 있으며, 2001년 미국 정찰기가 불시착했을 때, 기체와 승무원 송환을 위한 까다로운 협상을 포함해 수많은 위기에 깊이 관여했다.[25]

국무부와 국방부로의 정책기관 순환근무 또한 정례화되어 있다. CIA 차장을 지낸 존 매클로플린(John McLaughlin)이 언급했듯이, 정책기관과 정보기관이 모두 이러한 순환근무를 높이 평가한다.[26] 한편, 국무부나 국방부는 인정받는 정보 전문가로부터 그가 맡은 정책 이슈에 관련된 서비스를 받는다. 정책 관리들은 이 순환보직을 통해 정보를 질문하고 과제를 부여함으로써 정보공동체와 더욱 직접적으로 소통할 수 있다. 반면에, 직업 정보관들은 정책 프로세스를 전체적으로 조망하고, 경력 후반기에 도움이 될 수 있는 정책적 접촉 네트워크를 개발할 수 있으며, 그러한 정책기관에 어떤 종류의 정보가 유용할지와 관련해 더 깊은 통찰을 얻는다.

흔히 발생하는 일이지만, 이러한 정책 순환보직에서 뛰어난 성과를 보인 정보관은 정책 프로세스에 대한 이해와 고위 정책결정자와의 관계가 소중하다고 판단되기 때문에 위로 승진한다. 필자의 경우, 국무부에서의 정책 순환근무 덕분에 국가정보관으로 발탁되었다. 이 직책은 NSC, 국무부 및 국방부의 고위 관리들과 좋은 평판을 쌓아야 얻을 수 있는데, 필자는 이미 그곳에서 인정받은 인물이었다. 경력 초기에 국무부에서 근무한 적이 있는 매클로플린도 정책 프로세스가 어떻게 작동하는지 더 잘 알아서 고위 정책 관리들에게 능력을 입증한 후, (워싱턴 외곽에 있는) CIA가 시내의 폭넓은 고객들과 관계를 개선하도록 도운 것이 자기 경력이 성공한 일부 요인이라고 본다.

주요 도전과제: 정보 우선순위 조정하기

앞서 설명했듯이, 의사결정자들의 정책 수립·집행에 대한 정보 지원은 고객이 누구인지 그리고 그들의 구체적 요구사항이 무엇인지에 따라 여러 형태로 나타난다. 이 책 서두에서 언급했듯이, 정보는 유한한 자원이며, 첩보와 분석에 대한 수요가 공급을 초과할 때는 불가피하게 어떤 절충이 이루어진다. 수집 분야에서는 적어도 정책 사용자들의 즉각적이고 장기적인 요구사항에 이론적으로 순위(1부터 5까지)를 매기는 '국가정보 우선순위 틀'이 있다. 물론 실제로는 즉각적이고 긴급한 요구사항이 다른 중요한 우선순위를 밀어내는 경향이 있다. 이것은 분석 자원에도 해당하는데, 분석 자원 역시 유한하며 마찬가지로 광범위한 정보 주제와 정책 요구사항에 걸쳐 배분되어야 한다. 정보공동체가 직면한 여러 도전과제 가운데 가장 분명한 상충관계는 현용분석 대 전략분석, 글로벌 커버리지 대 특정한 위협, 군사정보 요구사항 대 국가정보 요구사항 사이에서 일어난다. 불행히도, 대개 제로섬인 상황에서 이것은 결코 쉬운 선택이 아니다.

현용분석 대 장기분석

앞서 보았듯이, 현용정보 지원은 다면적인 활동이 되었다. 역사적으로는 그렇지 않았는바, CIA는 이른바 전략 연구를 엄청나게 강조했다(그리고 이를 전담하는 부서를 두었음). 이러한 전략연구실과 나란히 현용정보실이 있었다. 이들 부서는 CIA 분석총국이 일련의 지역별·요소별 부서로 재편될 때까지 10년 이상 공존했다. 시간이 지남에 따라, 특히 냉전 종식 및 글로벌한 대테러 전쟁의 등장과 더불어 적시에 실행 가능한 정보(즉, 신속하게 조치할 수 있는 첩보)를 제공하는 일에 새로운 중점이 두어졌다. 이 전형은 「대통령일일브리핑(PDB)」의 위상 제고였다. PDB는 CIA와 나중에는 국가정보장이 대통령과 그의 보좌진에게 어필하는 관계를 상징하게 되었다. 「국가정보판단서」 등 장기 평가서에 대한 해묵은 비판은 생산하는 데 시간이 너무 걸리고, 장황하며, 거의 읽히지 않는다는 것이다. 이에 대한 하나의 예로, 사담 후세인에 대한 무력 사용을 승인하기 위한 상원 표결에 앞서 단 여섯 명의 상원의원만 이라크의 WMD 프로그램에 관한 2002년 「국가정보판단서」를 읽었다는 사실은 유명하다. 아이러니하게도, 그 판단서 작성을 요청한 주체가 상원 정보특별위원회였다. 일부 인사는 장기 평가서가 자신들의 현안에 초점을 맞추는 경우가 좀처럼 없다고 종종 비난한다. 이에 따라 PDB 및 「전세계정보보고」와 같은 현용정보 생산물을 선호해 장기 심층적 평가서를 경시하는 위험한 추세가 있었다.

정보기관이 정책결정자에게 유용한 적시의 간결한 보고서를 생산해야 한다는 것은 분명해 보일 수 있지만, 단기 생산을 우선하는 것은 정보 분석관들이 전문지식을 구축하는 데 필요한 장기 연구 수행의 중요성을 무시하는 것이다. 정보 이슈에 대한 심층적인 이해 및 잠재적 변동이나 새로운 추세에 대해 먼 미래를 내다보는 능력에 힘입어 분석관들은 정책결정자가 적시에 조치할 수 있도록 신흥 이슈에 관심을 환기하게 된다. 9·11 이후 CIA와 정보공동체에 대한 비판 중 하나는 특히 1995년부터 테러리즘이나 알카에다에 관한 「국가정보판단서」를 전혀 생산하지 않았다는 것이다. 이는 분석관들이 대테러센터가 수행하는 공작 활동에 현용 표적화를 지원하느라 너무 바빴기 때문에 오사마 빈 라덴에 관한 장기 연구가 소홀했었음을 시사한다.

9·11위원회 보고서의 권고사항 중 하나가 PDB 등 현용정보 생산물을 생산하는 데 더 주력하는 부서에서는 관심을 기울이지 않을 주제에 관해 장기 연구를 수행할 정보조직을 국가정보위원회 안에 다시 설치하라는 것이었다. 제

6장에서 언급했듯이, 이 조직은 현재 국가정보위원회의 『글로벌 트렌드』 시리즈를 작성하는 것 외에 정보 주제의 정상적 범위를 벗어난다고 보일 수 있는 특별 프로젝트를 주로 담당하고 있다. 9·11 직전에 설계된 CIA의 선임분석관단(Senior Analytical Service, SAS)은 분석관들에게 자신들이 선호하는 지역이나 기술 분야에서 계속 전문가로 남을 기회를 제공하는데, 그 정확한 목적은 최고 우선순위 주제에 대한 심층적 전문지식을 제고하는 것이다. 이 선임분석관단은 수백 명의 고위 정보관 집단인데, 이들은 복잡한 분석 과제를 지도하고 러시아, 중국, 이란 등과 같은 주제에 관해 대통령이나 각료와 '심층' 토론을 수행하라는 요청을 종종 받는다.

그러나 특히 CIA와 국방정보국에서 충분히 많은 분석관이 그러한 주제에 대한 더 깊은 이해가 요구될 때를 대비해, 전문지식을 함양하기 위한 장기 연구를 수행하고 있는지는 여전히 의문이다. 분석관들 대부분이 경력 경로에 따라 여러 부서를 옮겨 다니며 정보 표적을 바꾸는 현실을 고려할 때, 다방면의 기량(generalist's skill)에 비해 깊은 전문지식을 경시하는 경향이 요즘 있다. 고위 정보 관리자들이 언젠가 더 중요해질 수 있는 이슈에 충분한 분석 자원이 투입되도록 조치하지 않을 경우, 그런 경향이 정보 간극을 유발할 수 있다.

글로벌 커버리지 대 특정 위협

미국의 정보활동은 글로벌한 정보 사업임을 자부한다. 전 세계에 널리 걸쳐 있는 미국의 이익을 고려할 때, 정보공동체는 어느 정책결정자가 알고 싶을 수 있으므로 어떤 국가, 표적, 주제라도 모두 추적해야 한다고 생각하는 경향이 있다. 이것은 대형 정보공동체라도 쉽게 달성할 수 없는 목표다. 이른바 글로벌 커버리지(global coverage)에 관해 결정하는 문제가 얼마나 많은 수집이 필요한지를 둘러싸고 반복되는 경우가 흔하다. 이란·북한과 같은 구체적 위협은 첩보와 분석을 끝없이 요구하는 경향이 있다. 따라서 미국과 이해관계가 거의 없는 다수의 개도국에 대해 정보 우선순위를 높이는 것은 정당화하기 어렵다. 예를 들어, 1990년대 초 정보공동체의 예산과 인력이 감축되던 기간에 수집 활동이 축소되어 아프리카 일부 지역의 무관실과 CIA 거점이 폐쇄되었다. 그러다가 1994년 르완다 집단학살이 발생했는데, 이 사건이 중앙아프리카 정세에 관한 수집과 커버리지가 비교적 빈약하다는 것을 극적으로 조명했다. 모종의 외교 보고가 있었지만, 당연히 받아야 할 주목을 받지 못하다가 대규모 학살이 발생하고 말았다.[27]

글로벌 커버리지 범주에 속하는 주제는 전혀 커버하지 않는 경우가 많다. 라디오·텔레비전 방송과 온라인 매체의 블로그 같은 자료를 수집하는 공개출처 사업에 그처럼 낮은 우선순위를 부여하는 것은 흔히 본능적이다. 그러나 그런 공개출처에 의존할 때는 무관이나 외교관 또는 CIA 공작관의 보고를 요하는 다른 수집 활동을 신속히 늘리기가 어려울 것이다. 어느 국가의 우선순위가 낮다고 판단되는 경우는 대개 그곳 사태를 주시할 분석관이 거의 없다는 것을 의미한다. 예컨대, 역사적으로 CIA는 중국, 러시아, 이란 등 큰 표적을 추적하는 분석관은 통상 많이 보유했지만, 아프리카와 중남미 대부분을 커버하는 분석관들은 소수에 불과했다. 이 때문에 정보 요청의 증가에 대응하기 위해 르완다 같은 문제나 다른 분쟁지역에 수집 활동을 급히 늘리고 분석관을 추가 배치하는 일이 종종 필요했다. 이러한 문제의 최근 사례로, 2010년 튀니지에서 독재정권에 항거하는 폭력과 반란이 발생해 이른바 아랍의 봄이 시작되었지만, 정보 커버리지는 제한적이었다.

이러한 상충관계에 대한 신속한 치유책은 없는바, 이는 불안정 국가나 실패국가로 쉽게 전락할 수 있는 개도국이 너무 많기 때문이다. 2017년 짐바브웨에서 장기 국가수반 로버트 무가베(Robert Mugabe)가 전복된 사례는 안정적으로 보이는 상황도 신속하게 악화해 정보적 관심을 더 요구할 수 있음을 강조한다. 우선순위가 낮은 정보 주제에 대해 더 깊은 지식을 확보하려면 때때로 대학의 외부 전문가나 컨설팅회사에서 일하는 전직 정보 전문가를 활용해야 한다. 현실적으로 말해서, 정보공동체가 태스크 포스를 구성하거나 현용정보 커버리지를 종래 필요하다고 본 것보다 더 확대함으로써 신생 문제로 신속하게 관심을 돌릴 수 있도록 충분한 융통성과 탄력성을 갖추어야 할 것이다.

군사정보 요구사항 대 국가정보 요구사항

앞에서 언급한 도전과제와 밀접하게 연관된 것으로, 정보공동체가 고위 문민 지도자들의 반대편에 있는 군부의 사용자들에게 얼마나 많은 관심을 기울여야 하는지가 이슈다. 양측의 정보 요구사항이 중첩되나 종종 갈라지기도 한다. 국방부가 정보자원 대부분을 통제하기 때문에 민간 정보기관과 타 부처 정책결정자들의 국가정보 우선순위에 비해 군부 사용자들이 유리한 경향이 있다. 특히 국방부는 국가안보국의 신호정보 활동뿐 아니라 상공의 주요 위성 수집 시스템 — 국가정찰실이 운영하고 국가지공간정보국이 이용함 — 을 통제한다. 전투원에 대한 지원이 최고의 정보 우선순위가 되어야 한다는 강력한 주장이 반복적으로 제기되었다. 이것이 사실임이 입증된 경우는 1990~1991년 사막의 방패 작전(Operation Desert Shield)과 사막의 폭풍 작전(Operation Desert Storm), 1990년대 중반 발칸전쟁, 그리고 2000년대와 2010년대의 이라크전쟁과 아프가니스탄전쟁이었다. 걸프전에서 배운 교훈 하나는 군사령관들이 야전의 정보 요구사항에 대한 국가정보공동체의 더 많은 공헌을 요구한다는 점이다. 예컨대, CIA의 분석이 종종 너무 높은 비밀등급 때문에 비밀취급 인가를 거치지 않은 일선 지휘관들에게 제공될 수 없다는 군사령관들의 불평이 잦았다. 오늘날에는 야전용 군사정보의 비밀등급을 낮추는 과정이 훨씬 더 효율적인데, 이는 아프가니스탄과 이라크전쟁의 영향으로 어떤 첩보가 필요한지를 신속하게 결정할 수 있는 분석관들이 전방 작전지역에 더 많이 투입되기 때문이다.

그렇긴 하지만, CIA의 오래된 우려 사항은 국방부의 정보 우선순위가 군부 사용자들에게는 덜 중요하나 워싱턴의 정책결정자들에게는 매우 흥미로운 정치·경제 정보에 소홀하다는 점이다. 2004년 정보개혁·테러방지법 제정이 그토록 논란이 많았던 이유 중 하나는 **대통령 정보자문단**(President's Intelligence

Advisory Board, PIAB)의 초기 권고안이 국가안보국과 국가정찰실을 강화된 중앙정보장 휘하로 이전할 것을 요청했기 때문이다.[28] 상원 군사위원회 위원들이 — 도널드 럼즈펠드 국방부 장관과 더불어 — 이 권고안에 집요하게 반대함으로써 그 기관들이 국방부의 전투지원 조직으로 남아 있다.[29] 그러나 이는 정보기관들 사이의 영역 이슈가 얼마나 예민할 수 있는지를 부각했다.

미래를 내다볼 때, 미국 정보활동은 한정된 수집·분석 자원을 놓고 경쟁하는 모든 수요 사이에서 균형을 취할 필요성과 관련해, 여전히 어려운 결정에 직면할 것이다. 미국이 지구상의 수많은 국제문제에 여전히 개입하는 한, 군사적 정보 요구사항과 현용정보에 두어지는 중점이 크게 이동할 것으로 생각하기는 어렵다. 임시방편으로서, 불가피하게 정보공동체는 다음 분쟁이나 위기가 어디일지에 대해 내기를 걸어야 할 것이고, 첩보와 분석이 필요한 어디든지 증강할 수 있도록 충분히 신축적인 인력 시스템과 정보 수집 시스템을 발전시켜야 할 것이다. 새로 위기 태스크 포스를 설치하는 관행도 새로운 결정과 행동 요청에 직면하는 정책결정자들을 위해 충분한 정보활동을 보장하는 중요한 도구로 남을 것이다.

유용한 문서

Bosnia, Intelligence and the Clinton Presidency: The Role of Intelligence and Political Leader ship in Ending the Bosnian War, CIA Library, https://www.cia.gov/library/readingroom/collection/bosnia-intelligence-and-clinton-presidency. 정보가 중요한 역할을 담당한 주요 위기에 관해 비밀 해제된 정책 문서와 정보보고서를 모은 가장 좋은 자료다.

President's Daily Brief: Nixon and Ford PDBs Released in 2016, CIA Library, https://www.cia.gov/library/readingroom/presidents-daily-brief. 닉슨과 포드 대통령 재임 기간의 정보 우선순위를 반영하는 「대통령일일브리핑」 항목 가운데 삭제된 항목을 포함하는 최근 자료다.

더 읽을거리

Peter Bergen, *Manhunt: The Ten-Year Search for Bin Laden from 9/11 to Abbottabad* (New York: Broadway, 2012). 한 주요 대테러 전문가가 CIA가 어떻게 오사마 빈 라덴을 추적해서 결국 표적화했는지를 검토한다.

Ellen Laipson, *Intelligence: A Key Partner to Diplomacy*, Case 337, Institute for the Study of Diplomacy Case Study Series(Washington, DC: Georgetown University, 2017). 한 전직 관리가 주요 협상에서 정보가 수행한 역할을 평가한다.

Michael Morell, *The Great War of Our Time: The CIA's Fight against Terrorism - from al Qa'ida to ISIS*(New York: Hachette, 2016). 나중에 고위직으로 승진한 PDB 브리핑 담당관 출신의 그 저자가 역대 대통령들이 어떻게 실행 가능한 정보를 받아서 사용했는지 설명한다.

David Priess, *The President's Book of Secrets: The Untold Story of Intelligence Briefings to America's Presidents from Kennedy to Obama*(New York: PublicAffairs, 2016). 한 실무자가 PDB의 역사를 기술하고 그 중심적 역할을 평가한다.

주석

첫 번째 명언: R. V. Jones, "Intelligence and Command," *Intelligence and National Security*, Vol.3, No.3(July 1988), p.288.

두 번째 명언: ODNI, *National Intelligence Strategy of the United States: 2019*, p.10, http://www.dni.gov/files/ODNI/documents/National_Intelligence_Strategy_2019.pdf.

1 백서의 몇 가지 예를 들자면, 2002년 이라크 WMD 판단서에서 공개된 내용을 추출한 백서, 1980년대 소련 군사력에 관해 국방정보국이 작성한 백서 시리즈, 중국 군사력에 관한 최근의 국방정보국 백서 등이 있다. DIA, *China Military Power: Modernizing a Force to Fight and Win 2019*, https://www.dia.mil/Military-Power-Publications 참조.

2 Jack Davis, "Facts, Findings, Forecasting, and Fortune-Telling," *Studies in Intelligence*, Vol.39, No.3(1995), pp.25~30.

3 필자가 2017년 11월 전직 국방정보국 고위 관리와 주고받은 이메일 서신은 현용·장기 분석에 관한 것이었다.

4 David Priess, *The President's Book of Secrets: The Untold Story of Intelligence Briefings to American Presidents*(New York: PublicAffairs, 2016), p.5. 이것은 아마도 PDB를 가장 포괄적으로 조사한 문헌일 것이다. CIA 사관(史官) 출신의 저자는 연구의 일환에서 PDB 브리핑 담당관들을 인터뷰하고 많은 PDB를 검토했다.

5 같은 책, 25쪽.

6 같은 책, 54쪽.

7 같은 책, 283쪽.

8 Michael Morell, *The Great War of Our Time: The CIA's Fight against Terrorism - From al Qa'ida to ISIS*(New York: Hachette, 2016), p.32.

9 Julian E. Barnes and Michael S. Schmidt, "To Woo a Skeptical Trump, Intelligence Chiefs Talk Economics Instead of Spies," *New York Times*, March 3, 2019, https://www.nytimes.com/2019/03/06/us/politics/trump-daily-intelligence-briefing.html?smid=nytcore-ios-share.

10 Ellen Laipson, *Intelligence: A Key Partner to Diplomacy*, Case 337, Institute for the Study of Diplomacy Case Study Series(Washington, DC: Georgetown University, 2017).

11 현재의 미·러 핵무기 통제 협상과 모니터링 조항에 관해 더 자세한 설명은 Amy F. Woolf, *The New START Treaty: Central Limits and Key Provisions*, Congressional Research Service(October 5, 2017), https://fas.org/sgp/crs/nuke/R42192.pdf 참조. 최근 미국의 접근방식은 주로 국가기술수단과 데이터 교환·통보에 의존하며, 특히 데이터 교환의 정확성을 확인하기 위해 배치된 시스템에 대한 현장사찰 일정을 잡거나 급박하게 실시한다.

12 1987년 국방부는 여러 조약의 이행 책임을 관리하는 현장사찰국(On-Site Inspection Agency)을 신설했다. 나중에 이 조직을 흡수한 국방위협감소국(Defense Threat Reduction Agency,

DTRA)은 수많은 군비통제 조약과 WMD 협정에 따른 미국의 의무를 이행하기 위해 연간 약 30억 달러를 주무른다.

13 CIA, "Memorandum for the Record, Admiral Turner's Contribution to SALT, January 21, 1981," 2003년 3월 3일 공개됨, https://www.cia.gov/library/readingroom/docs/CIA-RDP88B00228R000800260001-8.pdf 참조.

14 이 논의에 도움을 준 것은 1980년대 군비통제정보단의 활동을 직접 감독했던 전직 선임분석관들과의 대화였다.

15 빈 주재 미국 대표부의 공식 명칭은 '빈의 국제기구 주재 유엔대표부'다. 이 대표부는 IAEA에 대해서뿐만 아니라 포괄적핵실험금지기구(Comprehensive Test Ban Organization, CTBO), 국제마약통제위원회(International Narcotics Control Board, INCB) 등 다수의 다른 유엔 관련 국제기구에 대해서도 미국을 대표한다.

16 1957년 유엔에 의해 설립된 IAEA는 핵에너지의 평화적 사용을 촉진하고, 각국이 핵에너지 프로그램을 군사적 목적으로 전환하지 않고 있다는 것을 검증하기 위해 안전조치를 개발하는 최고의 과학·기술 기구가 되었다. 그래서 IAEA 산하에 원자력의 평화적 사용을 검증하는 업무를 담당하는 안전조치 부서(Department of Safeguards)가 있다. IAEA는 회원국의 핵 시설이 비확산조약 의무를 위반하지 않고 있다는 것을 검증하기 위해 문서 제출과 기술 사찰관 팀에 의한 현장사찰을 요구할 수 있다.

17 이 첩보는 1995~2013년 대테러센터(CTC)에서 근무한 두 명의 전직 표적 분석관과의 소통에 근거한다.

18 John Kringen, "Serving the Senior Military Consumer: A National Agency Perspective," in Roger Z. George and James B. Bruce, *Analyzing Intelligence: National Security Practitioners' Perspectives*(Washington, DC: Georgetown University Press, 2014), p.108.

19 필자가 인터뷰한 전직 군사 분석관에 따르면, 어떤 주제에 관한 보고 역량 제고를 위해 부서 수준의 더 비공식적인 태스크 포스 설치가 잦았다. 그 주제는 아르헨티나와 영국 간 포클랜드전쟁, 쿠바의 앙골라내전 개입, 중화인민공화국과 중화민국(대만) 간 여러 차례의 대만해협 위기 등 다양했다.

20 Deputy DCI, Memorandum to National Foreign Intelligence Board, "Establishment of the Interagency Balkan Task Force"(June 12, 1992), in *Bosnia, Intelligence and the Clinton Presidency: The Role of Intelligence and Political Leadership in Ending the Bosnian War*, CIA Library, https://www.cia.gov/library/readingroom/collection/bosnia-intelligence-and-clinton-presidency 참조.

21 Deputy DCI, Memorandum to National Foreign Intelligence Board, p.33. 리더십 분석은 각 외국 지도자의 개성, 의사결정 스타일, 이념적·정치적 확신 등에 중점을 두고 있다. 외국 관리들과 협상하는 외교관과 군사령관들이 이 보고서를 높이 평가하고 있다.

22 CIA는 BTF의 활동 결과에 따라 전쟁범죄 팀을 설치해서 정보 보고와 망명자 디브리핑(debriefing)을 통해 목격담을 수집했다. 이 팀이 나중에 옛 유고슬라비아 관련 국제전범재판

소의 업무를 지원하기 위한 국무부 프로그램의 일부가 되었다. 이 재판소는 세르비아 대통령 슬로보단 밀로셰비치(Slobodan Milošević), 보스니아의 세르비아계 정치인 라도반 카라지치(Radovan Karadžić), 그 군사지도자 라트코 믈라디치(Ratko Mladić) 등 유명 인물들을 기소했다.

23 Daniel Wagner, "Year One of the DCI Interagency Balkan Task Force," in *Bosnia, Intelligence and the Clinton Presidency*, p.18. BTF의 고위 책임자에 의하면, 이 첫 두 회의의 초점은 보스니아의 세르비아계가 무슬림들을 수용소에 가두어놓고 있다는 뉴스였으며, BTF는 그 수용소로 의심되는 장소들을 표시한 지도를 이미 작성했었다.

24 A. Norman Schindler, "Reflections on the DCI Interagency Balkan Task Force," in *Bosnia, Intelligence and the Clinton Presidency*, p.25.

25 와일더는 그 사건 당시 NSC의 동아시아 담당 선임 국장으로 근무했다. 2001년 4월 미국 해군의 EC-3 정찰기가 중국 전투기(조종사 사망)와 충돌해 하이난섬에 불시착해야 했다 — 기체가 압류되고 승무원이 억류되었다. 긴 송환 협상에서 그는 부시 대통령에게 대응 방안을 조언한 핵심 전문가의 일원이었다. 그는 나중에 CIA의 부서장이 되고 중요한 PDB 작성 업무를 지휘했으며, 은퇴한 후에는 조지타운 대학교에서 가르쳤다. 와일더의 활약상에 대해서는 Chris Nelson, "America's China Brigade," *International Economy*, Spring 2007, http://www.international-economy.com/TIE_Sp07_Nelson.pdf. 참조.

26 John McLaughlin, "Serving the National Policymaker," in George and Bruce, *Analyzing Intelligence*, pp.81~92.

27 르완다 위기와 관련된 상세한 보고는 국가안보 아카이브(National Security Archive)를 참조하라. 여기에 그 위기의 전개에 관한 현용정보 보고가 일부 비밀 해제되어 들어 있다. 예를 들어 William Ferragiaro, "The United States and the Genocide in Rwanda 1994: Information, Intelligence, and the U.S. Response," March 24, 2004, National Security Archive, https://nsarchive2.gwu.edu/NSAEBB/NSAEBB117 참조.

28 조지 W. 부시 대통령 밑에서 대통령 정보자문단을 이끈 브렌트 스코크로프트가 이 권고안을 만들었으나 도널드 럼즈펠드 국방부 장관의 심한 반대와 부딪쳤다고 한다. Philip Zelikow, "The Evolution of the Intelligence Reform: A Personal Reflections," *Studies in Intelligence*, Vol.56, No.3(2012), pp.6~9, https://www.cia.gov/library/center-for-the-study-of-intelligence/csi-publications/csi-studies/studies/vol.-56-no.-3/pdfs/Studies56-3-September2012-18Sep2012-Web.pdf 참조.

29 정보·국방 간 영역 싸움에 관해 뛰어난 논의를 보려면, Michael Allen, *Blinking Red: Crisis and Compromise in American Intelligence after 9/11*(Dulles, VA: Potomac Books, 2013), esp. p.14~15.

제9장

—

정책을 지원하는 비밀공작

비밀리에 다른 나라의 내부 정치에 간섭하는 것은 불쾌한 일이며, 우리의 국내 제도·가치와도 잘 맞지 않는다. 반면에, 미국인들이 아무리 싫어하더라도 세상이 지저분할 때가 빈번하다. 우리가 경쟁하려면 우리도 상대방처럼 지저분할 필요가 있다고 종종 보인다.

_그레고리 트레버튼, 『비밀공작(Covert Action)』(1987)

CIA의 가장 큰 실수들은 비밀공작을 수반했다는 것이 사실이다. 그러나 예외 없이 그런 실수들은 잘못된 정책을 추구하는 대통령의 명령에 따라 수행된 것도 사실이다. 그리고 극적으로 실패한 모든 비밀공작의 경우, 대통령과 정책결정자들이 국익 목적을 달성할 수 있도록 보이지 않는 손으로 도와준 사람들이 있었다. 이런 일은 언제나 진한 흔적을 남기기 마련이다.

_잭 디바인(Jack Devine), 수많은 비밀공작을 담당한 전직 CIA 고위 관리

이 장에서는 정책 실행자로서의 CIA 역할, 곧 CIA가 대통령의 지시에 따른 특수작전을 지원하기 위해 비밀공작을 수행하는 경우를 탐구할 것이다. 흔히 부동(不動, inaction)과 군사력 사용 사이 '제3의 길'로 묘사되는 비밀공작은 대통령과 국가안전보장회의(NSC)가 마음대로 쓸 수 있는 또 다른 정책 수단이다. 비밀공작은 CIA가 정책을 집행하는 유력한 의사결정자로서 참여하는 한 분

야인데, 이로써 CIA는 정책 형성에서 한몫을 담당한다. 이와 동시에 CIA는 엄격한 지침 아래 활동하는데, 미군이 자체의 특수작전을 수행하는 경우보다 더 많은 대통령의 관여와 의회 통보가 요구된다. 이 장에서는 비밀공작에 수반되는 목적, 범위 및 프로세스를 살펴보고, 특히 대통령과 NSC, 의회가 책임을 부여하고 감독하면서 수행하는 역할을 다룰 것이다. 또한 주요한 성공과 실패 사례들을 검토하고 교훈을 도출할 것이다. 끝으로, 이 장은 비밀공작이 CIA와 더 넓게 미국 정부에 제기하는 특별한 도전과제를 조명할 것이다.

비밀공작이란 무엇인가?

미국의 맥락에서 볼 때, 시간이 지남에 따라 의미가 진화한 비밀공작은 미국 정부가 취하지만 그 역할이 감추어지거나 부인될 수 있도록 설계된 일련의 조치를 가리키는 말이다. 1947년 국가안전보장법 제503조 (e)항에 의하면, 비밀공작이란 "국외에서 정치적·경제적·군사적 조건에 영향을 미치기 위한 미국 정부의 활동으로서 미국 정부의 역할이 드러나거나 공개적으로 인정되지 않도록 의도하는 경우다". 나중에 상술하겠지만, 그런 활동은 군사적·외교적·경제적 성격의 장기 공작이거나 단기 공작일 수 있으며, 자원과 인원이 대거 투입되거나 조금만 투입될 수도 있다. 이 모두가 대통령과 그 보좌진이 설정하는 목표에 달려 있다.

냉전이 시작된 1940년대 후반, 해리 트루먼 대통령과 그의 보좌진은 유럽에서 벌어지는 소련의 전복활동을 크게 우려했다. 1946~1949년 그리스 내전에 모스크바가 개입하고 1948년 소련이 지원한 쿠데타로 체코슬로바키아 정부가 전복된 데다 서유럽에서 공산당의 영향력이 커지자, 워싱턴이 대책을 궁리하기 시작했다. 미국의 새로운 봉쇄정책의 아버지이자 유럽을 위한 마셜플랜(Marshall Plan)의 기초자인 조지 케넌(George Kennan)을 중심으로 다수가 즉각적인 정치전쟁을 건의했다. 트루먼은 허약한 유럽 경제를 원조하기 위한 마셜플랜을 공표한 데 이어, 'NSC-4/A'라는 지침을 통해 CIA가 정부 "공통 관심사"로서 은밀한 "심리전"을 수행하도록 승인했다. 무엇보다도 CIA는 이탈리아와 프랑스의 기독교민주당에 자금을 제공해 1948년 총선에서 소생하는 공산당을 물리치도록 선거운동을 지원했다.

1년 뒤 이러한 권한이 '비밀'공작이라는 더 넓은 범위의 활동으로 확대되었다. 'NSC-10/2'라는 새 지침에 따라, CIA 내 여러 부서가 "적대 국가·단체에 반대하거나 우호 국가·단체를 지원하기 위해 현 정부가 수행·후원하는" 활동에 착수했다. 그러나 "그에 대한 미국 정부의 책임이 비인가자에게 드러나지 않도록, 그리고 발각되더라도 미국 정부가 그에 대한 책임을 그럴듯하게 부인할 수 있도록 기획되고 집행되는" 활동에 착수한 것이었다.[1] 이리하여 비밀공작은 그럴듯하게 부인할 수 있는 조치를 은밀하게 취하는 것이라는 관념이 탄생했다. 비밀공작은 전후 유럽의 허약한 민주주의 제도를 지탱하기 위한 마셜플랜처럼 공공연한 프로그램과 결합해 사용할 때도 부인할 수 있어야 한다. 케넌 자신이 기술했듯이, 비밀공작은 "예방적인 직접 행동"이어야 하며, 여기에는 적대 국가에 대한 사보타주와 전복활동, 저항운동과 게릴라에 대한 원조, 토착 반공 세력에 대한 지원 등이 포함된다.[2]

비밀공작이 소련의 전복활동에 대처하기 위해 필수적인 것으로 보였지만, 처음부터 논란이 많았다. 첫째, 이러한 책임을 공식적으로 CIA에 맡기는 것에 대한 우려가 있었는데, CIA가 너무 독자적으로 되어 국무부가 용인하는 선을 넘어 그런 활동을 확대할지도 모르고, 미국의 대외정책 목표를 저해할지도 모른다는 것이었다. 이러한 반대는 케넌을 기관 간 감독 그룹 — '정책조정실(OPC)의 고위 자문단'이라는 이 그룹이 CIA의 모든 비밀공작 계획을 검토하게 됨 — 에 파견할 첫 국무부 대표로 지명함으로써 일부 극복되었다.[3] 두 번째 우려는 CIA가 '준군사작전'을 수행하기에 적임인지 여하였는데, 처음에 CIA가 이를 문제 삼았으나 케넌이 고집한 것으로 보인다. CIA의 뿌리가 전략정보처임을 고려할 때, CIA가 준군사작전을 수행한다는 전망이 논리적으로 보일 수 있었지만, 전략정보처의 전시 활약은 그리 대단한 것이 아니었다. 국방부 관리들은 "카우보이들"이 자신들의 통제를 벗어나 설치는 것을 달가워하지 않았다. 이 이슈는 국방부와 CIA 사이의 마찰이 다년간 이어질 요인이 되었는바, 나중에 상술될 것이다.

그러나 다른 요인들이 비밀공작을 CIA에 맡기는 쪽을 편들었다. 첫째, "그럴듯한 부인 가능성"에 대한 강조가 비밀주의를 요구했는데, 이 능력은 신설된 CIA가 가장 적격이었다. CIA는 국무부나 국방부보다 더 조용하게 활동할 수 있었으며, 더욱이 그 예산과 사업은 다른 국가안보 활동과 달리 완전히 비밀에 부쳐졌다. 둘째, 다양한 비밀공작을 본질적으로 정치적 조치인지, 경제적 조치인지 또는 군사적 조치인지에 따라 여러 기관에 분산시키는 것보다 한 곳에 집중시키는 것이 최선이었다. 다시 CIA가 논리적 귀결이었다. 셋째, CIA는 전 세계에 걸쳐 타국 정보기관들과 긴밀한 협력 관계를 구축하고 있었다. 그리하여 CIA는 글로벌한 해외 네트워크를 구축하고 있었으며, 그 공작관들은 공작원을 운용하고 현지어를 말했으며, 대적정보 위협을 가장 잘 인식했다. 끝으로, 중앙정보장이 대통령에게 직접 보고하기 때문에 총사령관이 모든 비밀작전을 통수하는 데 지장이 없을 터였다.

냉전 초기 단계에서, 트루먼부터 린든 존슨에 이르기까지 모든 대통령이 비밀공작을 광범위하게 이용했다. 한 학자에 의하면, 1952년경 중유럽에만 40여 건의 비밀공작 사업이 있었다.[4] 비밀 해제된 또 다른 연구에 의하면, CIA가 수행한 공작이 트루먼 행정부 때 80여 건, 아이젠하워 행정부 때 100여 건, 짧은 케네디 행정부 때 약 160건, 존슨 행정부 때 140여 건에 달했다고 한다. 그러한 공작의 규모와 기간은 천차만별이었지만, 총 수백 건에 달했다는 사실이 인상적이다.[5]

비밀공작의 형태

비밀공작은 진정한 정책 수단이다. 정치적·군사적·경제적·정보적인 보통의 국가경영(statecraft) 수단이 공개적인 데 반해, 비밀공작은 비밀을 유지하도록 설계된다. 간단히 말해, 그것은 대통령의 후원하에 CIA가 은밀하게 운용하는 모든 국가경영 수단을 포함한다. 따라서 비밀공작의 범위가 매우 넓을 수 있다. 크든 작든, 이러한 활동은 미국 국가경영의 통상적인 수단들 중에 하나 또는 여럿을 활용할 수 있다. 비밀공작의 형태로는 다음과 같은 것을 꼽을 수 있다.

- *정치 공작* 친미 입장을 견지하도록 외국 관리를 매수하거나 압박하기, 정당이나 노조 또는 기타 이익단체를 지원하거나 영향 미치기, 친정부 또는 반정부 시위를 지원하기, 쿠데타 음모를 지원하기
- *경제 공작* 미국에 유리하다고 여겨지는 조치를 할 수 있도록 단체에 자금을 제공하기, 외국의 군수·산업 생산에 대한 경제적 사보타주 수행하기, 적대적인 정부나 조직의 금융거래를 교란하기
- *군사 공작* 외국의 군부 내 친미파 후원하기, 미국에 호의적인 반군이나 정부군에게 무기와 훈련을 제공하기, 미국의 적과 싸우는 준군사단체를 전개하기, 적의 군사 역량을 은밀하게 약화하거나 파괴하기
- *정보 공작* 은밀한 심리전이나 선전을 수행하기, 미국 정책을 호의적으로 보도하도록 외국 언론인을 매수하기, 외국 신문에 '미디어 스토리' 게재하기, '거부된' 지역으로 송출되는 라디오방송 후원하기, 적에 대한 사이버 공작 수행하기

1940년대 후반 서유럽에서 사용된 비밀공작의 초기 사례는 비밀공작의 이러한 형태를 잘 보여준다. 1947년 서유럽 정부들을 장악하려는 공산당의 위협이 증가하자, 미국은 여러 유럽 국가의 친민주주의 단체들에 선별적으로 자

금을 제공하기 시작했다.[6] 공산당의 전복활동에 반대하는 정부를 공개적으로 지원한다는 유명한 트루먼 독트린에 추가해, CIA가 이른바 흑색선전을 후원했는데, 세계대전 기간에 '붉은 군대'가 저지른 만행과 공산당 치하 국가의 참상을 알리는 팸플릿을 널리 배포하는 형태를 취했다.[7] 특히 1948년 이탈리아 총선에 중점을 두었다. 그러나 CIA는 그리스 정부에도 유사하게 은밀한 지원을 제공했다.

앞서 언급된 대부분의 비밀공작은 주로 소련의 전복활동에 대응하는 것이었다. 그럼에도 트루먼 행정부는 사전 예방적 조치를 조심스럽게 추진했다. 예를 들어, 1948년 소련·유고슬라비아 분열 — 이오시프 스탈린이 소련 후원의 코민테른(Comintern, 공산주의인터내셔널)에서 유고슬라비아를 축출했을 때 — 은 미국이 CIA를 통해 소련의 가능한 침공에 버틸 능력을 제고하도록 베오그라드에 비밀 원조를 제공할 기회를 열었다.[8] 그 결과, 트루먼 행정부는 요시프 브로즈 티토의 취약한 경제에 공공연한 무역 원조를 제공하고 CIA와 유고슬라비아군 정보기관이 비밀리에 협력하기로 했다.[9] 게다가 NSC는 적어도 두 차례의 은밀한 군사 장비 선적을 승인했는데, 이는 유고슬라비아군의 사기를 북돋우기 위해 CIA 비밀공작 국장 프랭크 위스너(Frank Wisner)가 조율한 것이었다.[10] 트루먼 행정부는 보폭을 넓혀 동유럽에 뉴스를 방송함으로써 소련에 대한 심리전 수행을 추진했다. 이러한 목적을 위해 CIA의 후원을 받은 '자유 유럽을 위한 국가위원회(National Committee for a Free Europe, NCFE)'가 두 방송국을 설립했다. 자유유럽방송(Radio Free Europe, RFE)은 1950년부터 체코슬로바키아로 뉴스를 방송했으며, 나중에 분리된 자유방송(Radio Liberty, RL)은 소련으로 직접 방송했다. CIA는 그 두 방송국에 몰래 자금을 대다가, 1971년 그 후원 관계가 드러났다. 이때부터 그 기능이 국무부로 이관되어 당당한 공공외교 프로그램의 일부가 되었다.[11]

비밀공작 사업의 규모는 미국의 구체적인 정치적 목표, 비밀공작 옵션의 타당성과 비용 및 그런 활동의 실패나 노출이 미국에 미칠 위험과 피해를 고려해 결정된다. 가장 위험이 적은 선전 공작은 '백색', '회색' 또는 '흑색' 활동으로 다변화될 수 있다. 가장 드물지만 가장 논란이 많은 준군사작전은 장기적이고 비용이 많이 들며 보안 유지가 어려운 경향이 있다. 보통 그런 준군사작전은 미국이 공개적으로 인정하지 않더라도 알려지게 된다. 예를 들어 1980년대 초 미국이 아프가니스탄의 무자헤딘 전사들에 대해 지원을 확대했을 때, 이를 감추기는 불가능했으며 부인 가능성은 명목뿐이었다. 누가 아프가니스탄 사람들에게 미제 스팅어(Stinger) 대공미사일을 공급하는지 소련이 안다는 것을 미국도 파악했다.[12]

글상자 9-1 비밀공작의 유형

선전 가장 자주 사용되는 비밀공작으로서 자원을 거의 소모하지 않는다. 비록 간접적이긴 해도 효과가 있으려면 흔히 긴 시간이 걸린다. 다음과 같은 여러 종류가 있다.

- 백색: 대개 옛 미국 공보처(US Information Agency)와 같은 미국 정부 기관이 생산하는 것으로 홍보된다. 이 백색선전은 공공연하며 대개 진실하다. '미국의 소리(Voice of America)' 라디오방송은 진실한 정보를 제공하려는 미국의 노력을 보여주는 좋은 예다.
- 회색: 대개 미국 출처라는 사실을 숨기지만, 흔히 전문가들은 미국이 후원한다는 것을 안다. 정보는 미국에 호의적으로 기울었어도 흔히 정확하다. '자유유럽방송'과 '자유방송'이 처음에는 회색선전이었다.
- 흑색: 대개 잘 은폐된 출처가 적의 위신을 떨어뜨리고 그 기반을 약화하기 위해 설계된 역정보를 제공한다. 적이 어떤 끔찍한 행위를 저질렀다는 위조문서가 고전적 형태의 흑색선전이다. 예컨대, 인도 신문에 실린 소련의 역정보는 CIA가 에이즈 바이러스를 만들었다고 주장했다.

정치 공작 외국 정부의 정책과 행위에 직접적인 영향을 미치기 위해 사용된

다. 즉, 의사결정권자에게 더 직접적인 영향을 미치도록 설계된다. 예를 들어, 외국 정부나 기관 내부에서 활동할 수 있는 영향력 있는 인물을 공작원으로 육성한다.

• 매체 지원하기: 외국의 여론과 정부 결정에 침투할 목적으로 외국의 신문이나 다른 매체를 매입하거나 보조한다.
• 시민사회단체 지원하기: 반미정권에 적대적인 특수이익 단체에 자금을 대고, 그 활동에 필요한 자원을 제공한다.
• 정당 지원하기: 정당 간부들과 캠페인에 자금을 대고 정보, 정치적 전문지식, 부족한 캠페인 물자 등을 제공한다.
• 선거에 영향을 미치기: 선전, 시위, 은밀한 선거 프로세스 개입 등을 통해 특정 후보자와 정당을 찬성하거나 반대하는 판세를 바꿀 수 있는 활동을 지원한다.

경제 공작 미국의 적에 대항하는 단체를 직접적으로 지원하기 위해 또는 그 적을 경제적으로 약화하기 위해 경제적 도구(돈, 금융 조작, 사보타주 등)를 은밀하게 사용한다.

• 독재 정부와 반대 투쟁을 벌이는 정치단체에 자금과 기타 자원을 제공한다.
• 외국 정부의 경제적·산업적 역량에 대해 사보타주를 사용한다.
• 적대적 행위자의 은행 자금이나 이체를 동결함으로써 그 금전·금융 거래를 조종한다.

준군사작전 적대적인 정부나 행위자를 약화하거나 제거하기 위해 비밀리에 군사적으로 지원하거나 실제로 무력을 사용한다. 이 공작은 대개 많은 자원이 소요되고 파급 영향이 매우 크며 미국의 역할을 감추기 어렵기 때문에 가장 드물게 사용된다.

• 반군 단체에 바로 사용할 수 있는 무기, 탄약 및 기타 군수품(예: 무전기, 의

료품 등)을 제공하며, 흔히 미국산이 분명하지 않은 물건을 제공한다.

- 반군 또는 게릴라 단체에 군사훈련을 제공해 그들의 군사적 효과성을 높인다.
- 적대적 정부의 고가치 표적을 겨냥하는 준군사작전을 지원하기 위해 정보를 제공한다.

군사적 살해 공작 정치적 암살은 법률상 금지되어 있지만, 은밀한 수단에 의한 치명적 군사력 사용은 일부 전쟁 구역과 테러리스트 활동 지역에서 승인된다.

- 알려진 테러리스트를 무장 드론으로 표적 공격하기
- 알려진 테러리스트를 제거하기 위해 미군의 특수작전부대와 결합해 특수한 비밀 군사작전을 수행하기

비밀공작의 성공과 실패 요인

적어도 대중이 알거나 믿는 것을 기준으로 할 때, 비밀공작에 대한 평판은 엇갈린다. 실제로, 대부분의 비밀공작 활동은 알려지지 않고 있다. 1945년 이후 대통령이 승인한 수백 건의(지금은 아마 수천 건의) 공작 가운데 극히 일부만 공개적으로 폭로되거나 인식되었다. 물론, 가장 많이 알려진 것은 실패했거나 잘못이 개재된 공작들이다. 우리가 교훈을 도출할 수 있는 일부 사례로, 가장 많이 거론되고 악명 높은 공작들, 즉 1953년 이란 쿠데타, 1961년 피그만(Bay of Pig) 공작, 1986년 이란-콘트라 사건, 그리고 1980~1988년 소련과 싸우는 아프가니스탄 전사들을 지원한 사업을 살펴보자.

1953년 이란 쿠데타: 행운의 단기적 성공?

CIA는 테헤란에서 국왕(shah)을 다시 권좌에 앉히는 쿠데타를 획책하는 데 공헌했다. 정부를 전복시킬 수 있는 CIA 능력에 관한 신화는 대부분 이 공작에

서 비롯되었다. 역사적 사실을 보면, 1953년 모하메드 모사데크 (Mohammad Mosaddegh) 총리를 축출하려는 시도는 처음에 영국이 후원하고 CIA가 나중에 가세했다가 거의 실패할 뻔했다. 모사데크 총리가 영국-페르시아 석유회사(Anglo-Persian Oil Company)를 국유화하고 소련의 후원을 받는 투데당(Tudeh Party)에 점차 의존하자 서방에서 그에 대한 불만이 크게 높아졌다. 영·미 양국 정부는 모사데크가 공산주의자는 아니지만 점차 소련의 영향을 받고 있다고 확신했다. 영국은 자국민 석유 엔지니어들을 철수시켜 이란의 유전 가동을 불가능하게 만들었고, 아이젠하워 행정부는 테헤란이 국유화 결정을 번복할 때까지 국제기구의 대이란 차관 제공을 금지했다. 이 조치만으로도 이란에 심각한 금융위기가 초래되었다.

젊은 레자 샤(Reza Shah)를 시켜 모사데크를 축출하려는 영국과 미국의 초기 계획은 그가 고조되는 정치적 불안정을 우려해 파리로 도망가면서 실패했다. 당분간 총리 축출 전망은 요원해 보였다. 그러나 모사데크 정부는 이미 인기가 없었으며, 성직자들과 군부의 지지를 잃었다. 모사데크가 의회해산 조치와 같은 독재적 행동을 늘리고 거리를 통제할 수 없게 되면서 그의 부담이 현실화하자, CIA가 제2차 비밀공작(암호명 AJAX)을 설계했다. CIA는 비밀리에 자금을 지원해 반정부 시위와 부정적 언론 기사를 유도함으로써 국왕의 복귀를 확신할 수 있었다. 이후 국왕에 충성하는 군부가 모사데크를 축출했으며, 더 순종적인 총리가 임명되었다. 이 공작의 설계에 참여한 커밋 루스벨트(Kermit Roosevelt)가 공작의 현실적 조건에 대해 언급했다. "우리가 이런 일을 다시 시도하려면, 우리가 원하는 것을 국민과 군대도 원한다는 절대적인 확신이 있어야 한다."[13]

이란 쿠데타는 — 그 원인이 주로 토착적인데도 불구하고 — 다른 반미 지도자들을 축출하기 위해 심리적 선전 공작을 사용하는 후속 활동의 모델이 되었다. 1954년 과테말라 지도자 하코보 아르벤스(Jacobo Árbenz)의 축출도 이러한 패턴을 따랐다. 모사데크처럼 아르벤스도 워싱턴에 저항해 미국 회사들을 수용하려는 의지를 보였으며, 모스크바의 원조를 받아들이는 방안을 만지작거렸다. 미국의 공작(암호명 PBSuccess)은 아주 적은 돈과 인원을 사용하고도 아르벤스로 하여금 대규모 반혁명이 일어나고 있다고 생각하게끔 속일 수 있었다. CIA는 비행기 두 대를 사용해 대규모 군사 퍼레이드 장소에 대형 폭탄 하나를 떨어뜨리고, 군인들 대열이 수도를 향해 진격하고 있다고 보도하는 라디오방송을 송출함으로써 아르벤스를 겁먹게 했다. 겁먹은 그는 [대통령직을] 사임하고 멕시코 대사관으로 망명했다.

또다시 작은 공작이 놀라운 결과를 빚어냈다. 그러나 불행히도 CIA가 배운 교훈은 큰 비용을 들이지 않고도 그런 쿠데타를 쉽게 성공시킬 수 있다는 것이었다. 한 추정에 의하면, 6개월 가까이 지속된 이란 공작은 소수의 CIA 요원과 약 100만 달러의 비용이 투입되었다.[14] 당시 그 공작은 엄청난 성공으로 판단되었으며, 이란 국왕이 반소·친이스라엘로 기울고 미국 정책을 강력하게 지지함으로써 이란 정부가 미국의 중동 정책에서 큰 축이 되었다. 은근슬쩍 왕정을 복고한 것이 훗날 미국을 '큰 악마(Great Satan)'로 만들 것이라는 전망은 당시에 무시되었다. 나중에 다수의 이란 국민이 국왕의 서방화 계획과 사악한 보안기관 사바크(SAVAK)를 개탄하게 되었다. 1953년 쿠데타는 1979년 이후 이란이슬람공화국 정부가 품은 불만과 강력한 반미 태도의 핵심 요소로 남아 있다. 마찬가지로, 과테말라의 아르벤스 정부를 전복시킨 것은 다소 작은 준군사작전이었으나, 이 역시 거버넌스 개선을 가져오지 못하고 오히려 수십 년 동안의 억압적 독재 통치를 낳았다 — 반공산주의 색채는 더 짙어졌어도.

1961년 피그만 대실패: 희망 사고

피그만 침공에 관한 뒷이야기는 자신이 책임질 비밀공작에 대한 대통령의 감독이 — 없지는 않았지만 — 불충분할 때의 위험을 강조하고 있다. 1959년 쿠바 혁명은 독재자로 매도된 풀헨시오 바티스타(Fulgencio Batista) 대통령을 축출하고 젊고 카리스마 넘치는 혁명가 피델 카스트로를 선택했다. 카스트로 정부와 아이젠하워 행정부 간에 새로운 적대감이 생기자, 1960년 아바나는 모스크바의 후원을 받아들이게 되었다. 그 시점에서 드와이트 아이젠하워 대통령은 앨런 덜레스 CIA 부장에게 카스트로 정권을 무너뜨릴 비밀공작 계획을 요청했다. 그의 임기 말에 몇 명의 CIA 고위 관리들이 정교한 준군사 계획[암호명: 사파타 작전(Operation Zapata)]을 세웠는데, 1500명의 망명자를 훈련·무장시켜 쿠바섬에 상륙시키고, 그들이 선봉이 되어 인기 없다는 카스트로에 반대하는 대중 봉기를 일으킨다는 계획이었다. 존 F. 케네디 대통령은 미국의 역할이 드러나지 않아야 한다고 고집했으며, 일부 군사보좌관이 해변 상륙에 대해 충분한 공중 지원이 필요하다고 보았으나 케네디는 승인하지 않았다.[15] 덜레스 부장과 리처드 비셀(Richard Bissel) 비밀공작 국장은 케네디 대통령과 그의 동생 로버트 케네디(Robert Kennedy) 법무부 장관과 상의할 때, 그런 공중 지원 요청을 경시했다. 그들은 침공이 시작부터 잘못 진행될 경우, 대통령이 어쩔 수 없이 더 많은 공개적 무력 동원을 승인할 것으로 생각했다. 침공이 거의 곧바로 잘못 진행되었지만, 케네디는 폭격기 여섯 대의 한 시간 출격 외에는 더 이상 승인하지 않았으며, 그 출격으로 판세를 바꿀 수는 없었다.

이리하여 망명자들이 곧 지형이 불리한 피그만 해변으로 상륙했다. 국적 표시 없는 항공기 몇 대가 쿠바 비행장을 폭격했지만, 곧장 해변 상륙군을 공격하게 될 쿠바 공군 제트기들을 파괴하는 데는 실패했다. 탱크로 무장한 약 2만 명의 쿠바 지상군이 망명자들을 쉽게 물리치고 살해하거나 생포했다. 사후분석이 증언하는 바에 의하면, 그 비밀공작 계획은 카스트로가 인기가 없으며 총봉기가 자발적으로 일어날 것이라는 희망 사고로 인해 문제점을 안고 있었다. 게다가 중남미 신문들이 침공을 감행할 망명자 부대의 훈련을 보도해 왔기 때문에 공작 자체가 비밀이 아니었다. 끝으로, CIA 내에서 그 공작 사안이 부서 간에 엄격히 차단됨으로써 진정한 쿠바 전문가가 공작의 가정과 세부 사항에 대해 문제를 제기하는 것을 막았다. 그러나 결국에는 케네디 대통령이 소수의 CIA 고위 관리들에게 지나치게 의존한 것이 자신의 실수였다고 인정했는데,

그 공작에 너무 매몰되어 있던 그들은 성공 확률에 관해 객관적일 수 없었다.

이 비참한 공작 실패로 인해 케네디 대통령은 장래의 공작에 대해서는 훨씬 더 감독해야겠다고 확신했다. 그는 반(反)카스트로 비밀공작을 포기하지 않았지만, 새로운 실패가 없도록 장래의 계획을 감독하는 일을 동생 법무부 장관에게 대행시켰다. 나중에 카스트로를 제거하려는 더 다각적인 CIA 계획이 몽구스 작전(Operation Mongoose)이라는 이름으로 추진되었고, 그 관련 문헌도 많다. 경제적 사보타주에 중점을 둔 그 사업에 암살 음모가 포함되었지만, 결코 실행된 적이 없다.[16]

1986년 이란-콘트라 공작: 규범을 어긴 NSC

이란-콘트라 사건은 레이건 행정부가 1985년 이란 후원의 헤즈볼라(Hezbollah)가 억류한 인질들의 석방을 끌어내는 동시에 중미지역에서 대규모의 준군사작전을 운영하려는 일거양득 노력에서 비롯되었다. 그 두 경우에서 행정부는 약간의 정치적·법적 장애물에 봉착했다. 첫 번째 경우를 보면, 테러범들과는 인질 협상을 하지 않는 것이 미국의 정책이었다. 당시 헤즈볼라는 일곱 명의 미국인을 레바논에 억류했으며, 로널드 레이건 대통령은 진심으로 그들을 데려오고 싶었다. 두 번째 경우를 보면, 레이건 행정부는 CIA 후원의 준군사작전을 운영해 오다가 더 이상 의회의 지지를 못 받자, 입법부의 제한을 우회하는 길을 찾았다.

일찍이 레이건 대통령은 니카라과의 산디니스타(Sandinista) 정부를 공격하는 '콘트라 반군(Contras)'에 자금을 지원하겠다는 CIA의 비밀공작 계획을 승인했었다. 당시 니카라과 정부는 중미지역에서 쿠바의 교두보로 보였다. 니카라과 항구에 CIA가 기뢰를 설치하는 등 몇 차례의 실책을 저지른 후, 의회는 CIA의 콘트라 반군 지원을 꾸준히 제한해 왔었다. 의회는 처음에 비군사적인 원조만 허용했다가 원조자금의 상한을 설정했으며, 결국에는 1985년 볼랜드 수정법(Boland Amendment)을 통해 반군 원조를 완전히 금지했다. NSC에 파견된 올리버 노스(Oliver North) 해병대 중령이 콘트라 반군에 자금을 지원할 새로운 길을 찾는 임무를 맡았다. 그는 주로 중동의 '제3국'에서 돈을 구하는 데 성공했지만, 곧 이란에 무기를 판매한 이익금을 돌려서 콘트라 반군에 지원하기 시작했다. 이 두 가지 행위는 나중에 법률 회피는 아니더라도 의회의 금지 취지를 회피한 것으로 여겨졌다.

미국 국가안보 관계자와 CIA 관리들 대부분이 몰랐던 것은 노스 중령이 이 정교한 불법적 비밀계획('사업'이라고 불렀음)을 윌리엄 케이시(William Casey) CIA 부장 등 몇 명과 만들었다는 사실이다. 당시 CIA 차장을 비롯한 고위 관리들은 CIA가 그 계획에 관여하는 데 반대했다. 본질적으로 이제 NSC가 비밀공작 프로그램을 운영하고 있었다. 노스 중령과 당시 국가안보보좌관 존 포인덱스터(John Poindexter) 해군 중장이 주로 그 공작을 기획하고 운영했는데, 병참 지원이 필요한 경우에는 국가안보국과 CIA에서 인원을 차출했다. 가장 중요한 점은 그 공작이 대통령의 명시적 승인 없이 수행되었다는 사실이다. 포인덱스터는 대통령 지침이 오로지 소급해서 승인되었다고 나중에 인정했다. 그 지침에는 CIA가 의회에 통보하지 않는다는 단서가 들어 있었지만, 레이건 대통령이 실제로 거기에 서명한 적이 없다.[17] 의회의 조사와 특별검사의 수사가 길게 진행된 결과, 노스와 포인덱스터 외에 NSC와 CIA의 다른 관리와 군 장교들이 기소되었다. 그들의 죄목은 사법 방해, 증거인멸, 의회에 대한 허위 진술 또는 증거은닉 등 다양했다. 그들 다수가 나중에 조지 H. W. 부시 대통령에 의해 사면되었다.

이 사건은 비밀공작에 대해 행정부와 입법부가 통제를 강화할 필요가 있음을 강조했다. 게다가 레이건 대통령은 어떻게 NSC가 이 실패한 공작의 중심에 서게 되었는지를 조사하도록 특별 대통령검토위원회 — 위원장인 존 타워(John Tower) 상원의원의 이름을 따서 '타워위원회'로 불렸음 — 에 수권했다. 타워위원회의 권고안은 레이건의 후임자인 조지 H. W. 부시 대통령이 NSC 시스템의 역할을 개혁하는 데 중요하게 쓰였다. 일부 전직 관리들이 당시에 언급한 바에 의하면, "그 위원회 보고서는 이란에 무기를 판매한 비밀공작이 서면조사 이전에 미국 법률을 준수하지 않았다는 중요한 결론을 내렸다. 행정부는 비밀공작을 의회에 적시 통보해야 한다는 법적 요건을 준수하지 않았다".[18] 다른 측면에서, 그 보고서는 이란-콘트라 사건이 하나의 "일탈"이었음을 시사함으로써 레이건 행정부를 부드럽게 다루었다. 그렇긴 하지만, 레이건 시절의 NSC 시스템—8년간 여섯 명의 국가안보보좌관이 거쳐갔음—은 최악으로 관리된 것이 분명했다.

1980~1988년 아프가니스탄: 성공했으나 비밀이 아니었음

한 참가자가 말했듯이, 1979년 소련의 아프가니스탄 침공을 되돌리려는 레이건 행정부의 계획은 냉전 시대의 가장 큰 마지막 비밀공작이 되었다.[19] 지미 카터 대통령이 시작해서 레이건 대통령이 물려받은 이 공작은 매우 작은 규모였다. 소련을 패배시키기보다는 그저 "괴롭히기" 위해 설계된 이 공작은 몇백만 달러어치의 볼트액션(bolt-action) 리-엔필드(Lee-Enfield) 소총을 구매해서 파키스탄을 통해 반소련 무자헤딘에게 전달하는 것이었다. 그러나 취임하자마자 레이건 대통령과 그의 보좌진이 소련에 무거운 정치적·경제적 비용을 안기도록 목표를 확대하기로 했다.[20] 사업 규모가 1981년 1억 2000만 달러에서 소련군을 아프가니스탄에서 쫓아내는 데 성공한 1988년에는 7억 달러 이상으로 증가했다.[21] 소량의 소총과 박격포 구매로 시작된 것이 12만 명의 무자헤딘을 지원하기 위해 대규모의 정교한 무기와 탄약을 공급하는 것이 되었다. 최종 결과로 수천 명의 러시아 군인이 사망하고 크렘린이 큰 골칫거리를 안았으며, 종국에는 1988년 소련군이 철수했다. 이 성공적인 공작의 한 가지 중요한 특징은 처음부터 의회의 강력한 지지를 받았다는 사실이다. 실로, 찰리 윌슨(Charlie Wilson) 하원의원 등 몇몇 지지자들이 유명 인사가 되고 크렘린과 싸우는 이 비밀 전쟁에 깊이 관여하게 되었다.[22]

그러나 이 성공의 한 가지 부작용은 그럴듯한 부인 가능성을 유지하기가 더 어려워진 점이다. 사업이 정점에 이르렀을 때, CIA 아프가니스탄 태스크 포스의 인원이 100명이 넘었다. 사업이 처음에는 거의 이집트산과 중국산 무기에 의존했었다. 그러나 소련군이 중무장한 M-24 힌드(Hind) 헬기를 도입하자, 산악 지형을 통과해서 힘들게 무기를 수송하는 데 큰 희생이 따랐다. 약간의 숙고 끝에 CIA는 미국산 첨단무기인 견착식 스팅어(Stinger) 지대공미사일로 무자헤딘을 무장시키기로 했다. 이 무기가 소련군 헬기를 그 사정거리 밖으로 쫓아내는 데 효과적이어서 그들은 파키스탄에서 아프가니스탄 전사들에게 가는 재보급을 막을 수 없었다. 물론, 사업이 시작되었을 때 그나마 얇게 쳐졌던, 그럴듯한 부인 가능성이라는 보호막이 무너지는 문제가 발생했다. 그러나 레이건 행정부는 1980년대 후반 들어 미국의 후원이 비밀이어야 한다는 데 무관심하게 되었으며, 그러한 강력한 비밀공작 사업이 소련에 심각한 타격을 자랑스럽게 입혔다고 더욱 확신했다.

배워야 할 교훈

그 뒤로 수십 년 동안 수백 건의 공작이 있었지만, 우리는 대통령이 지시한 비밀공작의 성공과 실패 사례로부터 분명한 교훈을 배울 수 있다. 첫째, 비밀공작이 '최초 또는 최후 수단'이어서는 안 된다. 이것은 비밀공작이 포괄적인 정책 활동의 일환일 때, 특히 아주 작은 부분만 차지할 때 가장 잘 수행된다는 것을 의미한다. 비밀공작은 좋은 국가경영과 공개 외교의 대체품이 아니며, 다른 좋은 옵션이 없는 경우를 대체할 수도 없다. 비밀공작이 부동(不動)과 개전(開戰) 사이 '제3의 옵션'이라는 속담은 비밀공작이 현실적으로 생산할 수 있는 종류의 레버리지에 관해 왜곡하는 것이다.

둘째, 대체로 비밀공작은 작고 신중할 때 가장 효과적이다. 선전과 얌전한 정치 공작의 사용이 공개적인 미국의 정치적·경제적·군사적 조치를 강화하는 데 도움이 될 수 있다. 비밀공작이 얌전하고 은밀하면 공개되거나 혹시나 미국의 대외정책을 저해할 확률이 낮다. 또한 비밀공작이 제한된 자원으로 얌전한 목표를 설정하면, 그 성공 가능성이 높다.

셋째, 비밀공작은 의회의 초당적 지지를 받을 때 가장 효과적이다. 그런 지지가 없다면, 대통령이 공작의 타당성이나 가치를 재고해야 할 이유가 상당히 있을 것이다. 의회의 심각한 반대가 있을 때는 비밀공작 사용 이상의 심층적 대외정책 불일치가 있을 것이다. 의회 내에 또는 어쩌면 국가안보 기관 내에 상당한 반대가 있을 때는 내부 고발자가 언론에 누설해 그런 사업을 망칠 위험이 커진다.

넷째, 좋은 비밀공작은 좋은 정보와 엄격한 분석을 요한다. 공작이 수행될 지정학적 맥락을 제대로 파악하지 않는다면 실패의 지름길이다. 나아가 공작의 확고한 지지자들이 내리는 낙관적인 평가는 CIA 내 다른 전문가들과 이해관계 없는 국가안보 관리들의 검증을 받아야 한다.

마지막으로 가장 중요한 것으로, 비밀공작 제안은 그러한 활동이 얻으려는 정치적 이득과 비교해 윤리적·법적 측면을 고려할 필요가 있다. 여기서 비밀공작 사업으로 생길 단기적 이익과 미국이 세계에서 갖는 도덕적·정치적 위상을 저해할 위험 사이에 비례성이 있어야 한다. 성공의 의도하지 않은 결과로, 그런 단기적 이득보다 더 큰 비용이 수반되는 경우가 많다. 그러나 군사력의 공공연한 사용과 마찬가지로, 비밀공작도 미국과 미국 국민·기관을 보호하려는 목적을 위해 심각한 외부 위협만 겨냥해야 한다. 따라서 영국 정보기관의 전직 고위 관리인 데이비드 오맨드 경(Sir David Omand)과 같은 일부 실무가는 치명적인 군사력 사용 시 적용되는 정당한 전쟁 원칙을 반영하는 일련의 원칙, 말하자면 "정당한 정보(just intelligence)"를 적용하자고 제안했다. 이러한 원칙에는 다음과 같은 것이 포함될 것이다.

- 충분하고 지속되는 이유(중대한 위협 또는 기회)
- 동기의 온전함(미국의 공작은 정당하고 도덕적임)

- 비례적인 방법(미국의 공작은 합리적이고 효과가 제한적임)
- 정당한 권한(대통령 승인 및 의회 통보)
- 상당한 성공 가능성(미국의 공작은 잘 구상되고 기획됨)
- 최후 수단으로 의지함(다른 옵션이 불충분하다고 판단되어 그런 추가적 방법이 요구됨)[23]

이러한 원칙들이 비밀공작 결정에 적용되려면, 대통령이 위협의 성격, 미국 비밀공작의 정당성과 도덕성, 그 성공 확률, 장기적으로 초래될 수 있는 결과, 다른 덜 위험한 옵션이 비슷하거나 더 나은 결과를 성취할 수 있을지 여부 등을 따져보아야 할 것이다.

어떻게 비밀공작을 관리했나?

CIA가 존재한 첫 30년 동안, 비밀공작은 공식적인 제한이나 규제 없이 수행되었으며 그 감독도 한결같지 않았다. 트루먼부터 카터에 이르기까지 역대 대통령이 모두 NSC 산하에 CIA의 비밀공작 사업을 감독하고 조언할 위원회를 설치했지만, 그 사업을 감독하려는 의지는 제각기 달랐다. 그 위원회의 명칭이 다양했는데, 때로는 아리송했으며(예: 아이젠하워 때의 '특별조정그룹', 케네디 때의 '특별그룹') 숫자로 표시되기도 했다(예: 닉슨·포드 때의 '40위원회', 존슨 때의 '303위원회').[24] 일반적으로 이러한 NSC 위원회에는 CIA의 비밀공작 책임자, 국무부와 국방부 대표들, 대통령을 대표하는 NSC 참모 등이 포함되었다.

통상적으로 역대 대통령은 NSC 결정 문서를 통해 CIA가 일반적인 정치적 목표를 겨냥한 비밀공작을 수행하도록 승인했으며, 계획의 모든 세부 사항을 반드시 검토하지는 않았다. 당연하지만, 1953년 이란 쿠데타와 1961년 피그만 침공과 같이 매우 위험하거나 민감한 대규모 공작의 경우에는 대통령이 더욱 돋보이는 역할을 했다. 어느 정도 역대 대통령이 공작의 세부 사항을 멀리한 것은 그럴듯한 부인 가능성을 지키기 위함이었다. 사실, 논란이 적은 다수의 소규모 비밀사업에 대해서는 NSC 감독위원회가 미국의 대외정책 목표와 일치한다고 보는 한, 기본적으로 CIA 부장이 대통령의 공식 재가 없이 승인할 수 있었다. 일부 행정부에서는 2만 5000달러 미만의 비용이 들고 위험성도 적다고 생각되는 공작은 CIA 부장의 재량에 맡겼다.

입법부의 비밀공작 감독은 1970년대 중반 정보감독위원회가 설치되기 전까지는 사실상 부재했다. 그때까지는 양원 군사위원회와 세출위원회의 소위원회가 비밀공작 사업을 포함한 CIA 예산 수권과 세출을 승인했다. 초기에는 의회가 비밀공작에 관해 너무 많이 아는 것을 매우 조심했다. 군사위원회와 세출위원회의 소위원회는 주로 CIA가 공산주의자들과 싸울 자원을 충분히 확보했는지를 걱정했으며 그 활동을 감독하는 데는 관심이 없었다. 1950년대와 1960년대에 진정한 감독을 제도화하자는 의회의 발의 — 예컨대, 양원 합동 감독위원회를 설치하자는 제안 — 가 몇 번 있었지만, 다수의 지지를 받은 적이 없다. 대체로 감독은 CIA 부장과 힘 있는 각 위원장 사이의 사적인 비공식 대화로 이루어졌는데, 그 위원장들도 일반적으로 너무 많이 알려고 하지 않았다.[25]

입법부의 현행 감독

일련의 사건과 폭로로 인해 정보활동, 특히 비밀공작에 대한 오늘날의 의회 감독이 생겨났다. 첫째, 베트남전쟁 이후 의회는 리처드 닉슨 대통령이 의회에 알리지 않고 부분적으로 CIA의 비밀공작 역량을 사용해 라오스와 캄보디아에서 비밀 전쟁을 수행했었다는 사실을 알아냈다. 그래서 1974년 의회는 대외원조법에 대한 휴즈-라이언(Hughes-Ryan) 수정법을 통과시켰다. 이 법률은 대통령이 모든 비밀공작 사업에 대한 품의서(finding)를 승인하고 그 품의서를 실행 전에 군사위원회와 세출위원회의 선정된 위원들에게 '통보'하도록 의무화했다. 이 조치가 의회에 어느 사업에 대한 거부권을 주지는 않았지만, 장차 대통령이 공작 노출 시 자신의 관여를 부인하지 못하게 만들었다. 1980년의 후속 입법(정보감독법)은 휴즈-라이언 수정법의 '사전' 통보를 강화해 '적시' 통보를 요구했다.

둘째, 워터게이트(Watergate) 청문회로 CIA와 국가안보국, FBI가 베트남전쟁 반대 활동가들을 상대로 상당히 무분별하고 일부 불법적인 활동을 벌였다는 사실이 드러났다. 이 청문회가 1975년 '정보활동과 관련된 정부의 공작을 조사하기 위한 상원 특별위원회'의 청문회로 이어졌다. 위원장인 프랭크 처치(Frank Church) 상원의원을 이름을 가져와서 처치 위원회로 불린 이 위원회는 CIA의 비밀공작 사업을 광범위하게 파헤쳤다. 처치 위원회는 역대 대통령이 카스트로 암살 계획과 같은 일부 극단적인 계획을 제외하지 않았다고 비난했다. 처치 상원의원이 청문회에서 CIA가 "부랑배 코끼리(rogue elephant)"라는 유명한 경고를 날렸지만, 1년이 걸린 조사의 최종 결론은 CIA가 대통령의 승인 없이 비밀공작을 수행했었다는 주장을 기본적으로 부정했다. 일부 공작이 오도되거나 서투르게 시행되고, 불법적이었어도 모든 공작이 닉슨 대통령이나 존슨 대통령의 승인을 받은 것이 분명해졌다. 의회는 청문회를 마무리하면서 상원과 하원에 각각 정보위원회를 설치했는데, 그 위원회가 CIA의 비밀공작 사업에 관해 과거보다 더 철저하게 보고받을 것으로 기대했다.

셋째, 1986년의 이란-콘트라 사건이 비밀공작에 대한 의회의 감독을 훨씬 더 높은 수준으로 올렸다. 니카라과 공산주의 정권과 맞서 싸우는 콘트라 반군에 자금을 지원하는 문제에 의회가 점차 시큰둥해졌다. 그러자 의회는 대통령이 주요 비밀공작 사업을 감독위원회에 통보하는 절차에 새로운 요건을 추가하는 핵심 입법을 통과시켰다. 특히 1988년과 1991년 정보 입법은 대통령이 48시간 내 의회 위원회에 통보할 것, 대통령이 서명한 품의서가 있을 것, 그 품의서가 (이란-콘트라 사건에서처럼) 소급적이지 않을 것, 대통령은 관여된 모든 미국 정부 기관(국무부, 국방부 등)과 외국 기관의 명단을 제출할 것 등을 규정했다. 이 새로운 제한 규정은 이란-콘트라 사건에서처럼 또다시 의회의 금

지 취지를 회피하지 못하도록 막기 위한 목적이었다.[26]

실제적인 문제로, 비밀공작 품의서의 의회 통보가 대통령의 계획 추진을 막지는 못한다. 그러나 그 절차는 행정부가 비밀리에 시도하는 것이 의회의 비난 소지가 있을 때 어느 정도 기강을 잡는다. 최악의 경우, 감독위원회는 지지하지 않는 비밀공작 사업에 대해 다음 해 세출을 거부하거나 그 지출 또는 실행에 엄격한 제한을 가할 수 있다. 긍정적인 측면을 보자면, 특히 비밀공작 사업이 논란거리거나 실패할 가능성이 있을 때, 대통령은 의회의 동의를 얻는 것이 이득이다. 그 경우에 백악관은 적어도 책임을 의회 쪽으로 분산시킬 수 있다. 그리고 끝으로, 일부 경우에는 외부 비평가들이 무분별한 사업 제안을 방지할 수 있으며, 혹은 그 비평가들이 행정부 보좌진에 의해 아직 제기되지 않은, 사업에 수반될 수 있는 정치적 논란을 대통령에게 경고할 수 있다.

현행 비밀공작 승인 절차

1990년 이후, 비밀공작 사업은 오랫동안 확립된 기관 간 프로세스(앞 장들의 설명 참조)에 따라 검토·승인되었다. 다른 정책 결정과 마찬가지로, 비밀공작 제안도 종종 백악관 또는 NSC 논의에서 나온다. 대부분의 행정부가 기관 간 프로세스를 개괄적으로 규정하는 국가안보 지침을 생산해 비밀로 분류하며, 이 프로세스에 의해 비밀공작을 제안·검토·승인한다. 1990년 이후의 각 행정부가 여러모로 그 프로세스를 수정했지만, 비밀공작과 관련해 훨씬 더 신중한 프로세스를 운영했다. 즉, 비밀공작은 NSC뿐 아니라 CIA가 내부적으로 철저히 검토하고, 대통령이 충분히 보고받고 마땅히 승인한 다음 마지막으로 적절한 의회의 감독 당국에 통보된다.

이처럼 정교한 점검 프로세스의 한 예로, 조지 W. 부시 대통령 재임 시기에 비밀공작이 어떻게 처리되었는지 살펴보자.[27] 부시 대통령의 요청에 따라 국가안보보좌관은 일반적으로 CIA 부장과 (2005년 이후) 국가정보장에게 보내는 메모를 작성한다. 거의 예외 없이, CIA의 기획은 NSC의 승인 없이 시작되지 않는다. 다음으로 CIA의 공작총국이 적절한 지역별·요소별 공작 부서 또는 (2015년 이후) 적절한 임무센터에 제안서를 작성하도록 배정한다(<글상자 9-2> 참조). 예를 들어, 한 중동 국가를 다루는 비밀공작은 중동 제국을 관장하는 CIA의 지역별 임무센터 내에서 개발하고, 대테러 비밀공작은 대테러임무센터에서 나오는 것이 자연스러울 것이다.

글상자 9-2 전형적인 비밀공작 승인 과정

① 대통령의 비밀공작 옵션 요청(국가안보보좌관이 CIA에 보내는 메모).

② CIA 비밀공작 담당관들이 지역별 공작 부서 및 법무실과 함께 옵션(예: 범위, 방법, 비용, 위험 등)을 개발한다.

③ CIA, NSC, 국무부, 법무부, 국방부 등으로 구성된 기관 간 법무 팀이 비밀공작 제안의 법적 근거와 적절성을 승인한다.

④ 수장위원회와 차석위원회가 특별회의를 열어 비밀공작 제안을 대통령에게 올리기 전에 검토·승인한다.

⑤ 대통령이 품의서(presidential finding)를 검토해서 승인하거나 불승인 또는 수정한다.

⑥ 백악관이 의회 감독위원회에 대통령 품의서를 '통보'한다.

사실상 모든 경우에, 변호사들이 비밀공작을 기획하고 감독하는 일에 광범위하게 관여하는데, 이는 그러한 공작이 정보공동체의 상설 규제, 행정명령 및 미국 법률의 울타리 내부에서 수행되도록 보장하기 위한 것이다. 모든 제안이 CIA 법무관실(Office of General Counsel)의 결재를 받은 다음에 NSC 법무참모 및 기관 간의 NSC 변호사단(Lawyers Group, LG)에 의해 검토된다. NSC 법무참모가 주재하는 변호사단에는 국무부와 국방부, 법무부에서 나온 변호사들이 포함된다.

그 변호사단은 또한 진행 중인 모든 비밀공작 사업에 대한 기관 간의 연례 검토에도 참여한다. 이 검토를 바탕으로 대통령은 의회의 정보감독위원회에 보고서를 송부하는데, 거기에는 다음 해에 어느 사업이 계속되거나 수정되거나 종료될 것인지 적시된다. 이 정교한 프로세스는 CIA가 대통령과 그의 고위 정책보좌진 모르게 또는 그들의 승인 없이 독립적으로 비밀공작을 개시할 수 있다는 관념을 떨쳐 버린다.

CIA의 비밀공작 제안은 보통 제안된 정책 목표를 달성할 수 있는 다수의 옵션을 고려한다. 각 옵션은 다음과 같은 기준에 의해 평가된다.

- 자원(필요한 인원, 자산·장비의 구매 자금)
- 공작의 방법과 범위
- 공작의 위험성과 인적 위험성
- 성공 및/또는 타협 가능성
- 다른 기관이나 외국 정보기관의 개입 정도

CIA는 일련의 옵션을 제시하거나, 대통령의 목표에 부합한다고 생각하는 가장 유망한 한 옵션을 권고할 수 있다. 일단 비밀공작 제안이 공작총국 내에서 승인되면, CIA 부장에게 직보하는 부서 간 검토그룹(즉, 비밀공작 검토그룹)이 그 제안을 검토·수정·승인한다. 다시 CIA 부장이 승인한 계획은 기관 간 검토를 위해 백악관으로 송부된다.[28]

백악관에서는 NSC의 정보 담당 선임 국장(일반적으로 NSC에 파견된 CIA 관리)이 주재하는 기관간특별정책위원회(special IPC)가 비밀공작 계획을 검토한다. 참석 범위는 특별한 신원조회를 거친 국무부와 국방부, 합참의 대표들과 변호사단 대표로 제한된다.[29] 백악관 측 대표단에는 일반적으로 비밀공작의 지역이나 초점을 담당하는 NSC 선임 국장들, 부통령실의 고위 대표, NSC의 법무참모, 관리·예산처의 고위 대표 등이 포함된다. 때때로 비밀공작이 금융

거래를 수반할 때는 재무부 대표도 포함될 수 있다.

이 기관간정책위원회는 사업의 비용, 편익, 성공 확률 및 적법성에 관한 명백한 질문에 중점을 둔다. 국무부의 정보·조사국도 비밀공작이 기존의 외교정책과 어떻게 조응되고 어떤 영향을 미칠지 그리고 공작 지역에 주재하는 대사들이 어떻게 반응하고 어떤 영향을 받을지에 관해 조율한다. 대통령 품의서가 차석위원회에 제출되고 최종적으로 대통령의 승인과 서명을 위해 수장위원회에 상정되려면, 그 정책위원회에서 여러 번의 회의와 초안 작성을 거칠 수 있다. 법률에 따라 대통령이 서명한 품의서는 의회의 감독위원회에 전달되어야 한다. 특별한 사정이 없으면, 이 통보는 대개 48시간 안에 이루어진다. 매우 민감하고 조심스러운 공작일 경우에는, 그 통보가 이른바 '8인 그룹(Gang of Eight)' — 상·하원의 양당 대표와 상·하원 정보감독위원회의 양당 대표 — 에 국한될 수 있다.[30]

9·11 이후 비밀공작의 주요 이슈

9·11 공격이 다시 한번 비밀공작을 국가안보정책의 중요한 수단으로 올려놓았다. 이것을 보여주는 하나의 척도가 CIA 예산이 엄청나게 증가한 것인데, 그 증가를 부분적으로 설명하는 것은 여러 대통령에 걸쳐 이라크, 아프가니스탄, 시리아와 같은 국가에서 벌이는 대테러 글로벌 전쟁에 비밀공작이 동원된 사실이다. 그런 활동은 용의자 인도, 신문, 무장 드론 공작 등을 포함해 새로운 형태의 비밀공작에 크게 의존했다. 앞에서 살펴보았지만, 준군사작전이 마땅히 — CIA와 국방부 중에서 — 어디에 귀속되어야 하는지의 문제도 다시 부상했다. 그리고 이제 외국 정보기관들이 간첩행위 목적뿐 아니라 미국과 다른 민주국가에 대한 비밀 정보공작(covert information operations)을 위해서도 사이버 공작을 사용하는 데 대해 우려가 커지고 있다.

용의자 인도, 구금 및 신문

9·11 비극에 이은 후속 공격에 대한 두려움의 여파로, 조지 W. 부시 대통령은 CIA가 테러 음모를 교란하기 위해, 그리고 미래 음모에 관한 첩보를 가졌을 알카에다 용의자를 구금·신문하기 위해 비밀공작을 수행하도록 수권했다.[31] 이러한 비밀활동은 비밀공작의 정의와 기관 간 검토 절차에 딱 들어맞지 않는 민감한 수집 활동에 해당했다. 당시 법무부의 승인을 받은 그러한 권한에는 전투지로부터 용의자를 비밀리에 인도해 해외의 비공개 장소에서 거칠게 신문하는 일도 포함되었다. 전장에서 생포된 100여 명의 용의자가 이런 장소에 억류되어 신문을 받았다. 2006년 9월 6일 부시 대통령은 일부 용의자를 쿠바의 관타나모만(Guantanamo Bay) 해군 기지에 구금하고 이송하는 사업을 공개적으로 인정했다.

마이클 헤이든(Michael Hayden) 전 CIA 부장이 표현한 대로, **고강도 신문기법**(enhanced interrogation techniques, EIT) — 수면 박탈, 스트레스 자세, 신체 구타, 물 끼얹기, 일부 경우에는 "물고문(waterboarding)" 등 — 이 억류자의 약 3분의 1을 대상으로 사용되었다. 헤이든 부장은 CIA가 알카에다에 관해 알아낸 것의 절반가량이 억류자들에게서 나왔다고 주장한다.[32] 버락 오바마 대통령의 첫 국가정보장 데니스 블레어(Denis Blair, 해군 제독 출신)를 비롯해서 다른 관리들은 고강도 신문기법이 효과적이고 합법적인지 또는 윤리적인지 확신하지 못했다.[33] 오바마의 첫 CIA 부장 리언 패네타도 임명 청문회에서 "물고문"이 고문에 해당한다는 자신의 신념을 증언했다. 그리고 오바마 대통령은 취임 직후 내린 행정명령을 통해 신문기법을 당시 육군 야전교범에 들어 있는 것으로 제한했으며, 특히 물고문을 금지했다.[34]

신문 프로그램의 효과성과 적절성은 여전히 논쟁거리다. 상원 정보특별위원회가 신문 프로그램을 검토한 6000쪽의 방대한 보고서 — 비밀 해제된 600쪽의 요약본을 포함함 — 는 CIA 프로그램에 상당한 결함이 있다고 주장했다. 특히 이 보고서는 CIA 신문 프로그램이 형편없이 운영되었으며 그 존재를 정당화할 정도의 정보를 생산하지 못했다고 비난했다. 그 어조는 백악관 관리들이나 의회의 감독위원회 지도부를 향한 비난보다 더 거칠었다.[35] 존 브레넌 CIA 부장이 보고서의 일부 내용을 문제 삼았지만, 물고문이 부적절하다는 데는 수긍했다.[36]

CIA는 논란이 된 여러 비밀공작 사업에 대해 정면으로 비난받았다. 2001년 참혹한 여객기 공격 직후 부시 대통령의 요청에 따라, CIA는 제2의 음모가 전개되지 않도록 필요한 모든 수단을 사용하는 조치를 시작했다. CIA는 신문 프로그램이 초기 단계에서 잘 운영되지 않았음을 인정했다. 또한 그 프로그램이 언론에 폭로됨으로써 CIA는 강화된 신문기법이 사용된 "비밀 감옥"의 주인임을 인정한 다른 파트너 정보기관들의 신뢰와 어쩌면 지원까지 잃게 되었다. 결국, 대통령의 절박감에 압도되어 프로그램이 효과적이고 윤리적일 수 있는지를 신중하게 따지지 않았다. 그리고 당연히 언론인들이 정치적 기류가 바뀌면 CIA가 다시 한번 "희생양"이 될 것으로 우려된다고 보도하기 시작했다.[37]

도널드 트럼프 대통령은 1기 초에 일부 거친 신문기법의 재도입을 검토할 것임을 암시했지만, 당시 국방부 장관 제임스 매티스(James Mattis)는 그런 것이 필요하거나 효과적이라고 보지 않는다고 말했다. 마이클 헤이든 등 다른 전직 정보 관리들은 물고문이 다시 도입되면 군 장교들이 '통일군사법전(Uniform Code of Military Justice)'이 규정하는 "불법 명령"으로 거부하게 될 것이라고 언급했다. 지금까지 트럼프 행정부가 그런 비밀 수집 활동으로 복귀할 것이라는 신호는 없다.

드론과 표적 살해

9·11 이후 비밀공작의 두 번째 새로운 차원은 흔히 드론이라고 부르는 무장 무인항공기의 등장이었다. 1990년대 발칸지역 위기 이후, CIA는 정보 수집 목적 — 예컨대, 전장 감시와 군사적 움직임 추적 — 을 위해 무인항공기를 운용했다. 이러한 감시 프로그램은 CIA가 테러 용의자와 다른 전사들을 식별·추적하는

표준적 임무의 일부가 되었다. 알카에다가 아프리카의 미국 대사관과 미국 전함 콜(Cole)호를 공격한 후, 클린턴 백악관은 가능한 비밀공작 활동을 위해 일부 무인항공기를 무장시키도록 긴급히 촉구했다. 9·11 직전에 백악관과 국방부, CIA가 고위급 회의를 열어 오사마 빈 라덴을 저격하기 위해 기존의 무인항공기 프레데터(Predator)를 무장시키는 방안을 집중적으로 논의했다. 조지 테닛 전 CIA 부장이 1990년대 말의 그러한 결정에 관해 언급한 바에 의하면, "NSC가 우리[CIA]에게 9월 1일부터 무장 또는 비무장 정찰용으로 프레데터 배치를 시작하도록 승인했다. (……) 우리는 프레데터가 아프가니스탄 상공에 있을 다음번에 오사마 빈 라덴을 찾는 즉시 공격하도록 무장시키는 쪽을 선택했다".[38] 표적 살해(targeted killing)는 미국의 동맹 이스라엘이 오래 사용한 관행이었지만, 이제 미국의 새로운 정책이 되었다. 9·11 공격 이후에는 프레데터를 무장시키는 데 조금의 주저함도 사라졌다.

드론 공격은 조지 W. 부시 행정부 시절에 본격적으로 시작되었다. 미국 공군이 아프가니스탄에서 그런 전투 작전을 시작했지만, CIA 등 다른 기관이 제공하는 정보에 크게 의존했음은 물론이다. 오바마 대통령은 취임 후 드론 공격을 현저히 늘렸는데, 일부 관측통들이 보기에 이는 지상군 전략에서 대테러 전략으로 이동하기 위한 것이었다. 외부 관측통들에 의하면, 드론 공격이 증가함과 동시에 그로 인한 부수적 피해도 증가했다. 여러 보고서가 민간인 사상자가 적게는 250명에서 많게는 400명 내지 900명에 이를 것이라고 주장했다.[39] 나중에 브레넌 CIA 부장이 비밀 드론 프로그램으로 야기된 민간인 사망자는 전혀 없었다는 CIA 주장을 공개적으로 옹호했다. 그것은 오바마 대통령이 훨씬 더 엄격한 프로세스를 제도화해 공격을 승인하기에 앞서 거의 확실함을 요구했기 때문이었다.[40] 회의론자들은 여전히 드론 공격의 거의 완벽한 기록에 관해 확신하지 않으며, 드론 공격이 효과적인지에 관한 논쟁이 계속되고 있다. 찬성론자들은 드론 공격이 훨씬 더 정확하며, 공중 폭격이나 지상 작전에 비해 미군에 덜 위험한 데다 덜 가시적이라고 주장한다. 반대론자들은 드론 공격이 미군 병력에 큰 위험을 주지 않기 때문에 덜 중요한 표적을 더 많이 공격하도록 부추기는 도덕적 해이를 낳는다고 주장한다. 그들은 또한 부수적 피해가 미국 정부가 인정하는 것보다 더 크며, 민간인 사망은 테러단체의 충원 증가로 이어진다고 본다.

언론 보도에 따르면, 오바마 행정부는 궁극적으로 드론 공격을 줄였는데, 이는 부분적으로 주요 표적을 성공적으로 제거했기 때문이다. 2016년 7월 오바마 대통령은 각 기관이 더 정확한 교전규칙과 표적 선정을 개발하도록 요구하는 행정명령을 내림으로써 민간인 사상자가 상당하다는 주장을 누그러뜨리려고 했다.[41] 이 행정명령과 동반해서 나온 국가정보장의 연례 보고서는 적대행위가 진행되지 않고 있는 지역의 드론 공격 횟수, 전투원과 비전투원 사상자 수, 그리고 비전투원 사상자 추정치가 비정부기구와 미국 정부 사이에 차이가 있는 이유를 밝혔다. 2018년에 트럼프 행정부가 이러한 드론 작전을 아프가니스탄으로 옮기는 방안을 검토할 것이라는 어떤 암시가 있었다. 어쨌든, 미국이 무장 드론과 표적 살해를 사용하는 것이 하나의 선례가 되어, 결국에는 다른 국가들이 치명적인 드론 작전을 정당화하는 데 원용될 것이다. 현재도 시리아의 반정부군이 무장 드론을 사용해 주요 러시아 군사기지를 공격하려고 시도한 사례가 있다고 한다.[42]

준군사작전: CIA냐 국방부냐?

이라크와 아프가니스탄에서의 전쟁은 대규모의 준군사작전을 주로 미군이 담당해야 하는지 아니면 CIA가 담당해야 하는지의 해묵은 문제를 다시 끄집어냈다. 9·11 공격이 발생했을 때, CIA는 북부동맹(Northern Alliance)과 협력해 탈레반(Taliban)에 대한 군사 공세를 펼치기 위해 CIA 요원들을 아프가니스탄에 투입할 계획을 세웠다. CIA는 해외 정보조직 외에 아프가니스탄 내 정보망을 구축해 은밀하고 재빠르게 이 계획을 실행할 수 있었다. 그러나 CIA가 작전을 주도하는 데 불만을 품은 도널드 럼즈펠드 국방부 장관이 CIA의 비밀공작 역할과 미국 중부사령부의 작전을 어떻게 조율할 것인지에 관해 어떤 합의가 있어야 한다고 고집했다. 그래서 두 기관의 작전지역과 책임을 구체적으로 명시한 양해각서는 서로 작전에 협력하고 충돌을 피하자는 약속까지 포함했다.[43]

이러한 활동 분담이 아프가니스탄에서 잘 작동할 것으로 보였으나, 이슈를 완전히 해소하지는 못했다. 국방부는 준군사 활동에 대한 통제권을 더 확보하려고 주기적으로 노력했다. 국방부 부장관을 지낸 존 도이치(John Deutch)가 1995년 중앙정보장 겸 CIA 부장이 되자, 그는 CIA 공작에 대한 군부의 통제를 더 허용하려고 했으나 실패했다. 그의 휘하 군사지원 담당 차장보인 데니스 블레어(Dennis Blair, 나중에 오바마 대통령 때 국가정보장이 됨) 제독도 군부가 비밀의 준군사작전을 수행해야 한다고 보았다.[44] 그러나 그들의 노력은 백악관과 의회의 많은 지지를 받지 못했다. 9·11 공격 이후, 다수의 펜타곤 관리와 참모들이 국방부가 대테러 전쟁의 비밀공작 측면에 더 많이 관여해야 한다고 생각해, 특수작전부대를 대폭 늘리고 임무를 확대할 것을 건의했다.[45] 럼즈펠드 국방부 장관은 군사작전 범위를 확대해 과거 의회가 승인하지 않았던 인간정보 비밀공작뿐 아니라 정치-영향력 비밀공작 냄새가 나는 조치까지 포함하려고 시도했다.[46]

현실을 보면, CIA와 국방부는 목적과 결과가 똑같은 다수의 비슷한 활동을 수행하고 있는 것으로 보이지만, 그 권원(權原)은 아주 다르다. CIA 활동은 '미국연방 법전 제50편(Title 50 of United States Code)'에 의해 규율된다. 그 법전은 전쟁의 여러 측면 가운데 — CIA의 정보 수집 임무와 구별되는 — 비밀공작은 모두 서면 품의서에 의해 대통령의 승인을 받아 의회 감독위원회에 통보되어야 한다고 명시하고 있다. 그런 비밀공작이 수행될 때, 의당 미국은 공식적인 책임을 부인할 것이고 CIA 요원들은 군 장교들이 통상적으로 받는 법적 보호를 전혀 받지 못할 것이다.

'미국연방 법전 제10편'에 따라, 전통적인 군사 활동에 포함되는 (치명적) 운

그림 9-1 CIA와 국방부의 비밀작전 비교

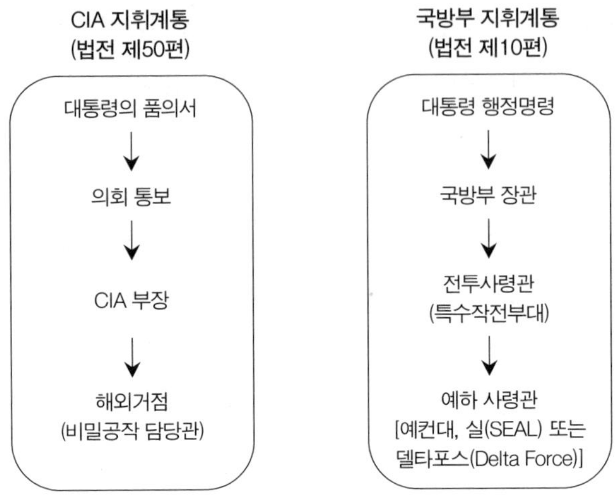

동행위(kinetic action)는 전장 환경을 준비하는 데 필요한 비정규전 및 특수작전 형태로 이루어진다. 그러나 대개 군인들은 제복을 입고, 생포 시 제네바협약(Geneva Accords)에 의한 보호를 받으며, 전쟁 규칙을 따라야 한다. 일반적으로 군인들은 이라크와 아프가니스탄처럼 전쟁지역으로 선포된 지역에서만 활동하고, 대개는 무력 사용에 대해 어떤 형태의 의회 수권을 받는다. 가장 중요한 사실로, 미국 특수작전사령부는 이러한 특수작전을 의회에 사전 통보할 의무가 없다. 〈그림 9-1〉은 법전 제10편과 제50편에 규정된 지휘계통이 서로 다름을 보여준다.

2011년 5월 빈 라덴 사살은 앞과 같은 구분을 상당히 흐려놓았다. 리언 패네타 CIA 부장은 자신이 총책임을 맡았던 그 비밀공작이 법전 제50편에 따라 성공적으로 수행되었다고 발표했다. 이와 동시에 그와 오바마 대통령은 특수작전부대가 윌리엄 맥레이븐(William McRaven) 해군 중장의 지휘 아래 그 은밀한 타격 조치를 수행했다고 인정했다. 국가안보 법률 전문가들 다수가 현대의 전장에서는 정보활동과 군사활동이 예전보다 더 종합됨으로써 그 두 기능

간의 뚜렷한 경계선이 흐려졌다고 지적했다. "법률상으로는, 대통령이 어느 기관에 대해서나 대통령 품의서를 통해 비밀공작을 수행하도록 수권할 수 있다. 그 외의 경우에는, 대통령이 국내법과 국제법의 전쟁법(jus ad bellum) 원칙에 따르는 전통적인 군사 활동으로서 무력 사용을 정당화해야 한다."[47]

흐릿해진 경계선의 또 다른 예는 시리아 내전에서 수행된 준군사적 활동이었다. 2013년 복잡해 보이는 시리아 내전에 개입하기를 꺼린 오바마 대통령은 그러는 대신에 터키와 사우디아라비아 같은 역내 국가들이 바샤르 알아사드(Bashar al-Assad) 시리아 대통령의 반대 세력을 지원하는 데 더 큰 역할을 하도록 고무하는 쪽을 선택했다. 관측통들은 이라크전쟁을 끝내려는 오바마가 이웃 시리아에 미군을 개입시키지 않을 것으로 보았다. 오바마의 고위 보좌관들은 — 퇴임 후 여러 회고록에서 술회했듯이 — 시리아의 반정부군을 공개적으로 그리고 은밀하게 지원하도록 오바마에게 촉구하고 있었다. 복수의 프로그램이 강구된 것은 분쟁 성격의 변질로 부분적으로 설명된다. 이라크·시리아 이슬람국가(ISIS)가 이라크에 더 큰 위협으로 대두되자, 오바마 행정부는 다른 비밀수단에만 의존해 아사드 퇴진을 압박하기보다는 공공연한 군사 활동을 채택해 ISIS부터 물리쳐야 했다. 펜타곤은 시리아의 반정부군을 강화하기보다는 ISIS와 싸우는 이라크군을 지원하는 프로그램을 설계했다. 그러나 판이한 두 주체가 같은 국가에서 동시에, 결국에는 실패한 프로그램을 운영한다는 것은 군사작전과 정보 공작(각각 법전 제10편과 50편에 의거함)을 분리하는 경계선이 불분명함을 드러낼 뿐이었다.

장래의 대통령이 군사·정보 합동작전을 고려할 때는, 그러한 구분이 점점 더 흐려질 것이며, 아마도 군사·정보 합동 비밀공작 범주를 신설하는 새로운 행정명령이나 입법이 필요할 것이다. 그러한 규정이 없다면, 국방부의 은밀한 작전은 특수한 군사 활동에 대한 대통령과 의회의 감독이 없는 데서 비롯되는 우려를 피하지 못할 것이다. 오바마 행정부가 너무 조심스러운 "미시적 관리(micro-management)"로 비난받은 이후, 트럼프 대통령은 취임하자마자 매티스 국방부 장관에게 대테러 군사작전을 수행할 권한을 보다 넓게 부여했다.[48] 그 이후로 여러 차례의 특수작전에서 상당한 사상자가 발생했는데, 예를 들어 2017년 예멘에서 해군 실(SEAL) 대원 한 명이 실종되고 니제르에서 육군 특전대원 네 명이 매복 공격을 당했다. 니제르에서의 인명 손실은 국방부가 그런 특수활동을 수행할 태세가 되어 있는지 새로운 우려를 자아냈다. 그 활동은 행정부의 최고위급이나 의회 감독위원회의 사전 승인이 없었다. 트럼프 대통령은 그 사건에 대한 반응으로, 자신이 휘하 장군들에게 더 많은 재량권을 주었으며 구체적으로 그 임무를 수권하지는 않았다고 언급했다.[49] 이들 사건에 대한 의회 조사는 국방부와 CIA 중에서 누가 은밀한 준군사적 활동에 더 적합한지 또는 두 기관의 역량을 조합하는 개선안을 찾을 수 있을지 논란을 당연히 불러일으킬 것이다.

미래의 비밀공작: 사이버 공작

미래의 비밀공작은 점차 사이버 공간에서도 이루어질 것이다. 확인되지는 않았지만, 최근의 역대 미국 대통령은 적이 운영하는 정보화 시스템과 군사 프로그램을 공격하도록 설계된 일부 비밀공작을 이미 승인한 것 같다. 정보공동체의 오랜 정보 수집 활동에는 적의 중요한 정보화 시스템에 침투해서 이용하는 임무가 들어 있었다. 그러한 수집 임무로 인해 CIA와 국가안보국 같은 다른 정보기관은 나아가 지시를 받을 시, 적의 군사 역량을 교란하거나 파괴하는 공작을 수행할 수 있는 상태다. 당연히 국방부도 사이버 공작과 관계되어 있다. 지난 몇 년 동안 고위 국방 관리들은 미국이 군사 정보화 시스템을 보호하기 위해 방어적 사이버 공작을 수행할 뿐만 아니라 공격적인 사이버 공작 수행도 검토할 태세가 되어 있다고 인정했다.[50]

미국 사이버 공작의 성격과 수준에 관해서는 알려진 바가 거의 없으며 사실이 그렇다. 미국 사이버사령부가 국방부의 정보화 시스템을 공격으로부터 차단하고 군사적 사이버 공작을 수행하는 일을 담당한다. 그러나 현재 국가안보국의 수장인 4성 장군이 사이버사령부 운영도 맡고 있다. 고위 군 장성 한 사람이 대형 정보기관과 별도의 군사령부를 겸직해서 운영하는 현행 구조는 정보 공작과 군사작전 간의 경계선을 더욱 흐린다. 오바마 행정부가 그 두 직책을 분리하는 방안을 검토했었지만, 그것은 미래에 일어날 일이 되었다.

한편, CIA는 자체적인 정보활동 임무의 일환으로 이른바 정보화 공작에 관여해 왔다. CIA는 2015년 조직 구조를 현대화하면서 그 일환에서 디지털혁신국을 설치했다. 그 국은 사이버 관련 정보를 수집할 뿐만 아니라 점차 중요해진 '빅 데이터' 이용을 관리한다.[51] 이와 동시에 CIA는 당연히 사이버 공작을 포함하는 비밀공작을 개발할 것으로 기대된다. 일부 언론 보도에 따르면, 핵심 알카에다 구성원들의 개인용 컴퓨터에 대한 소규모 사이버 공작이 개시되었다고 한다.[52]

대부분의 정부 기관과 군사 프로그램에서 사이버 공간의 중요성이 커지고 있음을 고려할 때, 사이버 공작이 새로운 형태의 중요한 비밀공작이 될 것임은 불가피해 보인다. 종래 미국이 경제적·군사적 '사보타주' 또는 신문 게재와 흑색 방송을 통해 수행된 '정치적 영향력' 공작에 중점을 두었던 곳에 이제는 사이버 옵션이 있을 수 있다. 이를 충분히 보여주는 사례가 2014년 북한이 미국의 소니픽처스(Sony Pictures)를 공격한 사이버 공작인데, 그 공작은 그 연예기획사의 컴퓨터 시스템에 침투해서 이메일을 공개하고 일부 데이터를 파괴했다. 2010년 이란 핵 프로그램을 공격한 사건도 민간 보안회사의 분석에 의하면, 너무나 정교해서 어느 개인이나 해커 단체보다는 어느 정부에 의해 수행되었을 가능성이 크다. 마찬가지로 국가정보장의 2019년 「전 세계 위협평가」 보고서에 의하면, 베이징이 미국의 군사 시스템과 중요한 공공시설 시스템에 대해 끈질긴 위협을 가하는 것으로 확인되었다.[53]

러시아가 2016년 미국의 대선 운동에 개입한 사례는 선거 컴퓨터 시스템에 침투하기 위해 그리고 소셜 미디어 웹사이트를 조작해 가짜 뉴스 이야기를 생산하기 위해 사이버 공간을 은밀하게 사용함으로써 유권자에게 영향을 미칠 수 있음을 잘 보여준다. 국가안보국·CIA·FBI·국가정보장의 합동 보고서는 러시아의 정치적 영향력 공작이 공식적으로 승인된 고도의 조직적인 활동으로, 러시아의 공개 미디어, 제3국, 소셜 미디어 블로거 등과 더불어 은밀한 사이버 공작을 사용해 도널드 트럼프 후보에 유리하도록 힐러리 클린턴 후보의 선거운동을 저해했다고 규정했다.[54] 시간이 지나면 다른 사례들도 등장할 것인바, 이는 사이버 공작이 적국뿐 아니라 미국의 잠재적 도구도 될 것임을 시사하고 있다.

요약하자면, 비밀공작은 미래의 대통령을 위해 여전히 강력한 도구로 남겠지만, 실전적·정치적·법-윤리적 위험성도 다분히 내포된 도구다. 전직 관료인 그레고리 트레버튼이 이 장 서두에서 논평했듯이, 미국인들은 자신들의 정부가 비열한 계략(dirty tricks)을 쓴다고 생각하고 싶지 않지만, 미국에 적대적인 정부가 그런다는 사실은 미국 대통령이나 고위 관리들이 똑같은 것으로 답하도록 유혹한다. 이 장 앞부분에서 데이비드 오맨드 경이 제시한 일련의 원칙을 채택하는 것은 비밀공작이 미국 국민이 받아들일 수 있는 범위 안에 머물도록 만드는 하나의 방법일 것이다.

유용한 문서

Marshall Curtis Erwin, *Covert Action: Legislative Actions and Possible Policy Questions*, Congressional Research Service, https://fas.org/sgp/crs/intel/RL33715.pdf.

Office of the Director of National Intelligence, *Background to "Assessing Russian Activities and Intentions in Recent US Elections": The Analytic Process and Cyber Incident Attribution*(January 6, 2017), https://www.dni.gov/files/documents/ICA_2017_01.pdf.

United States Senate, Select Committee on Intelligence, "Executive Summary," *Committee Study of the Central Intelligence Agency's Detention and Interrogation Program*, https://fas.org/irp/congress/2014_rpt/ssci-rdi.pdf.

더 읽을거리

William Daugherty, *Executive Secrets: Covert Action and the Presidency*(Lexington: University Press of Kentucky, 2004). 초기의 비밀공작에 대한 실무자의 견해를 제시하며, 적절히 승인되고 실행될 경우의 비밀공작 사용을 옹호한다.

Jack Devine, *Good Hunting: An American Spymaster's Story*(New York: Farrar, Strauss and Giroux, 2014). CIA 비밀공작 실무자가 그의 경력과 성공과 실패로부터 배운 주요 교훈을 서술한다.

Roy Godson, *Dirty Tricks or Trump Cards: US Covert Action and Counterintelligence* (New Brunswick, NJ: Transaction, 2001). 비밀공작의 여러 유형을 설명하고, 1945년 이후 비밀공작 사용에 대한 찬반 논의를 소개한다.

Richard Immerman, *The Hidden Hand: A Brief History of the CIA*(New York: Wiley, 2014). 비밀공작에 관한 초기의 결정과 CIA 역사에서 주요한 성공과 실패 사례를 논의한다.

Jennifer D. Kibbe, "Covert Action," *Oxford Research Encyclopedias*, http://internationalstudies.oxfordre.com/view/10.1093/acrefore/9780190846626.001.0001/acrefore-9780190846626-e-135. 비밀공작 문헌을 폭넓게 검토하고 그 과제를 조명한다.

Peter Kornbluh, *Bay of Pigs Declassified: The Secret CIA Report on the Invasion of Cuba* (New York: New Press, 1998). CIA가 추진한 비밀공작 가운데 가장 많이 인용되는 실패 사례를 설명한다.

Gregory Treverton, *Covert Action: The Limits of Intervention in the Postwar World*(New York: Basic Books, 1987). 1975년 처치 위원회의 전문위원 출신이 해당 청문회 때까지 수행된 CIA 비밀공작에 대해 자신의 관점을 제시한다.

주석

첫 번째 명언: Gregory Treverton, *Covert Action: The Limits of Intervention in the Postwar World*(New York: Basic Books, 1987), p.11.

두 번째 명언: Jack Devine, *Good Hunting: An American Spymaster's Story*(New York: Farrar, Strauss and Giroux, 2014), p.5.

1 Office of the Historian, "Notes on Covert Action," in *Foreign Relations of the United States, 1964-48; Western Europe*, Vol.12, https://history.state.gov/historicaldocuments/frus1964-68v12/actionsstatement 참조.

2 Richard Immerman, *The Hidden Hand: A Brief History of the CIA*(New York: Wiley, 2014), pp.19~29 참조.

3 정책조정실은 비밀공작이 중앙 집중화된 CIA의 내부 조직이었다. 그 선임자문단에는 국무부와 국방부, 합참에서 파견된 대표들이 포함되었다.

4 Treverton, *Covert Action*, p.38.

5 "History of Evolution," *Coordination and Approval of Covert Operations*(February 23, 1967), CIA Library, 2002년 5월 비밀 해제됨, https://www.cia.gov/library/readingroom/docs/DOC_0000790232.pdf 참조.

6 James Callanan, *Covert Action in the Cold War: US Policy, Intelligence and CIA Operations*(London: I. B. Tauris, 2010), pp.37~38 참조.

7 같은 책, 41쪽.

8 당시 CIA는 이 분열을 소련 영향권 내에서 가장 중요한 분열이라고 평가하고 있었으며 스탈린이 유고슬라비아를 다시 품기 위해 공격을 검토할 가능성을 경계했다.

9 Coleman Mehta, "The CIA Confronts the Tito-Stalin Split," *Cold War Studies*, Vol.13, No.1(Winter 2011), pp.101~145 참조.

10 같은 글.

11 John Prados, *CIA's Secret Wars*(New York: William Morrow, 1986), pp.17, 312~313.

12 Devine, *Good Hunting*.

13 William Daugherty, *Executive Secrets: Covert Action and the Presidency*(Lexington: University Press of Kentucky, 2004), p.138 인용.

14 Treverton, *Covert Action*, p.45.

15 미국 군부는 쿠바 침공을 위한 더 정교한 계획을 세웠으며, 대규모 작전이 아니면 카스트로를 축출하지 못할 것으로 보았다. 그러나 군부는 CIA가 그 계획을 계속하도록 허용하면서 결국에는 케네디가 더 많은 군사적 지원을 제공해야 하고 나아가 더 공공연한 침공 계획을 고려할 것으로 보았다. 이것이 중요한 배경으로 작용해, 쿠바 미사일 위기 때 군부는 침공이 필요하다고 생각했다.

16 Daugherty, *Executive Secrets*, p.154.

17 Treverton, *Covert Action*, p.226.

18 Former Secretary of State Cyrus Vance, *New York Times*, March 1, 1987 인용.

19 Devine, *Good Hunting*, pp.25~42. 소련의 점령에 맞서는 아프가니스탄 태스크 포스의 비밀공작 책임자 출신이 그 공작을 생생하게 설명한다.

20 1985년 3월 27일 「국가안보 결정 지침 제166호: 미국의 아프가니스탄 정책, 사업 및 전략」은 "우리의 비밀사업은 그 지역에서 전력을 더 멀리 투사할 안전 기지인 아프가니스탄을 소련에 넘기지 않을 것"이라고 명시했다.

21 Daugherty, *Executive Action*, p.206. 그 프로그램 자금조달의 또 다른 특징으로, 사우디아라비아가 미국 의회의 세출법안과 연계된 매칭 펀드를 약속했었다.

22 책과 영화를 포함한 일부 매체가 아프가니스탄 작전을 "찰리 윌슨의 전쟁"으로 규정한 것은 그가 그 사업을 강력히 옹호한 측면을 반영한다.

23 인용 출처는 Sir David Omand, "Ethical Guidelines in Using Secret Intelligence for Public Security," *Cambridge Review of International Affairs*, Vol.19, No.4(2006), pp. 613~628. 괄호 안은 필자가 작성했다.

24 역대 대통령은 대개 국가안보 각서를 통해 비밀공작 감독 그룹의 책임과 구성을 명시했다. 닉슨 때 'NSDM 40'이라는 명칭의 NSC 소위원회가 비밀공작 제안을 검토하고 승인하는 일을 맡았다.

25 Treverton, *Covert Action*, p.232.

26 Daugherty, *Executive Action*, p.100.

27 필자는 한 전직 고위 관리에게 감사한다. NSC에서 비밀공작을 감독한 그는 필자에게 부시 때의 프로세스를 자세히 설명했다.

28 Daugherty, *Executive Action*, p.103~104.

29 주제와 지역에 따라 참석 범위가 확대되었다. FBI, 마약단속청, 재무부 등 다른 기관들도 이해관계가 걸리면 포함되었다.

30 비밀공작 결정에 참여한 한 전직 NSC 관리에 의하면, 의회 측 고위 관리가 제안된 품의서에 강력히 반대할 경우, 대통령이 그 공작을 강행할 시 누설될 위험성이 있었다.

31 CIA, Office of the Inspector General, *Unauthorized Interrogation Techniques*, October 29, 2003, https://www.cia.gov/library/readingroom/docs/0006541525.pdf.

32 Michael Hayden, *Playing to the Edge: American Intelligence in the Age of Terror* (New York: Penguin, 2016), p.223~225.

33 같은 책, 223~225쪽. 헤이든과 다른 전직 관리들의 언급에 의하면, 10가지 기법의 전체 목록은 폭로되지 않았지만, 신문 프로그램과 물고문의 존재가 누설되자마자 그 목록이 파기되고 물고문도 폐지되었다.

34 1994년 미국은 고문과 기타 잔인하고 비인도적이거나 모멸적인 대우나 처벌에 관한 유엔 협약을 비준했다. 이 협약은 고문을 "신체적이거나 정신적인 심각한 고통이나 괴로움을 고의

로 사람에게 가하는 모든 행위"로 정의한다. 2002년 8월 미국 법무부는 부시 대통령에게 보고한 법률 각서를 통해 광범위한 기법들을 승인하면서 "이러한 기법의 다수가 잔인하고 비인도적이거나 모멸적인 대우에 해당하겠지만, 고문의 정의를 충족시키는 데 필요한 강도의 고통이나 괴로움을 빚지는 않는다"라고 결론을 내렸다.

35 Senate Select Committee on Intelligence, *Committee's Study of the CIA's Detention and Interrogation Program*, Executive Summary and Key Findings, and Declassified Revisions December 3, 2014, https://www.feinstein.senate.gov/public/cache/files/7/c/7c85429a-ec38-4bb5-968f-289799bf6d0e/D87288C34A6D9FF736F9459ABCF83210.sscistudy1.pdf.

36 "Statement from Director Brennan on the SSCI Study on the Former Detention and Interrogation Report"(December 9, 2014), https://www.cia.gov/news-information/press-releases-statements/2014-press-releases-statements/statement-from-director-brennan-on-ssci-study-on-detention-interrogation-progra.html.

37 Mark Mazzetti, *The Way of the Knife: The CIA, a Secret Army, and a War at the Ends of the Earth*(New York: Penguin, 2013), p.120.

38 George Tenet, *At the Center of the Storm: My Years at the CIA*(New York: Harper-Collins, 2007), p.158.

39 '뉴아메리카재단'의 주장에 따르면, 2017년까지 미국이 파키스탄에서 400여 차례 공격을 단행해 총 2359명 내지 3685명에 이르는 사상자가 발생했으며, 그중에서 245명 내지 303명은 민간인들이었다. New America Foundation, "America's CounterTerrorism Wars: Drone Strikes Pakistan," https://www.newamerica.org/in-depth/americas-counterterrorism-wars/pakistan 참조. '언론수사국'의 보고에 따르면, 파키스탄에서 429차례의 확인된 공격으로 2514명 내지 4023명의 사망자가 발생했고 그중 423명 내지 926명이 민간인들이었다. Bureau for Investigative Journalism, "Strikes in Pakistan," accessed January 5, 2017, https://www.thebureauinvestigates.com/drone-war/data/pakistan-covert-us-reported-actions-2017 참조.

40 Scott Shane, "CIA Is Disputed on Civilian Toll in Drone Strikes," *New York Times*, August 11, 2011, http://www.nytimes.com/2011/08/12/world/asia/12drones.html.

41 The White House, Office of the Press Secretary, "Executive Order: United States Policy on Pre- and Post-Strike Measures to Address Civilian Casualties in U.S. Operations Involving the Use of Force"(July 1, 2016) 참조.

42 Neil MacFarquhar, "Russia Says Its Syria Bases Beat Back an Attack by 13 Drones," *New York Times*, January 8, 2018, https://www.nytimes.com/2018/01/08/world/middleeast/syria-russia-drones.htm.

43 Tenet, *At the Center of the Storm*, p.216.

44 Daugherty, *Executive Secrets*, p.65~68.

45 Greg Miller, "Wider Pentagon Spy Role Urged," *The Nation*, October 26, 2002, http://www.washingtonpost.com/wp-dyn/articles/A29414-2005Jan22.html.

46 Barton Gellman, "Secret Unit Expands Rumsfeld's Domain," *Washington Post*, January 23, 2005, http://www.washingtonpost.com/wp-dyn/articles/A29414-2005Jan22.html.

47 Jeff Mustin and Harvey Rishikof, "Projecting Force in the 21st Century: Legitimacy and the Rule of Law; Title 50, Title 10, Title 18, and Art. 75," *Rutgers Law Review*, No.68 (Summer 2011), p.1251 참조.

48 Jim Michaels, "Trump Gives Defense Chief Mattis Running Room in War-Fighting," *USA Today*, April 5, 2017, https://www.usatoday.com/story/news/world/2017/04/05/mattis-trump-syria-iraq-yemen-isis/100016758.

49 John Haltiwanger, "Trump Blames Generals for Ambush That Got Four Servicemen Killed," *Newsweek*, October 25, 2017, http://www.newsweek.com/trump-blames-generals-niger-ambush-four-us-soldiers-killed-693227.

50 Joint Staff, *Cyberspace Operations*, Joint Publication-3-12(February 5, 2013), II-2, https://fas.org/irp/doddir/dod/jp3_12r.pdf 참조. 이 자료는 사이버 공작이 어떻게 수행되는지를 보여주면서 "공세적 공작"을 언급하고 있다.

51 '빅 데이터'는 일반적으로 대단히 크고 복잡한 데이터 세트를 가리키며, 그 속에 담긴 정보를 분석하고 이용하려면 정교한 소프트웨어가 필요하다. 국가정보 목적과 관련해, 빅 데이터 분석이 웹사이트, 블로그, 소셜 미디어 출처 등에서 추출된 방대한 양의 첩보로부터 추세, 패턴, 관계 등을 드러낼 수 있다.

52 David Sanger, "Obama Order Sped Up Wave of Cyberattacks against Iran," *New York Times*, June 1, 2012.

53 ODNI, *Worldwide Threat Assessment of the US Intelligence Community*(January 29, 2019), p.5.

54 ODNI, "Key Judgments," *Assessing Russian Activities and Intentions in the Recent U.S. Presidential Elections*, ICA 2017-01D(January 6, 2017), https://www.dni.gov/files/documents/ICA_2017_01_.pdf. 공식 명칭이 『러시아의 2016년 대선 개입에 관한 수사 보고서(Report on the Investigation into Russian Interference in the 2016 Presidential Election)』인 뮬러 보고서(Mueller Report) 1~2권도 참조. 이 보고서는 로버트 S. 뮬러 특별검사가 2019년 3월 제출했다. https://www.justice.gov/storage/report.pdf.

제10장

—

정보-정책 관계의 과제

대통령과 그의 국가안보팀은 일반적으로 정보 역량에 관해 잘 알지 못한다. 그래서 그들은 종종 정보가 그들을 위해 할 수 있는 것에 대해 비현실적으로 기대한다. 특히 미국 정보기관이 첩보를 수집·처리하는 참으로 비범한 역량에 관해 듣게 되면 더 그렇다.

_로버트 게이츠, 전 CIA 부장, 1989년

우리는 종종 정책에 영향을 미치고 싶은 욕구를 느끼는데 (……) 그저 영향력만 추구할 때는 정보가 전혀 영향력 없는 데로 흐를 수 있고 가끔 그렇게 된다. 이 방향으로 너무 주력하다 보면, 정보가 또 다른 정책 목소리처럼 들리게 되며, 이 또한 바라던 것이 아니다.

_셔먼 켄트, 『판단서와 영향력(Estimates and Influence)』, (1968)

미국의 정보활동은 혼란스럽게 전개되는 국제적 도전에 대해 엄청난 양의 첩보와 통찰을 대통령과 국가안보팀에 제공해 왔다. 앞의 여러 장에서 보았듯이, 정보는 전략적·전술적 수준에서 대외·안보 정책의 형성과 집행에 한몫을 수행했다. 더욱이, 정보는 때때로 비밀공작의 형태로 정책을 실행해야 한다. 그렇긴 하지만, 정보와 정책 간 관계는 여전히 논란이 되고 예측할 수 없다. 정책결정자들과 정보 관리들이 같은 국가안보 사업을 공유하지만, 때로는 병행하는 우주에서 공존하는 것처럼 보인다. 정책결정자들과 정보 관리들을 각각 추동하는 정치적 이해관계와 관료적 명령은 서로 다른 부류다. 이 장에서는 그 관계가 어떻게 진화했으며 어떻게 갈등으로 가득한지 설명할 것이다. 특히, 어떻게 정보의 '정치화'가 발생하는지 논하면서, 주요 사례를 조명하고 정보-정책 관계의 미래에 관해 몇 가지 이슈를 제기할 것이다.

대립하는 두 부족: 정책과 정보

미국 정보공동체가 형성된 초기에는, 정책 결정을 담당하는 관리들과 국가안보팀이 사용할 정보 제공을 담당하는 관리들 사이에 뚜렷한 구분이 존재했다. 1947년 국가안전보장법이 명시하듯이, 중앙정보장(2004년 정보개혁 입법 이후의 국가정보장)은 정책을 결정하는 관리가 아니라 '정보보좌관'이었다. 이는 국가안보 결정을 내릴 권능이 있는 사람들과 각자의 전문 분야에서 투입 요소를 제공할 뿐인 사람들 간의 분명한 경계선을 의미했다. 즉, 정보는 군사적 조언과 마찬가지로 정책 자체라기보다는 정책결정자를 위한 수단이었다. CIA 부장과 나중의 국가정보장의 임무는 대통령과 고위 정책 관리들에게 최고의 정보와 분석을 제공하는 것이었다. 공식적인 의미로 보면, 정보 관리는 미국의 국가안보정책을 결정할 때 발언권이 전혀 없다. 이것이 정책공동체와 정보공동체를 뚜렷하게 분리했다.

제3장에서 보았듯이, 정책 보좌관들과 그들의 휘하 기관이 미국의 국익을 증진할 전략을 어떻게 개발할지 그리고 그 국익에 대한 주요 위협과 기회에 어떻게 대응할지 결정하는 일을 담당한다. 정책 '차로(lane)'는 정보 '차로'에서 구축되는 정보와 분석의 제공과는 분명하게 구분된다. 정책결정자들이 정보기관이 자신들의 역할을 찬탈하거나 적어도 복잡하게 만든다고 늘 민감하게 느끼는 부분은 정보기관이 자신들의 선호 정책을 뒷받침하는 가정을 훼손하거나 선정된 행동 방책이 바람직한 결과를 가져오지 않을 것임을 시사하는 「국

가정보판단서」 등의 평가보고서를 제시할 때다. 정책결정자는 무엇보다도 자신의 '결정 공간'을 보호하는데, 그 최상의 의미는 행동의 자유에 어떠한 제약도 받지 않겠다는 것이다.

다수의 대통령과 고위 정책 관리들이 정계와 법조계, 기업인 출신이며 행동파다. 그들은 자기 능력을 과신하며 신념이 확고하다. 그래서 그들은 낙관주의 성향이 강하며, 자신의 정책이 비효과적이라거나 지속 불가능하다거나 너무 위험하다는 투의 말에 고개를 치켜든다. 정치학자이자 정보학자인 로버트 저비스가 언급했듯이, 정책결정자는 국내외 고객들에게 자신의 정책을 부풀려 말해야 하는데, 이는 불가피하게 정보의 왜곡을 가져옴으로써 정보공동체와 충돌하게 된다.[1] 정책결정자에게는 미래의 중요한 사태에 관한 '확실성' 욕구가 추가로 있다. 그들은 기습적 사건으로 자신의 정책 의제에 예상치 못한 난관이 초래되는 것을 두려워한다.[2]

이와 대조적으로, 정보 관리들은 본능적으로 야심적 정책구상의 타당성에 대해 회의적이지는 않더라도 보다 신중하며 미래에 대해 높은 신뢰도의 판단이나 예측을 제공하기를 조심한다. '복잡하다(It's complicated)'는 표현은 정보세계의 정수를 보여준다. 분석관들은 세계를 흑백 기준으로 보지 않고 회색 지대로 보는 경향이 있다. 불확실성을 한정할 수는 있지만 영으로 만들 수는 없다. 무엇보다도 정보는 '정책 중립적'이어야, 즉 특정한 정책 의제로부터 자유로워야 한다. 실로, 독립적인 정보공동체를 보유하는 전적인 목적은 가장 포괄적인 사실과 분석을 매우 복합적인 대외정책 이슈와 관련되도록 끌어내는 데 있다. 기껏해야, 그런 정보는 정책결정자에게 적의 역량과 의도 또는 미국 정책에 대한 대응에 관해 불편한 사실과 대안적 평가를 제시한다. 최악으로는, 정보가 정책 결정의 기본적 전제나 결론에 관해 의문을 제기한다. 그러나 정보 관리들로서는 사실을 제시하는 것이 정책 상전으로부터 인정받기를 추구하는 것보다 더 중요하다.

대안적 정보-정책 모델: 켄트 대 게이츠

냉전 초기에는 정보를 하나의 전문 분야로 이해하는 것이 빈약했으며, 정책과 정보 사이의 경계선을 긋는 것도 그리 조심스럽지 않았다. 그러나 전략정보처(CIA의 전신)에서 고위 정보 전문가로 근무하고 나중에 초창기 CIA에서 판단서 작성의 주역이 된 한 인물이 정책 프로세스 내 정보공동체의 활동을 위한 초석을 놓았다. 셔먼 켄트(Sherman Kent)는 1949년 저서 『미국의 세계정책을 위한 전략정보(Strategic Intelligence for an American World Policy)』에서 정보가 정책 결정 테이블에서 "논의의 수준을 높여야" 한다는 기본 원칙을 밝혔다. 켄트의 견해에 의하면, 정보가 구체적인 정책 입장을 옹호해서는 안 되며 정책에 영향을 미쳐야 한다. 정보 분석관은 구체적인 정책 의제를 인지해야 하지만 거기에서 떨어져야 한다. 켄트는 활발한 토론이 벌어지면 강단 있는 정책결정자들이 정보 결과물을 조작(操作)하게 될 것임을 알았다. 이리하여 정보 분석관들은 고위 관리들의 선호 여부와 무관하게 객관적으로 첩보를 제시하려고 노력해야 했다.

그러나 이 원칙을 언급한다고 해서 그 실행이 쉽다는 의미는 아니다. 전쟁이냐 아니면 평화냐의 문제가 부분적으로 정보 결과물에 달려 있었을 때, 정보 평가가 으레 논란이 되었다. 지난 수십 년 동안 미국 정보활동의 결함은 가끔 부정확한 데도 있었지만, 대통령의 정책에 대해 편향된 데서도 연유했다. 정보가 전략을 둘러싼 논쟁에 빈번히 휘말렸으며, 때때로 '정치화'(즉, 정치적 의제에 의해 왜곡됨)되었다고 옳거나 그릇된 비난의 대상이 되었다.

정책결정자와 '적당한 거리'를 두는 켄트의 접근 모델은 그러한 정치적 논란에 얽히는 것을 피하자는 의도였다. 그러나 이 모델은 또한 분석관들 사회에 정책결정자들이 채택하든 말든 마음대로 분석을 작성할 수 있다는 태도를 주입하는 경향이 있었다. 정책에 대한 이 '상아탑' 태도는 가끔 자만심에 가까울 정도였다. 정책결정자들이 분석관을 비난하는 부분은 분석관들이 자신이

동의하지 않는 정책에 대해 모호하게 정보를 가장해 실컷 비판한다는 것이다. 게다가 CIA는 종종 구체적인 정책 논의에 제공하기 위한 분석만큼이나 자체 분석관들의 기량을 연마하고 전문성을 쌓기 위한 분석도 여러 주제에 대해 수행했다. 이런 이유에서, 주기적으로 정책결정자들은 정보가 자신들의 정책적 요구사항과 무관하다고 불평했다. 초창기의 정보보고서는 분량이 길고 지나치게 상세했으며 소화하기도 힘들어 정책결정자들이 시달렸다.[3]

냉전 종식과 소련 소멸로 인해 정보공동체는 그 방대한 활동을 정당화하기가 과거 어느 때보다 어렵게 되었다. 일부 논객들은 CIA가 소련의 붕괴를 예측하지 못한 것을 들먹이면서 주된 위협이 사라진 만큼 CIA가 전혀 필요 없다고 주장했다. 1990년대 초 대니얼 모이니핸(Daniel Moynihan) 상원의원은 국무부에 CIA를 편입시키든가 완전히 폐지하자는 유명한 제안을 내놓았다.[4] 그러나 이보다 앞서 로버트 게이츠 등 고위 관리들이 과거에 군림했던 '객관성(objectivity)' 대신에 '관련성(relevance)'을 강조하는 새로운 정보-정책 모델을 역설하기 시작했다. 소련 분석관 출신의 게이츠는 여러 대통령 밑에서 NSC 참모부에 근무한 후, 분석이 정책 현안을 다루지 않을 때가 너무 잦다는 관찰을 내놓았다. 그는 정보기관이 외국 정부가 어떻게 움직이는지 파악한다고 자랑하지만, 미국 정부가 어떻게 움직이는지 이해하거나 미국의 대외정책을 추동하는 정책 프로세스를 아는 것으로 보이는 분석관이 거의 없다고 서술했다.[5] 그는 1980년대 CIA의 정보 담당 차장으로 있으면서 휘하 관리직 간부들과 분석관들에게 워싱턴 "시내에서", 즉 기관 간 회의와 NSC·국무부·국방부 정책결정자들의 사무실에서 더 많은 시간을 보내라고 지시했다.[6] 그래야만 분석관들이 정부의 진정한 정보 요구사항이 무엇인지 파악할 수 있을 터였다.

그때부터 지금까지, 특히 CIA는 어떤 정책들이 고려되고 있는지 파악하고 그리하여 정보를 가장 중요한 이슈에 맞추기 위해 정책결정자들에게 다가가기를 지향했다. 선임분석관들은 정책 토의에 다가가고 직접적인 정보 지원을 제공하기 위해 점차 정책기관에서의 순환근무를 택했다. 필자도 1989~1991

년 국무부 정책기획실에 파견되어 당시 제임스 베이커(James Baker) 국무부 장관의 측근 보좌진에게 정보를 지원하는 일을 도왔다.[7] 「대통령일일브리핑(PDB)」(제8장에서 상술됨) 작성은 명백히 대통령의 정보 요구에 중점을 두기 때문에 아마도 게이츠 모델이 적용되는 가장 좋은 예일 것이다. PDB가 핵심적 정보 생산물이 되자 떠오르는 분석관들이 PDB 브리핑 담당관 보직을 놓고 경쟁했는데, 그들은 대통령이나 다른 각료들에게 브리핑하는 업무 성과에 따라 고위 관리직으로 승진하는 경우가 빈번했다. 예컨대, 조지 W. 부시 대통령의 PDB 브리핑 담당관이었던 마이클 모렐은 부서장, 총무국장(제3인자 직책), 최종적으로 CIA 차장까지 승진을 거듭했다. 실제로, 브리핑 담당관들은 고위 정책 관리들과 접촉하면서 기관 간 정책 프로세스가 어떻게 운영되는지 그리고 고위 관리들이 어떤 유형의 정보 문제를 제기하는지 통찰을 얻게 되었다. 게다가 그들은 백악관과 국무부, 국방부의 카운터파트와 개인적 신뢰를 쌓았는데, 이것이 추후 중요한 정보-정책 관계의 토대가 되었다.

그러나 이 모델이 정보 분석의 객관성과 무결성(integrity)을 유지하는 데 제기하는 내재적 위험성은 잘 드러나지 않았다. 분석관들이 정책과 가까워짐으로써 현 백악관 주인이 선호하는 정책 쪽으로 무심코 편향될 위험은 없었는가? 리처드 베츠가 지적했듯이, "정보의 생산성을 더 강조할수록, 관련성 있는 것과 특정한 정책 선택을 지원하는 것 사이에 뚜렷한 경계선을 긋기가 더 어려워진다".[8] 로널드 레이건 대통령 시절에 CIA 차장이었던 로버트 게이츠는 윌리엄 케이시 부장과 레이건 대통령의 매파 견해에 유리하도록 분석을 '왜곡'했다는 악성 비난의 표적이 되었다(〈글상자 10-1〉 참조). 또한 역대 대통령들이 CIA 부장을 경력자보다는 개인 보좌관과 정치적 지지자들 가운데서 발탁하는 경향을 보인 것은 정보가 더 쉽게 **정치화**(politicization)될 수 있다는 우려를 키웠다.

글상자 10-1 게이츠 인준 청문회와 정치화 비난

1991년 가을, 로버트 게이츠는 조지 H. W. 부시 대통령의 CIA 부장으로 지명되었다. 상원 정보특별위원회의 인준 청문회에서 다수의 CIA 선임분석관이 게이츠가 미하일 고르바초프의 이른바 '신사고(New Thinking)'에 대한 레이건 행정부의 회의적 인식을 뒷받침하도록 분석관들에게 소련 분석의 재작성을 강요했다고 비난했다. 그 분석관들은 게이츠 차장이 '고르바초프 현상'을 단순한 전술로 묵살하고 소련의 군사적 위협을 과장했으며, 소련의 불안정성을 경시했다고 주장했다.

게이츠의 자기변호는 주로 CIA 분석이 최대한 엄격하고 분석적으로 방어할 수 있도록 하는 자신의 검토 책임에 중점을 두었다. 그는 일부 보고서를 "무기력하고 현실 안주적"이라고 비판하고 일부 분석관을 "편협하고 잘난 체하며, 정당한 질문에 건방지게 대답"한다고 비난했음을 인정했다.* 게이츠는 또한 자신의 1990년대 회고록을 통해 조지 슐츠(George Shultz) 당시 국무부 장관과 상당한 견해 차이가 있었음을 인정했다. 당시 슐츠는 게이츠가 CIA 부장 지위를 이용해 고르바초프의 능력을 의문시하고, 간접적으로는 고르바초프에 대한 슐츠의 외교적 접근을 문제시한다고 불만을 토로했었다.**

- * Elaine Sciolino, "The Gates Hearings: Bush's C.I.A. Choice in Counterattack at Senate Hearing," *New York Times*, October 4, 1991, http://www.nytimes.com/1991/10/04/us/the-gates-hearings-bush-s-cia-choice-in-counterattack-at-senate-hearing.html?pagewanted=all.
- ** Robert Gates, *From the Shadows: The Ultimate Insider's Story of Five Presidents and How They Won the Cold War*(New York: Simon & Schuster, 1996), pp.443~447.

역대 대통령과 정보보좌관

CIA 부장과 나중의 국가정보장에게 주어진 역할이 대통령과 NSC의 수석 정보보좌관이라는 점에서, 그들의 상호관계가 더 넓게 정보-정책 관계에 중요할 때가 많았다. 정보를 잘 이해하고 중시한 역대 대통령은 자신의 정보보좌관과 강한 유대관계를 형성하는 경향이 있었던 반면에, 정보와 덜 친숙하거나 불편함을 느낀 역대 대통령은 그 개인이나 그의 휘하 기관과 일정한 거리를 유지하는 태도를 보였다.

세련된 정보관(觀)을 보유한 대통령으로는 드와이트 아이젠하워와 조지 H. W. 부시가 가장 돋보인다. 군사령관일 때 아이젠하워는 전시 작전에서 두루 정보를 활용했으며, 냉전 시대에 공산주의와의 싸움에서는 정보를 전력 승수(force multiplier)로 보았다. 그는 초기의 상공 영상 프로그램(U-2 '첩보기'와 첫 위성 프로그램) 개발을 책임졌다. 게다가 군사령관일 때 즐겨 비밀작전을 활용했던 그는 나중에 앨런 덜레스 CIA 부장이 만든 비밀공작 프로그램을 애용했다. 아이젠하워로부터 대단한 신임을 받은 덜레스는 해외에서 전략정보처의 전시 작전을 지휘했던 인물로서 CIA의 비밀공작 프로그램을 신장시켰다.

조지 H. W. 부시는 독특하게 정보를 이해한 또 다른 대통령이었는데, 이는 그가 제럴드 포드 대통령 밑에서 CIA 부장을 지냈기 때문이다. 그는 CIA 부장에 취임하기 전에 유엔 주재 대사와 중화인민공화국 주재 초대 대사로 복무하는 등 상당한 국제 경험을 쌓았었다. 이후 그는 레이건 대통령 재임 기간에 부통령으로 있으면서 PDB를 읽도록 재가를 받았으며 자신의 브리핑 담당관과 즐겨 소통했다. 이런 연유에서, 1988년 대통령이 된 부시는 매일 PDB 읽기를 일과로 삼았는데, 이것이 그 문서의 지위를 과거 어느 대통령 때보다 격상시켰다. 그는 CIA 사관(史官)들에게 말하기를, "내가 대통령이었을 때, 하루 일과 중에서 브리핑 담당관과 함께 앉아 PDB를 죽 읽는 시간이 제일 좋았다".[9] 그는 또한 레이건 대통령이 임명한 윌리엄 웹스터(William Webster) CIA 부장을 유임시켰는데, FBI 국장 출신의 웹스터는 논란이 많았던 케이시 부장의 후임이었다. 부시는 지미 카터 대통령이 취임했을 때 CIA 부장직을 유임하지 못한 경험이 있었기 때문에 그 직책은 비정치적이어야 한다는 메시지를 보내고

싶었던 것이었다.[10]

이들 두 대통령에 비한다면, 정보에 대한 지식과 지지, 친밀함이 많이 떨어지는 대통령이 대다수였다. 영국의 정보 역사가 크리스토퍼 앤드루(Christopher Andrew)의 서술에 의하면, 해리 트루먼 대통령은 취임 시에 정보에 대해 "거의 전적으로 무지했다".[11] 또한 트루먼은 CIA 창설에 대해 미국의 게슈타포가 될 수 있다고 우려한 것으로 유명하지만, 자신에게 첩보를 수집·제공할 단일 조직은 열렬히 원했다. 존 F. 케네디 대통령은 취임 시 정보활동에 관해 매우 무지했으나 덜레스 같은 경력자들을 신뢰하고 의지했다. 그러나 피그만의 대실패가 이러한 신뢰를 급속히 무너뜨렸으며, 그는 자신의 아우인 로버트 케네디 법무부 장관을 지명해서 CIA로 인해 곤경에 빠지지 않도록 CIA를 주시하도록 했다. 린든 존슨은 자신의 문제를 정보에 전가하는 아마도 가장 야비한 대통령이었을 것이다. "하루는 내가 열심히 일해서 한 통 가득 우유를 짰지만, 한눈파는 사이에 늙은 암소가 똥 묻은 꼬리를 우유 통 속에 담갔습니다. 이제 당신도 아시겠지요. 그게 정보기관 사람들이 하는 짓입니다. 당신은 열심히 일해서 좋은 프로그램이나 정책을 진척시키고, 그들은 똥 묻은 꼬리를 거기에 담그지요."[12]

존슨 인용문이 분명하게 보여주듯이, 흔히 대통령은 자신의 정책 의제를 지지하지 않는 정보보고서 때문에 좌절한다. 특히 리처드 닉슨 대통령은 CIA가 자신의 반대편이라고 의심했는데, 그는 CIA가 자신이 패배한 1960년 대선에 왠지 개입했다고 생각했으며, 자신과 자신의 보수적 견해를 경멸하는 "조지타운 대학교 진보파들"이 가득한 기관이라고 보았다.[13] 일반적으로, 새로 취임한 대통령은 CIA를 경계하는데, 이는 그 기관이 대통령의 정보 요구에 관심을 기울이기 때문이다. 흔히 신임 대통령은 CIA와 넓게는 정보공동체가 (특히 다른 당 출신의) 전임 대통령을 위해 오랫동안 일했기 때문에 전임자의 정책을 옹호하지는 않더라도 그 정책에 사로잡혀 있다고 의심한다. 취임 전의 정권 인수 기간에 대통령 당선자는 고위 정보 관리들을 만나기 시작하고 그들이 만든

PDB를 처음 볼 것이다. 당선자는 PDB를 통해 현용정보 관리들의 능력과 성향을 가늠하기 시작한다. 마찬가지로 고위 정보 관리들도 새 대통령의 정당이나 정책 성향과 관계없이 그를 위해 일할 수 있는 능력을 입증하려고 애쓰고 새 대통령의 정보 우선순위를 파악하려고 노력한다. 이렇게 "자리를 잡는 과정"이 때로는 순조롭지만, 우여곡절도 종종 많다.

조지 H. W. 부시 대통령에서 빌 클린턴 대통령으로의 정권 이양은 분명히 우여곡절이 많은 경우였다. 클린턴은 과거 민주당 행정부에서 뛰어난 국방부 관리였던 제임스 울시(James Woolsey)를 CIA 부장으로 임명했다. 그러나 클린턴은 이전에 울시를 만난 적이 없었으며, 그 둘은 친밀한 관계를 형성할 수 없었다. 클린턴은 결코 PDB를 열심히 읽거나 자신의 정보보좌관들과 친하지 않았다. 울시는 대통령 집무실에 접근하려다 실패한 희생자로 정치 풍자만화에 등장했으며, 결국에는 좌절감으로 사퇴했다. 클린턴은 ― 자신과 관계가 좋은 사람을 앉히기 위해 ― 첫 국가안보보좌관인 앤서니 레이크(Anthony Lake)를 후임 CIA 부장으로 임명하려고 노력했지만, 그 시도는 인준 과정에서 좌초되었다. 결국 클린턴은 존 도이치 국방부 부장관을 선택했으나, 그의 CIA 부장 재임도 짧고 파란만장했다. 클린턴의 NSC에서 정보 담당 선임 국장을 지낸 후 중앙정보차장(CIA 차장)으로 자리를 옮긴 조지 테닛이 최종적으로 제1인자 자리를 차지했다. 그는 클린턴과 잘 맞는 인물이었고, 매우 똑똑해서 차기 조지 W. 부시 대통령 1기 때도 유임되었다.[14] 그러나 클린턴 대통령은 재임 중에 PDB 브리핑 담당관을 좀처럼 보지 않았으며, 국가안보보좌관에게 PDB를 대신 읽혀서 대통령도 읽어야 할 중요한 기사만 건네받는 데 만족했다. 클린턴은 정보의 중요성을 인정했지만, 결코 특별한 관심을 보이지 않았다.

조지 W. 부시 대통령으로 정권이 이양되면서 정보공동체와 그 지도부는 또다시 대외정책에 경험이나 관심이 거의 없는 새 대통령에게 자신들을 입증해야 했다. 그러나 그의 주변에는 정보에 관해서 상당한 경험과 강력한 소신을 갖춘 노련한 고위 보좌진이 포진했다. 콜린 파월(Colin Powell) 국무부 장관은

CIA의 정보 판단에 대해 지지하면서도 가끔 회의적이었고, 딕 체니 부통령과 도널드 럼즈펠드 국방부 장관은 의심하고 자주 비판했다. 하지만 부시는 열린 마음을 가졌고, 자기 아버지가 CIA와 함께한 긍정적인 경험에 고무되었다. 부시 대통령 당선자는 그의 "텍사스 백악관"에서 받은 초기 브리핑에서 공식 취임한 후에는 "좋은 물건"을 받을 수 있기를 바란다고 언급했다.[15] 이 발언으로 인해 CIA가 큰 걱정에 빠진 것은 이미 가능한 최고의 정보를 제공하고 있다고 생각했기 때문이다. 그러나 테닛 부장은 새 대통령이 CIA가 채용한 굉장한 출처와 방법에 대해 예민하도록 만들고, 그와 굳건한 개인적 관계를 형성하기 위해 직접 브리핑하기로 결심했다. 그 관계가 참담한 9·11 공격 이후에도 살아남았지만, 궁극적으로 테닛은 이라크 WMD를 잘못 추정한 보고서의 희생자가 되었다.

테닛의 후임자인 포터 고스(Porter Goss) 하원의원은 대통령이나 부하 직원들과 친밀한 관계를 구축하는 데 별다른 성공을 거두지 못했다. 게다가 국가정보장직의 신설로 고스 CIA 부장은 지위가 격하되었고, 존 네그로폰테(John Negroponte) 초대 국가정보장과 종종 다투었다. 고스는 CIA의 대테러 활동 일부를 재편하는 네그로폰테의 권한에 도전했다가 실패한 후에 곧바로 사임했다.[16] 이라크전쟁이 교착상태에 빠져 장기적 내전으로 흐르자, 부시 행정부는 CIA의 잘못된 판단서가 정책 실패에 대한 비난을 고스란히 받아내도록 하고 싶었다. 백악관은 또한 대통령이 승인한 비밀 구금·신문 프로그램을 수행했다고 의회의 비판을 받는 CIA를 거의 보호하지 않았다. 공군 대장 출신의 마이클 헤이든을 CIA 부장으로 선임한 것이 CIA의 '고문(torture)' 역할을 둘러싼 대소동을 가라앉히는 데에 도움이 된 것은 그가 CIA를 신문 1면에 등장시키지 않겠다고 약속했기 때문이다. 그가 국가안보국 국장으로 오래 근무한 정보적 배경이 그를 네그로폰테 국가정보장의 적합한 파트너로 만들었다. 가장 중요한 것은 그가 부시 대통령과 좋은 관계를 형성했다는 사실이다.

버락 오바마 대통령 시절의 정보활동은 그가 자초한 논란으로 시작되었다.

정치적 경험과 영향력은 상당하나 정보적 경험이 없는 리언 패네타를 CIA 부장으로 임명한 것은 위험성은 없어도 많은 사람을 어리둥절하게 만들었다. 오바마 대통령은 부시 행정부의 이라크 정책과 고강도 신문기법을 사용한 대테러 정책을 공개적으로 비난했었다. 이 때문에 처음에는 대통령과 CIA 전문가들 사이가 냉랭했다. 그러나 패네타는 관료들의 노련한 지도자로서 대통령의 말에 귀를 기울였다. 그는 재빨리 CIA의 사기를 회복하고 백악관의 신뢰도 되찾았다.

오히려 패네타 때문에 오바마의 첫 국가정보장인 데니스 블레어가 빛을 잃었다. 해군 제독 출신의 블레어는 CIA와 — 특히 해외 거점장 임명을 둘러싸고 — 거듭 충돌했으며, 백악관의 신임까지 잃게 되었다. 블레어를 대체한 제임스 클래퍼는 군 정보기관에서 잔뼈가 굵은 인물로, 고위 정보 관리들과 효과적인 동반자관계를 구축하는 데에 천재적인 솜씨를 발휘했다. NSC의 대테러·정보 담당 선임 국장인 존 브레넌과 더불어, 정보계 지도부가 대통령의 신뢰를 받는 효과적인 팀을 형성했다. 오바마는 정보활동, 특히 비밀공작과 특수작전 사용의 진가를 알아보게 되었는데, 그리하여 오사마 빈 라덴을 격살했다. 오바마는 또한 비범하게 좋은 정보 독자였는데, PDB를 태블릿으로 전송하도록 요청해서 규칙적으로 읽었다. 그는 2기 때 내각을 개편하면서 브레넌을 CIA 부장으로 발탁했다. 오바마는 NSC 선임 보좌관이자 노련한 정보 전문가를 랭글리(Langley, CIA 본부 소재지)로 보냄으로써, 냉정한 정보보고서를 올리고 적극적인 대테러·비밀공작 프로그램을 감독하며 국방·정보·법집행 카운터파트들과 협력할 수 있는 든든한 인물을 확보했다.

그러나 그런 긍정적인 측면을 퇴색시킨 것은 에드워드 스노든 사건의 충격이었다. 스노든이 극히 민감한 국가정보국의 전자적 감시 활동을 폭로해 세상을 놀라게 했다. 정보공동체는 주요한 인터넷·전화 공급업체로부터 미국인 수백만 명의 메타데이터를 수집하는 — 그리하여 정보공동체가 외국 테러단체와의 가능한 연계를 샅샅이 찾을 수 있는 — 장기 프로그램을 설명해야 했다. 게다가 국가안보국의 감청 프로그램을 엄청나게 폭로한 이 사건으로, 주요 동맹국 지도자들, 특히 독일의 앙겔라 메르켈(Angela Merkel) 총리에 대한 수집 활동이 드러났다. 스노든의 유출로 인한 외교적 파장은 미국의 신뢰성을 떨어뜨렸을 뿐 아니라 백악관과 일부 정보 관리들 사이의 관계도 긴장시켰다. 행정부는 그 프로그램을 조금씩 복구하고 주요 동맹국에 대해 새 정책을 수립해야 했다. 대통령이 임명한 위원회의 조사에 의하면, 그런 국가안보국 프로그램은 과도했으며, 미국 국민의 개인 통신에 침입하는 것을 정당화할 만큼 유가치 첩보를 실제로 걸러내지도 못했다. 뒤이어 오바마 행정부는 국가안보국의 그런 데이터의 수집을 금지했다. 그 대신에 인터넷 공급업체가 그런 정보를 보관해서 외국인정보활동감시법(FISA)에 의한 영장 발급 시, 정보공동체가 개인 사용자의 메타데이터에 접근할 수 있도록 했다(자세한 내용은 제11장 참조).

최근의 대통령직 이양 과정에서 분명해진 대목을 보자면, 도널드 트럼프 당선자가 러시아 정부가 2016년 선거에 은밀하게 개입해 상대 후보를 해치려고 했다는 CIA, FBI, 국가안보국 및 국가정보장의 합동 보고서를 쉽사리 받아들이지 않을 것이었다. 트럼프 대통령으로서는 이 보고서들이 정보공동체의 지도부와 비정치적 성격에 대한 그의 신뢰를 감소시켰다. 2016년 선거기간에 트럼프 측은 정보공동체의 조사 결과에 대해 추측이라면서 "이들은 사담 후세인이 WMD를 보유했다고 말했던 바로 그 사람들"이라고 조롱했었다.[17] 트럼프는 선거기간 내내 그리고 취임한 후에도 러시아의 해킹 사건에 관해 회의적임을 표명했다. 더욱이 전직 대통령들과는 달리, 그는 러시아의 "적극적인 조치(active measures)" 프로그램을 파헤치려는 FBI 활동의 독립성과 신뢰성을 공격했다.[18] 전직 대통령들처럼, 트럼프도 자신에게 충성하고 견해를 같이하는 사람들을 각 정보기관 수장으로 앉히고 싶었다. 그가 마이크 폼페이오(Mike Pompeo) 공화당 하원의원을 자신의 첫 CIA 부장으로 발탁한 것은 그러한 정치적 임명 틀에 들어맞았다. 마찬가지로, 트럼프 대통령이 외교관 출신의 존 볼턴을 자신의 세 번째 국가안보보좌관으로 임명한 것도 정보를 왜곡한 전력

이 있고 정책을 강력하게 옹호하는 인물에 의해 정보의 정치화가 심해질 것임을 요란하게 알렸다.[19]

긍정적인 측면을 보자면, 논란은 있어도 유능한 직업 정보관인 지나 해스펠(Gina Haspel)을 최초의 여성 CIA 부장으로 임명한 것은 정책-정보 관계에 긍정과 부정이 뒤섞인 영향을 미칠 것이다.[20] 해스펠의 상원 인준 청문회 분위기를 흐린 것은 그가 CIA '고문' 프로그램에 관여했다는 비난과 더 거친 신문 방법에 끌리게 될 트럼프 대통령에 맞서지 못할 것이라는 우려였다. 그러나 그는 프로로서 권력자에게 진실을 말하겠다고 서약했으며, 2019년「전 세계 위협평가」청문회에서 이를 입증한 것으로 보인다. 그 청문회에서 그와 댄 코츠 국가정보장이 러시아, 이란, 북한 및 이라크·시리아 이슬람국가에 대한 정보공동체의 평가를 제시했는데, 언론은 그 평가가 대통령의 견해와 충돌한다고 규정했다.[21] 정보기관과 법집행기관 수장들이 역사를 바로 세우겠다고 하면, 대통령이 주기적으로 그들에게 불만을 표시할 것이 뻔해 보인다.

또한 트럼프 대통령은 PDB에 무관심한 독자임이 드러났다. 수많은 언론 보도에 따르면, 그는 PDB 읽기를 좋아하지 않으며, 정보 주제에 관해 구두 브리핑을 받는 데 만족한다. 트럼프는 매일 PDB를 받지만, 정보브리핑에 지나치게 의존해 자신의 의제를 설정하지는 않는 게 분명하다.[22] 일부 CIA 출신 인사들은 이러한 관행이 역대 대통령들의 관행에서 엄청나게 벗어난 것은 아니라고 변호한다. 그들은 다른 대통령들도 모든 항목을 읽지는 않았거나 구두 브리핑을 선호했으며, 국가안보보좌관을 시켜 어떤 정보 보고가 중요한지 자신에게 보고하게 했음을 지적한다.[23] 기자들이 알아낸 바에 의하면, 국가안보보좌관 등 주요 백악관 관리들은 여전히 PDB 독자다.

정책 논의의 중심에 선 정보

정보 평가가 한몫을 담당하는 정책 논의가 빌미가 되어 대통령이 정보를 불신하고 무시할 때가 흔히 있다. 앞서 언급한 대로, 정책결정자들은 각자의 정책 의제와 세계관을 가지고 있다. 정보가 그런 의제나 세계관에 이의를 제기할 때, 갈등이 분출되기 마련이다. 정보는 사실들과 독특한 비밀첩보를 정책 논의에 가져오기 때문에, 대통령의 결정을 지지하거나 반대함에서 놀랍도록 강력한 역할을 할 수 있다. 정보-정책 관계를 오래 연구한 학자 조슈아 로브너(Joshua Rovner)에 의하면, 보통 정보와 정책 간 갈등이 야기되는 때는 양측이 정보보고서의 품질, 객관성 및 함의에 대해 달리 평가할 때다. 이런 경우에, 박식한 정책결정자라면 당연히 정보보고서에 대해 이의를 제기할 수 있고 정보공동체에 그 논거를 설명하고 입증하도록 요구할 수 있다. 그러나 정치화가 가장 흔히 발생할 때는 정책 관리들이 자신들의 정책 선호에 맞도록 정보를 조종하거나 취사선택할 때다.[24] 이런 경우는 대체로 정책결정자들이 일련의 정책에 너무 헌신적인 나머지, 정보가 정책의 토대를 조금이라도 문제시하면 정치적으로 극심한 타격을 받게 될 때다. 가끔 이런 경우는 정책과 정책을 뒷받침하는 정보 사이에 진정한 괴리가 있음을 반영한다. 어떤 경우에는 정책결정자들이 정보 관리들을 향해 자신들이 동의하지 않는 정책에 이의를 제기하려는 구체적 목적에서 판단보고서를 작성한다고 비난한다.

정치화의 구체적인 동기와 형태는 많다. 로브너의 연구에 따르면, 정책 가정과 의제, 관료주의적인 편협성과 조직 내 프로세스, 정보-정책 관계에 내재하는 파당적·희생양 전술 등에서 그러한 동기와 형태를 찾을 수 있다(<글상자 10-2> 참조).

글상자 10-2 로브너가 분류한 정치화 형태

내재적 가정 분석관이 정책결정자들이 가진 정치적·사회적 가정을 껴안을 수 있는데, 이 가정이 분석관의 정보 이슈 탐구를 제한한다. 통념이 이러한 가정을 추동한다.

정보기관의 편협성 분석관이 정책 선호에 맞추기 위해, 상관의 바람을 충족

하기 위해, 그리고 보다 긍정적인 피드백과 어쩌면 승진까지 받아내기 위해 자신의 분석을 의식적으로나 무의식적으로 윤색할 수 있다.

관료주의적 편협성 예산과 인원 면에서 관료주의적 이익을 증진하는 데 관심이 있는 정보기관이 조직의 이익에 도움이 되는 방향으로 정보보고서를 왜곡하고 싶을 수 있다.

파당적 정보기관 파당적 이익을 앞세우는 정당이 정보기관을 비난하거나 동조할 수 있다. 이것이 정보기관의 작업을 왜곡시킬 수 있으며, 그 결과로 정보기관이 특정 정파와 더욱 밀착된다.

희생양이 되는 정보 정책 실패는 으레 정보보고서 탓으로 돌려진다. '워싱턴 규칙'에 따르면, 정책 성공과 정보 실패만 있다.

출처: 조슈아 로브너가 저술한 책의 긴 부록에서 그의 허락을 받아 전재했다. *Fixing the Facts: National Security Politics of Intelligence*(Ithaca, NY: Cornell University Press, 2011), pp.207~209.

정보 판단의 노골적인 조작(操作)은 비교적 드물게 발생한다. 정치화는 미묘한 탓에 그 의도와 범위에 관해 논란이 벌어질 때가 많다. 다음에 보는 사례들은 정치화의 다양한 수준과 형태를 보여준다. 정치화는 때때로 명백하거나 미묘할 수 있다. 때로는 정책결정자들의 가정과 선호가 정치화의 주된 요인이지만, 정치화가 정책 선택에 대한 정보기관의 회의론의 결과일 수도 있고, 관료주의적인 조직 내 프로세스에 의해 추동될 수도 있다.

존슨 행정부의 베트남전쟁 판단서

1960년대 중반, 존슨 행정부가 베트남전쟁에서 미국이 이기고 있다고 주장하고 있을 때, 그 전쟁 수행에 대한 CIA의 판단보고서는 압도적으로 비관적이었다. 정보공동체는 정치정세 평가서를 통해 남베트남 정부의 정치적 안정성에 관해 심각한 의문을 제기했다. 무능한 그 정부는 대다수 국민과 유리된 채 부패가 심해지고 있었다.[25] 다소 아이러니하게도 로버트 맥나마라 국방부 장관은 성공적인 군사작전을 홍보하면서 남베트남 군대를 지원하기 위한 미군 증원을 승인하고 있었다. 이러한 괴리를 알고, CIA 보고서에 대한 존슨 행정부의 반감도 알게 된 존 맥콘 중앙정보장은 국가판단이사회에 지시를 내려 사이공 주재 미국 대사관과 군사령부에서 나오는 견해와 더 일치하도록 평가서를 재작성케 했다.[26]

그러나 정책과 정보 간의 충돌이 더욱 고조된 것은 CIA의 군사 분석관들이 1965~1967년 생산된 일련의 국가군사판단서를 통해 군 정보기관의 전투서열표를 반박했을 때였다.[27] 사이공에서 나오는 군사정보 보고서는 "비정규" 전투원의 수(10만~12만 명)를 아주 낮게 추정해, 미국이 소모전을 통해 적의 전력을 점차 줄이고 있다는 견해를 뒷받침했다. 대조적으로, CIA의 군사 분석관들은 다른 방법론을 사용해,[28] 국방정보기관이 인정하는 것보다 훨씬 더 큰 수의 비정규군(25만~30만 명)이 있다고 확신했다. 합의를 보려는 노력이 실패로 돌아갔으며, 고위 군사령관들은 CIA가 국방정보국이 승인한 더 낮은 수치에 「국가정보판단서」를 통해 동의하라고 요구했다. CIA 측 고위 대표가 당시 CIA 부장인 리처드 헬름스에게 보고했다. "낮은 수치에 대한 근거는 그보다 수치가 높으면 받아들일 수 없는 수준의 언론 비난이 쏟아질 것이라는 우려인 것 같습니다."[29] 헬름스는 한참 손을 부들부들 떤 후, 이 관리에게 낮은 수치에 동의하라고 명령하면서 CIA는 군부와 백악관에 그 논거를 제시했으니, 이제는 군부가 하자는 대로 내버려둘 때라고 주장했다. CIA 분석관들은 헬름스가 행정부의 압력에 굴복했다고 믿었으며, 여러 명이 "이탈자"가 되었다가 결국에는 CIA가 미국 군부에 의한 정보의 정치화를 묵인했었다는 자신들의 비난을 공개하고 나섰다.[30]

돌이켜보면, CIA 고위 관리들은 남베트남의 정세 악화에 대한 그들의 경보가 어떻게 현지 보고, CIA 평가서, 「국가정보판단서」 등을 통해 제공되었는지 문서로 남겼으며, 존슨 대통령과 맥나마라 장관은 이를 너무 비관적이고 정치적으로 불편하다고 일축했다. 그 국방부 장관은 퇴임 후 한참 지나서야 자신의 회고록을 통해 그 정보보고서들이 정확했고 자신이 "틀려도 지독히 틀렸음"을 인정했다.[31]

닉슨과 포드 행정부의 소련 판단서

1969년 닉슨 대통령과 그의 국가안보보좌관 헨리 키신저는 소련과 일련의 야심적인 군비통제 협정에 착수했다. 이와 함께 닉슨은 탄도탄요격미사일(ABM) 방어 체제 개발을 추진했는데, 이는 부분적으로 전략무기제한회담(SALT)에서 협상카드로 사용할 요량이었다. 이렇게 협상하는 중에 CIA와 정보공동체는 소련의 전략핵 프로그램에 관해 유명한 「국가정보판단서 11-8」 시리즈의 생산을 계속했다. 이러한 연례 판단서는 미사일 발사대의 숫자, 탄두 적재 및 표적 명중률을 기준으로 소련의 기존 및 예상되는 전략적 공격 전력을 업데이트했다.

그 시리즈의 1968년 판 「국가정보판단서 11-8-68」은 소련의 더 강력한 SS-9 미사일 시스템에 대응하기 위해 ABM 방어가 필요하다는 닉슨 행정부의 주장을 직접적으로 반박했다. 정보공동체에 의하면, 소련이 그 시스템으로 '선제타격' 역량을 확보할 수는 없었는데도 국방부가 ABM 보호 시스템 구축을 정당화하기 위해 소련의 그런 역량을 인용하고 있었다. 화가 난 키신저는 정보검토를 위한 특별검토패널을 제안했으며, 그는 이 패널이 CIA가 평가를 변경하도록 압박할 수 있기를 바랐다. 정치화를 폭넓게 연구한 로브너에 따르면, 백악관을 지지하고 CIA의 정치적인 편향을 비난하도록 설계된 누설을 행정부가 추진했다.[32] 백악관과 펜타곤의 꾸준한 압력이 1969년 「국가정보판단서 11-8」을 바꾸는 데 성공했다. 헬름스 CIA 부장이 그 판단서에서 소련 SS-9의 MIRV(다탄두 각개 목표 재돌입 비행체) 역량을 반박하는 문구를 제거하기로 동의했다.[33] 베트남의 전투서열 논란과 마찬가지로, 헬름스는 펜타곤이 하자는 대로 내버려두되 CIA는 별도의 분석 포지션을 유지할 것이라고 주장하면서

정보 판단의 변경을 정당화했다.[34]

키신저가 정보공동체와 논쟁을 벌인 주된 동기는 닉슨 행정부 데탕트 정책의 핵심 요소로서 1972년 SALT와 ABM 조약을 타결하려는 자신의 바람이었다. 그러나 그런 정책이 포드 대통령 때 악성 공격을 받았는데, 당시 공화당과 매파 민주당 상원의원들은 그 협정들이 CIA 판단서의 이른바 데탕트 편향을 토대로 소련에 핵 우위를 내주는 것이라며 공격했다. 1975년 그 비판 그룹의 강요로, 포드 대통령과 조지 H. W. 부시 CIA 부장이 외부 검토 — 나중에 **A팀/B팀 연습(Team A/Team B Exercise)**으로 불림 — 를 통해 소련의 전략 프로그램에 관한 CIA 판단서를 검사하기로 동의했다. 앨버트 월스테터(Albert Wohlstetter)와 폴 니츠(Paul Nitze)처럼 CIA를 노골적으로 비판한 유명 인사들은 CIA 판단서가 소련의 지속적인 전략군 증강을 예측하지 못했으며, 그 이유는 CIA가 데탕트를 지지한 데다 소련도 미국의 상호억지 논리를 채용할 것이라고 오판했기 때문이라고 주장했다.[35] 월스테터-니츠 견해를 채용한 사람들로 구성된 B팀은 자연히 CIA 분석관들(A팀)이 소련의 전력 증강을 예측하면서 부정확한 가정을 사용했으며, 그 가정은 키신저 데탕트 정책으로의 편향을 반영했다는 결론을 내렸다. 나중에 A팀/B팀 연습 전체를 검사해서 나온 결론에 따르면, B팀의 검토 결과가 거의 객관적이지 않았으며 편향에서 독립적이지도 않았다.[36]

당시 하원 군사위원장인 레스 애스핀(Les Aspin)의 더욱 균형 잡힌 평론에 의하면, CIA 분석관들이 소련의 기획자들이 어떻게 낡은 무기체계를 퇴역시킬지에 관해 부정확한 가정을 사용했다는 결론이 나왔다. CIA 분석관들은 소련의 기획자들이 낙후된 무기를 폐기하는 쪽을 선호하고, 다탄두 운반용 미사일 발사대를 적게 생산함으로써 양보다 질을 선호할 것임을 가정하면서 '거울 이미지'에 희생되었을 것이다. 그러나 정치적 편향은 그러한 계산의 기초가 아니었다.[37]

부시 행정부의 2002년 이라크 정보

이라크의 WMD 프로그램에 대한 잘못된 2002년 「국가정보판단서」에 관해, 그리고 이라크 침공 관련 그 판단서의 역할에 관해 쓴 문헌이 많다. 그 판단서에서, 정보공동체는 사담 후세인이 핵·화학·생물학 무기 프로그램을 재개했으며 10년 안에 핵 역량을 보유할 것이라고 잘못된 결론을 내렸다(상세한 내용은 제6장 참조). 이라크전쟁 비평가들은 정보공동체가 사담을 전복시키려는 부시 행정부의 의도에 따라 "맞춤형 정보"를 작성했다고 비난했다. 그러나 사실은 사담의 WMD 프로그램에 대한 정보공동체의 분석은 클린턴 대통령부터 부시 대통령까지 놀랍도록 강력한 일관성을 보인다. 정보공동체의 통념은 사담이 과거에 그랬던 것처럼 다시 무기를 숨기고 있다는 뿌리 깊은 믿음을 반영했으며, 분석관들은 그가 왜 유엔 사찰단이 WMD 부재를 확인하는 것을 막으려고 했는지 잘 이해하지 못했다. 2004년 이라크조사단이 작성한 — '듀얼퍼(Duelfer) 보고서'라고 불리는 — 방대한 보고서에 의하면, 음흉한 사담이 핵·화학·생물학 무기 사업을 사실상 모두 접었었다는 사실을 숨기고 있었으나, 이스라엘과 이란 같은 적을 억지하는 수단으로 무기 프로그램을 가지고 있다는 외관을 유지하려고 했다.[38]

중요한 사실로, 그 2002년 「국가정보판단서」는 부시 대통령이 8월 초에 이라크 침공을 결정한 한참 후인 10월에 작성되었으며, 부시는 고위 정보 관리들이 참석하는 공식 회의 없이 펜타곤에 작전계획을 세우라는 지시를 비밀리에 내렸었다.[39] 그래서 그 판단서가 침공 결정을 부추겼다는 결론은 다소 비논리적이다. 그런데도 비평가들은 그 판단서가 의회와 국민에게 침공을 정당화하는 데 사용되었다고 생각한다 — 비록 정보공동체가 그런 이유에서 판단서를 생산하지는 않았지만. 실제로 그 판단서는 상원 정보특별위원회의 밥 그레이엄(Bob Graham) 위원장(민주당)의 요청에 따라 작성되었다. 그와 다른 민주당 상원의원들은 부시 대통령에게 무력 사용을 수권하는 문제를 둘러싸고 상원의 활발한 토론을 기대했다. 단 여섯 명의 상원의원이 그 장문의 비밀 판단서를 수고스럽게 읽었다는 것은 그것이 의회의 개전 결정에서 중요한 요인이 아니었음을 시사한다.

2004년 로브-실버먼(Robb-Silberman) WMD 위원회는 정치화가 발생했는지 여하를 평가하면서, CIA가 부시 행정부의 정책을 지지하도록 정보 판단을 변경하라는 압력을 노골적으로 받은 증거는 없다고 결론지었다. 그 위원회는 부시 행정부가 정보를 어떻게 사용했는지는 평가하지 않았다. 그리고 사실 이 대목은 이라크 관련 평가에 깊숙이 관여한 일부 전직 정보 관리들이 정치화가 발생했다고 생각한 부분이다. 중동 담당 국가정보관으로서 2002년 「국가정보판단서」 작성에 참여한 폴 필러(Paul Pillar)의 주장에 따르면, 부시 행정부의 관리들은 사담의 WMD 프로그램에 대한 그 잘못된 판단을 침공 명분을 만드는 데 도움이 되기 때문에 "소중히 챙겼다". 게다가 백악관 관리들은 더 나아가 전쟁의 정당성을 홍보하는 데 저촉되는 정보 판단을 깔아뭉갰다.[40]

필러의 주장은 부시의 고위 관리들이 공모해서 자신들이 좋아하는 정보 보고를 골라 인용하고, 싫어하는 분석은 일축하거나 혹평하며, 이라크가 테러와 관련되었다는 자신들의 견해에 동조하는 대안적 정보 평가를 고무했다는 것이다. 체니 부통령, 럼즈펠드 국방부 장관 등 고위 관리들은 의회 위원회나 주요 TV 프로그램에 자주 등장해 미확인 정보 보고를 인용하면서 사담이 핵 프로그램을 가지고 있다는 절대적 확실성을 제시한다고 자의적으로 규정했다. 이와 동시에 일부 관리들은 부인하는 증거를 제시한 사람들을 적극적으로 혹평했다. 특히, 체니 부통령의 비서실장이 처벌하려고 한 전직 대사 조지프 윌슨(Joseph Wilson)은 이라크가 니제르에서 "옐로케이크(yellow cake)" 우라늄 광석을 구매했다는 보고는 완전한 위조임을 CIA에 확인해 주었었다. 끝으로, 럼즈펠드 장관의 부하들이 — CIA가 대체로 일축했었던 — 이라크와 알카에다 간 연계를 밝히려는 목적의 대안적 정보 평가를 생산하기 위해 펜타곤 내부 조직을 설치했다. '대테러 정책평가단'이라는 이름의 그 조직의 임무는 대국민용으로 그 연계 가능성에 관한 첩보를 최대한 수집하는 동시에 그 연계를 일축하는 정보공동체 평가를 약화하는 것이었다.

이처럼 눈에 보이지 않는 형태의 정치화를 검토하고, 전쟁 찬성론을 뒷받침하는 정보만을 바라는 공식적 요청이 꾸준히 이어졌음을 관찰한 필러는 분석관들에게 전달된 메시지가 그리 미묘하지 않았다고 본다. "분석관들은 정책결정자들이 듣고 싶지 않은 것을 생산하면 그들의 공직 생활을 불쾌하게 만들지만, 원하는 것을 생산하면 그 불쾌함을 줄인다는 것을 모두가 너무 잘 알기에 굳이 명시적인 위협이나 압력을 받을 필요가 없었다."[41]

이라크를 둘러싼 정보-정책 관계에서 마지막 단층선이 전쟁 개시 직전에 발생했다. 필러 국가정보관 주관으로 기관 간 프로세스를 통해 사담 제거가 역내 안정에 미칠 영향과 이라크의 미래 국내정세에 관해 두 개의 평가보고서가 작성되었다. 파월 국무부 장관의 정책기획국장인 리처드 하스(Richard Haass)의 요청에 의한 그 두 보고서는 전쟁이 지역과 이라크의 미래에 미칠 영향에 관해 일반적으로 비관적이었다. 한 보고서는 전쟁이 점령으로 인한 반미 정서를 부추기고 알카에다 지지를 조장할 수 있을 것임을 시사했다. 다른 보고서는 이라크가 수니파와 시아(Shia)파, 쿠르드(Kurds)족으로 깊이 분열된 사회이기 때문에 대의민주주의 전망이 희박하며, 경제적 복구 문제가 엄청날 것임을 경고했다.[42] 필러가 언급하듯이, "이들 보고서의 결론을 받아들이고 성찰한 사람이라면 아무도 전쟁이 좋은 생각이라고 말하지 않을 것이다".[43] 놀랄 것도 없이, 부시 행정부는 이러한 보고서에 유념하지 않았으며, 특히 미국이 이라크의 확실한 복구를 위해 안보와 경제원조를 제공하는, 엄청나게 무거운 짐을 아주 오래 짊어질 것이라는 시사점을 무시했다.

부시 행정부의 2007년 11월 이란 핵 「국가정보판단서」

조지 W. 부시 행정부는 이라크전쟁에 시달리면서도 이란을 압박하는 새로운 캠페인을 시작했는데, 이란이 핵 시설의 신고와 현장사찰을 요구하는 국제원자력기구의 핵 안전조치 프로그램을 위반했다는 이유였다. 2005년 국제원자력기구는 이란이 핵 관련 활동을 보고하지 않았음을 비난하고, "은폐 행태"를 보였다는 결론을 내렸다. 같은 해 정보공동체도 두 군데 미신고 핵 시설을 모니터하고 있었으며, 이란이 국제 책무를 위반해 핵무기 개발을 추진한다는 정보 각서를 발표했다. 그러나 2002년 이라크 WMD 판단서 오류에 따른 여파로 인해 신뢰 회복이 절실해진 정보공동체는 정확하고 엄격하게 작성된 평가보고서를 생산해야 했다. 이에 따라 신설 국가정보장이 2005년 초부터 「국가정보판단서」 생산을 위해 일련의 새로운 분석 기준과 프로세스를 시행했다. 이러한 분석의 변화에는 가정을 더 엄격하게 검증하기, 증거에 대해 새 기준으로 신뢰수준을 매기기, 적혈구 팀을 자주 사용해 정보 추정관들(estimators)의 판단을 검증하기 등이 포함되었다.[44]

이러한 새 시스템의 첫 번째 시험대에 오른 것이 이란의 핵 프로그램에 대해 업데이트된 「국가정보판단서」였다. 국가정보위원회가 감독한 이 프로젝트가 앞선 2005년의 결론을 재확인할 것으로 행정부는 기대했다. 사실, 국가정보위원회가 새 판단서를 내려고 했을 때, 추가 첩보가 입수되어 「국가정보판단서」 발간이 지연되었을 뿐 아니라 그 판단서 결론의 중요한 일부가 변경되었다. 2007년 11월 발표된 「국가정보판단서」가 서두에서 밝힌 '핵심 판단'을 보면, "우리는 테헤란이 2003년 가을에 핵무기 프로그램을 중단했다고 높은 신뢰도로 판단한다".[45]

편집 과정에서 이 판단에 대한 중요한 각주가 빠졌는데, 추정관들이 핵 프로그램에서 "무기 설계" 측면만이 중단되었음을 의미하며 무기급 연료 생산에 필요한 은밀한 대규모 우라늄 농축을 말하는 것이 아님을 밝히는 각주가 빠졌다. 또한 정보공동체가 결론지은 다른 '핵심 판단'을 보면, 이란이 추가적인 안전조치 의정서에 서명하기로 동의한 것은 "종래의 미신고 핵 시설이 노출됨에 따른 국제사회의 정밀 조사와 압력"의 결과였다. 요컨대, 정보공동체는 그 판단서가 이란을 압박하는 부시 행정부의 노력이 주효하고 있음을 확인한다고 생각했다. 당시 국가정보장 마이클 매코널(Michael McConnell)은 2002년 이라크 「국가정보판단서」 때와는 달리, '핵심 판단'을 비밀 해제해서 공표하지 않겠다는 새 정책을 백악관에 약속하고 나중에 언론에도 알렸다.

정책결정자들의 반응은 아주 달랐다. 첫째, 백악관은 '핵심 판단'의 논조가 2005년과 너무 달라서 일부가 선별적으로 유출되어 의회의 포화를 맞을 것이라는 결론에 이르렀다. 그래서 부시 대통령은 '핵심 판단' 전체를 비밀 해제해서 이란 프로그램의 상당 부분이 여전히 그대로임을 보여주라고 지시했다. 둘째, 행정부가 딜레마에 빠졌는데, 테헤란의 무기화 프로그램의 주요 부분이 정말로 중단되었다면 왜 이란을 더 압박할 필요가 있는 것인지 설명해야 했다. 행정부는 유럽 동맹국들과 러시아, 중국에 대해 추가적인 제재에 합류하도록 촉구하고 있었다. 그 판단서의 '핵심 판단'을 공개하는 것은 그런 국가들의 지지를 약화할 것이 뻔했으며 실제로도 그랬다. 부시의 대이란 조치를 옹호한 국무부와 국방부 인사들은 정보공동체의 정치적 편향을 비난했으며, 더 강경한 조치와 나아가 군사적 타격 가능성으로 이란을 위협하려는 백악관의 계획을 방해하려 한다고 비난했다.[46] 의회 내 목소리는 군사 옵션은 고려의 대상이 아니며, 이란에 대한 더욱 강경한 조치는 동맹국들의 지지를 받지 못할 것이라는 결론으로 집약되었다.[47] 백악관은 「국가정보판단서」를 최대한 활용하려고 했었지만, 이번 판단서의 취지와 타이밍이 마음에 들지 않았다. 정보공동체는 그 취지와 타이밍을 대통령에게 미리 알리지 않았었다.

분석관들이 그 「국가정보판단서」에 정치적 편향을 주입했다는 비난은 근거가 없었다. 직업 정보관들은 증거를 신중히 평가하고 무기화 프로세스의 중단을 확인하는 새 첩보를 받고 참으로 경악했다면서 그 판단서를 옹호했다.[48] 고위 정보 관리들은 신원조회를 거치지도 않고 잘 알지도 못하는 외부 인사들이 그 '핵심 판단'의 공개된 부분을 쉽게 이해할 것인지 정말 의문시했다. 정보와 정책 간 차이를 보여주는 이 예는 두 부족의 관점이 얼마나 다를 수 있는지를 강조하고 있다. 2007년경 정책결정자들은 이란의 핵 프로그램을 잘 알고 있었으며, 정보공동체가 이전에 이란을 어떻게 판단했는지에 관한 총론은 굳이 필요 없었다. 그래서 정보공동체가 변경된 사항으로 직행했었다. 반면에, 그와 같은 식으로 그 판단서를 읽지 않는 국민과 의회는 그 판단서가 핵 프로그램의 일부분만 언급하고 있다는 점과, 다른 부분 — 예컨대, 핵분열성 물질 생산과 탄도미사일 시험 — 은 불변이라는 점을 인식하지 못했다.

러시아의 2016년 미국 선거 개입에 대한 평가

러시아 정부가 대선 후보자에 대한 미국 유권자들의 견해에 영향을 주어 트럼프 후보에 유리하도록 정교한 소셜 미디어 캠페인을 전개했다는 증거가 점차 늘어나자, 미국 정보기관과 법집행기관이 엄청난 과제를 떠안았다. 구소련과 지금의 러시아가 미국의 대외정책을 약화하고 왜곡하기 위해 적극적인 조치를 사용할 수 있었으며 또 그랬을 것이라는 사실은 전혀 새삼스러운 것이 아니었다. 소련 시대의 적극적 조치가 다양한 부정적인 행위를 미국과 그 동맹국들 탓으로 돌리도록 설계된 예는 수없이 많다. 이러한 기법에는 전위단체 사용, 언론 보도 조작, 날조, 비밀 방송, 외국인 학자와 기업인을 그도 모르게 이용하기 등이 포함되었다.[49] 2016년 공작의 특징은 그 규모와 정교함뿐만 아니라 소셜 미디어를 신속하게 조작한 데다 미국 민주주의의 기초인 정치제도 자체를 약화하는 데 중점을 두었다는 점이다. 정보기관들은 미국의 대외정책 약화를 노린 러시아의 비밀공작에 관해서는 미국의 고위 관리들과 의회에 알리는 데 아무런 어려움이 없다. 그러나 미국 대선에 개입하는 활동에 관해 보고한다는 것은 미국의 법집행과 정보활동을 곧바로 국내의 당파 정치 속으로 밀어 넣게 된다.

이러한 조사 결과의 정치적 민감성을 인식한 정보공동체는 선거기간에 혐의를 공개적으로 발표하는 데 신중했다. 그러나 증거가 불어나면서 정보기관들이 경종 울리기를 피하기가 불가능하게 되었다. 모스크바가 미국의 국내 정치에 개입하고 있다는 첫 번째 공개적 표시가 나온 것은 2015년 가을 FBI가 민주당 전국위원회에 러시아의 해커들이 그 데이터에 침투하려고 한다는 증거가 있다고 조용히 통보했을 때였다. 그 후 대선 운동이 본격화되자, 위키리크스가 힐러리 클린턴의 개인 이메일을 시리즈로 게시했는데, 모두 러시아의 해킹 그룹 구시퍼(Guccifer) 2.0이 입수한 것이었다. 위키리크스는 클린턴을 민주당 후보로 선출할 예정인 7월 전당대회와 거의 시기를 맞추어 2000건의 훔친 이메일을 게시했다. 이 시점에서 FBI는 민주당 전국위원회 웹사이트 해킹에 대해 전면적인 수사에 착수했다.

2016년 초가을에 익명의 법집행 관리들이 러시아 정부가 의심된다고 뉴스 매체에 흘리고 있었다. 이러한 암시에 곧이어 러시아 정부를 직접 가리키는 국토안보부와 국가정보장의 공동성명이 나왔다. "미국 정보공동체는 최근에 미국 정치단체 등 미국의 개인과 기관의 이메일이 절취된 사건을 러시아 정부가 지시했다고 확신한다. 최근 '구시퍼 2.0'이라는 온라인 이름에 의해 해킹되었다는 이메일이 디시리크스닷컴(DCLeaks.com)과 위키리크스 같은 사이트에 폭로된 것은 러시아가 지시하는 활동의 방법·동기와 일치한다."[50]

이것은 정보공동체의 평가 가운데 일부에 불과했다. 선거가 끝나자, 정보공동체는 민주당 후보·조직과 선별된 주 선거 시스템에 대한 사이버공격 외에도 러시아의 인터넷조사국이라는 그림자 조직이 방대한 역정보·선전 캠페인을 전개했다고 보고했다. 여러 매체의 보도에 따르면, 이러한 소셜 미디어 캠페인은 수백 명의 인원과 수백만 달러의 비용이 소요되었으며, 더욱이 다양한 소셜 미디어 웹사이트를 통해 1억 2500만 명의 미국인들에게 닿았을 것이다. 해킹과 소셜 미디어 캠페인의 효과를 합산해 보면, 선거인단 집계에 중요한 세 개 주에 걸쳐 8만 표 미만의 차이로 결정된 대선 결과에 대해 심각한 의문이 제기되었다.

정보공동체는 오바마 대통령과 트럼프 당선자에게 브리핑한 후, 2017년 1월 CIA와 FBI, 국가안보국, 국가정보장 합동 보고서를 발표했다(<글상자 10-3> 참조). 선거 과정을 돌이켜 보면, 많은 질문이 제기될 수 있다. 첫째, 오바마 대통령과 그의 행정부는 선거기간 동안 미국 국민에게 러시아의 간섭을 알리기 위해 보다 적극적으로 개입했는가? 미국 국민은 그런 행위를 본질적으로 현직 민주당 대통령이 바람직한 방향으로 유권자들을 유도하기 위해 대선 진행에 개입하는 것으로 인식할 것인가? 이와 관련해서, 정보기관들도 또한 더욱 공개적으로 떠들었어야 했는가? 한편으로는 정보기관이 정치문제에 연루되어서는 아니 되지만, 다른 한편으로는 미국 국민에게 러시아의 개입을 알리지 않는 것이 선거 결과를 결정하는 데 작용했을 것이다.

글상자 10-3 「최근 미국 선거 관련 러시아의 활동과 의도 평가」('핵심 판단'에서 발췌)

2016년 미국 대선에 영향을 미치려는 러시아의 활동은 미국 주도의 자유민주주의 질서를 약화하려는 모스크바의 오랜 열망이 가장 최근에 드러난 것이다. 그러나 이번 활동은 과거의 공작과 비교해서 그 방향, 수준 및 범위 면에서 상당히 확대된 특징을 보였다.

우리는 블라디미르 푸틴 러시아 대통령이 2016년 미국 대선을 겨냥해 영향력 공작을 지시했다고 평가한다. 러시아의 목적은 미국의 민주주의 프로세스에 대한 국민의 믿음을 약화하고, 클린턴 장관을 실추시켜 그의 대통령 당선 가능성을 저해하는 것이었다. 나아가 우리는 푸틴과 러시아 정부가 트럼프 대통령 당선자를 분명히 선호했다고 평가한다. (……)

우리는 또한 푸틴과 러시아 정부가 클린턴 장관을 깎아내리고 그에게 불리하도록 양 후보를 공개적으로 대비시킴으로써 가급적 트럼프 당선자의 승리 확률을 높이기를 열망했다고 평가한다. (……)

우리는 모스크바가 미국 대선을 겨냥한 푸틴 지시의 공작에서 배운 교훈을 미국의 동맹국들과 그 선거를 포함해서 전 세계를 대상으로 미래의 영향력 공작에 적용할 것이라고 평가한다.

출처: ODNI, *Assessing Russian Activities and Intentions in Recent US Elections, Intelligence Community Assessment*(January 2017), https://www.dni.gov/files/documents/ICA_2017_01.pdf.

똑같이 성가신 질문을 하자면, 자신의 승리가 러시아의 개입으로 이득을 보았을 신임 대통령은 자신의 정보보좌관이 제공하는 정보 평가에 어떻게 대응할 것인가? 트럼프 대통령의 선거운동 입장은 러시아 정부와의 연계를 부인하는 것이었고, 정보공동체는 러시아 정부가 이메일 유출의 배후라고 추측하고 있을 뿐임을 주장하는 것이었다. 트럼프 대통령은 취임 후 브리핑을 받고서 러시아 짓이었을 수도 있고 다른 제삼자 짓이었을 수도 있다고 머뭇거리면서 정보 평가의 진실성에 대해 모호한 태도를 보였다. 더욱이, 트럼프는 정보보고서와 2016년 하원 정보위원회의 조사 결과는 러시아의 활동이 자신에게 도움을 주지 않았고 자신의 선거 캠페인과 어떠한 연계도 없었음을 확인했다고 말함으로써, 그 내용을 거듭해서 틀리게 전달했다.[51] 두 경우 모두, 그는 정보공동체와 하원 위원회가 내린 결론을 허위로 진술했다. 따라서 트럼프 대통령은 자신의 정치적·개인적 이익을 위해 보고받은 정보를 얼버무리고 있었다.

아마 닉슨을 제외한 다른 대통령들과는 달리, 트럼프 대통령은 법집행공동체와 정보공동체에 대해 적대적인 인식을 형성했다. 그 공동체들이 러시아의 활동으로 트럼프가 개인적 이득을 보았을 것임을 시사하는 증거를 제시할 경우, 그는 마치 그들의 의도적인 불충이라고 생각하는 것처럼 행동한다. 이에 따라 정보공동체는 진행 중인 대적정보 위협에 대한 객관적인 판단을 반발하는 수취자에게 보고하는 극히 어색한 위치에 놓였다. 이 특별한 상황은 미국 역사상 독특한 것이지만, 정보 관리들이 고위 정책결정자에게 불편한 진실을 보고할 때의 내재적 위험을 강조하고 있다. 그 결과, 정책결정자는 흔히 자신의 정책이나 개인적 평판을 구조하기 위해 보고서와 그 보고 기관을 깎아내리려고 한다. 이러한 경우에, 정보기관은 스스로 방어할 능력이 거의 없다. 오직 의회만이 — 의회도 정보를 토대로 행동할 수 있음 — 기록을 공적으로 바로잡을 힘을 가지고 있지만, 의회 역시 현재 양극화되어 있어 정보공동체의 성과를 더 객관적으로 검토할 형편이 아니다.

정보-정책 관계의 쟁점

앞에서 본 사례들은 정보의 정치화가 다양한 이유로 발생할 수 있고, 정책결정자와 정보 관리 양측이 모두 그 주역일 수 있음을 시사한다. 베트남전쟁 판단서 사례와 닉슨 시대 전략핵 평가서를 둘러싼 논쟁 사례에서 보듯이, 노골적인 정치화가 발생하는 빈도는 일반적인 인식보다 낮다. 대개 더 미묘한 형태의 정치화가 진행되는 것은 '고도의 정치'가 작동할 때다. 이라크 사례에서 정책결정자들은 지지를 얻기 위해 정보를 선별적으로 사용했지만, 자신들의 홍보를 저해할 보고서는 무시하고 일축했다. 이러한 체리 따기 식 정보 선택은 비공식적인 정책 토론이 뒤따를 때 빈번히 발생한다. 그러나 때로는 이런 관행으로 인해 고위 관리들이 — 2007년 이란 「국가정보판단서」 사례에서처럼 — 본래는 보안을 유지했을 보고서를 비밀 해제해 전모를 밝힐 수도 있다. 끝으로, 프로그램을 운영하는 정보기관이 직접적 책임이 없는 정보기관보다 더 호의적으로 자신들의 활동을 평가하는 자연스러운 경향이 있다. 군사정보가 더 긍정적인 평가로 기울어진 그런 일부 경우를 보면, 흔히 견해 차이로서 매우 주관적이다. 한 사람의 기울어진 정보가 다른 사람에게는 더 엄격한 분석이 된다. 이러한 모든 이유에서 정치화로부터 자유로운, 갈등 없는 정보-정책 관계는 출현하지 않을 것이다.

정보가 더욱 정치화되고 있는가?

현재 양극화된 미국의 정치 환경에서 정보가 더욱 정치화되고 있다고 우려하는 관측통들이 많다. 백악관 고위 관리들과 의회 의원들이 정치적 논쟁에서 이기기 위해 정보를 사용하거나 오용하는 행태를 보면, 그러한 조짐이 보인다. 지난 수십 년 동안 정보는 국가안보정책에 관한 공공 토론의 장으로 점점 끌려들어 갔다. 일면으로는, 정보가 적절히 사용되면 토론에 내실을 줄 수 있다. 그러나 일부 경우에는 정보가 잘못된 정책의 희생양이 되거나(예컨대, 이라크

전쟁의 경우), 자체의 정치적 의제를 가지고 있다고 비난받았다(예컨대, FBI가 트럼프 대통령에 대한 정치적인 부패와 편향이 심하다는 최근의 비난 등).

이처럼 양극화된 정치 환경이 심한 비난을 받는 데다, 의회의 비당파적인 감독도 약해지고 있다. 학자들은 이처럼 비효과적인 정보 감독이 1980년대 중반 이후 성행했다고 지적했다.[52] 2003년 이라크 침공과 그 여파로 민주당과 공화당 사이에 큰 분열이 새로 야기되었으며, 이것이 정보를 둘러싼 당파적 대결 추세를 더욱 심화시켰다. 오바마 대통령 재임 기간에 그런 당파적 대결이 재발한 것은 다이앤 파인스타인 상원의원이 CIA의 극단적 신문 방법인 '고문' 사용을 비판한 상원 정보위원회 스태프의 조사보고서를 600쪽으로 요약해서 비밀 해제하고 공개했을 때였다.[53] 그러자 소수당인 공화당이 그 보고서를 강력하게 비판하는 보고서를 냈는데, 특히 그 신문 프로그램이 인명을 구했으며 민주당 스태프가 조사보고서에서 사실관계를 왜곡했다고 주장했다.[54]

2016년 공화당이 상하 양원을 장악하자 상황이 반전되었다. 이번에는 하원의 상설정보특별위원회가 러시아의 최근 미국 선거 개입을 조사하는 일이 양당의 리더 의원들 간 날카로운 대립으로 방해를 받았다.[55] 다수당과 소수당의 보고서가 별도로 나왔는데, 두 보고서는 이 조사가 트럼프 선거운동과 러시아 간 결탁을 밝히는 것인지 아닌지에 대해 의견을 달리했다. 주요 민주당 하원 의원들은 공화당 보고서를 눈가림용이라고 공격하고, 공화당 의원들은 진행 중인 여러 조사를 신속히 끝내자고 요구하면서 많은 이야기가 텔레비전에서 전개되었다. 이 책을 집필하던 시기에 막 공개된 '뮬러(Mueller) 보고서'를 둘러싸고 의회가 트럼프 백악관 및 법무부와 벌이는 싸움은 정보와 법집행 활동의 품질과 무결성에 관한 당파적 논쟁이 또다시 촉발될 것임을 예고했다.

놀라운 현상을 또 들자면, 국가안보 문제에 대한 전직 고위 정보 관리들의 공개적인 논평이 늘고 있는 점이다. 이전에는 대부분의 전직 부장과 차장들이 당파적 논쟁에 직접 개입하는 것을 회피했다. 그들은 자신의 공직 복무에 관해 회고록을 쓰거나 대기업이나 싱크 탱크의 임원으로 앉는 데 일반적으로 만족했다. 거의 예외 없이, 그들은 의원들이나 행정부 관리들로부터 사적으로 조언 제공을 요청받으면 좋아했다. 2016년 선거가 이 흐름을 바꾼 것으로 보인다. 부시와 오바마 때 활약했던 전직 정보 관리들 다수가 CNN, MSNBC, 폭스 뉴스 등에 정기적인 논평가로 등장했다. 이보다 앞서, 일찍부터 뉴스 매체들은 국가안보 현안에 대한 논평을 위해 퇴역 군 장성들을 썼다. 이 장성들 일부는 또한 대통령 후보자의 강력한 후원자나 비판자가 되었다. 2016년 존 앨런(John Allen) 예비역 대장이 힐러리 클린턴을 위해 민주당 전당대회에서 연설하고, 전역한 마이클 플린(Michael Flynn) 장군은 공화당 전당대회에서 트럼프를 위해 열변을 토했다. 이에 대해 전 합참의장 마틴 뎀프시(Martin Dempsey)는 그러한 행동이 전문 직종인 군부 자체가 정치화되고 있다는 인상을 줄 수 있다고 꾸짖었다.[56]

2016년 말 CIA 부장을 지낸 헤이든과 브레넌 그리고 국가정보장 출신의 클래퍼가 트럼프 대통령의 정보공동체(특히 CIA와 FBI) 공격에 대해 이의를 제기하고 푸틴을 존경한다는 그의 발언을 비판했다. 공직을 떠난 브레넌과 클래퍼는 정보공동체 변호를 넘어 트럼프의 발언이나 조치가 위험하다고 비판하기에 이르렀다. 그들은 또한 대통령 스스로 개인적이고 비애국적인 동기가 있어서 정보기관을 깎아내리고 러시아의 행동을 나무라지 않는 것임을 암시했다.[57] 이에 대해, 트럼프 대통령은 이들을 공격하는 것을 넘어서 공개적으로 브레넌의 보안 인가(security clearance)를 박탈하고, 자신을 비판하는 다른 전직 관리들에게도 똑같이 조치하겠다고 위협했다. 이들 두 전직 관리의 행동과 대통령의 대응은 거의 선례가 없으며 대통령과 그에게 봉사하는 정보기관 사이의 깊은 분열을 드러낸다.

이 전직 관리들이 언론의 자유를 누릴 권리가 있지만, 그들의 발언은 정보공동체가 정치에 개입할 태세라는 인상을 준다. 이런 일이 확산할 경우, 조사 보고서를 발표하는 정보기관들은 정당정치를 초월한다는 국민의 믿음이 전직 정보 관리들의 논평으로 흔들릴 위험이 있다. 마찬가지로, 대통령이 정보공동체와 법집행공동체의 일부 전현직 지도자들을 널리 공격하는 것은 정치화가 심하다는 비난을 촉발하고 정보활동의 비정치적 성격에 대한 국민의 신뢰를 저해할 것이다.

정보기관은 어떻게 정치화를 차단할 수 있는가?

앞선 논의가 시사하듯이, 정치화는 여전히 심각한 도전과제이며, 특히 워싱턴에서 주요 정당 간에 정책 대립이 있을 때 그렇다. 정치화에 대한 해법이 별로 없다. 첫째, 많은 학자가 지적했듯이, 정책결정자들은 정보에 이의를 제기할 권리가 있고, 부정확하다고 확신하는 정보를 무시할 권리도 있다. 둘째, 정치화를 식별한다는 것이 매우 주관적일 때가 흔하다. 정보공동체에 대해 그 판단을 변경하도록 노골적으로 압박하는 경우를 제외하고, 어느 것이나 정직한 분석적 이견 탓으로 쉽사리 돌릴 수 있다. 예컨대, 어떻게 정보공동체가 분석적 가정을 세우고 가용 증거를 평가해서 결과를 도출했는지에 관해 의견이 다를 수 있는 것이다. 셋째, 정책이 중요할 때 — 특히 전쟁과 평화가 이슈일 때 — 정치 지도자는 정보가 자신의 편이기를 바란다. 정보가 정책 논의에 개입하지 않기를 기대하는 것은 정보가 정책 결정과 무관하다는 의미인데, 이는 정보가 존재할 이유가 없다고 말하는 것과 마찬가지일 것이다.

일반적으로 정치화를 피하는 최선의 처방은 가급적 엄격하고 투명한 방식으로 분석을 수행하는 것이다. CIA 출신의 한 고위 관리가 분석관들을 대상으로 한 강연에서 이라크 WND 판단서 사태를 거론하면서 "우리가 효과적으로 자기비판을 수행하지 않으면, 남들이 비판할 것"이라고 경고했다.[58] 분석관들이 더욱 엄격한 분석적 전문기술과 방법 — 제5장에서 논의되었음 — 을 사용하는 것은 자신의 분석을 정책결정자들에게 더욱 투명하게 제시하는 방안이다. 그래야 어떤 증거와 가정에 기반해서 어떻게 판단에 도달했는지를 보여줄 수 있다. 중요한 정보 이슈에 대해 '적혈구' 대안 분석을 활용하는 것과 더불어 그런 연습이 되어 있어야 분석관이 숨겨진 정치적·분석적 편향에서 비롯되는 마인드세트를 피할 수 있을 것이다. 똑같이 중요한 것으로, 정보 결과물에 비판적인 정책결정자에게 그 정도의 투명성을 보이는 것은 분석관 쪽의 정치적 편향에 대한 비난 가능성을 날려버릴 것이다.

두 번째 구조적 장치는 각자의 관점에서 정보를 조사하는 복수 정보기관의 존재인데, 그리하여 합의된 견해에서 벗어나는 독립적 판단을 제공하는 것이다. 2002년 이라크 WMD 판단서는 결함이 있었지만, 국무부 정보·조사국과 에너지부 정보실이 제기한 중요한 이견을 포함했다. 그 두 기관은 사담이 핵 프로그램을 재건했다거나 핵 원심분리기를 만들 강관을 확보했다는 것을 의심했다. 그 판단서 이후 채용된 절차는 공동체 전체적으로 견해를 더욱 공유하고, 최종 보고서의 실제 본문만을 반영하도록 '핵심 판단'을 더욱 엄격하게 검토하며, '핵심 판단'에는 정보공동체 내의 모든 이견과 소수 의견을 포함하도록 장려했다.[59]

정보-정책 관계의 개선

앞선 논의에 비추어 볼 때, 우리는 정보-정책 관계를 개선할 방안이 있을지 다소 비관하게 된다. 일부 학자들의 결론대로, "장기적으로 정보가 전략과 정책에서 담당할 역할이 점차 작아지고 정보-정책 관계의 품질도 꾸준히 쇠퇴할 것으로 예상되는 이유가 있다".[60] 일반적으로 그 관계는 미래 대통령과 핵심 보좌관들 그리고 그들이 직면하는 구체적 정책과 정보 이슈들이 보일 특이성에 달려 있을 것이다. 그렇긴 하지만, 과거의 경험에서 배운 몇 가지 교훈이 그 관계를 개선하는 데 도움이 될 것이다.

첫째, 정보의 역할과 가치가 제고되는 것은 국가안보 의사결정 프로세스 자체가 투명하고, 정보의 정당한 기여를 보장하는 방식으로 수행될 때다. 비공식적인 프로세스나 대통령의 충동이 의사결정을 추동할 때는 정보가 정책결정자들에게 그 결정의 결과에 대해 알리고 경고하는 역할을 담당할 여지가 적다. 정보공동체는 켄트의 '적당한 거리' 모델을 뒷전에 놓고, 관련성을 높일 정책 논의로 훨씬 더 다가갔다. 이것은 정보공동체가 정치화의 위험을 바짝 경계하는 것을 요구한다. 이것은 정보 세계가 자체 검열이나 기울어진 결과물의 생산 없이 정책결정자의 세계와 대통령의 의제를 존중해야 한다는 것을 의미한다. 이와 동시에 정책결정자들은 정보기관을 프로세스에 포함하는 것이 자신들의 세계관이나 정책에 대한 '충성'을 의미하는 것은 아님을 이해해야 한다. 정책결정자들은 정보 평가에 동의하지 않을 권리가 있으며, 결국에는 틀릴 경우도 있다. 그러나 그들은 자신들에게 필요한 종류의 지원을 받으려면 정보공동체의 독립성과 분석적 무결성을 존중해야 한다.

둘째, 다수의 정책결정자가 정보에 대해 제한적으로 이해하고 공직에 입문한다는 점에서, 정보공동체가 대통령 당선자와 다른 고위 관리들에게 정보 프로세스가 어떻게 작동하는지, 분석은 어떻게 수행되는지, 정보의 강점과 약점은 무엇인지 등을 교육할 기회를 더 많이 제공한다면 도움이 될 것이다. 정보 문해력은 극히 고르지 못하며 정책결정자들의 경우에는 일반적으로 낮다. 현재 정보공동체의 훈련 프로그램은 분석관들에게 정책 프로세스를 교육하는 데 중점을 두고 있으며, 다수의 정보기관이 유능한 분석관들에게 정책기관에 근무해서 정책 결정 프로세스에 대한 이해를 넓힐 기회를 주려고 노력하고 있다. 이에 비해 정보공동체에 관해 정책결정자들을 교육하는 활동은 존재하지 않는다. 현재 유일하게 이럴 기회는 대통령직 인수 프로세스인데, 이때 정보 관리들이 대통령 당선자와 주요 보좌관 후보들을 만나 대화를 시작할 수 있다. 이 시기가 대통령 당선자와 그의 보좌진이 새 행정부의 정보 요구를 충족하기 위한 정보공동체의 태세를 가장 예민하게 이해할 수 있을 때다. 브리핑 담당관은 최신 정보를 보고할 뿐 아니라 정보에 관한 고급 개인교습도 수행해야 한다. 특히 그 개인교습의 대상은 과거에 정부에서 근무한 적이 없고 보안 인가를 받거나 비밀정보를 본 적이 없는 관리들이다.

세 번째 교훈은 전문성과 백악관의 신임을 다 갖춘 인물이 고위 정보 관리로 발탁되면 정보-정책 관계가 인상적으로 형성될 수 있다는 점이다. 성공적인 정보 지휘부를 위한 단일 처방전은 없다. 박식해 보이는 군인과 공직자 출신들이 CIA 부장과 국가정보장으로서 실패했다. 정보 실무 경험은 없지만 정치적 기량이 뛰어난 인사들이 정보를 지나치게 정치화하지 않고 성공을 거두었다. 그러나 대통령의 정보보좌관으로 발탁된 사람은 누구든 자신이 수행할 역할과 정보와 정책 사이의 한계선(red lines)을 파악해야 한다. 정보가 정책 결정 프로세스의 필요불가결한 일부가 됨에 따라, 정보공동체의 최고위직 인사(人事)는 국가안보보좌관이나 국무부·국방부 장관을 발탁하는 것만큼이나 중요하다. 일부 학자들은 그런 직책을 비정치화하기 위해 FBI 국장처럼 일정한 임기를 도입하자고 권고했다. 임기제는 장점이 있지만, 대통령과 정보 보좌진이 신뢰 관계를 형성할 수 있을 때만 그러하다.

끝으로, 신속하고 끊임없는 정보 지원이 필요함을 고려할 때, 정보공동체가 '적당한 거리'를 두고 조언하는 켄트식 모델로 돌아갈 수 있으리라고 기대하는 것은 불합리하고 개연성도 낮다. 어느 학자가 지적하듯이, 그러한 모델에 의존하는 것은 냉전 시대에나 가능했는바, 그 시대의 지배적 전략은 확률 낮은 소련의 핵 공격을 "억지하는 것"이었다.[61] 초국가적 위협이 빠르게 등장하는 21세기 세계에서는 정보가 정책결정자와 '지근거리'에 있어야 하고, 그 역할이 정치화될 수 있는 위험을 감수해야 한다. 덜 진취적인 정보공동체라면 러시아의 2016년 선거 개입을 방지했을 것이라고 주장할 사람은 거의 없을 것이다. 마찬가지로, 미국 대외정책 논의의 일부로서 점점 더 공개적으로 정보를 논하는 추세도 쇠퇴하지 않을 것이다. 앞으로의 도전과제는 정보가 정책결정자에게 결정우위를 제공할 수 있도록 비밀을 유지하는 것과 중요한 국가안보 결정을 둘러싼 의회와 공공의 충실한 논의를 위해 충분한 정보를 제공하는 것과의 사이에서 올바른 균형을 잡는 일이다.

유용한 문서

Iraq's Continuing Program for Weapons of Mass Destruction: Key Judgments(from October 2002 NIE), https://www.dni.gov/files/documents/Iraq_NIE_Excerpts_2003.pdf.

National Intelligence Council, *Iran: Nuclear Intentions and Capabilities*, 2007 NIE, https://www.dni.gov/files/documents/Newsroom/Press%20Releases/2007%20Press%20Releases/20071203_release.pdf.

ODNI and DNI, *Background to "Assessing Russian Activities and Intentions in Recent US Elections": The Analytic Process and Cyber Incident Attribution*(January 6, 2017), https://www.dni.gov/files/documents/ICA_2017_01.pdf.

Special Counsel Robert S. Mueller, *Report on the Investigation into Russian Interference in the 2016 Presidential Election*, Vols.1, 2(March 2019), https://www.justice.gov/storage/report.pdf.

더 읽을거리

Richard Betts, *Enemies of Intelligence: Knowledge and Power in American National Security*(New York: Columbia University Press, 2011). 이 정보학자가 정보 분석, 정치화, 그리고 정보-정책 관계에 대한 자신의 견해를 모았다.

James Clapper, *Facts and Fears: Hard Truths from a Life in Intelligence*(New York: Penguin/Random House, 2018). 전직 국가정보장이 정보 판단을 받아들이지 않는 대통령을 포함해 정책결정자들을 다룬 경험을 서술한다.

Thomas Fingar, *Reducing Uncertainty: Intelligence Analysis and National Security*(Stanford, CA: Stanford University Press, 2011). 정책결정자들과 긴밀히 협력한 데서 배운 교훈을 서술하고 여러 행정부가 어떻게 정보를 사용하고 오해했는지 설명한다.

John L. Helgerson, *Getting to Know the President: Intelligence Briefings of the Presidents, 1952-2004*(Washington, DC: Center for the Study of Intelligence, 2012). CIA가 어떻게 과도기의 역대 대통령에게 정보를 제공했는지를 다룬 전직 고위 관리의 연구서다.

Paul Pillar, *Intelligence and U.S. Foreign Policy: Iraq, 9/11, and Misguided Reform*(New York: Columbia University Press, 2011). 정보-정책 관계에 대한 실무자의 비평서로, 어떻게 정보가 실패한 정책 선택의 원인이 아니었는데도 정책 선호에 맞추기 위한 정치화 비난을 받았는지 조사한다.

Joshua Rovner, *Fixing the Facts: National Security and the Politics of Intelligence*(Ithaca, NY: Cornell University Press, 2011). 가장 진지한 정치화 연구서로, 일련의 사례 연구를 통해 정보가 덩치 큰 정책 이슈와 관련될 때 정치화 현상이 예상된다고 주장한다.

Gregory F. Treverton, "Intelligence Analysis: Between 'Politicization' and Irrelevance," in Roger Z. George and James B. Bruce(eds.), *Analyzing Intelligence: Origins, Obs-*

tacles, and Innovations, 1st ed.(Washington, DC: Georgetown University Press, 2008). 발생할 수 있는 정치화의 유형과 그에 대처할 방법에 중점을 둔다.

주석

첫 번째 명언: Robert Gates, *From the Shadows: The Ultimate Insider's Story of Five Presidents and How They Won the Cold War*(New York: Simon & Schuster, 1996), p.567.

두 번째 명언: Sherman Kent, "Estimates and Influence," in Don Steury, Sherman Kent and the Board of National Estimates, *Collected Essays*(Washington, DC: Center for the Study of Intelligence, 1994), p.42.

1 Robert Jervis, "Why Intelligence and Policymakers Clash," *Political Science Quarterly*, Vol.125, No.2(Summer 2010), pp.185~204.

2 James Steinberg, "The Policymaker's Perspective: Transparency and Partnership, in Roger Z. George and James B. Bruce, *Analyzing Intelligence: National Security Practitioners' Perspectives*, 2nd ed.(Washington, DC: Georgetown University Press, 2014), p.94.

3 필자는 분석관으로 근무할 때 필자가 작성한 보고서의 수많은 배포처를 조사한 결과, 정책기관에 배포된 부수보다 다른 정보기관 분석관들에게 배포된 부수가 훨씬 더 많았던 것으로 기억한다.

4 Richard Immerman, *The Hidden Hand: A Brief History of the CIA*(New York: John Wiley, 2014), p.150.

5 Robert Gates, *From the Shadows: The Ultimate Insider's Story of Five Presidents and How They Won the Cold War*(New York: Simon & Schuster, 1996), p.56. 또한 게이츠의 서술에 의하면, 관리직 간부들이 그가 NSC 근무를 택하는 것이 경력 관리에 도움이 안 된다면서 말렸지만, 그는 닉슨, 카터, 레이건 때 NSC 참모부에 근무한 후 정확히 그 반대라고 생각했다.

6 CIA 차장을 지낸 매클로플린에 의하면, 게이츠는 고위 관리직을 바라보고 경쟁하고 싶은 분석관은 승진하기 전에 정책기관에서 순환근무를 하라고 고집했다. John McLaughlin, "Serving the National Policymaker," in George and Bruce, *Analyzing Intelligence*, 2nd ed., p.84 참조.

7 필자는 국무부 정책기획실에 근무하면서 정보 요구를 CIA 사무실로 문의해서 그 대답을 필자의 상관인 국무부 참사관 로버트 졸릭(Robert Zoellick)과 정책기획실장 데니스 로스(Dennis Ross)에게 신속히 보고할 수 있었다. 또한 이 보직에서 그 상관들을 위한 고위 정보브리핑을 주선했다.

8 Richard K. Betts, *Enemies of Intelligence: Knowledge and Power in American National Security*(New York: Columbia University Press, 2009), p.77.

9 David Priess, *The President's Book of Secret: The Untold Story of Intelligence Brief-*

ings to America's Presidents from Kennedy to Obama(New York: PublicAffairs, 2016), p.165 인용.

10 부시는 대통령이 된 카터가 자신을 유임시켜 CIA 부장 직책을 탈정치화하지 않았다고 개탄한다. 그는 나중에 아들에게 테닛 CIA 부장을 유임시키도록 촉구했는데, 이는 부분적으로 그 자리가 정치적 직책이라는 관념을 불식시키기 위한 것이었다.

11 Christopher Andrew, *For the President's Eyes Only: Secret Intelligence and the American Presidency from Washington to Bush*(New York: Harper Perennial, 1996), p.3.

12 Robert Gates, "An Opportunity Unfulfilled: The Use and Perceptions of Intelligence at the White House," *Washington Quarterly*(Winter 1989), p.42 인용.

13 Evan Thomas, "Why Nixon Hated Georgetown," *Politico*(June 4, 2015), https://www.politico.com/magazine/story/2015/06/richard-nixon-georgetown-set-118607 참조.

14 John L. Helgerson, *Getting to Know the President: Intelligence Briefings of the Presidents, 1952-2004*(Washington, DC: Center for the Study of Intelligence, 2012), pp.170~171, https://www.cia.gov/library/center-for-the-study-of-intelligence/csi-publications/books-and-monographs/getting-to-know-the-president/pdfs/U-%20Book-Getting%20to%20Know%20the%20President.pdf.

15 Priess, *President's Book of Secrets*, p.227.

16 David Stout, "CIA Director Goss Resigns," *New York Times*, May 6, 2006, https://www.nytimes.com/2006/05/05/washington/05cnd-cia.html.

17 Linda Qiu, "How Trump Has Flip-Flopped on IntelligenceAgencies," *New York Times*, December 7, 2017, https://www.nytimes.com/2017/12/07/us/politics/trump-reversals-fbi-intelligence-agencies.html.

18 큐(Qiu)에 의하면, "적극적 조치"는 소련/러시아의 비밀 정치전을 가리키는 용어로, 세계정세에 대한 모스크바의 영향력을 제고하고 미국 등 서방 강대국의 영향력을 약화하기 위한 공작이다.

19 앤서니 블링큰(Anthony Blinken) 전 국무부 부장관이 ≪뉴욕타임스≫에 기고한 칼럼을 보면, 볼턴이 부시 행정부 시절 국무부 고위 관리로 있을 때 비난받은 사례가 무수하게 나온다. 그 칼럼은 어떻게 볼턴이 정보를 오용했으며, 정보 판단의 변경을 강요하기 위해 노골적인 압력과 위협을 동원했는지 이야기하고 있다. Anthony Blinken, "When Republicans Rejected Bolton," *New York Times*, March 23, 2018, https://www.nytimes.com/2018/03/23/opinion/john-bolton-republicans.html.

20 해스펠 CIA 부장은 또한 직업 분석관 출신으로 고위 관리직에 오른 본 비숍(Vaughn Bishop)을 차장으로 발탁했는데, 이 조치로 CIA는 장차 백악관이 행사할 정치적 압력을 더욱 차단할 수 있었다.

21 Jaqueline Thomsen, "Trump Strain with Intel Chiefs Spills into the Public," *The Hill*,

February 2, 2019, https://thehill.com/policy/national-security/428157-trumps-strain-with-intel-chiefs-spills-into-public.

22 Carol Leonnig, Shane Harris and Greg Jaffe, "Breaking with Tradition, Trump Skips Reading President's Written Intelligence Report for Oral Briefings," *Washington Post*, February 9, 2018, https://www.washingtonpost.com/politics/breaking-with-tradition-trump-skips-presidents-written-intelligence-report-for-oral-briefings/2018/02/09/b7ba569e-0c52-11e8-95a5-c396801049ef_story.html?utm_term=.694e7cd2b642.

23 David Priess, "CIA Tailors Its Briefing So It Doesn't Anger Trump; That's Good," *Washington Post*, December 14, 2017, https://www.washingtonpost.com/news/posteverything/wp/2017/12/14/the-cia-tailors-its-briefings-so-it-doesnt-anger-trump-thats-good/?utm_term=.0f099c5983be.

24 Joshua Rovner, *Fixing the Facts: National Security and the Politics of Intelligence* (Ithaca, NY: Cornell University Press, 2011), p.29.

25 Harold Ford, *CIA and the Vietnam Policymakers: Three Episodes, 1962-1968*(Washington, DC: Center for the Study of Intelligence, 1991), https://www.cia.gov/library/center-for-the-study-of-intelligence/csi-publications/books-and-monographs/cia-and-the-vietnam-policymakers-three-episodes-1962-1968 참조.

26 Ford, *CIA and the Vietnam Policymakers*, episode 1, https://www.cia.gov/library/center-for-the-study-of-intelligence/csi-publications/books-and-monographs/cia-and-the-vietnam-policymakers-three-episodes-1962-1968/epis1.html.

27 이 사례의 전투서열 분석은 북베트남의 정규군 부대와 '베트콩'이라는 비정규군(즉, 특정 군 부대에 소속되지 않은 파트타임 전투원)의 수와 조직을 평가하고 있었다.

28 CIA의 방법론은 노획한 적군 문서의 분석을 포함했는데, 진취적인 군사 분석관 샘 애덤스(Sam Adams)가 그 분석을 사용해 베트콩의 수를 훨씬 더 높게(그리고 더 정확하게) 계산했다. 그는 미국이 다가오는 구정 대공세에 대비해 그 수치에 유의했어야 한다고 보았다.

29 Ford, *CIA and the Vietnam Policymakers*, episode 3, https://www.cia.gov/library/center-for-the-study-of-intelligence/csi-publications/books-and-monographs/cia-and-the-vietnam-policymakers-three-episodes-1962-1968/epis3.html.

30 헬름스의 서술에 의하면, 매우 열성적이고 자기 확신에 찬 샘 애덤스 분석관이 계속해서 군부의 전투서열을 반박했으며, 헬름스가 말하는 "십자군" 역할을 맡아 텔레비전에 출연했다. 이는 윌리엄 웨스트모얼랜드(William Westmoreland) 장군에 대한 명예훼손 소송으로 이어졌다. Richard Helms, *A Look over My Shoulder: A Life in the Central Intelligence Agency*(New York: Random House, 2003), pp.326~327 참조.

31 Harold P. Ford, "Why CIA Analysts Were So Doubtful about Vietnam," *Studies in Intelligence*, Vol.40, No.5, p.87, https://www.cia.gov/library/center-for-the-study-of-intelligence/kent-csi/vol40no5/pdf/v40i5a10p.pdf.

32 Rovner, *Fixing the Facts*, p.100. 로브너의 연구는 이 특별한 에피소드를 상술하면서, 헬름스 CIA 부장이 중요한 상원 외교위원회 청문회에서 침묵하는 쪽을 택했다고 서술하고 있다. 그 청문회에서 멜빈 레어드(Melvin Laird) 국방부 장관은 국방부는 SS-9 미사일을 선제공격 무기로 본다고 주장했다.

33 Rovner, p.101. MIRV 역량 덕분에 하나의 미사일이 복수의 표적을 동시에 공격하게 되었다.

34 Helms, *Look over My Shoulder*, p.386~387.

35 윌스테터는 랜드연구소의 전문가로 오래 재직해 전략연구 분야에서 출중한 인물이었다. 그는 1974년 ≪포린폴리시(Foreign Policy)≫에 「국가정보판단서」에 대한 일련의 평론을 발표했다. Albert Wohlstetter, "Is There a Strategic Arms Race?," *Foreign Policy*, 15(Summer 1974), pp.3~20 참조.

36 Ann H. Cahn, *Killing Detente: The Right Attacks the CIA*(University Park: Pennsylvania State Press, 1998). 그의 견해에 의하면, 그 연습을 "보수적인 냉전 투사들이 데탕트와 전략무기제한회담 프로세스를 저지하기 위해 공모했다".

37 Les Aspin, "The Debate over Soviet Strategic Forces: A Mixed Review," *Strategic Review*, Vol.8, No.3(Summer 1980), pp.22~59.

38 전쟁이 끝나고 테닛 중앙정보장은 전직 국무부 관리인 찰스 듀얼퍼(Charles Duelfer)에게 사담이 WMD 프로그램을 재개했었는지 여하를 결정하기 위한 미국의 대규모 조사단을 이끌도록 위촉했다. 이른바 이라크조사단은 여러 달 동안 이라크 시설을 사찰하고 노획한 문서를 검사했으며, 전직 이라크 과학자들을 면담했다. 그 결과로 나온 세 권짜리 보고서는 어떻게 사담 정권이 WMD 프로그램을 폐기했었는지 그리고 어떻게 사담이 남은 역량을 고위 부하들도 정확하게 모르도록 만들었는지 서술하고 있다. *Comprehensive Report of the Special Advisor to the DCI on Iraq's WMD*(September 2004), https://www.cia.gov/library/reports/general-reports-1/iraq_wmd_2004 참조.

39 테닛 CIA 부장의 회고에 의하면, "대통령의 개전 결정은 늘 NSC에 의해 가설적인 어투로 암시되었다. 그러나 개전설은 무성했으며 회의 참석자들은 그저 우발계획만 논의했다. George Tenet, *Center of the Storm: My Years at CIA*(New York: HarperCollins, 2007), p.308 참조.

40 Paul R. Pillar, *Intelligence and U.S. Foreign Policy: Iraq, 9/11, and Misguided Reform*(New York: Columbia University Press, 2011), p.140.

41 같은 책, 155쪽.

42 National Intelligence Council, *Regional Consequences of Regime Change in Iraq*, Intelligence Community Assessment(January 2003), https://www.cia.gov/library/reading room/docs/DOC_0005299385.pdf; and National Intelligence Council, *Principal Challenges of a Post-Saddam Iraq*, Intelligence Community Assessment(January 2003), https://www.cia.gov/library/readingroom/docs/DOC_0005674817.pdf 참조.

43 Pillar, *Intelligence and U.S. Foreign Policy*, p.58.

44 Gregory Treverton, *Support to Policymakers: The 2007 NIE on Iran's Nuclear Intentions and Capabilities*(Washington, DC: Center for the Study of Intelligence, 2013) 참조. 이 사례 연구는 이 판단서를 둘러싼 정보-정책 갈등을 포괄적으로 고찰한다.

45 ODNI, *Iran: Nuclear Intentions and Capabilities, National Estimate*(November 2007), https://www.dni.gov/files/documents/Newsroom/Press%20Releases/2007%20Press%20Releases/20071203_release.pdf.

46 John Bolton, "Flaws in the Iran Report," *Washington Post*, December 6, 2007, http://www.washingtonpost.com/wp-dyn/content/article/2007/12/05/AR2007120502234.html.

47 Steven Lee Meyers, "An Assessment Jars Foreign Policy Debate on Iran," *New York Times*, December 4, 2007, https://www.nytimes.com/2007/12/04/washington/04assess.html.

48 Thomas Fingar, "It's Complicated," *American Interest*, May/June 2013, pp.31~35, https://www.the-american-interest.com/2013/04/12/its-complicated 참조.

49 US State Department, *Soviet Active Measures: Forgery, Disinformation, and Political Operations*, Special Issue No.88(October 1981), https://www.cia.gov/library/readingroom/docs/CIA-RDP84B00049R001303150031-0.pdf 참조.

50 Department of Homeland Security, *Joint Statement of the Department of Homeland Security and Office of the Director of National Intelligence on Election Security* (October 2017), https://www.dhs.gov/news/2016/10/07/joint-statement-department-homeland-security-and-office-director-national.

51 Greg Miller, Greg Jaffe and Philip Rucker, "Doubting the Intelligence, Trump Pursues Putin and Leaves a Russian Threat Unchecked," *Washington Post*, December 14, 2017, https://www.washingtonpost.com/graphics/2017/world/national-security/donald-trump-pursues-vladimir-putin-russian-election-hacking/?utm_term=.4af26317f918; Greg Megerian, "Trump Praises House Republicans Who Found No Evidence of Russian Collusion," *Los Angeles Times*, March 13, 2018, http://www.latimes.com/politics/la-na-pol-essential-washington-updates-president-trump-praises-house-1520952667-htmlstory.html.

52 Marvin Ott, "Partisanship and the Decline of Intelligence Oversight," *International Journal of Intelligence and CounterIntelligence*, No.16(2003), pp.69~94.

53 2009년 파인스타인 상원의원이 위원장으로서 CIA의 고강도 신문기법 사용에 대해 다년간의 방대한 조사에 착수했다. 그 조사 결론에 의하면, 그 프로그램이 허술하게 운영되었고 일부 수감자의 죽음을 초래했으며, 테러 음모를 무산시키는 첩보를 끌어내는 데 실패했다. US Senate, Senate Select Committee on Intelligence, *Staff Study on the CIA's Detention and Interrogation Program*(December 2014), https://www.feinstein.senate.gov/public/cache/files/7/c/7c85429a-ec38-4bb5-968f-289799bf6d0e/D87288C34A6D9FF736F9459ABCF83210.sscistudy1.pdf 참조.

54 Jonathan Topaz, "GOP Senators Defend CIA in Alternative Report," *Politico*, December 9, 2014, https://www.politico.com/story/2014/12/gop-senators-defend-cia-alternate-report-113434.

55 이 책을 집필하는 시점에서, 상원 정보특별위원회의 러시아 해킹 조사는 매우 순조롭게 진행되는 것으로 보인다. 이는 주로 민주당을 이끄는 마크 워너(Mark Warner) 상원의원과 위원장인 리처드 버(Richard Burr) 공화당 상원의원 간의 화합 때문이다. 이 장을 완성했을 때까지 상원의 조사보고서가 아직 나오지 않았다.

56 Martin Dempsey, "Military Leaders Do Not Belong at Political Conventions," letter to the editor, *Washington Post*, July 30, 2016, https://www.washingtonpost.com/opinions/military-leaders-do-not-belong-at-political-conventions/2016/07/30/0e06fc16-568-11e6-b652-315ae5d4d4dd_story.html?utm_term=.a200eb158f2c.

57 예를 들어 Harriet Sinclair, "Trump Finances May Be the Next Shoe to Drop in Russia Probe," *Newsweek*, February 18, 2018, http://www.newsweek.com/james-clapper-donald-trump-russia-probe-810357; and Matthew Rosenberg, "Ex-CIA Chief Says Putin May Have Compromising Material on Trump," *New York Times*, March 21, 2018, https://www.nytimes.com/2018/03/21/us/politics/john-brennan-trump-putin.html 참조.

58 당시 존 크링건(John Kringen) CIA 차장이 CIA 강당에서 선임분석관들을 대상으로 분석 전문기술을 주제로 강연했을 때, 필자도 참석했었다.

59 Fingar, "It's Complicated," pp.32~33.

60 Rovner, *Fixing the Facts*, p.199.

61 Gregory F. Treverton, "Intelligence Analysis: Between 'Politicization' and Irrelevance," in Roger Z. George and James B. Bruce(eds.), *Analyzing Intelligence: Origins, Obstacles, and Innovations*, 1st ed.(Washington, DC: Georgetown University Press, 2008), p.101.

제11장

—

국가정보와 미국 민주주의

만약 천사들이 인간을 다스린다면, 정부에 대한 외부 통제나 내부 통제가 필요하지 않을 것이다. 인간이 인간을 다스리는 정부의 틀을 짜는 데 있어서 가장 어려운 점은 다음과 같다. 즉, 먼저 정부가 피치자를 통제할 수 있도록 해야 하고, 다음으로는 정부가 자신을 통제하도록 강제해야 한다.

_≪연방주의자(Federalist Paper)≫ 제51호(1788),
제임스 매디슨(James Madison) 제4대 미국 대통령

감독은 정부 일의 구석구석을 살펴보고, 비행을 폭로하며, 언론의 빛을 비추도록 설계되었다. 감독은 제왕적 대통령직과 관료적 오만으로부터 국가를 보호할 수 있다.

_리 해밀턴(Lee Hamilton) 전 하원의원, 9·11위원회 공동의장, 1999년

우리는 국민 신뢰의 책임 있는 관리자다. 우리는 정보 권한과 자원을 신중하게 사용하고 정보 출처와 방법을 성실하게 보호하며, 적절한 채널을 통해 잘못을 보고하고 우리 자신과 우리의 감독 기관에 책임을 지며, 궁극적으로는 그런 기관을 통해 미국 국민에게 책임을 진다.

_정보공동체의 직업윤리 원칙

민주주의 국가에서 정보기관의 역할은 논쟁의 대상이며 때로는 문제가 된다. 한편으로 민주주의 국가는 개방성과 투명성을 토대로 번영한다. 다른 한편으로 민주주의 국가는 정보를 포함한 모든 국력 요소에 의한 보호를 요하는 국내외 위협에도 직면한다. 군사적 수단과 마찬가지로, 정보는 주의 깊은 감독을 요하며, 그 사용은 미국 헌법 및 연방 법률과 일치해야 한다. 이 장에서는 국가의 안전을 보호하려는 정보기관의 활동이 민주주의 원칙에 제기하는 여러 도전과제를 검토할 것이다. 행정적·입법적·사법적 감독 메커니즘을 설명하고 분석할 것이다. 끝으로, 이 장에서는 9·11 이후의 정보활동이 미국 민주주의에 미치는 영향과 관련해 여러 이슈를 검토할 것이다. 오늘날 정보 실무는 더욱 복잡해졌으며, 안보와 자유의 균형을 유지하는 기존의 감독 체계는 심각한 시험대에 올라 있다.

정보활동은 윤리적인가?

정보와 민주주의는 서로 상충하므로 정보가 설 자리가 전혀 없다는 주장이 있다. 이 명제는 평화주의와 마찬가지로, 국가들 사이의 관계가 평화롭고 비위협적이라는 이상주의적 관념에 기초한다. 냉전 이전에 미국의 지도자들 또한 영구적인 정보조직 창설을 매우 경계했다. 분명히 오늘날의 미국 정책결정자들과 정치인들 대부분이 이러한 견해를 공유하지 않지만, 오히려 정보가 — 군사적 수단과 마찬가지로 — 민주주의를 보호하기 위한 정당한 도구라고 본다. 이러한 견지에서는, 정책 결정을 개선하고 국토를 보전하는 데 필요하고 중요한 정보활동을 추구하지 않거나 유보하는 것이 오히려 비윤리적일 것이다. 정보 공백 상태에서 누가 미국이 전쟁이냐 평화냐를 결정해야 한다고 주장할 것인가? 유엔도 안전보장이사회에서 사용될 정보를 제공하는 회원국의 효용을 인정했다. 실제적인 문제로서, 국제원자력기구가 의심스러운 WMD 시설을 감시하는 활동도 회원국들이 그러한 목적의 자국 정보를 제공함으로써 도움을 받는다. 냉전 시대에 미국과 소련은 주요한 핵무기 통제 협상을 교섭하고 이행할 목적으로 정보 데이터를 신중하게 공개했다. 이 경우에 정보기관은 그러한 협정의 준수를 검증하기 위해 국가기술수단을 동원함으로써 대규모 핵 대결을 방지하는 데 일조했다고 찬사를 받을 수 있다. 그리고 이란과 북한의 핵무기 개발을 저지하려는 미국과 국제사회의 현행 활동은 부분적으로 강력한 정보 역량에 달려 있다.

윤리적 이슈에도 불구하고, CIA 등 정보 수집기관은 외국인을 스파이로 채용하거나 다른 기술적 수단으로 비밀을 훔침으로써 다른 나라의 법을 위반할 권한을 미국 법률상 가지고 있다(물론 그 표적 국가는 이러한 활동을 불법으로 보고, 그 활동을 중단시키는 조치로 대응할 것임). 대통령과 총리, 군주들은 모두 국가의 안전을 보호하고 제고할 목적으로 적국의 계획, 의도 및 군사적 역량을 알아내기 위해 인간정보와 기술정보를 사용했다. 러시아와 중국의 국외정보기관뿐 아니라 미국의 동맹국인 유럽 제국의 국외정보기관도 외국인 공작원을 채용한다. 그 기관들과 CIA는 다양한 기법을 사용해 공작원을 물색·포섭·채용·운용한다. CIA는 역사적으로 미국의 '연성 국력(soft power)'을 사용해 외국의 공무원이나 영향력 있는 민간인이 — 이른바 워크-인(walk-in)으로 — 자원하도록 유혹했다. 이런 경우에 스파이들은 자국 정부의 폭정을 혐오하고 자국 사회에 장기적으로 긍정적인 변화를 일으키고 싶어서 미국을 돕는다. 다른 경우에는, CIA가 금전, 복수, 자존심이나 신분 상승 등의 욕구를 가진 사람을 그런 공작원으로 포섭할 수 있다. 어떤 이들은 그런 공작원들의 약점이나 취약점을 이용하는 것을 부끄럽게 여긴다. 그러나 미국이 블라디미르 푸틴의 러시아나 김정은의 북한에 관해 더 많이 앎으로써 얻는 이익은 인간의 약점 이용을 말리는 개인의 도덕성을 압도한다.

마찬가지로, 국가안보국은 외국 정부·시민의 전자통신을 수집할 권한이 있다. 이러한 광범위한 권한은 높은 수준의 비밀주의를 필요하게 만들었는데, 그래야 수집기관이 탐지되지 않고 활동을 수행할 수 있고 그럴듯한 부인 가능성을 미국에 줄 수 있기 때문이다. 가끔 인정되기도 하지만, 외국 정부들도 미국 정보기관이 자국법을 위반하고 외교 암호를 해독하며, 통신을 도청하고 자국민을 미국 스파이로 포섭하고 있다는 것을 안다. 이런 것이 용인되는 것은 비밀주의로 가려지는 데다 그 외국 정부도 대개 같은 방법을 사용해 미국에 대한 정보를 수집하고 있기 때문이다.[1]

정보 수집은 또한 정보공동체 밖의 사람들이 거의 인식하지 못하는 또 다른 윤리적 문제를 제기한다. 즉, 외국 정부의 법을 비밀리에 위반한다는 위험을 고려할 때, 미국 정보기관은 그 출처와 방법을 보호해야 할 도덕적이고 실천적인 책무가 있다. 인간정보의 경우, 공작관은 반역을 범하는 외국인을 노출, 투옥 및 잠재적 죽음으로부터 보호하기 위해 그 익명성 보장을 약속한다. 한 사람에게 자신의 자유와 목숨까지 잃을 위험을 무릅쓰고 미국을 위해 스파이로 활동하라고 요청하는 것은 결코 가벼운 문제가 아니다. 따라서 미국 정보 관리들은 외국인 스파이가 제공할 이득과 그 사람이 붙잡힐 때 직면할 위험을 비교 형량해야 한다. 일반적으로, 공작관은 어느 정보 자산에 대해서도 이미 알고 있거나 덜 위험한 수단으로 쉽게 획득할 수 있는 것을 수집하라고 요청해서는 안 된다. 1990년대에 미국 정보공동체가 경제정보를 수집해야 하는지가 쟁점이 되었을 때, 로렌스 서머스(Lawrence Summers) 같은 재무부 고위 관리들이 CIA가 국제금융 데이터를 수집·분석하는 데 이의를 제기했다. 당시 재무부 부장관 서머스는 외국의 중앙은행장 누구에게나 전화해서 그것과 똑같은 첩보를 얻을 수 있다고 말했다. 마찬가지로, 당시 CIA 차장인 로버트 게이츠는 부하 직원에게 제너럴모터스(General Motors)를 위한 정보활동은 요구하지 않겠다고 언급했다. 그의 취지는 미국의 기업들이 아니라 미국의 국가안보에 도움이 될 정보를 수집해야 하며, 비록 그런 관행이 일부 외국 정보기관에서 발견되더라도 그래야 한다는 것이었다.

정보 분석은 다른 윤리적 문제들을 제기한다. 첫째, 격언대로 권력자에게 진실 말하기는 분석 직렬의 첫 번째 책무다. 분석관들은 자신들의 분석이 최대한 객관적이어야 하고, 모든 관련 사실을 적시해야 하며, 정책결정자가 아무리 불편함을 느끼더라도 미국의 정책에 대해 중요한 시사점을 제시해야 한다는 신념을 교육받는다. 당혹스러웠던 2002년 이라크 WMD 판단서 사건 이후, 국가정보장이 「정보공동체 지침 제203호」를 발표했는데, 이 지침은 분석 직렬의 핵심 윤리를 다음과 같이 제시했다.

> 분석관들은 객관성을 지니고 자신들의 가정과 추론을 인식해서 임무를 수행해야 한다. 그들은 편향을 드러내고 완화하는 추론 기법과 실천 메커니즘을 사용해야 한다. 분석관들은 기존의 분석적 입장이나 판단에 의한 영향에 유의해야 하고 대안적인 관점과 반대되는 첩보를 검토해야 한다. (……) 분석적 평가는 특정한 고객, 의제 또는 정책 관점에 의해 왜곡되어서 안 되며, 그런 것을 옹호해서도 안 된다. 분석적 판단은 특정 정책을 바라는 세력이나 선호의 영향을 받아서는 안 된다.[2]

정보 분석의 두 번째 윤리적 문제는 그 판단을 정책결정자들에게 비밀리에 전달하는 것과 관련된다. 분석적 판단이 최대의 효과를 거두고 정책결정자에게 결정우위를 주려면, 비밀이 유지되어야 하고 알 필요가 있는 정책결정자에게만 제공되어야 한다. 이 격언에 따라 정보공동체는 거의 모든 생산물을 I급 비밀(TOP SECRET) 또는 II급 비밀(SECRET)로 분류하게 되었다. 외국 정부의 군사적 계획과 역량에 관해 미국 정보기관이 아는 것이 밝혀질 경우, 적의 노출된 취약점을 이용하고 적의 강점을 피할 수 있는 정책결정자들의 능력이 감소한다. 정보 분석관은 자신의 판단이 비밀로 유지될 것이라는 가정하에 보고서를 작성하며, 그래서 외국 정부의 행태에 관해 최대한 솔직하고 객관적일 수 있다. 분석관은 자신의 분석이 언론에 유출될 것으로 생각하면, 미국 외교에 미칠 영향을 우려해 틀림없이 일부 평가를 유보해야 할 것이다.

제10장에서 논의된 바와 같이, 정보의 선택적인 유출이나 왜곡은 중요한 이

슈에 대한 정치적 논의를 바꿀 수 있다. 이는 국가에 도움이 되지 않는 방향으로 정보를 정치화할 수 있다. — 2007년 이란 핵 판단서와 같이 — 「국가정보판단서」의 문제성 '핵심 판단'을 승인받아 공개하는 경우라도 엄청난 정치적 반향을 일으킬 수 있으며, 일부 고위 정보 관리들은 어떻게 그런 판단을 했는지 뒤늦게 후회할 수 있다. 국가정보장실의 현행 정책은 「국가정보판단서」 또는 그 '핵심 판단'의 추가 공개는 없다는 것이지만, 그 정책이 미래의 정치적 압력을 견뎌낼 것인지는 두고 볼 일이다. 미국의 대외정책과 정보 성과에 엄청난 피해를 초래한 비인가 유출이 앞으로도 큰 위협이 될 것이다. 특히, 이른바 내부고발자 — 즉, 정보에 접근할 수 있는 공무원이나 계약자로서, 의도적으로 비밀 자료를 대중에게 공개하는 사람 — 가 증가할 수 있다.

끝으로, 비밀공작의 수행 윤리가 계속 논란이 된다. 제9장에서 설명했듯이, 현재는 비밀공작 프로그램에 관해 제안하고 승인하며 의회에 통보하는 정교한 행정부 절차가 있다. 그럼에도, 한 민주 정부가 다른 정부의 내정에 개입하는 것은 정당화하기가 모순되어 보인다.[3] 그러나 양당의 역대 대통령들은 항상 부동(不動)과 개전 사이 제3의 길을 선택하고 싶었다. 미국 정부가 외국 정부의 행동에 — 인정하지 않고 — 영향을 미치고 있다면, 미국 국민이 편하게 느끼겠는가? 예를 들어, 자국민을 억압하는 독재정권을 약화하기 위해 또는 미국의 동맹국 등 다수국에서 암약하는 확산 네트워크를 교란하기 위해 비밀공작을 사용한다면, 미국 국민이 용인하겠는가? 미국의 이익과 가치관을 위협하는 행위를 중단시키려는 행동을 전혀 하지 않는 것과 주권국 정부의 내정에 간섭하는 것 중에서 어느 쪽이 더 큰 악인가? 최근 러시아의 해킹 활동에서 보듯이, 미국만이 그러한 개입을 수행하는 것은 아니다.

약간의 강점을 가진 하나의 기준은 모든 정보 공작 제안이 '≪워싱턴포스트≫ 시험'을 통과해야 한다는 주장이다. 즉, 만일 어느 활동이 그 주요 일간지에 폭로된다면, 미국 국민은 그런 공작을 수용할 것인가 아니면 거부할 것인가? 그 기준을 토대로 할 경우, 일부 공작은 제일 먼저 거부되었을 것이고, 다른 일부 공작은 쉽게 정당화되었을 것이다. 예를 들어, 1970년대 칠레에서 민주적 선거를 뒤엎으려는 비밀공작 수행과 이란이나 북한의 핵 프로그램을 파괴하려는 공작 사이의 차이점을 생각해 보라. 마찬가지로, 미국 국민 대부분은 러시아의 푸틴과 같이 유명한 독재자에 관한 은밀한 첩보 수집이라면 기꺼이 받아들이겠지만, 독일 총리 앙겔라 메르켈과 같이 민주적으로 선출된 지도자에 대해 그것과 똑같은 전술을 사용한다면 당연히 문제 삼을 것이다.

비밀주의가 필요한가?

정보계의 많은 학자와 실무자들에게 비밀주의는 정보를 국가안보 의사결정자들이 사용하는 다른 첩보와 구별시키는 핵심 개념이다. 이것은 확실히 정보를 너무 협소하게 정의하는 것이지만, 미국 민주주의에서 수행하는 정보의 독특한 역할을 논하는 출발점이다. 미국인들은 국가경영 수단으로서의 비밀주의를 오랫동안 경계해 왔는바, 특히 '구세계(Old World)'가 주로 비밀 동맹·조약을 통해 지구를 분할하고 전쟁을 음모했음을 개탄했다. 우드로 윌슨(Woodrow Wilson) 대통령이 1919년 베르사유조약(Treaty of Versailles)을 협상하면서 제창한 "공개적으로 도달한 공개적 규약" 원칙은 왠지 미국의 행동은 다른 국민국가들과 다르다는 미국 국민의 기풍을 포착한 것이었다.

그러나 현실에서 미국은 독립을 선언했을 때부터 — 조지 워싱턴 장군이 미국의 첫 정보기관 수장이었음 — 비밀 정보활동에 의존했어야 했다. 그럼에도 불구하고, 미국 역사를 보면 간첩행위, 감시, 비밀첩보 의존 등에 대해 불편함이 묻어난다. 비밀 정보활동과 간첩행위가 국가가 전쟁 중이었을 때는 마지못해 적절하다고 여겨졌지만, 평화가 찾아온 다음에는 그만이었다.

민주주의 국가에서 비밀 정보활동 수행의 딜레마에 대한 해법은 그 활동을 수행하는 목적, 수집할 수 있는 첩보의 종류, 그 활동을 공유하는 범위 등에 관해 정부가 적절한 지침을 수립하는 것이었다. 1947년 국가안전보장법은 중앙정보장(나중에 국가정보장)의 권한과 CIA의 활동에 관해 지극히 모호하게 규정했지만, 비밀정보를 수집하는 데 사용되는 출처와 방법을 보호하는 책임을 중앙정보장에게 맡겼다. 1949년 중앙정보부법이 또한 직원의 이름과 수를 보호하도록(즉, 비밀로 분류하도록) CIA에 수권했다. 처음부터 정보공동체의 예산은 비밀로 분류되어 훨씬 더 큰 국방부 세출예산 속에 숨겨졌다. 최근 들어서야 국가정보장이 투명성 제고의 표시로 정보공동체 지출의 '최고 수준'(총액)을 공개하기로 동의했다.

대통령의 여러 행정명령이 또한 비밀을 보호할 정보공동체의 책임을 규정했다. 그러나 그 행정명령들은 이러한 권한이 미국 기관이나 관리들이 저지르는 법률 위반, 행정적 실수 또는 개인적 비행을 숨기는 데는 사용될 수 없음을 명시했다. 정보공동체는 다음과 같은 범주에서 국가안보 목적에 필요한 첩보만 비밀로 분류하도록 허용되었다.

- 군사 계획, 무기체계, 작전
- 외국 정부 첩보
- 정보활동(비밀공작 포함), 정보 출처·방법, 암호술
- 비밀출처를 포함한 미국의 대외관계나 대외활동
- 국가안보와 관련된 과학적·기술적·경제적 문제
- 핵 물질·시설을 보호하기 위한 정부 프로그램
- 국가안보와 관련된 시스템, 설비, 사회기반시설, 프로젝트, 계획, 보호 서비스 등의 취약점이나 역량
- WMD의 개발·생산·사용[4]

그렇긴 하지만, 미국 정부 전체적으로 특히 정보공동체 내에 첩보가 '비밀로 과잉 분류'되는 경향이 있다. CIA와 기타 정보기관은 비밀주의를 유지할 '출처와 방법'상의 절실한 이유가 없다면, 25년이 넘은 문서를 비밀 해제하는 프

로그램을 운용하고 있다. 이러한 비밀 해제 활동은 대체로 느리며, 정보공동체의 과거 활동에 관해 더 많이 알고 싶은 역사가들과 정보학자들이 보기에 불충분하다. 1966년 정보의자유법(Freedom of Information Act)은 연방 행정 기관이 더 이상 비밀로 분류될 필요가 없는 정보에 대해 시민이 청구하면 응하도록 의무화하고 있다. CIA의 부사(部史)편찬실이 피그만 침공, 쿠바 미사일 위기, 베트남전쟁 등 주요 국제 위기에 중점을 두어 다량의 문서를 공개했다. 소련, 중국 및 유고슬라비아에 관한 과거 CIA의 분석 자료도 학자들이 볼 수 있다. 가장 최근에는 CIA가 1969~1977년 발간된 방대한 분량의 「대통령일일브리핑(PDB)」을 공개했는데, 이 민감한 문서가 닉슨과 포드, 카터 행정부 당시에 무엇을 다루었는지 단번에 일별할 수 있다.[5]

사생활의 권리 보호: 어디까지

자유민주주의는 그 정의에 의해 정부의 투명성을 요구하면서 개인의 사생활을 보호한다. 좁은 의미에서 볼 때, 국민에 관해 은밀하게 수집된 정보는 민주주의에 반한다. 정부는 국민이 범죄행위를 초래하지 않는 한, 그들을 내버려두어야지 그들의 사상이나 신념을 감시해서는 아니 된다. 그러나 정부의 비밀주의와 마찬가지로, 개인의 사생활도 한계가 있다. 미국 국민은 개인의 자유와 공공의 안전 사이에서 선택해야 한다는 말이 종종 나오는데, 사실 이것은 틀린 이분법이다. 정보학자인 리처드 베츠가 지적하듯이, 집단적인 국가안보와 개인의 시민적 자유 간에 상충관계는 있지만 어느 하나를 선택하는 관계는 거의 아니다. "표현의 자유, 정치적 결사, 종교, 특히 적정한 법 절차(due process of law)에 대한 권리 — 죄를 다툴 기회가 없는 자의적인 체포·구금으로부터의 자유 — 등과 관련된 시민적 자유는 더 중요한 요소이기 때문에 양보할 필요가 없다. 그러나 정당한 명분 없이 개인의 전화가 도청된다고 해서 수년 동안 재판 없이 투옥되는 것만큼 피해가 발생하는 것은 아니다."[6] 개인의 사생활과 공공의 안전 사이에서 합리적인 타협이 가능하다. 연방 정부가 공공의 안전을 보호하려는 노력에서 개인의 전화 통화를 도청하는 것이 — 그 개인이 외국 세력을 위해 일하고 있거나, 무고한 미국 시민을 공격하려는 목적을 가진 테러단체의 일원이라고 생각할 합리적 근거가 있다면 — 지나친 과잉 조치는 거의 아니다. 이러한 우려 사항 중 어느 것도 자유로운 언론·집회·종교의 권리를 규정한 수정헌법 제1조를 반드시 침해하는 것은 아니다.

개인의 사생활 권리와 그보다 넓은 시민적 자유를 구분하는 것이 중요하다. 냉전 기간에 개인의 사생활 권리 침해는 범죄행위 증거가 있거나 진짜로 대적정보 위협이 있을 때만 정당화되었다. 미국 법에 따라 FBI 같은 법집행기관은 실행된 범죄의 증거를 수집하기 위한 목적으로 시민을 모니터할 수 있었다. 수색과 압수는 일반적으로 (높은 수준의 증거를 의미하는) '상당한 근거'를 보여주는 법원 명령이나 영장을 요했으며, 신체 수색을 당하는 개인은 흔히 그러한 영장을 고지받았다. 그러나 1978년 **외국인정보활동감시법**(Foreign Intelligence Surveillance Act, FISA)에 따라 법집행기관과 정보기관들도 은밀한 감시 활동을 수행할 수 있는데, 이때는 '외국 세력' 또는 '외국 세력의 대리인'이 그 표적이 되는 대적정보 위협이 존재한다고 생각되어야 한다(이 장의 뒷부분에서 더 자세하게 논의됨). 이러한 경우에 법집행기관은 그 법률에 따라 최대 1년 동안 법원 명령 없이 그러한 비밀 감시 활동을 계속할 수 있는데, 이때는 미국 법무부 장관이 무고한 미국 시민에 관한 정보가 노출될 위험이 최소한이라는 사실을 **외국인정보활동감시법원**(Foreign Intelligence Surveillance Court, FISC)에 소명해야 한다. 여기에서는 소셜 미디어 중심의 정보화 시대에 들어서 개인의 사생활을 보호하는 것은 시민적 자유주의자, 인터넷 및 소셜 미디어 회사, 법집행 관리 등이 서로 자기 지분을 다투는 복합적 영역이 되었음을 언급하는 것으로 충분하다.

감독의 역할

정보공동체가 비밀공작을 수행할 뿐만 아니라 비밀첩보를 수집하고 분석하기 위해 엄청난 권력을 보유하고 있음을 고려할 때, 그러한 권한이 남용되지 않도록 감독하고 통제하는 시스템이 있어야 한다. 미국 정부 내에는 정보활동을 입법적·행정적·사법적으로 심사하는 정교한 틀이 있다. 이러한 복잡한 틀은 완벽하지는 않으나, 세계의 민주 정부 가운데 가장 포괄적인 감독 시스템일 것이다. 장기적으로 이 시스템은 미국 정보활동의 규모와 복잡성이 커진 흐름을 반영하고, 그러한 과정에서 발생한 정보 실패와 남용 결과를 고려해서 구축되었다.

미국 정보활동에 대한 이러한 견제는 대개 정보기관이 저지른 고통스러운 실수뿐 아니라 과거 행정부와 입법부의 효과적인 감독 실패에서 배운 교훈을 반영한다. 특히, 현행 시스템은 1960년대와 1970년대 베트남전쟁 반대운동의 결과인데, 그 운동이 계기가 되어 닉슨 백악관은 민권·반전 운동가들에 대한 탈법적 감시에 의지하게 되었다. 1974년 리처드 닉슨 대통령이 사임한 데 이어, CIA와 국가안보국, FBI의 미국 국민 불법 감시가 폭로되자 하원과 상원이 잘못과 정보 실패를 조사하게 되었다 — 하원의 파이크(Pike) 청문회와 상원의 처치(Church) 청문회가 각각 열렸다.[7] 이러한 일련의 공청회 덕분에 이전에 몰랐던 계획이 엄청나게 보도되었는데, 그중 일부는 불법적인 우편물 개봉, 도청, 가택 침입 등을 제안한 계획이었다. 또한 CIA의 「가보(Family Jewels)」라는 700쪽 문서의 존재가 확인되었는데, CIA의 실수를 모은 그 자료집에는 피델 카스트로에 대한 실패한 암살 시도, 마음을 바꾸는 약품 실험 프로그램, 여러 쿠데타 시도에 대한 개입 등이 들어 있었다.[8] 이러한 청문회는 CIA가 "부랑배 코끼리" — 프랭크 처치 상원의원의 표현임 — 같이 활동한다는 인상을 주었으며, 정보기관에 대한 통제 강화를 요청했다.[9]

입법부의 감독

파이크 청문회와 처치 청문회의 결과로, 1970년대 말 상하 양원이 정보특별위원회를 각각 설치했다.[10] 이 두 위원회의 권한이 약간 다르다(<글상자 11-1> 참조). 하원 상설정보특별위원회(HPSCI)는 국가정보 프로그램을 독점적으로 관할하며, 전술적 군사 정보·예산에 대해서는 하원 군사위원회와 관할권을 공유한다. 상원 정보특별위원회(SSCI)는 CIA 및 국가정보장과 그 산하기관(국가정보위원회, 국가대테러센터, 국가반확산센터 등)에 대해서만 독점적 관할권을 가지고 있다. 이와 함께 상원 군사위원회는 기본적으로 국가안보국, 국가정찰실, 국가지공간정보국 및 국방정보국의 덩치가 훨씬 큰 국방정보 프로그램과 예산을 감독한다. 양원의 두 정보위원회가 주로 감독 책임을 수행하지만, 군사위원회, 법제사법위원회, 국토안보위원회 및 세출위원회도 상당한 영향력을 가지고 있는데, 특히 국방정보(정보공동체 예산의 약 70%를 차지함), FBI와 국토안보부의 정보활동, 그리고 정보 세출예산이 관련된 부분에서 그러하다.

글상자 11-1 하원과 상원의 정보감독위원회

하원 상설정보특별위원회(이하 HPSCI)는 1977년에 설립되었으며, 그 규모는 20명과 22명 사이에서 변동이 있었다. 다수당·소수당 비율은 하원 전체의 비율과 대충 비슷하지만, 일반적으로 3 대 2 비율을 넘지 않는다. 하원 세출위원회, 군사위원회, 법제사법위원회 및 외무위원회에서 각각 최소 한 명의 위원이 선임되어야 한다. HPSCI는 국가정보 프로그램과 군사정보 프로그램을 관할하며, FBI와 국토안보부에 대한 관할권은 법제사법위원회 및 국토안보위원회와 공유한다.

상원 정보특별위원회(이하 SSCI)는 1976년에 설립되었으며, 현재 15명의 상원의원으로 구성되어 있다. 관례상 상원 전체의 의석 구성과 관계없이 항상 다수당이 여덟 명, 소수당이 일곱 명의 위원을 가져간다. 양당정치의 표시로, SSCI에는 소수당을 대표하는 부위원장이 있다. 군사위원회, 외교위원회, 세출위원회 및 법제사법위원회에서 각각 적어도 한 명의 위원이 선임된다. 상원 군사위원회의 위원장과 소수당 대표도 SSCI의 당연직 위원이다. SSCI는 CIA와 국가정보장실을 포함해 국가정보 프로그램 예산에 대해서만 독점적 관할권이 있으며, 해당 상임위원회가 따로 있는 국방부와 국토안보부, 재무부, 법무부 정보기관에 대해서는 제한적인 관할권을 행사한다.

정보기관에 대한 국민의 신뢰를 확보하기 위해, SSCI는 국가정보장과 CIA 부장 기타 모든 국가정보 프로그램에 포함된 기관 — 국가안보국, 국방정보국 등 국방부에 소속된 기관을 포함함 — 수장들의 임명을 인준하는 책임을 담당하고 있다. 이에 따라 SSCI는 그들을 인준하기 전에 공청회를 열어 그들의 견해에 관해 샅샅이 조사할 권한이 있다. 이 기회를 발판으로 삼아 정보활동에 관해 비판적 견해와 우려를 표명할 수 있을 뿐만 아니라 정보공동체의 성과에 대해 투명성과 진실성을 높이겠다는 약속도 끌어낼 수 있다. 2018년 초에 지나 해스펠이 CIA 부장으로 임명되는 과정에서 비밀 수용소와 고강도 신문기법과 관련된 CIA의 지난 행태를 둘러싸고 의회와 국민의 활발한 토론이 벌어졌다. 해스펠이 도널드 트럼프 대통령과의 관계에서 권력자에게 진실을 말하겠으며 다시는 '고문'을 사용하지 않겠다고 약속한 것은 그 임명이 간신히 승인되는 조건이었다.

비밀공작에 관해 서술한 앞 장에서 우리는 대통령 품의서를 의회와 공유하는 절차를 상세히 살펴보았다. 그러나 정보감독위원회가 극비의 CIA 공작을 심의하면서 수행하는 중요한 역할을 강조할 필요가 있다. 1980년 정보감독법(Intelligence Oversight Act)은 CIA가 대통령 품의서를 양원의 감독위원회와 적시에 공유하도록 요구하고 있다(<글상자 11-2> 참조). 이들 위원회가 그러한 공작을 저지하거나 수정할 권한은 없지만, 이론상 그 공작의 장차 자금조달을 막거나 그 범위를 변경하는 입법이 통과되도록 추진할 수 있을 것이다. 이러한 종류의 권력 보유는 무분별한 공작이나 매우 위험한 공작을 단념시키는 경향이 있다. 대통령은 어떤 비밀공작이 극히 민감하다고 볼 때는 그 통보를 정상적인 48시간을 넘겨 연기할 수 있다. 그 대안으로, 대통령은 선별된 의회 지도자들에게만 브리핑하는 것을 선택할 수 있다. 의회 통보의 범위를 최소화하기 위해 흔히 이른바 **'8인 그룹**(Gang of Eight)' — 상원의 양당 대표, 하원의 의장과 소수당 대표, 그리고 상하 양원 정보위원회의 위원장과 소수당 대표 — 에게만 통보하는 방법이 사용된다. 이 방법이 더욱 논란이 된 것은 때때로 유출 가능성을 차단하기보다 의회의 비판 가능성을 제한하기 위한 구실로 보이기 때문이다.

글상자 11-2 1980년 정보감독법

1980년 정보감독법은 CIA 부장이 "예상되는 중요 정보활동을 포함해 모든 정보활동을 현재 충분히 정보감독위원회에 알리도록" 규정하고 있다. 또한 이 법은 모든 중요한 불법행위나 정보 실패를 적시에 통보하도록 요구한다. 휴즈-라이언(Hughes-Ryan) 수정법을 대체한 이 법은 대통령이 비밀공작 계획에 대한 모든 결정을 정보감독위원회에 통보하도록 규정하면서 그 통보의 절차와 시한을 명시하고 있다. 이 법은 CIA가 중요 정보활동을 의회의 여덟 개 위원회에 각각 보고하도록 요구한 기존 규정을 폐지하고, 오직 두 정보감독위원회에만 보고하도록 요건을 완화했으며, 대통령이 승인한 비밀공작을 이들 위원회에 알리는 일련의 세부 절차(나중에 '품의서'와 '통보'라고 불림)를 명시했다.

의회의 다른 위원회와 마찬가지로, 정보감독위원회는 정보 프로그램과 예산에 대한 재정적 권력을 보유하고 있는데, 여기에는 구체적 프로그램에 대한 지출을 승인하거나 거부할 권한이 포함된다. 양원의 정보감독위원회는 — 각각의 세출위원회와 더불어 — 정보공동체의 예산과 지출을 끊임없이 검토하는 대규모의 회계감사 직원을 보유하고 있어서 그들이 의회의 지침과 우선순위를 지키도록 담보한다. 그 직원들은 국가정보장이 작성해서 관리·예산처가 이미 검토·승인한 연간 통합정보예산 요청 — 두껍고 극비로 분류된 의회의 예산 수권서(Congressional Budget Justification Book, CBJB)에 들어 있음 — 을 검사한다(<글상자 11-3> 참조). 상원과 하원 위원회의 예산 전문위원들이 이러한 지출 요청을 조목조목 따지고 질문하는데, 흔히 추가적 설명이나 브리핑을 요구한다. 일반적으로 국가정보장과 개별 기관 수장들이 위원회에 출석 증언을 통해 질문에 답변하고 이러한 예산 요청을 변호한다.

글상자 11-3 의회의 예산 수권서

의회의 예산 수권서는 정보 역량의 전 범위를 세부적으로 서술해 의회에 제출하는 연례 보고서로서, 기본적으로 우리에게 배분된 돈으로 우리가 무엇을 했는지 상술하고 다음 해를 위한 우리의 요청을 정당화한다. 그것은 많은 프로그램이 어떻게 진행되었고, 어떤 결과를 낳았으며, 국가안보에 어떤 영향을 미쳤는지 구체적으로 파고들었다. 그것은 우리가 어떻게 우리 병력을 반군의 공격으로부터 보호했는지 그리고 우리가 어떻게 적대적 지도자의 의도를 평가했는지를 다루었다. 그것은 우리가 어떻게 이란, 북한, 시리아 등의 WMD 확산을 모니터했는지 설명했다. 요컨대, 그것은 미국이 어떻게 정보활동을 수행하는지 그 전모를 담았다.

출처: James Clapper, *Facts and Fears: Hard Truth from a Life in Intelligence*(New York: Viking, 2018), p. 240.

의회의 각 위원회는 프로그램의 진행 여하를 알고 싶을 때는 그 지출이나 추가 지출 계획에 대해 빈번히 질문한다. 예를 들어, 1980년대 상원 정보특별위원회는 CIA가 니카라과의 콘트라 반군에 대해 사활적 원조를 제공하기 위해 자금을 지출하는 것을 금지했는데, 당시 레이건 행정부는 쿠바의 후원을 받는 니카라과의 산디니스타 정부를 약화하기 위해 그 원조를 사용하고 싶었다. 후속 입법은 모든 비밀공작을 그 개시에 앞서 정보감독위원회에 '통보'하도록 의무화했다. 그 뒤의 추가 입법은 비밀공작의 대통령 품의서(제9장 참조)가 행정부와 입법부 내에서 적절한 승인과 통보를 거치도록 정교한 절차를 명시했다. ≪워싱턴포스트≫가 보도한 또 다른 놀라운 사례를 보면, 상원 정보특별위원회의 회계감사팀이 국가정찰실이 이미 배정되고 지정된 세출 자금을 집행하지 않았으며 그 일부 자금을 버지니아주 북부에 본부 청사를 신축하는 데 전용했음을 발견했다. 국가정찰실은 이 계획을 의회에 보고한 적이 없었다. 말할 필요도 없이 그 위원회 위원장은 청문회를 열어 설명을 요구했으며, 결국에는 그 기관의 한 고위 관리를 사임시켰다.[11]

청문회와 독립적인 조사를 통한 의회의 감독은 또한 정보활동을 제약하고 결정할 수 있다. 2002년 이라크 WMD에 관한 「국가정보판단서」 사건이 발생하자 상·하원의 두 정보감독위원회가 무엇이 잘못되었는지 독자적 조사에 착수했다. 그들은 정보 문서를 검토하고 분석관과 관리관들을 인터뷰해, CIA와 정보공동체의 분석 전문기술 관행에 대해 일련의 비판적인 결론에 도달했다. 이와 비슷하게, 2011년에는 당시 상원 정보위원회 위원장이었던 다이앤 파인스타인의 지시로 참모진이 2년 동안 진행한 조사는 CIA의 비밀 구금과 신문 프로그램에 중점을 두었다. 비밀로 분류된 방대한 최종 보고서 — 민감한 부분을 삭제한 600쪽 요약을 포함함 — 는 그 프로그램의 결함과 허위 주장을 개관했으며, 그 프로그램이 오도되었고 재발해서는 안 된다는 위원회 다수당의 믿음을 뒷받침했다. 더 최근의 예로, 상원과 하원 위원회가 각각 러시아의 2016년 대선 개입을 조사했는데, 이 책을 쓸 때까지 완료되지 않았다.

행정부의 감독

의회가 정보활동에 대해 위원회 중심의 집중적인 감독을 수립하기 전에는 오랫동안 행정부가 정보공동체를 감독하고 지휘하는 주된 책임을 맡았다. 앞서 국가안보 의사결정 프로세스에 대해서 살펴보았듯이, 정보공동체는 대통령과 NSC에 보고를 통해 정보 문제에 대한 그들의 일상적 접촉과 통제를 제공한다. 역대 대통령은 정보 요구사항을 설정하고 예산을 승인하며 비밀공작을 재가하기 위해 다양한 NSC 산하기관을 설치했으며, 그 밖에도 여러 자문기관에 의존해 정보공동체의 성과를 검토했다.

대통령 정보자문단

대통령의 초창기 감독 수단 중에 하나가 대통령 정보자문단(President's Intelligence Advisory Board, PIAB)이었다. 1956년 드와이트 아이젠하워 대통령이 창설한 그 자문단의 목적은 소련의 군사 프로그램 확장에 관한 정보활동의 개선 방안을 외부에서 대통령에게 건의하는 것이었다. 아이젠하워는 행정명령을 통해 과학계와 기업계, 군 공동체로부터 최고의 조언을 받고 싶다고 밝혔다. 인정받는 전문가 6~8명으로 구성된 비교적 소규모 자문단은 상공 정찰 프로그램 개발, CIA 내 기술국 신설, 군사정보 기능을 통합하기 위한 국방정보국 창설 등 영향력 있는 제안과 의견을 아이젠하워에게 제출했다.[12] 이후의 대통령들도 정보 실패를 사후 분석하고 기존 정보 성과의 효과성을 검토하도록 정보자문단에 요청했다. 예를 들어, 조지 W. 부시 대통령의 NSC 참모부가 2008년 외국인정보활동감시법을 개정할 때 정보자문단을 참여시켰다. 버락 오바마 대통령 또한 2009년 속옷에 감춘 플라스틱 폭탄으로 여객기를 공중 폭발시키는 데 성공할 뻔했던 '속옷 폭파범(Underwear Bomber)'과 관련해, 정보 실패를 조사하도록 정보자문단에 지시했다고 한다. 오바마 대통령의 정보자문단은 또한 인터넷에 넘쳐나는 데이터를 관리하고, 위키리크스 유형의 폭로에 대해 정부가 대응 방안을 찾도록 제안했다.

대통령 정보자문단의 규모와 중요성은 각 대통령이 정보 문제에 개인적으로 관여하는 정도에 따라 그리고 자문단 및 그 의장과의 관계에 따라 변동이 심했다. 일반적으로 대통령은 이 자문단의 규모, 임무, 범위 등을 명시하는 행정명령을 내린다. 정보공동체가 한창 모양을 갖추던 아이젠하워와 존 F. 케네디 대통령 시절에는 이 기구가 일부 주요한 조직 혁신에서 중요한 역할을 했다. 이 기구에 크게 의존하지 않은 대통령들도 있었다. 실제로 지미 카터 대통령은 정보자문단을 만들지 않았는데, 그 이유는 의회의 감독위원회가 막 신설된 데다, 카터도 이 감독위원회가 자신의 관심 밖인 정보 기능을 충분히 감독할 것이라고 믿었기 때문이다. 빌 클린턴 대통령 때처럼, 거의 활용되지 않던 시절의 대통령 정보자문단은 의례적인 기구로 전락했는데, 주로 대통령의 친구나 열성 당원들이 거창해 보이는 자리를 차지할 수 있었다.

대체로 대통령 정보자문단의 활동은 외부에 알려지지도 않고 논쟁거리도 아니다. 하나의 예외는 포드 행정부 때 그 기구의 제안으로 도입된 A팀/B팀 연습이 소련의 전략 프로그램에 대한 CIA의 판단서를 공격한 일이었다. 더 최근에 발생한 예외는 조지 W. 부시 대통령 1기 때 브렌트 스코크로프트 정보자문단 의장이 9·11 이후 정보개혁의 일환에서 국가안보국과 국가정찰실을 국방부 장관 산하에서 중앙정보장 산하로 옮겨 그의 권한을 강화하도록 건의했다고 한다. 이 건의는 공식적으로 배포되지는 않았으나, 당시 국방부 장관 도널드 럼즈펠드가 강력히 반대했다고 한다. 이 논란에다 행정부의 이라크 침공을 비판한 스코크로프트의 공개서한으로 인해 결국 그는 2004년 대통령 정보자문단에서 물러났다.

정보감독이사회

1976년 제럴드 포드 대통령은 닉슨 행정부 때 발생했던 미국 국민의 시민적 자유에 대한 정보활동의 남용이나 침해를 방지하기 위해 여러 가지 조치를 규정한 행정명령(제11905호)에 서명했다. 이는 CIA 등 정보기관의 불법적 활동을 조사한 파이크 청문회와 처치 청문회의 결과 보고서뿐 아니라 '록펠러 위원회(Rockefeller Commission)'라는 한 대통령위원회의 별도 건의에도 응답한 것이었다.[13] 포드 대통령은 행정명령을 통해 정치적 암살을 금지하고(이 금지는 후속된 대통령 행정명령을 통해 발효 중임), 3~5명으로 구성된 작은 **정보감독이사회**(Intelligence Oversight Board, IOB)를 창설했다. 이 이사회는 CIA 등 정보기관의 불법적 활동을 조사해 법무부 장관과 법무부에 보고하는 기관이다. 정보감독이사회는 대통령 정보자문단의 소위원회이기 때문에 결국 대통령에게도 보고한다. 각 정보기관과 그 감찰관(Inspectors General, IG)은 모든 관련 사실을 정보감독이사회에 알림으로써 독자적 수사를 진행하도록 협조할 책임이 있다.

감찰관

법률과 행정명령에 따라, 다수의 국가정보기관이 감찰관실을 두어야 한다.[14] 예를 들어, CIA 감찰관실은 1953년에 설립된 후, 1989년 별도 법령에 따라 완전히 자율적으로 되었다. 대통령은 감찰관 후보자를 지명해서 상원 정보특별위원회의 인준을 받아야 한다. 감찰관은 오직 대통령에 의해서만 면직될 수 있어 현재의 CIA 지도부로부터 더욱 독립적인 위치에 있다.

법령에 따른 감찰관 책무는 정기적으로 회계감사를 수행하고 각 집행 부서의 조직과 사업을 조사하며, 특별 수사를 통해 기관 활동의 효율성·효과성·적법성을 보장한다. CIA의 경우, 회계감사는 금융거래와 회계 관행에 중점을 두고, 조사 활동은 특정한 하위조직이나 공통 사업의 성과를 검사할 수 있다. 수사는 횡령, 낭비, 부실 관리, 법률과 정부 규제 위반 등의 의혹을 밝히기 위해 개시될 수 있다. 이러한 활동 보고서를 받아본 CIA 부장은 이를 검토해 추가적인 행정 조치를 취할 수 있다. 이러한 보고서는 직원들의 출입 카드 부정 제출과 정부 재산·자금의 오용에서부터 불법적인 비밀공작, 억류자 학대 의혹, 억류자 신문 비디오의 임의 파기 등에 이르기까지 다양한 문제를 다룰 수 있다.[15] 범죄 활동 가능성을 포함하는 감찰관 보고서는 법무부 장관에게 보고되어야 하며, 중요한 정보 실패나 문제점을 수사한 보고서는 의회의 감독위원회와 공유되어야 한다. 이런 식으로 감찰관은 자체적으로 감독 책임을 수행하는 입법부를 자주 보조한다.

대부분의 보고서와 수사 결과는 내부의 행정 조치 — 예컨대, 부적절하고 비윤리적인 행위나 불법행위에 대한 견책이나 파면 — 를 결정하는 것에 사용되지만,

때로는 감찰관 보고서가 공공의 쟁점이 된다. 2001년 CIA 선임분석관 출신의 존 헬거슨(John Helgerson) 감찰관이 9·11 이전의 CIA 대테러센터의 성과를 비판하는 보고서를 생산했는데, 이 보고서는 잘못한 직원들을 견책할 징계위원회 구성을 건의했다. 이 보고서가 CIA 지휘부를 화나게 하고 대테러센터의 일부 분석관들 사기도 꺾었다. 나중에 헬거슨의 감찰관실은 2004년에 발간한 보고서를 통해 CIA의 비밀 구금 및 신문 프로그램이 유엔 고문금지협약(Convention against Torture)을 위반했을 가능성이 크다고 주장했다. 이 때문에 부시 행정부가 비밀 감옥과 억류자 학대를 비판하는 자유주의 시민단체들의 목소리를 무시하기 어렵게 되었으며, 상원 정보특별위원회는 독자적으로 별도의 조사에 착수하게 되었다.[16] 화가 난 마이클 헤이든 부장이 CIA 법무관(general counsel)에게 감찰관 활동을 조사하도록 지시했다고 한다. 그 결과 보고에 따라, 헤이든 부장은 감찰관 활동에 관해 질적 통제를 가하고 각 부서장에게도 알리는 방안으로, 감찰관 활동을 감시하는 옴부즈만(ombudsman)제도를 도입했다. 헬거슨은 이 개혁에 동의했으나 이에 대해 언론에 언급하는 것을 거부했다고 한다.

국가정보장이 또한 2010 회계연도 정보수권법(Intelligence Authorization Act)에 의해 자신의 법정 감찰관을 설치했다. 의회에 대해서도 책임을 지는 이 감찰관은 정보공동체의 16개 기관 전체에 걸쳐 조사, 회계감사 및 수사를 수행한다. 이 감찰관실은 또한 정보공동체 내 다른 감찰관들을 지도하고 교육하며 조율한다. 국방정보국, 국가안보국, 국가지공간정보국 등 여러 기관에 있는 감찰관들은 효율성 및 윤리적 기준과 관련된 소속 기관의 성과를 모니터한다.

사법부의 감독: 외국인정보활동감시법원

사법부는 의회가 제정하고 행정부가 집행하는 국가안보 관련 법률을 해석하는 광범위한 권한을 가지고 있다. 이러한 감독 지위에서 법원은 대통령이 바라는 정보활동을 제한하고, 은밀한 첩보 수집을 정당화하는 절차의 시행을 요구할 권한을 가지고 있다. 이러한 방식으로 대법원에 이르기까지 각급 연방법원은 미국 정보기관의 운영을 견제할 수 있다. 대법원은 종종 대통령의 권한에 제동을 걸었으며 국가안보·국가정보와 관련된 입법을 해석했다. 9·11 이후, 대법원의 판결은 관타나모만 해군 기지에 구금 시설을 운영하는 대통령의 조치에 한계를 설정했다. 2006년 '함단 대 럼즈펠드(Hamdan v. Rumsfeld)' 사건에서 대법원은 조지 W. 부시 행정부가 관타나모에 설치한 군사법원이 미국 법과 국제법을 위반했으며, "최소한의 보호"를 규정한 제네바협약 제3조가 억류자에게도 적용된다고 판시했다.[17] 2008년의 후속 사건에서 대법원은 나아가 그 군사법원이 억류자에게 미국 국민과 똑같은 인신 보호 절차를 적용하지 않음으로써 헌법을 위반했다고 판시했다.[18] 일반적으로 대법원의 판결은 미국 국민이 아닌 사람들에게 대통령의 조치보다 더 많은 보호를 부여하는 경향을 보였다.

사법부의 가장 유명한 감독 활동은 외국인정보활동감시법원이다. 1978년 외국인정보활동감시법에 의해 설립된 이 법원은 행정부의 정보 사용에 대해 감독 강화를 요구한 처치 위원회의 권고와 관련해, 하나의 해법으로 보였다. 이 법원은 국가안보 사건에서 전자적 감시(나중에 물리적 감시를 포함함)를 허용하는 수색영장 청구를 심사한다. 이 특별 법원은 비밀리에 운영되며, 전국의 여러 연방법원 관할구역에서 선발된 11명의 연방판사로 구성된다. 외국인정보활동감시법의 규정에 따라 이 법원은 미국 국민의 통신 감청을 방지하거나 '최소화'하기 위해 미국 밖에서 활동하는 외국인 표적의 통신 감청에 대해 수색영장 청구를 심사한다.[19] 이 법에 따라 법무부가 외국의 표적에 전달되는 통신을 미국 내에서 수집하려면 영장을 신청해야 한다. 이때 법무부는 그 표적이 "외국 세력"이거나 "외국 세력의 에이전트"라는 상당한 근거를 제시해야 한다(<글상자 11-4> 참조).

글상자 11-4 외국인정보활동감시법

1978년 외국인정보활동감시법이 외국인정보활동감시법원을 창설했으며, 이 법원은 법집행기관과 정보기관이 "외국 세력을 위한 외국인 에이전트로서" 간첩 활동이나 테러리즘이 의심되는 개인에 대해 물리적·전자적 감시를 요청하면 이를 심사하고 승인한다. 이 법 제702조는 법집행기관과 정보기관이 미국 밖에 있는 외국인의 이메일과 전화 통신에 대해서는 영장 없이 획득하도록 허용한다.

중요한 점으로, 이 법은 물리적·전자적 감시를 위한 연방 영장이 발부될 수 있는 절차를 엄격하게 명시하고 있다. 그 일차적 목적은 공격, 사보타주, 국제테러 또는 은밀한 정보활동과 관련된 외국 세력이나 그 에이전트의 활동을 방지하는 것이어야 한다. 정보기관의 첩보 수집이 '미국 국민'을 대상으로 할 경우, 그 첩보는 공격, 사보타주, 테러 행위 또는 간첩 활동을 방지하기 위해 필수적이어야 한다.

이후의 해석과 법무부 절차에 따라 법집행기관과 정보기관이 첩보를 조율·공유하는 데 제한('장벽')이 가해졌는데, 이는 형사소송 절차를 훼손하지 않으려는 취지였다. 본질적으로, 외국인정보활동감시법에 의한 영장은 미국 국민을 보호하기 위한 수정헌법 제4조의 '적정한 절차(due process)'에 따른 보호를 우회하기 위해 사용될 수는 없다.

2008년 국가안보국의 국내 감시 프로그램 — 나중에 에드워드 스노든이 폭로했음 — 을 둘러싸고 상당한 논쟁이 벌어진 가운데 외국인정보활동감시법이 개정되었다. 당시 정보공동체는 국가안보국이 미국 밖에서 테러 관련 활동을 벌이는 비미국인을 대상으로 그 통신을 수집하도록 — 법원의 감독하에 — 허용하는 제702조가 필요하다고 강력히 주장했다. 법률학자들에 따르면, 그 법은 이전에는 항상 미국인과 비미국인을 구별하고 국내와 국외 장소를 구별했었다. 개정법은 정부가 어느 개인이 외국 세력의 "에이전트"라는 상당한 근거를 제

시할 경우, 그 두 가지 구별을 없앴다.[20]

스노든이 미국인의 인터넷과 전화 메타데이터가 광범위하게 수집된 것을 폭로한 이후, 제임스 클래퍼 국가정보장 등 고위 정보 관리들은 이 조항이 무고한 미국 시민을 정탐하는 데 오용되고 있다는 의회의 우려를 불식시키려고 노력했다. 클래퍼는 정보공동체가 미국 시민과 대화하는 비미국인의 해외 통신을 모니터할 때, 그런 "부수적 수집"은 국외정보 가치가 없으면 삭제될 것이라고 언급했다.[21] 국가안보국이 비미국인 통신만 주의해서 추적할 수 있다는 능력은 결코 완벽하지 못하다는 언론 보도가 잇따랐다. 제702조에 관한 국가정보장실의 반기별 보고서를 분석한 뉴아메리카재단(New America Foundation)에 의하면, 그 법률의 복잡성과 국가안보국의 거대한 수집 역량은 미국인의 전화 통화와 이메일에 대한 비고의적인 수집이 인간의 오류와 허술한 임무부여로 인해 계속되고 있음을 의미한다.[22] 2004년 정보 입법으로 창설된 **사생활·시민적자유 감독위원회**(Privacy and Civil Liberties Oversight Board, PCLOB)도 제702조의 적용을 조사해, 수집 프로그램의 규모와 복잡성을 고려할 때 오류 발생률이 낮아도 실수가 불가피하다는 결론을 내렸다. 방어적 입장의 정보공동체는 당연히 이러한 오류를 보고했으며, 이러한 사고를 줄이기 위해 신호 분석관 교육을 수정했다.

9·11 이후의 정보활동 과제

냉전 종식 후 미국은 국방 공약과 정보활동을 점차 줄일 수 있을 것으로 보였다. 그러나 2001년 9월 11일 공격으로 인해 안보가 다시 우선시되었으며, 안보 대 자유의 딜레마가 더욱 뚜렷해졌다. 더욱 침해적인 감시와 신문기법 외에 정보 기반의 표적 살해는 행정부와 입법부의 감독이 충분한지 의문을 제기했다. 게다가 대테러 활동을 위해 정보공동체 내에서 그리고 외국 파트너들과 정보를 더 널리 공유할 필요성이 대두된 시기는 비밀로 분류된 정보 프로그램의 무단 유출로 인해 일부 파트너들이 보기에 미국의 신뢰성이 떨어진 때와 맞물렸다. 현재와 미래의 미국 정책결정자들은 국내외에서 실추된 미국의 신뢰성을 회복하기 위해 이러한 이슈와 씨름해야 할 것이다.

거칠고 침해적인 정보 수집

테러와의 글로벌 전쟁으로 인해 알카에다, 탈레반, 최근에는 이라크·시리아 이슬람국가와 같은 국제 테러단체를 와해시키기 위한 일련의 새로운 정보 임무가 시작되었다. 9·11 공격 직후, 조지 W. 부시 대통령이 미래 테러 음모와 알카에다를 분쇄하기 위해 최대의 비밀공작 프로그램을 수행하도록 CIA에 지시했다. 여기에는 아프가니스탄에서의 준군사작전이 포함되었고, 생포된 전사들을 미국 밖의 비공개 수용소로 비밀리에 인도해 신문하는 활동도 포함되었다. 이러한 조치는 CIA가 매우 거친 신문을 수행하도록 허용했는데, CIA는 미래의 공격 계획을 드러낼 수 있는 첩보를 끌어내려면 그런 신문이 필요하다고 보았다. 미국이 유엔 고문금지협약[23]의 서명 당사국임에도 그런 일이 벌어졌다. 그 유엔 협약은 당사자나 제삼자로부터 정보나 자백을 얻어내려는 목적 등을 위해 의도적으로 극심한 정신적 또는 신체적 고통이나 괴로움을 사람에게 가하는 모든 행위를 금지하고 있다. 나아가 그 협약은 전쟁 포로에 대한 잔인하고 비인간적이거나 모멸적인 대우를 금지하고 있다.[24]

당시 대통령과 그의 최측근 보좌진은 어떤 대가를 치르더라도 후속 공격을 막는 것이 시급하다고 생각했다. 알려진 알카에다 대원에 대해 고강도 신문기법 — 억류자를 모의로 익사시키는 물고문을 포함함 — 을 쓰도록 재가하는 것이 합법으로 보였다. 이에 따라 2002년 1월 백악관 고문 앨버토 곤잘레스(Alberto Gonzales)가 알카에다와 탈레반 전사들이 전쟁 포로라기보다는 "불법 전투원(unlawful combatants)"으로 판단되기 때문에 제네바협약에 따른 보호를 받을 자격이 없다고 본다는 부시 행정부의 입장을 이미 발표했었다.[25] 그러나 CIA는 프로그램의 합법성을 재확인받고 싶어서 2002년 8월 법무부에 그런 조치가 고문의 정의에 포함되지 않는다고 판단하는 법률 각서를 요청해서 받았다. 그 각서에서 법무부 변호사들은 대통령은 총사령관으로서 미국을 보호하기 위한(이른바 필수 방어) 작전을 수행할 권한이 있으며, 미국 법전은 유엔 고문금지협약에 관해 극심한 고통이나 정신적 고통을 가하는 가장 극단적인 행위만을 금지한다고 주장했다.

> 우리는 [미국 법전] 제2340조에 정의된 고문을 구성하는 행위는 견디기 어려운 고통을 가해야 한다고 결론지었다. 고문에 해당하는 신체적 고통은 장기 부전(organ failure), 신체 기능 손상 또는 사망과 같은 심각한 신체적 상해를 수반하는 고통과 동등한 강도여야 한다. 순전히 정신적인 고통이나 괴로움이 제2340조에 따른 고문에 해당하려면 상당한 기간, 예를 들어 몇 달 또는 몇 년 동안 지속되는 상당한 심리적 피해를 초래해야 한다.[26]

이 정의에 따라, 그 프로그램에 관련된 CIA 직원이나 계약 근로자에 대해 어떤 고문 혐의로 기소할 수 있으려면 먼저 법무부가 설정한 매우 높은 기준을 충족해야 했다.

행정부 또한 용의자 인도 및 신문 프로그램의 광범위한 특성에 대해 의회의 몇몇 핵심 의원들에게 통보함으로써 예방조치를 취했다고 믿었다. 2002년 9월에 CIA 관리들이 하원 정보위원회의 다수당과 소수당 대표들 — 포터 고스(Porter Goss, 나중에 CIA 부장이 됨) 및 낸시 펠로시(Nancy Pelosi, 당시 하원의 소수당 대표) — 에게 브리핑했다. 나중에 몇 명의 감독위원회 위원들을 대상으로 추가 브리핑이 제공되었으나, 감독위원회 전체를 대상으로 그 프로그램을 브리핑한 것은 2년 뒤의 일이었다. 부시 행정부와 CIA 관리들에 따르면, 당시에 그 몇몇 의회 지도자들은 아무런 의구심도 표명하지 않았다. ≪워싱턴포스트≫가 비밀 감옥과 가혹한 신문 프로그램을 폭로한 것을 계기로 CIA는 아무런 세부 설명 없이 그 프로그램을 옹호했지만, 결국에는 종료시켰다.[27] 나중에 펠로시는 신문기법의 특성과 정도에 관해 거짓말을 들었다고 주장했다. 특히, 그는 물고문에 대해 들은 적이 없다고 주장했지만, CIA 관계자들이 이를 강력히 반박했다. 더 넓게 보자면, 이 논란이 전체 위원회가 아닌 소수의 의회 인사들에게만 브리핑하는 관행에 대해 문제를 제기했을 뿐 아니라 CIA 관리들은 의회의 감독위원회 위원들이 직접적으로 질문하지 않으면 자발적으로 브리핑하지 않을 것임을 시사했다.[28] 요컨대, 정보 감독 기능은 윤리적·법적으로 문제의 소지가 있는 프로그램에 대해 적절한 심의를 보장하기에는 부족한 것으로 보였다.

2005년 가을 비밀 감옥 프로그램이 언론에 유출될 때까지 약 12가지의 강압적 기법이 계속 사용되었다. 전모가 드러난 적은 없지만, 그러한 기법에는 격리, 스트레스 자세, 가짜 처형, 심한 구타, 감각 박탈, 식단 조절, 극단적인 기온 변화, 옷 벗기기, 그리고 세 건의 물고문 사례가 포함된 것으로 보였다. 2005년 그 프로그램이 폭로되자, 부시 대통령과 그의 보좌진은 수정을 고려해야 했고, 고스 CIA 부장이 2005년 후반 그러한 기법을 중단시켰다. 2009년 말 오바마 대통령은 더 나아가 행정명령을 통해 그러한 기법을 금지했는데, 미국의 어떠한 신문도 미국 육군의 기존 야전교범 — 강압적 신문 방법 중에서도 특히 물고문을 금지했음 — 을 따르도록 제한했다.

이러한 기법이 실행 가능한 정보를 실제로 얼마나 생산했는지에 관해서는 미국 정보기관 지도자들의 의견이 공개적으로 갈렸다. 헤이든 부장 등 그 프로그램에 관여한 사람들은 그러한 기법이 유용한 정보를 생산했으며 마침내 오사마 빈 라덴을 찾는 데 공헌했다고 확신했다. 반면에 전직 CIA 부장 존 브레넌은 그 방법에 대해 보다 비판적이었으며, 그러한 방법이 다른 공격을 예방하는 데 결정적이었음을 CIA가 입증할 수 있을지 반신반의했다. 분명한 것은 그러한 기법이 법치주의가 지배하는 자유민주주의 국가로서 미국의 명성에 윤리적 오점을 남겼다는 사실이다. 유엔과 대부분의 동맹국 정부는 그러한 조치를 고문으로 간주하고 맹비난했다. 게다가 아프가니스탄의 아부 그라이브(Abu Ghraib) 감옥에서 군이 신문하는 충격적인 사진이 공개되는 바람에 미국은 상당한 신뢰를 잃었으며, 미국이 장차 일부 동맹국 정보기관으로부터 협력을 받는 데도 지장이 초래되었을 것이다. 요컨대, 대통령이 서투른 조언에 따라 엉성하게 급조된 강압적 프로그램을 시행할 면허를 고분고분한 CIA에 내주었으며, 이를 정당화한 법무부는 두려움에 휩싸인 행정부를 안심시키려는 의욕이 넘쳤다.

마찬가지로 문제가 된 것은 부시 행정부가 새로운 테러 위협을 탐지하려는 목적에서 국내외 통신을 광범위하게 전자적으로 감시하도록 비밀리에 승인한 사실이었다. 2001년 10월 부시 대통령이 알카에다로 인한 미국의 비상 상황은 국가안보국이 법원 명령 없이 국내외 인터넷·전화 통신을 전자적으로 감시하는 일을 정당화한다고 결정했다. 국가안보국은 30~60일 동안 메타데이터를 수집할 수 있었으며, 이 권한은 거의 5년 동안 거듭 갱신되었다.[29] 그리하여 국가안보국은 메타데이터를 분석해 FBI, CIA 그리고 다른 대테러 기관에 보고할 수 있었다. 나중에 스노든이 폭로한 바에 의하면, 그러한 기술적 수집 프로그램의 암호명은 '프리즘(Prism)'이었다. 이 프로그램으로 국가안보국은 마이크로소프트(Microsoft), 야후(Yahoo), 구글(Google), 페이스북(Facebook), 유튜브(YouTube), AOL(America Online), 스카이프(Skype), 애플(Apple) 등 주요 인터넷 서비스 공급업체로부터 수백만 명의 사용자 기록을 수집·저장했다. 세계 인터넷 흐름의 대부분이 주요 인터넷 공급업체의 "중추(backbone)"를 통해 미국을 통과했기 때문에, 미국 정부가 국가안보국에 그러한 메타데이터 기록을 수취·저장할 접근권을 주도록 그들 업체의 협조를 구하는 것은 간단한 문제였다.

국방부, 법무부, CIA, 국가안보국 및 국가정보장실의 감찰관들이 오바마 대통령에게 올린 2009년 보고서에 따르면, 2001년 10월 헤이든 국가안보국 국장이 하원 상설정보특별위원회에 출석해 9·11 이전의 외국인정보활동감시법 체제하에서는 국가안보국이 새로운 테러 위협을 충분히 탐지할 수 없었을 것임을 설명했다.[30] 그 법률에 따라 법원 명령을 받는 것은 너무 느리고 번거로워 전화나 이메일 흐름을 적시에 가로채기 힘들었을 것이다. 그러나 헤이든의 견해에 의하면, 개별적인 법원 명령 없이 메타데이터만 수집하는 것은 그런 통신의 내용을 수집하는 것보다 — "불합리한 수색과 압수"로부터의 보호를 규정한 수정헌법 제4조 등 — 위헌 문제를 덜 제기했다. 행정부가 성공적으로 의회를 설득해 더 자유롭게 감시를 수행하게 된 후에, 의회는 2001년 미합중국 애국법(USA PATRIOT Act)을 통과시켰다. 이 법에 따라 법집행기관은 조직범죄와 마약 밀매범에 대해 사용하는 똑같은 전자적 도구들 — 예컨대, '이동 도청(roving wiretaps)'과 거래기록 조회 — 을 테러리스트 수사에도 사용하게 되었다. 가장 중요한 것으로, 애국법 제215조는 국가안보국이 인터넷·전화 회사들로부터 제공받은 메타데이터를 저장하도록 허용했다. 당시 의회에서는 이러한 권한이 얼마나 광의로 해석될 수 있는지 이해한 의원이 거의 없었다. 실제로 나중에 밝혀진 기록에 따르면, 국가안보국의 더욱 광범위한 감시 프로그램이 개시 후 2년 이상 의회 지도자들에게 보고되지 않았다 — 나중에 '8인 그룹'에만 보고되었다.

이러한 대통령의 감시 프로그램(President's Surveillance Program, PSP)은 법무부 법률고문실(Office of Legal Counsel)에서 작성한 일련의 각서를 통해 법적 정당성을 부여받았다. 그 각서 작성자인 존 유(John Yoo)는 이 극비 프로그램에 접근이 허용된 유일한 관리였다. 보수적인 법학자인 유는 CIA의 비밀 신문 프로그램을 정당화해 논란이 된 '고문 메모'를 작성했었던 인물이었다. 유의 각서는 수정헌법 제4조 문제가 비미국인에 대한 전자통신 수집과는 관련이 없다고 바로 일축했다. 그가 밝힌 견해에 의하면, 미국인에 대한 전자적 감시와 관련해서 수정헌법 제4조의 보호 규정은 법집행 활동에만 적용되며, 대통령이 총사령관으로서 정당하게 승인한 "직접적인 군사작전 지원"을 가로막는 것으로 이해되어서는 안 된다.[31] 나중에 다른 법무부 변호사들이 대통령의 감시 프로그램에 접근하도록 허용되었을 때, 그들은 대통령의 전시 권한이 외국인정보활동감시법의 제한에서 제외된다는 유의 분석에 대해 의문을 제기했다.[32] 그들은 존 애슈크로프트(John Ashcroft) 법무부 장관에게 대통령의 감시 프로그램의 법적 근거가 불안하다고 경고했다. 제임스 코미(James Comey) 법무부 부장관도 그 프로그램의 법적 근거에 관해 보고받았는데, 그 역시 의회의 법률을 무시하는 것으로 보이는 법적 주장에 관해 그리고 이 의견을 의회 지도자들에게 통보하지 않은 점에 관해 우려했다.

나중에 그 프로그램의 수정을 주장한 법무부의 법적 견해는 2004년 3월 '8인 그룹'을 대상으로 한 포괄적 브리핑 후에 나왔다. 당시 의회 지도자들은 감시 프로그램에 관해 우려를 표명했지만, 그 지속을 반대하지 않았다. 2008년 의회는 외국인정보활동감시법 수정안을 통과시켜 국가안보국이 테러활동과 관련 있는 것으로 보이는 비미국인을 대상으로 미국 밖에서 전자통신을 수집할 수 있도록 허용했다. 이 입법에 따라 행정부는 2002년부터 국가안보국의 활동을 규율한 대통령의 수권 규정보다 훨씬 더 광범위하게 국제통신을 도청할 권한이 생겼다.

요컨대, 9·11로 인해 미국 내에서 전자정보 활동이 상당히 확대되었는데, 이는 그러한 권한이 미국 국민을 보호하는 데 중요하다는 추정을 전제로 했다. 실제로, 개인의 사생활 권리가 공공의 안전에 양보해야 했다. 그러나 이 광범위한 감시 프로그램의 효과성은 여전히 매우 모호할 뿐이다. 2009년 합동 감찰관 보고서에 의하면, 대통령의 감시 프로그램이 조직 면에서 매우 차단되어 있고 참여한 관계자를 면담하기도 어려워 그 전반적인 효과성을 평가하거나 정량화하기 어려웠다. 그러한 한계를 염두에 둔 법무부 감찰관은 "대통령의 감시 프로그램으로 입수된 첩보가 일부 대테러 수사에 가치가 있었지만, FBI의 전반적 대테러 활동에는 대체로 제한적인 역할을 수행"했다고 결론지었다.[33] 이 보고서에 따르면, CIA와 국가대테러센터 분석관들은 대통령의 감시 프로그램으로 입수된 첩보가 도움이 되었다면서 다소 더 긍정적이었다. 그러나 프로그램이 너무 민감해서 그 효과성을 평가하기 어려웠으며, 결국에는 다른 정

보 흐름보다 더 유용하다고도 입증되지 않았다.[34]

2009년에 제기된 문제는 몇 명의 테러 용의자를 찾기 위한 국가안보국의 감시 권한 확대가 *모든* 미국인의 사생활 보호를 훼손하는 것으로 보이는 대가를 치를 가치가 있는지 여하였다. 2010년 오바마 대통령은 이러한 감시 확대가 부적절하다고 결정했다. 이 문제에 관한 그의 자문위원회가 그 프로그램을 검토해 미국 국민의 안전을 위태롭게 하지 않고도 이러한 첩보 출처에 접근할 수 있는 덜 침해적인 방법이 있다는 결론을 내렸다. 오바마 대통령이 수용한 그 위원회의 권고안에 의해, 국가안보국은 대량의 메타데이터 수집을 중단하고 그 대신에 전화·인터넷 공급업체가 고객의 메타데이터를 저장하되, 법집행기관과 정보기관이 외국인정보활동감시법원에 청구해 그 메타데이터에 접근할 수 있게 되었다. 뒤이어 의회가 또한 새로운 입법으로 이러한 대통령 결정을 강화했는바, 종래 국가안보국에 느슨하게 권한을 부여한 애국법을 효과적으로 대체하는 미합중국 자유법(USA Freedom Act, 〈글상자 11-5〉 참조)을 제정했다. 이 2015년 법률은 국가안보국의 메타데이터 보유를 금지하고 있다. 또한 이 법률에 따라 행정부는 의회와 미국 국민에게 투명성을 제고하기 위해 외국인정보활동감시법원에 얼마나 많이 메타데이터 접근을 청구했는지 밝히는 연례 보고서를 발표해야 한다.

글상자 11-5 미합중국 자유법

2015년 미합중국 자유법은 조지 W. 부시 시대의 대량 메타데이터 수집을 금지하고, 정부의 감시 청구가 "구체적으로 개인, 계정, 주소 또는 개인의 기기를 명시하도록" 요구하고 있는데, 이는 수사 목적으로 추구하는 첩보의 범위를 최대한 제한하는 것이다. 게다가 이 법은 미국 국민의 사생활 권리를 보호하기 위해 정부가 "최소화 절차"를 지키도록 요구하며, 외국인정보활동감시법원 판사가 비동의 개인에 대해 추가적인 "최소화 절차"를 지시하도록 허용한다. 또한 이 법은 법무부 장관이 외국인정보활동감시법원에 청구된 영장 건수, 수정

발부된 영장 건수 및 기각된 영장 청구 건수에 관해 연례 보고서를 의회에 제출하도록 요구한다.

이러한 여러 에피소드에서 하나의 교훈을 찾자면, 9·11 사건이 공포와 강박감을 낳았으며, 이러한 상황에서 미국 국민의 시민적 자유를 희생해 정보-수집 관행에 대한 제한을 완화하게 되었다. 게다가 이러한 공포와 강박감이 또한 행정부와 입법부의 적절한 감독을 누그러뜨렸다. 우리는 미국에 대한 또 다른 큰 공격이 발생할 때 적절한 감독이 이루어지도록 이러한 경험을 기억해야 한다. 두 번째 교훈은 정보공동체가 행정부의 자체 변호사들이 해석하는 대로 '법률 내에' 머무르는 데만 의지할 수 없다는 점이다. 어느 학자가 지적했듯이, 그러한 활동이 정당하고 윤리적으로 보이지 않는다면 법률 준수만으로 충분하지 않다.[35]

전문성과 투명성 제고가 필요함

앞선 논의는 비밀스러운 정보공동체를 효과적으로 감독한다는 것이 얼마나 어려운 일인지 강조하고 있다. 9·11 이후의 감시 논란은 워터게이트 사건 이후의 1970년대만큼이나 미국 정보활동에 타격을 준 것으로 드러났다. 용의자의 비밀 인도와 수감, 고문에 가까운 극단적 신문, 그리고 미국인의 전화, 이메일 및 소셜 미디어 통신이 영장 없이 광범위하게 모니터링된 사실이 폭로됨으로써 정보공동체에 대한 심한 냉소주의가 생겼고 공신력은 감소했다.

정보공동체는 공신력을 재건하기 위해 일련의 윤리 원칙 준수와 투명성 제고를 새롭게 약속했다. 첫째, 정보공동체는 그 관행에 관한 자기 성찰을 통해 공동체 전체의 직업 원칙이 필요하다고 결정했다. 2012년 국가정보장은 그러한 원칙이 16개 정보기관에 걸친 모든 범위의 정보활동에 적용되는 것이라고 발표했다.

① **임무** 우리는 미국 국민에게 봉사하며, 우리의 임무가 우리나라의 안보에 대한 사심 없는 헌신을 요구함을 이해한다.

② **진실** 우리는 진실을 추구하고, 권력자에게 진실을 말하며, 정보를 객관적으로 획득·분석·제공한다.

③ **합법성** 우리는 미국의 헌법을 수호하고, 미국의 법률을 준수하며, 반드시 사생활과 시민적 자유, 인권 책무를 존중하는 방식으로 우리의 임무를 수행한다.

④ **무결성** 우리는 공과 사를 불문하고 우리의 모든 행동이 정보공동체 전체와 긍정적으로 관련된다는 점을 명심해 우리의 처신에서 무결성을 보여준다.

⑤ **관리** 우리는 공공의 신뢰를 책임지는 관리자다. 우리는 정보 권한과 자원을 신중하게 사용하고, 정보 출처와 방법을 열심히 보호하며, 적절한 경로를 통해 잘못을 보고한다. 그리고 우리는 우리 자신과 우리 감독 기관에 책임을 지고, 궁극적으로는 그런 기관을 통해 미국 국민에게 책임을 진다.

⑥ **탁월성** 우리는 끊임없이 우리의 성과와 기량을 개선하고, 정보를 책임 있게 공유하며, 동료들과 협력하고, 새로운 도전을 맞이할 때 혁신과 기민함을 보여준다.

⑦ **다양성** 우리는 우리나라의 다양성을 포용하고, 우리 인력의 다양성과 포용성을 촉진하며, 우리 사고의 다양성을 고무한다.[36]

이 뻔한 원칙들이 중요한 것은 오로지 정보공동체의 각 기관과 개인들이 각자의 실무 윤리를 따져보도록 공약하기 때문이다. 이 원칙들은 수집 활동, 비밀공작, 분석 등을 승인하는 관리들이 그런 활동이 국가에 봉사하고 미국의 법률과 시민적 자유를 존중하며, 권력자에게 진실을 말하고 감독 기관과 미국 국민에게 책임을 져야 한다는 것을 인식하도록 요구한다.

둘째, 정보공동체는 공동체 전체를 아우르는 '정보 투명성 위원회' 설립 등 새로운 '투명성 원칙'을 제정했다.[37] 그 취지는 국민이 정보의 임무, 권한 및 감독 메커니즘에 관해서 더 많이 알 수 있도록 정보 공개의 확대를 촉진하는 것에 있다. 4대 투명성 원칙은 국민에게 알리는 정보 공개의 확대 추진과 절대적으로 필요한 출처와 방법의 보호 사이에서 균형을 잡으려는 시도다(<글상자 11-6> 참조). 그 원칙들은 정보공동체가 국가안보에 정말로 큰 해를 끼칠 수 있는 것만을 비밀로 분류하도록 최선을 다하되, 더 많은 것이 비밀 해제되도록 일치된 노력을 기울여야 한다는 것을 인정하는 것으로 보인다.

글상자 11-6 정보 투명성의 원칙

1. 다음과 같은 사항에 대한 국민의 이해 제고를 위해 적절한 투명성을 제공한다.
   ⓐ 정보공동체의 임무 및 그 완수를 위해 하는 일(그 구조와 효과성 포함)
   ⓑ 정보공동체의 활동을 규율하는 법률, 지침, 권한 및 정책
   ⓒ 정보활동이 관련 법규에 따라 수행되도록 보장하는 준수와 감독 체계
2. 승인된 경로를 통해 선행적으로 명확하게 정보를 공개하되, 다음과 같은 목적의 긍정적인 조치를 포함한다.
   ⓐ 공공의 관심 사안에 대해 적시의 투명성을 제공하기 위함
   ⓑ 가독성을 높이도록 충분한 명료성과 맥락으로 정보를 작성하기 위함
   ⓒ 국민이 신기술에 의해 도입된 경로를 포함한 일련의 통신 경로를 통해 정보에 접근할 수 있도록 만들기 위함

(……)

3. 정보 출처, 방법 및 활동에 관한 첩보를 인가되지 않은 공개로부터 보호할 때, 정보공동체의 전문가들은 다음과 같은 책무를 일관되게 열심히 수행해야 한다.
   ⓐ 무단 공개 시, 국가안보에 식별·기술(記述) 가능한 피해를 초래할 우려가

있는 첩보만 비밀로 분류함

ⓑ 법률 위반, 비효율 또는 행정적 실수를 감추기 위해, 혹은 난처한 경우를 방지하기 위해 첩보를 비밀로 분류하는 것을 엄금함

(……)

ⓓ 비밀 분류를 결정할 때, 공공의 관심을 최대한으로 고려하되, 정보 효과성을 유지하는 데 필요한 첩보를 계속 보호하고, 정보공동체를 위해 일하는 사람들의 안전을 계속해서 보호하며, 혹은 국가안보를 계속 보호함

4. 관련 법률, 행정명령 및 지침에 맞추어 이 원칙들의 강력한 이행을 뒷받침하기 위해 정보공동체의 역할, 자원, 절차 및 정책을 정비한다.

출처: ODNI, "Principles of Intelligence Transparency for the Intelligence Community," https://www.dni.gov/files/documents/ppd-28/FINAL%20Transparency_poster%20v1.pdf.

셋째, 정보공동체는 국가안보와 공공 안전에 성공적으로 공헌하는 부분을 크게 홍보할 필요가 있으며, 특히 정보의 수집이나 분석에 해롭지 않을 때 홍보해야 한다. 클래퍼 국가정보장도 이 구상을 발표하면서 각 기관이 어떻게 국민의 안전에 공헌했는지 국민에게 더 널리 홍보하도록 당부했다. 2016년 연설에서 클래퍼는 국가정찰실과 국가지공간정보국이 허리케인 리타(Rita)와 카트리나(Katrina)와 같은 여러 자연재해뿐 아니라 멕시코만의 영국 석유회사(BP) 기름 유출과 같은 인공재난의 일차 대응 기관에 필수 정보를 제공하는 중요한 역할을 담당했음을 언급했다. 그 밖에도 클래퍼와 다른 고위 정보 관리들이 가능하면 공개연설을 통해 더 많은 홍보활동을 벌였다. 그러나 대규모 청중 대상의 연설에서 클래퍼는 비밀주의 문화에 길든 공동체가 음지에서 나와 이런 일을 하기가 얼마나 어려운지를 암시했다. "신호정보 업무와 함께 성장했고 수십 년간 정보업무를 수행한 저의 경험에 비추어 지금 우리가 추진하는 종류의 투명성은 생래적으로 저와 거의 맞지 않는다고 인정합니다. (……) 1963년 임

관한 짐 클래퍼 공군 소위라면 2015년에 우리가 구체적으로 신호정보에 관해 그리고 일반적으로 정보활동에 관해 얼마나 상세하게 이야기하는지 알고는 충격을 받을 것입니다."[38]

넷째, 정보공동체는 국내에서 국민의 시민적 자유를 보호하겠다는 그 약속에 관해 국민에게 상기시킬 필요가 있다. 2004년 정보개혁의 일환에서 국가정보장실 내에 '사생활·시민적자유 감독위원회'가 설치되었다. 이 위원회는 네 명의 시간제 위원과 한 명의 상근 위원장으로 구성되어 있는데, 이들은 행정부의 대테러 조치를 검토해 그러한 조치가 사생활과 시민적 자유를 보호할 필요성과 균형을 이루도록 보장하는 일을 담당하고 있다. 또한 이 위원회는 미래의 입법, 기관 규제 또는 정책이 미국 국민의 시민적 자유와 일치하도록 보장하는 기능도 가지고 있다. 특히 후자의 경우, 이 감독위원회는 스노든의 폭로 사건 이후 권고안을 작성해 미합중국 자유법을 제정하고 국가안보국의 감시 프로그램을 축소하는 데 일익을 담당했다. 2008년 외국인정보활동감시법 수정법의 제215조와 제702조에 관한 이 위원회의 보고서가 전자적 감시에 관한 입법부와 행정부의 생각을 바꾸는 데 큰 영향을 미쳤다. 이러한 프로그램에 관한 이 위원회의 모든 권고안이 부분적으로 또는 전부 시행되었다.

게다가 그 보고서들이 공개 문서여서 미국인들이 정보공동체의 감시 활동에 관해 이전보다 더 많이 알게 되었다. 이 감독위원회는 그 권고사항이 어떻게 이행되고 있는지 실태 보고서를 생산할 수 있고 또 생산해야 한다. 이 위원회는 공청회를 개최해 외부 전문가와 단체를 논의에 참여시킬 수 있는데, 이는 비밀스러운 정보공동체와 국민을 간접적으로 연결하는 고리가 된다. 현재 이 감독위원회의 관할은 정보공동체의 대테러 프로그램에 한정되어 있지만, 시민적 자유 옹호자들은 이 위원회의 권한을 더 넓게 정보-수집 프로그램을 다루도록 확대하기를 강력히 지지한다.[39] 트럼프 대통령 밑에서 이 위원회가 얼마나 효과적일지는 두고 볼 일이다. 2018년 트럼프 대통령은 여러 명의 새 위원을 거명했었지만, 최소한의 필요 정족수 세 명을 채우는 데 그쳤다.[40] 적극적인 감독위원회를 지지하는 인사들이 현재의 정보 관행과 정책이 미국인의 시민적 자유에 어떠한 영향을 미쳤는지 그 연례 보고서를 의회에 제출할 권한을 이 위원회에 주자고 건의했다. 이러한 입법 통과 활동이 지난 의회에서 실패했는데, 이른 시간에 재추진될지는 불확실하다. 그렇긴 하지만, 미국 안보에 새로운 위협이 대두되어 정보기관의 추가적인 감시 프로그램이 도입된다면, 미국인의 시민적 자유가 부당하게 침해받지 않도록 보장할 수 있는 효과적인 위원회가 바람직할 것이다.

정보공동체가 미국 국민의 신뢰를 되찾을 수 있을지는 분명히 진행 중인 사항이다. 정보기관에 대한 여론조사가 거의 없으나 기존 여론조사에 의하면, 국민이 정보기관을 의심하면서도 그 임무는 긴요하다고 여긴다. 2015년 퓨 연구소(Pew Research)의 여론조사 보고서에 따르면, 스노든 사건 이후 응답자의 3분의 2가 정보기관의 첩보 수집과 데이터 프라이버시에 관해 정보기관을 "신뢰하지 않는다"라고 대답했다.[41] 2017년의 한 여론조사에서는, 절반을 약간 넘는 응답자(55%)가 정보공동체가 "외국의 위협을 경보하는 데 중요한 역할을 담당하고 국가안보에 기여"한다고 보았다. 반면에 소수의 응답자(12%)만이 정보공동체가 시민적 자유에 위협을 제기한다고 느꼈다. 이러한 수치는 다소 안심할 수 있었지만, 다음과 같은 결과는 그렇지 못했다.

- 밀레니엄 세대(1982년 이후 출생자)는 정보공동체가 중요하다고 생각하고 정보공동체를 잘 안다는 비율이 가장 낮았다.
- 정보공동체의 중요한 역할을 인정한 응답자의 대부분이 정보공동체의 임무에 대해서는 거의 알지 못했다.
- 질문 응답자의 약 60%가 정보공동체의 사생활 보호 능력에 대해 "그리 효과적이지 않다" 또는 "전혀 효과적이지 않다"라고 평가했다.[42]

이 대목에서 우리는 정보공동체가 국가안보 사업에서 맡은 역할을 설명하고 안보와 미국인의 사생활 보호 사이에서 균형을 잡겠다는 공약을 설명하기 위해 더욱 노력할 것임을 기대해야 한다. 이 책의 주요 목적 가운데 하나는 미국의 국가안보 학도들에게 정보공동체의 공헌을 더욱 투명하게 보여주는 것이었다. 이 책은 국가안보 사업의 복잡성뿐 아니라 거대한 국가정보공동체의 다양성과 비밀성을 펼쳐보였다. 그렇긴 하지만, 정보공동체가 미국의 정책결정자들에게 제공하는 대부분은 정부 내 인사들만 알 것이다. 우리가 이란과 북한 같은 불량 국가뿐 아니라 중국과 러시아처럼 떠오르고 소생하는 경쟁국과 더불어 새로운 시대를 맞이함에 따라, 정보가 그 어느 때보다 중요해질 것이다. 거기에다 디지털·사이버 세계의 예측할 수 없는 성격이 가중된다고 보면, 정보기관이 미국의 제도와 가치를 보호하면서 미국인의 안전을 지키기 위해 실행 가능한 첩보를 제공하는 데는 많은 도전이 따를 것이라고 당연히 생각해야 한다.

유용한 문서

Executive Order 12333(as amended), https://fas.org/irp/offdocs/eo/eo-12333-2008.pdf. 미국의 정보활동을 수권하고 통제하는 핵심 문서다.

Foreign Intelligence Surveillance Act(as amended in 2008), https://www.gpo.gov/fdsys/pkg/PLAW-110publ261/pdf/PLAW-110publ261.pdf. 미국인이 관련되는 민감한 미국의 정보활동에 대해 비밀 사법심사를 창설한 주요 입법이다.

President's Review Group on Intelligence and Communications Technologies, *Liberty and Security in a Changing World*(2013), https://obamawhitehouse.archives.gov/sites/default/files/docs/2013-12-12_rg_final_report.pdf. 국가안보국의 감시 프로그램을 검토하고 주요한 개혁을 건의한 오바마 대통령의 위원회다.

USA Freedom Act of 2015, https://www.congress.gov/114/bills/hr2048/BILLS-114hr2048enr.pdf. 국가안보국의 국내 감시 프로그램을 규제하는 현행 법률로, 2019년 말까지 해당 프로그램을 검토해서 다시 수권해야 한다고 규정한다.

더 읽을거리

Kenneth Absher, Michael Desch and Roman Popadiuk, *Privileged and Confidential: The Secret History of the President's Intelligence Advisory Board*(Lexington: University Press of Kentucky, 2012). 극비의 대통령 정보자문단에 대해 가장 권위 있게 설명한다.

Ross Bellaby, "What's the Harm? Ethics of Intelligence Collection," *Intelligence and National Security*, Vol.27, No.1(February 2012), pp.93~117. 9·11 이후의 정보 수집을 안내하는 '정당한 정보' 원칙에 관한 주장을 설명한다.

James Clapper, *Facts and Fears: Hard Truths from a Life in Intelligence*(New York: Viking, 2018). 한 커리어 정보 관리가 국민의 알 권리와 정보공동체의 비밀주의 필요성 사이에서 직면한 여러 도전과제를 제시한다.

Genevieve Lester, *When Should State Secrets Stay Secret? Accountability, Democratic Governance, and Intelligence*(Cambridge: Cambridge University Press, 2015). 내외부의 정보 감독 메커니즘을 비판하는 분석적 틀을 제공하며, 아이러니하게도 더 많은 감독 메커니즘의 창설이 실제로는 그 전반적인 효과성을 감소시켰다는 결론을 내린다.

Steven Slick and Joshua Busby, "Glasnost for US Intelligence: Will Greater Transparency Lead to Increased Public Trust?"(Chicago Council on Global Affairs, May 24, 2018), https://www.thechicagocouncil.org/publication/glasnost-us-intelligence-will-transparency-lead-increased-public-trust. 정보공동체에 대한 대중의 태도에 관해 최근의 희소한 여론조사 결과를 요약한다.

L. Britt Snider, *The Agency and the Hill: CIA's Relationship with Congress, 1946-2004*(Washington, DC: Center for the Study of Intelligence, 2008). CIA에서 입법 문제를 담

당한 전직 고위 관리가 CIA와 의회의 파란만장한 감독 관계에 대해 정리했다.

주석

첫 번째 명언: James Madison, "The Structure of Government Must Furnish the Proper Checks and Balances between Different Departments," *Federalist Paper*, No. 51(February 6, 1788), http://constitution.org/fed/federa51.htm.

두 번째 명언: Lee Hamilton, "Oversight vs. Glitzy Investigation," *Christian Science Monitor*, July 15, 1999, https://www.csmonitor.com/1999/0715/p11s1.html.

1 미국의 동맹국들 중에, 캐나다만이 은밀한 인간정보 역량을 보유하지 않으며, 그 대신에 오직 외교 보고에 의존한다고 주장한다. 그렇긴 하지만, 캐나다는 '파이브 아이즈(Five Eyes)'의 정보 공유를 통해 미국과 영국의 첩보에 접근한다. 게다가 캐나다는 자체의 신호정보 역량을 보유하고 있다.

2 ODNI, "Intelligence Directive 203: Analytic Standards"(June 21, 2007), https://www.dni.gov/files/documents/ICD/ICD%20203%20Analytic%20Standards.pdf.

3 카네기멜런 대학교의 도브 러빈(Dov Levine)은 미국과 소련의 선거 개입을 비교한 결과, 타국의 선거에 개입한 총 100여 건의 사례 가운데 미국이 70% 이상을 차지했음을 알아냈다. 러빈에 따르면, 미국은 중남미, 중동 및 아시아에서 빈번히 선거 개입을 시도했으며, 대부분 은밀하게 수행했다. Dov H. Levin, "Datasets," http://dovhlevin.com/datasets 참조.

4 Executive Order 13526 / Intelligence Community Directive 710, "Classification Management and Control Markings System," https://www.dni.gov/files/documents/ICD/ICD-710.pdf.

5 "President's Daily Brief 1969-1977," CIA's FOIA Electronic Reading Room, https://www.cia.gov/readingroom/collection/presidents-daily-brief-1969-1977 참조.

6 Richard Betts, *Enemies of Intelligence: Knowledge and Power in American National Security*(New York: Columbia University Press, 2007), p.163.

7 하원 위원회는 오티스 파이크(Otis Pike) 하원의원이, 상원 위원회는 프랭크 처치(Frank Church) 상원의원이 이끌었다.

8 CIA 보안국장이 제임스 슐레진저(James Schlesinger) CIA 부장의 지시에 따라 문제가 될 만한("논란의 소지가 있는") 활동 목록을 작성했다. 나중에 윌리엄 콜비(William Colby) CIA 부장이 파이크 및 처치 감독위원회에 이를 공개해야 한다고 느꼈다. 정보의자유법(FOIA)상의 요청을 통해 그 편집본을 볼 수 있다. "Memorandum for the Executive Director, Subject: Family Jewels, May 16, 1973," https://www.cia.gov/library/readingroom/docs/DOC_00001451843.pdf 참조.

9 청문회를 통해 CIA와 다른 정보기관들이 대체로 백악관의 직간접적인 지시에 따라 활동했음이 드러나자, 처치 상원의원이 결국 자신의 주장을 철회했다. 그러나 CIA와 정보공동체

에 대한 대중의 평판은 이미 손상되었다.

10 특별위원회는 다른 상임위원회에 소속된 의원들로 구성된다. 상원과 하원 정보특별위원회의 경우, 위원들은 외무위원회, 군사위원회, 법제사법위원회, 국토안보위원회 및 세출위원회에서 선발된다.

11 상원 정보특별위원회는 1994년 국가정찰실 청사 건축에 관한 청문회를 열어 마티 파가(Marty Faga) 실장에게 어떻게 위원회가 3억 달러 이상이 소요되는 비밀 청사 건축에 관해 아무런 정보를 받지 못했는지 설명하도록 요구했다. Senate Select Committee on Intelligence, Hearing on NRO Headquarters Project(August 10, 1994), https://www.intelligence.senate.gov/sites/default/files/hearings/103997.pdf 참조.

12 Cynthia Nolan, "PIAB: Presidents and Their Foreign Intelligence Boards," *International Journal of Intelligence and Counterintelligence*, No.23(2010), pp.27~60.

13 1975년 1월 포드 대통령은 CIA의 국내 활동이 법률상의 권한을 벗어났는지를 조사하기 위해 '미국 내 CIA 활동에 관한 위원회'를 구성했다. 이 위원회의 결론에 의하면, CIA 국내 활동의 일부가 대통령에 의해 직간접적으로 승인되어 회색 지대에 해당했지만, 몇몇 경우에는 CIA 활동이 "명백히 불법적이었으며 미국인의 권리를 부당하게 침해했다". *Report to the President by the Commission on CIA Activities within the United States*(June 6, 1975), https://www.fordlibrarymuseum.gov/library/document/0005/1561495.pdf 참조.

14 1978년 감찰관법은 60개 이상의 연방기관에 감찰관 직책을 신설하도록 의무화했다. 법률상 필수적인 일부 '법정' 감찰관은 주요한 법적·윤리적 문제를 소속 기관장뿐 아니라 의회에도 알릴 책임이 있다. 비법정 감찰관은 소속 기관장에게만 보고하며, 따라서 의회의 관여 없이 직책이 폐지될 수 있다.

15 CIA 감찰관 보고서의 예시적 제목 리스트를 보려면, "Agency Inspector General Reports and Investigations," *The Black Vault*, http://www.theblackvault.com/documentarchive/agency-inspector-general-reports-and-investigations/# 참조.

16 John Warrick, "CIA Sets Changes to IG's Oversight, Adds Ombudsman," *Washington Post*, February 2, 2008, http://www.washingtonpost.com/wp-dyn/content/article/2008/02/01/AR2008020103150.html?noredirect=on.

17 Harvey Rishikof, "The Supreme Court: The Cult of the Robe in the National Security Enterprise," in Roger Z. George and Harvey Rishikof, *The National Security Enterprise: Navigating the Labryinth*, 2nd ed.(Washington, DC: Georgetown University Press, 2016), p.312 참조.

18 같은 글, 313쪽.

19 '최소화'는 모든 통신 도청에서 미국 국민의 이름을 삭제하고, 그 이름을 지정하는 표시(예컨대, '미국 국민 #1')로 대체하는 관행을 가리킨다.

20 Rishikof, "The Supreme Court," p.315.

21 James Clapper, *Facts and Fears: Hard Truths from a Life in Intelligence*(New York:

Viking, 2018), pp.198~199.

22 Robyn Greene, "Unintentional Non-compliance and the Need for Section 702 Reform," *Lawfare*(blog)(October 5, 2017), https://www.lawfareblog.com/unintentional-noncompliance-and-need-section-702-reform 참조.

23 정식 명칭은 '고문 및 기타 잔인하고 비인도적이거나 모멸적인 대우 또는 처벌에 반대하는 협약'이다. 미국이 당사국인 이 협약은 1987년 발효되었다. 각 당사국은 이러한 원칙을 준수하고, 개인을 그런 관행에 종속될 우려가 있는 국가로 이송하지 않으며, 위반 혐의가 있는 사건을 수사하고, 그런 관행의 피해자에게 보상할 의무가 있다.

24 UN, *Convention against Torture and Other Cruel, Inhuman or Degrading Treatment or Punishment*, entry into force June 26, 1987, https://www.ohchr.org/EN/ProfessionalInterest/Pages/CAT.aspx.

25 2006년 군사법원법(Military Commissions Act)에 의하면, "불법 전투원"이란 미국이나 그 공동참전국에 대해 적대행위를 벌이는 사람 또는 그 적대행위를 의도적이고 실질적으로 지원하는 사람이다. 합법 전투원은 "한 당사국의 정규군 일원"이거나 "적대행위를 벌이는 당사국에 소속된 민병대, 의용군 또는 저항운동 단체의 일원"인바, "이들 조직은 사령부의 통제를 받고, 멀리서 식별할 수 있는 휘장을 부착하며, 무기를 공공연히 소지하고, 전쟁법을 준수한다".

26 "Memorandum for Attorney General Alberto R. Gonzalez, Counsel to the President, *Re: Conduct for Interrogations under 18 U.S.C. §§2340-2340A*"(August 1, 2002), https://www.justice.gov/olc/file/886061/download 참조.

27 Dana Priest, "CIA Holds Terror Suspects in Secret Prisons," *Washington Post*, November 2, 2005.

28 Paul Kane, "CIA Says Pelosi Was Briefed on Use of 'Enhanced Interrogations'," *Washington Post*, May 7, 2009, http://thehill.com/homenews/house/65111-dems-say-cia-may-have-misled-congress-5-times.

29 일반적으로 이해되는 메타데이터란 개인의 전화 통화, 문자 메시지, 이메일 등과 관련해 상업 통신회사들이 일상적으로 수집하는 기록을 말한다. 이 기록에는 전송 시간과 날짜, 전화번호, 이메일 주소, 인터넷 공급업체의 주소, 통화 시간, 전화나 이메일의 발신지 등이 포함될 수 있다. 전화 통화나 이메일 메시지의 내용은 여기에 포함되지 않는다.

30 Offices of the Inspectors General of the DOD, DOJ, CIA, NSA and ODNI, *Unclassified Report on thc President's Surveillance Program*(July 10, 2009), https://oig.justice.gov/special/s0907.pdf 참조.

31 같은 책, 12쪽.

32 같은 책, 20쪽. 2003년 '유(Yoo)의 각서'를 검토한 법무부 선임변호사 잭 골드스미스(Jack Goldsmith)는 그 각서가 외국인정보활동감시법 조항에 대한 언급을 생략했다고 지적했다. 그 조항은 의회의 선전포고 이후 15일 동안 영장 없는 전자통신 도청을 허용했다. 이 조항

은 의회가 외국인정보활동감시법의 전시 적용을 고려한 적이 없다는 유의 주장을 직접적으로 반박하는 것으로 보였다. 50 U.S.C. §1811 참조

33 Offices of the Inspectors General, p.32.

34 같은 책, 34쪽.

35 Zachary K. Goldman, "The Emergence of Intelligence Governance," in Zachary K. Goldman and Samuel J. Raschoff(eds.), *Global Intelligence Oversight: Governing Security in the Twenty-First Century*(Oxford: Oxford University Press, 2016), p.220.

36 ODNI, *Principles of Professional Ethics for the Intelligence Community*(January 2012), https://www.dni.gov/files/documents/CLPO/Principles%20of%20Professional%20Ethics%20for%20the%20IC.pdf.

37 ODNI, *The Intelligence Transparency Council*(April 5, 2016), https://fas.org/sgp/othergov/intel/dni-itc.pdf.

38 James Clapper, "Remarks on Transparency in Intelligence at AFCEA/INSA National Security and Intelligence Summit"(September 9, 2015), https://www.dni.gov/index.php/newsroom/speeches-interviews/speeches-interviews-2015/item/1250-remarks-as-delivered-by-the-honorable-dni-james-r-clapper-transparency-in-intelligence-with-great-power-comes-great-responsibility-at-the-afcea-insa-national-security-and-intelligence-summit.

39 Daphna Renan, "The FISC's Stealth Administrative Law," in Goldman and Raschoff, *Global Intelligence Oversight*, p.140.

40 Matthew Kahn, "Trump Nominates Two New Members to Privacy and Civil Liberties Oversight Board," *Lawfare*(blog)(March 13, 2018), https://www.lawfareblog.com/trump-nominates-two-new-members-privacy-and-civil-liberties-oversight-board.

41 Mary Madden and Lee Rainie, "Americans' Attitudes about Privacy, Security and Surveillance"(Pew Research Center, May 20, 2015), http://www.pewinternet.org/2015/05/20/americans-attitudes-about-privacy-security-and-surveillance.

42 Steven Slick and Joshua Busby, "Glasnost for US Intelligence: Will Transparency Lead to Increased Public Trust?"(Chicago Council on Global Affairs, May 2018), https://www.thechicagocouncil.org/publication/glasnost-us-intelligence-will-transparency-lead-increased-public-trust. 이 보고서는 2017년 5월과 6월 1000명의 미국인을 대상으로 조사한 결과다. 이 조사는 정보기관과 민주주의에 대한 미국인의 태도와 관련된 여러 문제에서 미래의 조사를 위한 기준점을 제공한다.

정보 용어 해설

실행 가능한 정보(actionable intelligence)* 신속한 결정이나 조치로 이어질 수 있는 정보를 흔히 실행 가능하다고 하는데, 이는 정책결정자에게 위험부담을 줄이거나 기회를 이용할 수 있도록 신속하게 조치할 수 있는 결정우위를 제공할 만큼 적시성과 구체성이 있다고 높이 평가됨을 함축한다.

전(全)출처 분석(all-source analysis) 전출처 분석은 인간정보, 영상정보, 신호정보, 공개출처 등 모든 출처로부터 입수할 수 있는 최고의 보고를 기초로 한다. 전출처 분석관은 비밀출처와 공개출처에 모두 접근할 수 있는 전문가로서 영상정보나 신호정보 분석관처럼 단일한 첩보 출처만 가지고 작업하지 않는다.

대안적 분석(alternative analysis) 대안적 분석은 흔히 분석 문제에 관한 전통적 사고에 도전할 때 쓰는 일련의 체계화된 분석기법을 가리키는 용어다. '대안적'이란 말은 가용 첩보를 외관상 대안을 세워 다르게 해석하는 여러 가지 기법 — 예컨대 악마의 옹호, A팀/B팀 분석, 경쟁가설 분석 등 — 을 사용하는 것이 중요함을 강조하기 위한 것이다.

---

* 용어의 표기 순서는 원서를 따라 알파벳순으로 했다 _옮긴이 주.

분석(analysis) 정보에 있어서 분석이란 국가안보정책 결정자를 위해 이해를 높이고 불확실성을 줄이려는 의도로 판단, 통찰 및 예측을 생산하기 위해 추론과 증거를 결합하는 인지적·경험적 활동이다. 분석관은 정부 관리들의 첩보(information) 요구에 응해 현용정보 또는 보다 전략적인 연구과제에 이르기까지 '완료된(finished)' 평가보고서를 작성한다. 분석은 수집기관을 이해해 과제를 부여하는 일, 공개출처와 비밀첩보를 평가하는 일, 사건이나 동향에 관해 가설을 수립하고 평가하는 일, 그 사건이나 동향의 미국 안보정책에 대한 함의를 찾아내는 일 등을 포함한다.

분석적 가정(analytical assumptions) 분석적 가정은 분석관이 진실이라고 받아들여 평가의 기초로 삼는 가설이다. 가정의 사용은 분석 과정의 일부지만, 분석관이 이러한 가설을 미리 찾아내기 어려울 때가 많다. 암묵적 가정은 명료하게 표현되거나 검토되지 않고도 분석적 주장을 추동할 수 있다.

분석 전문기술(analytical tradecraft) 분석 전문기술은 분석관이 엄밀하게 사고하고 인지적 편향으로 인한 분석적 판단의 왜곡을 방지하기 위해서 사용하는 원칙과 도구를 가리키는 용어다. 분석관은 체계화된 분석기법을 사용함으로써 자신의 논증과 논리를 보다 투명하게 하고 추가로 조사할 수 있게 만든다. '전문기술'이란 용어는 대적정보 탐지를 피해 성공적으로 공작원을 모집·운용하기 위해 사용되는 기법을 가리키는 공작총국 용어에서 비롯되었다.

정박 편향(anchoring bias) 인지적 편향의 한 형태인 정박 편향은 한 주제에 관한 이전의 분석이 작용해 분석관이 자신의 판단을 재평가하지 못하고 예측을 조금만 수정하는 데 그칠 때 발생한다. 요컨대, 애초의 판단이 닻으로 작용해 최종 판단이 새로 입수된 첩보를 고려한 올바른 판단보다는 처음 판단과 더 가깝게 된다.

기본정보(basic intelligence) 기본정보는 한 국가 또는 이슈에 관해 사실에 입각한 기초적 참고 자료로서 분석관이 현용 및 추정 분석의 근거로 삼을 수 있는 토대를 형성한다. 예를 들어 경제통계, 지형·지리 정보, 한 국가의 정부형태와 법의 지배, 선거 절차·형태에 관한 기록정보 등이다. CIA의 『월드 팩트북(World Factbook)』은 세계 주요 국가에 관한 기본정보를 담고 있는 생산물이다.

단서(但書, caveat) 단서는 한 정보 주제에 관해 입수된 첩보를 해석하는 데 있어서 또는 출처와 관련해 문제가 있으므로 분석관이 판단을 한정한다는 취지로 분석공동체 내에서 사용하는 용어다. 단서는 "우리가 믿기로는" 또는 "우리가 추정하기로는" 등과 같이 한정하는 서술을 포함하며, 분석관이 사실을 서술하는 것이 아니라 판단을 내리고 있음을 나타낸다.

은밀한(clandestine) 정보 용어로 '은밀한'은 출처의 신원뿐 아니라 수집 활동 자체를 은폐하는 방식으로 표적에 관해 첩보를 입수하는 방식을 가리킨다. 이것이 '*비밀의*(*covert*)'라는 용어와 다른 점은 비밀공작(covert action)의 경우, 관찰될 수 있지만 미국 정부가 그 공작을 수행했다는 것을 그럴듯하게 부인할 수 있다는 데 있다.

비밀정보(classified intelligence) 비밀로 분류된 정보기관 첩보(intelligence information)를 수집하는 방법은 기술 시스템에 의하든 인간에 의하든 특별하고 값비싸거나 위험스러우며 반드시 보호되어야 한다. 이러한 출처와 방법이 훼손될 위험에 대해 보안등급(I·II·III급)이 부여된다. 이후 비밀정보는 이 첩보를 '알 필요'가 있는 개인들만 공유한다. 분석관은 이 첩보를 평가보고서에서 사용하며, 보고서에는 사용된 첩보의 민감성에 따라 비밀등급을 표시한다.

인지적 편향(cognitive bias) 인지적 편향은 무의식적이고 단순화된 첩보처리 전략에 의해 야기되는 정신적 오류다. 인간이 사고의 유형, 즉 '마인드세트(mind-set)'를 발달시키려는 자연스러운 경향은 흔히 새로운 첩보를 왜곡하고 과장하거나 버림으로써 판단이나 사고에 오류를 일으킨다. 인지적 편향의 형태로는 거울 이미지, 정박 편향, 확증 편향, 후견지명(hindsight) 편향 등이 있다.

수집(collection) 정보기관이 사용하는 전문화된 방법과 시스템을 통해서 생(raw)첩보를 모으는 일이다. 수집 방법은 은밀하거나 비밀일 수 있으며, 기술적 시스템부터 미국을 위해 스파이 활동을 하도록 모집된 인간 출처에 이르기까지 다양하다.

수집 간극(collection gap) 분석관은 어떤 주제에 관해 자신이 가진 지식의 부족분을 확인하며, 이러한 수집 간극이 장래 수집 활동에 대한 '요구사항(requirements)'이 된다. 중요한 수집 간극을 확인함으로써 수집기관이 도움을 받을 뿐만 아니라 분석관도 분석적 결론에 도달할 때 판단을 한정하거나, 즉 단서를 붙이거나 보다 겸손한 수준의 신뢰도를 설정할 필요성을 민감하게 느끼게 된다.

수집기관(collector) 수집기관은 다양한 기술 시스템 또는 간첩 조직(espionage units)을 운영하는 기관으로서 미국 정보공동체의 일부이며 분석관들이 발전시키는 복합적 '수집 요구사항'을 통해 과제가 부여된다. 예컨대, 국가안보국은 주된 신호정보 수집기관이며, CIA의 공작총국은 주된 인간정보 수집기관이다.

전투지원 기관(combat-support agency) 국방부는 일부 정보기관에 대해 부처 차원의 업무 외에 군의 전술적 전투 작전을 직접 지원하는 일을 담당하도록 지정해 놓고 있다. 이런 전투지원 기관으로 국방정보국, 국가안보국, 국가정찰실 및 국가지공간정보국이 있다.

통신정보(communications intelligence, COMINT) 통신정보는 전화, 팩스, 인터넷 시스템 등으로부터 외국의 개인이나 단체의 통신을 전자적으로 수집한 첩보로서 외국 행위자의 계획, 의도 및 역량을 드러낼 수 있다. 이것은 기술적인 신호정보 수집 시스템의 일부다.

경쟁적 분석(competitive analysis) 경쟁적 분석은 같은 정보 주제를 놓고 복수의 분석관이나 분석조직이 판단하도록 명시적으로 경쟁시키는 것을 가리킨다. 그 목적은 경쟁적 분석을 통해 일련의 가정, 증거 사용, 관점 등을 서로 달리하는지 여하를 살피는 데 있으며, 그 결과로 중요한 주제에 대한 분석관들의 이해가 제고될 것이다. 역사적으로 CIA와 국방정보국이 종종 소련의 행태에 관해 가정을 달리해 소련의 군사 동향에 대해 경쟁적 분석을 제공했다.

확증 편향(confirmation bias) 확증 편향은 선입견을 확증하는 방향으로 첩보를 찾거나 해석하는 인간 성향을 말한다. 분석관은 흔히 현용 가설이나 '통념'을 확증하는 증거를 추구하거나 중시하지만, 반증하는 첩보는 기각하거나 경시한다.

의회 통보(congressional notification) 행정부가 어떤 비밀공작이나 예상되는 중요 정보활동에 대해 의회의 각 정보감독위원회에 알리는 절차다. 일반적으로 통보는 활동에 앞서 서면 형태로 전달되어야 한다. 그 통보를 공유하는 범위는 각 위원회 전원이거나 상·하원의 양당 대표 및 각 정보위원회의 양당 대표로 구성된 '8인 그룹(Group of Eight)'으로 제한된다.

조율 과정(coordination process) 평가를 종종 재검토하는 분석관 또는 분석조직이 많은데, 이는 그 평가가 복수의 전문가가 다루는 측면을 논의하기 때문이다. 수석 분석관·조직은 기관 내의 다른 전문가들과 또는 다른 분석기관의 전문가들과도 평가를 공유하거나 '조율'한다. 이러한 조율 과정은 주 기안자의 개인적 견해보다는 기관 또는 전체 정보공동체의 집단적 견해를 반영하는 '단체(corporate)' 생산물을 만들어낸다. 조율은 때때로 가장 낮은 수준의 공통분모로 판단을 희석한다는 비난을 받는다. 반면에, 조율을 통해 분석의 책임성을 확보하게 되는데, 이는 다수의 분석관과 관리자가 출처, 언어의 정확성 및 생산물의 품질을 점검했기 때문이다.

방첩(counterespionage) 대적정보(counterintelligence) 활동의 일환인 방첩은 외국의 정보기관에 침투해 그들의 역량을 평가하고 취약성을 이용하며, 미국을 겨냥하는 그들의 적대적 활동을 교란한다.

대적정보(counterintelligence, CI) 대적(對敵)정보는 미국의 국가안보·정보 시스템에 침투하려는 외국의 적대적 정보활동에 대응하기 위해 활동을 수행하고 첩보를 수집·분석하는 것이다. 그 목적은 외국의 정보 위협을 식별해서 대응하거나 무력화시키는 데 있다.

비밀공작(covert action) 비밀공작은 외국의 행위자에게 영향을 주기 위해 수행하는 작전으로서 미국의 역할을 그럴듯하게 부인할 수 있도록 비밀이 유지된다. 비밀공작이 '은밀한(clandestine)' 공작과 다른 점은 작전을 은폐하려는 시도는 거의 안 하는 대신에 미국의 역할을 숨기는 데 주력한다는 점이다.

현용정보(current intelligence) (종종 현용분석이라고도 하는) 현용정보는 즉각적인 관심 동향에 관한 보고로, 평가나 추가적인 조사를 할 시간적 여유가 거의 없어 매일 또는 더 자주 배포된다. 현용분석은 「대통령일일브리핑」 또는 「전세계정보보고」와 같은 일일 발간물과 다른 부문정보 발간물에서 볼 수 있다.

기만(deception) 기만이란 분석적 판단과 나아가 그 판단을 사용하는 의사결정권자에게 영향을 미칠 의도로 거짓 첩보, 오도하는 첩보 또는 사실이지만 재단된(tailored) 첩보를 정보-수집 경로 속에 투입함으로써 정보를 조작(操作)하는 것을 가리킨다. 국가와 비국가행위자가 모두 정보생산자 및 간접적으로 정보 소비자(예컨대, 정책결정자와 전투원)를 겨냥해 수집 효과를 떨어뜨리거나 첩보를 조작함으로써, 혹은 인식 조작을 시도함으로써 이익을 얻을 목적으로 거부(denial)와 연계시켜 기만을 수행한다(거부와 기만을 합쳐 'D&D'라고 함). 진주만 공격, 노르망디 상륙, 욤 키푸르 전쟁 등 고전적 정보 실패 사례는 기만을 포함했다.

거부(denial) 거부란 정보 표적이 인적·기술적 수집 분야를 막론하고 자신에 대한 정보 수집의 효과를 제거·훼손하거나 무력화하려는 의도에서 행하는 활동과 프로그램을 말한다. 거부의 사례로는 신호정보 관련 통신 암호화, 영상정보 관련 위장과 은폐, 인간정보 관련 감시 탐지, 모든 수집 분야의 엄격한 활동 보안 등이 있다. 성공적인 거부는 정보 간극(intelligence gap)을 초래하며, 그 결과로 빠진 첩보는 흔히 분석의 품질을 떨어뜨린다.

부문정보(departmental intelligence) 부문정보는 한 부처 내에서 생산되며 주로 해당 부처의 고위 관리들이 사용한다는 점에서 국가정보(national intelligence)와 구별된다. 예컨대, 국무부의 정보·조사국은 부문정보를 생산해 국무부 장관 등 국무부 내 고위 관리들에게 제공한다. 국방부의 국방정보국도 마찬가지다.

차석위원회(Deputies Committee, DC) 차석위원회는 국무부·국방부·국토안보부·재무부의 부장관들 및 각각 군사·정보 보좌관인 합참차장과 국가정보차장으로 구성되는 국가안전보장회의(NSC) 하위기관이다. 다른 부장관들이 추가로 초청되는 경우는 그들의 부처와 관련된 이슈가 논의될 때다. 차석위원회는 더 하위의 기관간정책위원회 작업을 검토해 어떤 정책 이슈와 건의안을 수장위원회에 올린다. 또한 차석위원회는 NSC 및 수장위원회 논의를 거친 대통령 결정 사항의 시행을 모니터하는 책임을 맡고 있다.

악마의 옹호(devil's advocacy) 어떤 정보 주제에 관한 일치된 견해에 도전하기 위해서 정반대되는 논지를 발전시키는 분석기법이다. 이러한 '반대(contrarian)' 분석은 분석관들이 통념에 근거해 사용하는 핵심 가정이나 증거에 대해 의문을 제기하는 데 중점을 둔다. 악마의 옹호는 현행 사고에 대한 진정한 대안이라기보다는 하나의 테스트로서 고안되어 일부 정보기관이 이른바 '사활(life-or-death)' 문제라는 중요 이슈에 관해 사용해 왔다.

분석총국(Directorate of Analysis, DA) 분석총국은 지역별·요소별 주제에 관해 전(全)출처 분석을 수행하는 CIA의 주요 부서다. 분석총국 내에는 유럽/러시아, 아시아, 아프리카/중남미, 중동, 남아시아 등 지역을 담당하고 무기개발, 확산, 테러리즘 등 초국가적 이슈 분석을 담당하는 분석관·관리자들이 있다.

공작총국(Directorate of Operations, DO) 과거 국가공작국(National Clandestine Service)으로 불린 공작총국의 책무는 FBI와 국방부를 포함해 미국 행정부 전체의 인간정보 활동을 지휘하고 국외에서의 정보 수집과 비밀공작을 수행하는 것이다. 공작총국장은 CIA 부장에게 보고한다. 따라서 공작총국은 — 신호정보를 수집하는 국가안보국처럼 — 인간정보의 '수집' 주무 기관이다.

중앙정보장(director of central intelligence, DCI) 2004년 이전까지 CIA와 정보공동체의 수장이었으며 대통령과 NSC의 수석 정보보좌관이었다. 2004년 정보개혁의 일환에서 이 직책이 폐지되고 국가정보장으로 대체되었다.

국가정보장(director of national intelligence, DNI) 국가정보장은 미국 정보공동체의 수장이며, 국가안보와 관련된 정보 문제를 담당하는 대통령, NSC 및 국토안전보장회의의 수석 보좌관이다. 그는 또한 국가정보 프로그램의 실행을 감독하고 지휘한다.

드론(drones) 드론은 무인항공기를 가리키는 용어로, 원래는 전장 상공에서 영상정보와 전자정보를 수집하기 위해 배치되었다. 최근의 드론은 원격 미사일을 장착해 그 운용자가 실시간으로 테러 용의자를 겨냥할 수 있게 되었다.

전자정보(electronic intelligence, ELINT) 전자정보는 레이더, 방공시스템 및 기타 군의 전자 시스템과 같은 외국 전자 시스템의 존재와 특성을 드러내는 기술적 집전기를 통해 획득하는 정보다. 전자정보는 전자전 시스템의 위치, 주파수 및 강도를 식별하는 교통량(traffic) 분석을 보조한다.

고강도 신문기법(enhanced interrogation techniques, EITs) 고강도 신문기법은 미

국이 체포하거나 감금한 테러 용의자로부터 특별한 유가치 첩보를 끌어내기 위해서 고통·혼미·순종을 초래하는 수단이다. 그런 수단 가운데 물고문(waterboarding)이 가장 유명하고 논란이 많다.

추정정보(estimative intelligence) 본래적으로 알 수 없는 장기적 사건에 초점을 맞춘, 완료된 정보 평가(finished intelligence assessment)를 추정정보라고 부르는데, 이 용어는 이러한 분석적 판단이 불완전하거나 때로 존재하지 않는 증거에 근거한다는 것을 함축하고 있다. 알려진 적의 미래 행동, 행태 또는 군사 잠재력을 평가하는 것은 정의상 추정적이다. 가장 유명한 형태의 추정정보는 국가정보위원회가 생산하는 「국가정보판단서」다.

행정명령(executive order) 행정명령은 대통령이 발하는 각서 또는 문서로서 연방기관은 그 속에 포함된 규정을 준수하도록 지시를 받는다. 의회가 이러한 행정명령을 부정하는 법률을 제정하지 않는 한, 그 행정명령은 법적 효력이 있다. 로널드 레이건 대통령이 처음 발하고 2008년 개정된 '행정명령 제12333호'는 미국 정보활동을 전반적으로 규율하고 있다.

완료된 정보(finished intelligence) 완료된 정보는 전출처 분석관이 생산하는 서면 평가(written assessment)를 가리키는데, 전출처 분석관은 생정보 보고(raw intelligence reporting)를 평가해 보고서를 작성한 다음 다른 미국 정부 기관에 배포한다. 완료된 정보의 예로는 「대통령일일브리핑」, 「일일국가정보」(현재는 「전세계정보보고」라고 불림), 국방정보국의 「군사정보요약」 등이 있다 — 이 세 보고서는 모두 일간이다. 「국가정보판단서」와 같은 장기 평가 보고서도 완료된 분석에 속한다.

예측(forecast) 예측은 미래에 관한 정보 판단이다. 분석에서 그러한 추정적·

예측적인 서술은 진행 중이거나 불확실한 상황에 관해 불확실성을 줄이거나 제한하는 데 목표를 두며 정책결정자를 위한 함의를 강조한다. 예측은 개연성 서술(예를 들어, 가능성이 매우 높다든지 낮다든지)을 수반하거나 결과가 발생할지 여하를 수치적 확률로 표시한다.

외국계기신호정보(foreign instrumentation signals intelligence, FISINT) 외국계기신호정보는 기술적 신호정보 수집 시스템의 일부로, 주로 외국의 군사적·과학적 시험·추적 시스템을 모니터한다. 원격측정정보(TELINT, telemetry)는 외국의 군사 활동을 모니터하기 위해 사용되는 그런 범주의 미사일 시험 데이터로서 국가기술수단에 공헌한다.

외국인정보활동감시법(Foreign Intelligence Surveillance Act, FISA) 1978년 외국인정보활동감시법은 스파이 활동이나 테러리즘이 의심되는 '외국 세력'과 '외국 세력의 에이전트(agent)'에 관해 전자적·물리적 감시와 첩보 수집을 위한 절차를 수립했다. 또한 이 법은 스파이 활동과 테러를 계획한다고 의심되는 비미국인의 활동을 감시하기 위한 연방 영장을 검토·승인하기 위해 외국인정보활동감시법원을 설립했다. 이 법은 부주의하게 미국 국민에 대해 첩보를 수집하는 경우를 '최소화'하도록 요구한다.

외국인정보활동감시법원(Foreign Intelligence Surveillance Court, FISC) 1978년 탄생한 이 법원은 스파이 활동을 수행하거나 테러를 계획한다고 의심되는 비미국인의 활동을 감시하기 위한 연방 정보·법집행 기관의 요청을 감독한다. 이 법원은 비밀리에 개정(開廷)해 연방 영장을 발부 또는 거부하거나 그 수정을 요구한다. 이 법원은 대법원장이 전국에서 선발한 7년 임기의 연방 판사 11명으로 구성되어 있다.

8인 그룹(Gang of Eight) 8인 그룹은 가장 민감한 비밀공작에 관해 흔히 첫 번째로 브리핑을 받는 의회 지도자들로 구성된다. 여기에는 상원의 다수당과 소수당 대표, 하원의 의장과 소수당 대표, 상원과 하원의 정보감독위원회 위원장 및 소수당 대표가 포함된다. 대통령은 가장 민감한 공작을 정보감독위원회 전체에 공개하고 싶지 않을 때 8인 그룹 브리핑에 의지한다.

지공간정보(geospatial intelligence, GEOINT) 지공간정보는 지구 위의 물리적 특징과 지리적으로 표시된 활동을 묘사하고 시각적으로 보여주는 영상·지공간 첩보를 이용·분석함으로써 얻어진다.

집단사고(groupthink) 집단사고는 전원일치를 추구해 모든 대안을 고려하지 않는 잘못된 집단 의사결정을 가리키는 개념이다. 집단사고는 응집력이 매우 강한 소집단이 시간이 매우 촉박한 상황에서 결정을 내려야 할 때 발생한다. 심리학자 어빙 재니스(Irving Janis)가 베트남전쟁 기간 미국의 의사결정을 연구하면서 이 관념을 개발했다. 집단사고를 인지적 오류가 있었을지 모르는 분석의 실패에 가끔 적용하는데, 이는 잘못이다.

인간정보(human intelligence, HUMINT) 인간정보는 미국의 안보 이익에 함의를 가진 민감한 첩보를 획득하기 위해 사람[공작원 또는 협력 정보기관(liaison service)], 위치 또는 사물(예: 정보화 시스템)에 접근하려는 수집 활동으로 이루어진다. 예를 들어 첩보가 공작원에 의해 은밀하게 수집되거나 타국 해외정보기관과의 '연락(liaison)'을 통해 또는 보다 공개적으로 외교관, 무관 등 미국 정부 관리에 의해 획득된다. 분석관으로서는 정부나 비국가행위자의 계획과 의도를 평가할 때 인간정보가 특별히 소중하다.

영상정보(imagery intelligence, IMINT) 때때로 사진정보(photo intelligence, PHO-

TINT)라고도 하는 영상정보는 손 카메라부터 미국 정부가 통제하는 우주 등 공중 촬영 시스템에 이르기까지 다양한 장비를 통해 수집된 영상에서 나온다. 영상 분석관은 촬영 시스템을 사용해서 구체적 정보 표적을 조사하고 그렇게 수집된 영상을 주된 근거로 해서 보고서를 낸다. 국가지공간정보국(National Geospatial-Intelligence Agency)이 영상정보와 지공간 데이터를 처리·분석해 전출처 분석관과 다른 미국 정부 기관에 제공한다.

징후와 경보(indications and warning, I&W) 징후와 경보는 미국과 그 동맹국·협력국의 국익에 위협이 될 수 있는 해외 사태를 적시에 식별하기 위해 고안된 정보활동을 일컫는 용어다. 여기에는 군사적·정치적·경제적·사이버 활동이 포함될 수 있는바, 예를 들어 군사 공격, 정변, 경제 혼란 등과 같이 정치적이거나 군사적인 큰 사태뿐 아니라 테러, 핵무기 및 기타 WMD로부터의 위협도 포함된다.

지표(indicator) 지표는 한 정부나 비국가행위자의 개연성 있는 행동을 반영할 조건에 초점을 맞춘, 식별할 수 있는 행위나 동향을 말한다. 군사적 맥락에서 지표는 대개 공격용 역량을 반영한다. 사회·정치적 지표(예컨대 시민 소요, 범죄율, 정치활동 등)는 한 정부의 붕괴나 국가 실패에 선행할 것이다. 지표 목록에는 상대방이 적대행위를 개시하려고 의도하면 취할 것으로 예상되는 군사적·경제적·외교적·국내적 조치들이 포함된다.

감찰관(inspector general) 감찰관은 사기, 부실 관리, 불법이거나 부적절한 활동 등의 증거에 대해 자신이 소속한 기관의 활동을 수사할 권한이 있는 관리다. 감찰관은 일반적으로 소속 기관장에게 보고하지만, 그 직책이 법률에 따라 창설된 때에는 의회의 해당 감독위원회에도 중요한 수사 결과를 보고해야 한다. 법정 감찰관은 CIA와 국가정보장실뿐 아니라 국무부와 국방부에도 있다. 감찰관의 보고는 종종 지휘부 교체나 인사 조치(징계, 파면 또는 형사소추)를 초래하고, 때로는 새로운 행정명령이나 법 개정을 낳는다.

정보(INT.) 생정보를 수집하기 위해 사용되는 구체적 정보 분야를 식별할 때 약어로 쓰인다. 대표적으로 인간정보, 영상정보, 지공간정보, 기술정보, 공개출처정보 등이 있다.

정보공동체(intelligence community, IC) 2018년 현재 미국 정보공동체는 다음과 같은 16개 기관으로 구성된다. 공군 정보국(Air Force Intelligence), 육군 정보국(Army Intelligence), 중앙정보부, 해안경비대 정보국(Coast Guard Intelligence), 국방정보국, 에너지부(DOE), 국토안보부, 국무부의 정보·조사국, 재무부(DOT), 마약단속청, 연방수사국, 해병대 정보국(Marine Corps Intelligence), 국가지공간정보국, 국가정찰실, 국가안보국 및 해군 정보실(Navy Intelligence)이다. 국가정보장이 정보공동체의 수장이다.

정보 순환(intelligence cycle) 정보 순환은 정보 요구사항을 설정해서, 첩보를 수집·처리하고, 완료된 정보를 분석·생산해 정책결정자들에게 배포하는 다단계 과정이다. 그러면 정책결정자들이 어떤 추가 정보가 필요한지 피드백을 주거나 제공받은 정보에 관해 질문을 던질 것이다.

정보 실패(intelligence failure) 일반적으로 인정된 정의는 없으나, 정보 실패는 시스템이나 조직이 옳고 정확한 첩보를 적시에 수집하지 못할 때 또는 정책결정자에게 중요한 새로운 사태를 경보하도록 첩보를 적절하게 해석하고 적시에 분석하지 못할 때 발생한다. 대체로 정보 실패는 수집과 분석에 문제가 있는 것이지만, 정책결정자가 적절히 대응할 수 있도록 경보하는 데 충분한 주의를 기울이지 못할 때도 발생한다.

정보감독이사회(Intelligence Oversight Board, IOB) 정보활동이 미국 헌법과 다른 적용 법률뿐 아니라 행정명령과 대통령 지침을 준수하는지를 조사하는 작은 독립기관이다. 정보감독이사회는 대통령 정보자문단(Presiden's Intelligence Advisory Board)의 일부로서 대통령에게 보고한다.

2004년 정보개혁·테러방지법(Intelligence Reform and Terrorism Prevention Act of 2004, IRTPA) 이 법률은 국가정보장직을 신설하는 등 9·11위원회 외에도 정보개혁에 중점을 둔 여러 연구와 위원회의 권고사항을 다수 시행했다. 이 법이 시행한 다른 권고사항으로, 국가대테러센터와 국가반확산센터 창설이 있었다. 이 법은 또한 국가정보장과 CIA 부장의 역할을 분리했다.

기관간정책위원회(interagency policy committee, IPC) 기관간정책위원회는 NSC가 형성하는 정책 건의안과 연구물을 기관 간에 조율하는 가장 낮은 단계다. 이 위원회는 차석위원회와 수장위원회에 보고하며, NSC 시스템을 통해 내려오는 대통령 지침을 수행한다. 정보기관은 물론이고 정책기관들도 대부분의 기관간정책위원회에 참석하며, 여기에서 광범위한 주제를 다룰 수 있다.

기관 간 프로세스(interagency process) 기관 간 프로세스의 일환으로 분석관들이 다수의 기관 간 회의에 참석해 NSC, 국무부, 국방부 등이 벌이는 정책 토의에 사용될 정보 평가를 제출한다. 정책 결정이 이루어지는 고위급 기관 간 회의에 앞서 실무급 회의가 자주 열린다. 분석관은 대체로 실무급 회의에 참석해 토의를 지원한다. 차석위원회(부장관급) 또는 수장위원회(장관급)의 경우에는 분석관이 서면 브리핑을 제공하거나 그러한 토의 모임에 정보공동체를 대표해서 참석하는 지휘부를 사전 준비시킨다.

합동참모본부(Joint Chiefs of Staff, JCS) 합동참모본부(합참)는 육군, 해군, 공군 및 해병대의 수뇌부로 구성된다. 각 군의 4성 장군이 돌아가며 맡는 합참의장은 대통령의 지명과 상원의 인준을 받는다.

신뢰수준(level of confidence) 분석관은 분석적 판단을 내릴 때 얼마나 확신하고 있는지를 가용 첩보의 품질과 문제의 복잡성에 근거해 결정해야 한다. 판단에 '낮은' 신뢰수준을 매기는 경우는 수집 간극, 모순된 첩보 또는 거부·기만의 존재에 기인할 수 있다. '높은' 신뢰수준은 군사 계획이나 무기체계에 관해 매우 민감한 인간정보나 극히 정확한 기술정보를 복수의 독립 출처를 통해 확인할 때 생길 수 있다.

측정·표지정보(measurement and signature intelligence, MASINT) 측정·표지(標識)정보는 기술적으로 추출된 정보 데이터 가운데 표준적 영상정보와 신호정보를 제외한 것이다. 그것은 핵공학, 광학, 무선주파수, 음향학, 지진학, 재료과학 등 광범위한 분야를 활용한다. 측정·표지정보의 예시를 들면, 지진 감지기로 또는 공기와 물 표본을 수집해 그 성분을 분석함으로써 저출력(low-yield) 핵실험을 탐지하는 것이다.

군사 분석(military analysis) 군사 분석은 전투서열, 훈련, 전술, 교리, 전략, 무기체계 등 외국 정부 또는 비국가행위자의 군사 역량과 의도에 관한 기본·현용·추정 보고서를 포괄한다. 군사 분석은 또한 수송·병참 역량과 함께 모든 전투 공간(즉, 육지, 바다, 공중, 우주 및 사이버)을 조사한다. 기타 분야별로는 군수 생산·지원 산업, 지하 시설, 민간과 군의 지휘·통제·통신 시스템(C^3), 위장·은폐·기만, 해외 군사정보, 대적정보 등을 포함한다.

군사정보 프로그램(Military Intelligence Program, MIP) 군사정보 프로그램은 각

군의 전술적 정보활동과 관련된 예산과 프로그램을 결합한 것이다. 2005년 수립된 이 프로그램은 국가정보장이 감독하는 국가정보 프로그램과 분리되어 있다. 국방부 장관의 통제를 받는 군사정보 프로그램은 육군 정보국, 공군 정보국, 해병대 정보국, 해군 정보실 및 특수작전사령부 정보국을 포괄한다. 오로지 국가안보국, 국방정보국, 국가정찰실 및 국가지공간정보국만 국가정보 프로그램의 일부인 동시에 군사정보 프로그램의 일부로 간주한다.

마인드세트(mind-set) 마인드세트는 일종의 인지 필터 또는 렌즈로서 분석관은 그것을 통해 첩보를 평가하고 가늠한다. 신념, 가정, 개념 그리고 기억에서 끄집어낸 첩보가 마인드세트, 즉 새 첩보의 인식과 처리를 안내하는 정신적 모형(mental model)을 형성한다. 대체로 마인드세트는 분석관의 조사대상이 행동하는 방식에 관한 일련의 가정에 의존한다. 마인드세트와 밀접히 관련된 '정신적 모형'은 특정 주제에 관한 고도로 발전된 관념체계를 의미한다. 마인드세트와 정신적 모형은 빠르게 형성되고 쉽게 변하지 않는데, 특히 미래의 추세를 예측하는 데 유용할 때 그렇다. 마인드세트가 한번 성공하고 나면, 분석관은 마인드세트가 낡거나 부정확하게 되었음을 시사하는 환경 변화에도 불구하고 몰비판적으로 받아들일 수 있다.

거울 이미지(mirror-imaging) 거울 이미지는 분석관이 자신이 같은 상황에 있다면 행동할 방식으로 외국 행위자도 그렇게 행동할 것이라고 가정할 때 발생하는 인지적 오류다. 이러한 의미에서 분석관은 외국 행위자를 관찰할 때 자신의 이미지를 본다. 한 주제에 관해 많은 전문지식을 쌓은 분석관이 무기체계 개발, 쿠데타, 의사결정 등이 논리적으로 이루어진다고 믿는 것은 흔한 일이다. 그때 분석관은 자신이라면 취했을 방식대로 외국 행위자가 그러한 과제를 수행할 것이라고 가정한다. 분석 의견에 거울 이미지를 반영한 고전적 사례로, 쿠바 미사일 위기 시 소련이 위험을 회피할 것이라고 가정한 것이나 1973년 아랍이 이스라엘과의 개전을 꺼릴 것이라고 가정한 것을 들 수 있다.

국가대적(對敵)정보·보안센터(National Counterintelligence and Security Center, NCSC) 이 센터는 CIA, FBI 및 국방부가 수행하는 대적정보 활동을 감독하고 국가정보장을 대신해서 프로그램과 우선순위를 감독·조율한다. 이 센터는 또한 미국의 대적정보 사건에서 그 피해 평가를 수행한다.

국가반확산센터(National Counterproliferation Center, NCPC) 이 센터는 2005년 국가정보장실 내에 설립되었다. 그 임무는 WMD와 그 운반시스템의 확산을 저지하기 위해 정보 지원을 조율하고 미래의 WMD 위협에 대한 수집과 분석을 제고하기 위해 장기 전략을 개발하는 것이다.

국가대테러센터(National Counterterrorism Center, NCTC) 이 센터는 2004년 정보개혁·테러방지법에 의거해, 2005년 설립되었다. 그 임무는 테러 및 대테러 관련 미국 정부 내의 모든 국내외 정보를 통합하는 한편, 실전적 전략을 기획하고 주요 정책기관에 정보 분석을 제공하는 것이다. 이 센터는 국가정보장실의 일부다.

국가정보위원회(National Intelligence Council, NIC) 국가정보위원회는 미국 정부를 위한 「국가정보판단서」를 작성하고 정보공동체 전체의 정보 수집·생산을 평가하는 일을 담당한다. 이 위원회는 국가정보관이라는 약 12명의 고위 정보전문가로 구성되어 있다.

「국가정보판단서(National Intelligence Estimate, NIE)」 통상적으로 「국가정보

판단서」는 외국 또는 비국가행위자의 역량, 취약점 및 가능한 행동 방책을 전략적으로 평가한 것으로서 미국 정보공동체 내 분석관들의 견해가 두루 취합되어 국가 수준에서 작성된다. 국가정보위원회가 이 판단서 작성을 주관하며, 국가정보관이 초안 작성을 이끈다. 정보공동체 각 기관의 분석관들이 문안을 작성하고 승인한다. 이후 「국가정보판단서」는 미국 정보공동체 소속 기관장들에게 제시되고, 정보공동체의 가장 권위 있는 정보보고서로서 국가정보장이 공식 발표한다.

국가정보관(national intelligence officer, NIO)　국가정보관은 한 지역(예: 유럽, 아시아, 아프리카, 중동) 또는 요소(예: WMD, 초국가적 위협, 전통적 군사 문제)에 관한 고위 전문가로서 담당 분야의 「국가정보판단서」 작성을 지휘한다. 국가정보관은 각 담당 분야별로 분석의 품질을 지도·평가하고, 기관 간 회의에서 정보공동체 분석관을 대표하며, 고위 정책 관리들과의 정기적인 교류를 통해 정보 생산이 중요한 정책 이슈를 지향하도록 만든다.

국가정보 우선순위 틀(National Intelligence Priorities Framework, NIPF)　이것은 표적 국가와 정보 주제에 따라 정보 수집·분석의 우선순위를 정하는 정교한 틀이다. 이 틀은 각 주제에 대해 고위 관리들이 부여하는 중요도에 따라 우선순위를 (1부터 5까지) 수치로 매기며, 이 우선순위는 정보공동체의 자원과 프로그램을 배분하고 정당화하는 데 사용된다.

국가정보 프로그램(National Intelligence Program, NIP)　국가정보 프로그램은 국가정보기관 16곳의 통합 예산으로, 국가정보장이 취합·검토해서 관리·예산처와 의회에 제출하는 책임을 진다. 국가정보장은 자금 배분을 수정하거나 그 우선순위를 정하는 권한에서 일정한 제약이 있으며 대개 국방부 장관과 긴밀히 협력하는데, 국방부 장관이 대규모 군사정보 예산을 일상적으로 통제하는 권한을 가지고 있다.

1947년 국가안전보장법(National Security Act of 1947) 이 법률이 통합 국방부와 CIA를 창설하고, 국가안보 문제에 대해 대통령의 자문에 응하는 NSC를 창설했다. 이 법이 명시하는 NSC의 핵심 구성원은 대통령, 부통령, 국무부 장관 및 국방부 장관이며, 관행적으로 군사 문제 보좌관인 합참의장과 정보 문제 보좌관인 국가정보장이 포함된다. 이 법의 규정에 따라 NSC는 대통령을 보좌하는 동시에 국가안보 전략의 수립·시행을 위해 (외교, 군사, 경제, 정보 등) 모든 국력 수단이 통합되도록 보장하는 주된 메커니즘이다.

국가안전보장회의(National Security Council, NSC) 1947년 국가안전보장법에 의해 설립된 NSC는 대통령이 주재하고, 부통령, 국무부·국방부·재무부 장관 및 국가안보보좌관을 포함한다. 합참의장과 국가정보장은 각각 대통령의 수석 군사·정보보좌관 자격으로 참석한다. NSC는 수장위원회, 차석위원회, 기관간정책위원회 등 하급 위원회의 업무를 지휘한다.

국가기술수단(national technical means, NTM) 국가기술수단은 군비통제 협정에 서명한 당사국이 규정을 제대로 준수하도록 보장하기 위해 해당 협정을 모니터하는 데 사용되는 정보시스템을 가리키는 용어다. 국가기술수단은 러시아와 같은 국가의 활동을 모니터하기 위해서 영상정보·전자정보 플랫폼에 크게 의존한다. 러시아 등은 미국과 다수의 핵 군비통제 협정을 체결했다.

알 필요(need to know) 고위 정보 관리자가 정보를 다른 정보 전문직이나 정책 관리들과 공유할지 말지를 결정할 때 '알 필요' 원칙을 적용한다. 행정명령에 따르면, 그러한 첩보를 아는 것은 공식 직책상 국가안보 제고를 위해 그러한 접근이 필요한 사람에게만 허용된다.

공유할 필요(need to share) 9·11 공격 이후, 정보 실패를 조사한 대통령위원회의 결론에 의하면, 정보공동체는 정보활동을 효과적으로 조율하기 위해, 그리고 미래 테러 위협을 포괄적으로 파악하는 길을 막는 '칸막이 현상(compartmentalization)'을 방지하기 위해 여러 기관이 더 폭넓게 첩보를 공유할 필요가 있다.

전략정보처(Office of Strategic Services, OSS) 전략정보처는 제2차 세계대전을 치르던 중에 설립되어 나중에 CIA의 토대가 된 정보조직이었다. 전략정보처는 조사·분석 역량을 유지했을 뿐만 아니라 해외 수집·비밀공작을 수행했다. 윌리엄 '와일드 빌' 도너번(William 'Wild Bill' Donovan)이 그 조직을 이끌었다.

공개출처정보(open source intelligence, OSINT) 공개출처정보는 비밀이 아닌, 일반인이 이용할 수 있는 출처로부터 첩보를 수집해 미국 정부에 주는 의미를 분석하는 활동을 수반한다. 공개출처의 예를 들면 여러 외국어로 된 신문, 잡지, 라디오, 텔레비전과 컴퓨터 기반 첩보; 정부 보고서, 언론발표문 및 연설 속에 들어 있는 공용 자료; 전문·학술 저널과 회의 발표 자료 등이다. 점차 공개출처정보는 웹사이트와 블로그(blog)로 이루어진 인터넷 세계를 활용하는 데 집중되었다. 공개출처사업단(Open Source Enterprise)은 공개출처첩보의 수집과 분석을 담당하는 정보공동체의 주무 기관이다.

전투서열(order of battle, OOB) 군사 분석에서 전투서열은 군부대, 부대의 지휘구조 그리고 전장에 조직적으로 투입된 군사력의 인원·장비·부대의 힘과 배치를 식별한다. 전투서열은 특히 주요한 군사적 위협을 경보하는 분석에서 사용된다.

정책 지원(policy support) 정책 지원이란 특히 정책결정자들이 받아서 정책 옵션을 수행·평가할 수 있게 되는 정보 보고와 분석을 가리킨다. 정책 지원이 어떤 특정한 정책 의제를 옹호하는 정보를 함축하지는 않는다.

정치화(politicization) 정치화에 관해 일반적으로 인정된 정의는 없으나, 보통 특정한 정치적 목표나 의제에 맞추어 정보 분석을 의도적으로 편향시키는 것을 가리킨다. 분석관이 자신의 개인적 견해를 분석적 판단에 반영한다면 정치화하기 쉬울 수 있다. 마찬가지로 정책결정자도 분석관이 정책 의제에 맞추어 판단을 재단하도록 강요하거나 분석을 자신이 선호하는 정책을 뒷받침하는 것으로 왜곡함으로써 정보를 정치화할 수 있다.

대통령 품의서(presidential finding) 대통령 품의서는 대통령이 하나의 비밀공작을 재가하는 문서다. 공작에 앞서 대통령이 이 품의서에 서명해야 하며, 대개의 경우 이 품의서는 '의회 통보'의 일환으로 정보감독위원회와 공유되어야 한다.

「**대통령일일브리핑**(President's Daily Brief, PDB)」 PDB는 CIA, 국방정보국 및 국무부 정보·조사국이 대통령 및 핵심 보좌관들에게 제공하는 매우 중요한 현용정보 사항을 매일 편집한 것이다. 대통령에게 보고하는 브리핑 담당관이 있으며, 대통령이 수취인으로 지정한 특별 고위 관리 그룹은 다른 브리핑 담당관으로부터 보고를 받는다. PDB는 각 대통령의 개인적 선호에 맞추어 포맷, 보고 스타일 및 분량이 끊임없이 수정되고 있다.

대통령 정보자문단(President's Intelligence Advisory Board, PIAB) 각 대통령이

설치하는 외부의 독립기관이다. 이 자문단은 정보활동 연구를 수행하고 정보공동체의 변화나 개혁을 위한 건의안을 만든다.

수장위원회(Principals Committee, PC) 수장위원회는 국가안보 문제에 대해 대통령을 보좌하는 고위 각료 그룹이다. 국무부·국방부·재무부·국토안보부 장관이 국가정보장과 합참의장과 더불어 핵심 그룹을 형성하며, 여기에 가끔씩 다른 각료들이 추가되는 것은 그들의 담당 업무에 속하는 이슈가 논의될 때다. 관행적으로 국가안보보좌관이 수장위원회를 주재하며, 수장위원회의 건의안은 대통령에게 직접 보고되거나 대통령과 수장들이 만나는 NSC에 상정된다.

사생활·시민적자유 감독위원회(Privacy and Civil Liberties Oversight Board, PCLOB) 2004년 정보개혁의 일환에서 행정부 내 독립기관으로 창설된 이 위원회의 목적은 고위 관리들이 테러리즘과 관련된 법률, 규제 및 행정정책을 개발·시행할 때 사생활과 시민적 자유에 관해 대통령을 비롯한 관리들의 자문에 응하는 것이다.

적혈구 분석(Red Cell Analysis) 이 체계화된 분석기법은 문화적 편향과 '거울 이미지' 문제에 대처하려는 목적에서 미국의 정보 분석관처럼 생각하기보다는 '적처럼 생각(think like the enemy)'하도록 의식적으로 노력하는 분석관 팀을 구성한다. '적혈구' 분석관들은 외국 정부 또는 테러리스트 조직의 핵심 의사결정자들을 연구해 그 역할을 연기한다. 이들은 그런 상대방이 목표를 달성하는 데 사용할 의사결정 스타일, 목표, 방법 등을 똑같이 채용한다. '적혈구' 평가보고서는 미국의 정책결정자들에게 상대방이 어떻게 상황을 인식하는지 생생하게 보여준다.

용의자 인도(rendition) 용의자 인도는 포로나 억류자를 사법절차 없이 한 국가에서 다른 국가로 이전시키는 과정이다. 용의자 인도는 쿠바의 관타나모만 해군 기지 등 미국 바깥의 장소에 개인을 억류·신문하기 위해 2001년 이후 미국의 대테러 정책 일환에서 실행되었다.

요구사항(requirements) 요구사항은 효과적인 분석과 결국에는 의사결정을 위해 추가 첩보가 요구되는 일반적·구체적 주제다. 가장 흔히 분석관들이 정보 수집기관에 새로운 요구사항을 부과한다. 가끔 일부 정책결정자들이 직접 정보공동체에 대해 새로운 정보 요구사항을 부과한다. 이런 요구사항은 정보 순환의 일부다.

신호정보(signals intelligence, SIGINT) 신호정보는 어떤 표적(target)이 기술적 신호 및 통신 시스템을 사용하는 것을 가로채서 분석하는 것이다. 신호정보는 통신정보, 전자정보 및 외국계기신호정보를 포함한다. 국가안보국이 미국 정부의 주된 신호정보 수집기관이다.

표지(標識, signature) 분석관은 표적(target)이 기동하고 장비하거나 병력 또는 무기체계를 배치하는 방식에 있어서 독특한 '표지' 또는 패턴을 파악하는 데 주력한다. 예를 들어, 군사 통신의 패턴은 병력이 전장에서 어떻게 기동할 것인지를 나타낼 수 있다. 또한 이러한 표지는 군사태세의 수준 또는 작전의 진행 여부를 나타낼 수 있다.

단출처 정보(single-source intelligence) 기술적 출처, 인간 출처, 공개출처 등 오직 한 수집 분야에서만 나오는 생첩보나 보고를 말한다. 단출처 보고를 분석한 다음에는 다른 단출처 보고와 결합해 전(全)출처 정보로 발전시킨다.

상황 보고(situation report) 상황 보고(보통 'sit-rep'으로 부름)는 분석관이 정책결정자에게 급변 사태에 관한 최신 첩보를 주기 위해 수취하자마자 서둘러 배포하는 보고서다. 대체로 상황 보고는 사건의 진상 및 즉각적인 함의에 중점을 둔다. 그러한 보고의 주제로서 가장 적합한 것은 쿠데타, 세계 지도자의 사망, 군사적 충돌, 공공질서 또는 협상의 갑작스러운 붕괴 등을 들 수 있다.

출처와 방법(sources and methods) 출처와 방법은 어떤 정보 주제에 관한 첩보를 은밀하게 수집하는 기술적·인적 수단이다. 외국의 상공에서 작동하는 위성촬영 시스템 또는 대사관에서 외교관이 하는 보고 등이 출처가 될 수 있으며, 공작관과의 비밀 회합에서 출처가 자기 정부의 고위급회의에 관해 보고할 수도 있다. 분석관은 여러 종류의 출처와 수집 분야로부터 다양한 첩보 보고를 받으며 그 첩보 보고의 유효성과 신빙성을 평가함을 명시함으로써 보고서와 평가서의 '출처를 밝혀야' 한다. 그러한 정밀 검사는 첩보 보고가 단출처에서 나왔을 때, 기만 또는 허위 보고의 위험을 줄인다. '출처와 방법'의 보호는 정보 관리들의 필수 책무로 여겨진다.

전략 분석(strategic analysis) 전략 분석은 상황 보고나 현용분석과는 달리 사건보다는 장기 추세에 중점을 둔다. 보통 전략 분석은 미국의 지속적 관심 주제에 관해서만 수행된다. 예컨대, 외국의 탄도미사일 개발이나 중국군에 관한 분석은 당면한 정책 의제와 무관하게 정책결정자들의 지속적 관심사일 것이다. 1년 이상의 장기 추세에 관한 상세 첩보는 거의 없으므로 전략 분석은 본질적으로 '추정적'이다.

체계화된 분석기법(structured analytical techniques, SATs) 체계화된 분석기법은 분석적 판단을 보다 엄격히 하는 동시에 보다 투명하고 검증할 수 있게 만들도록 사용된다. 악마의 옹호, A팀/B팀 연습, 경쟁가설 분석, 시나리오 분석 등 여러 가지 체계화된 분석기법은 분석관이 판단을 내리는 것에 사용하는 논리를 기록하려고 한다. 분석관은 일련의 원칙(예: 핵심 가정 열거, 첩보의 질 평가, 복수의 가설 검토, 수집 간극 확인, 거부와 기만 가능성 조사 등)에 따라 분석을 체계화함으로써 최종 판단에 대한 신뢰수준을 더욱 체계적으로 설정할 수 있다. 나아가 분석관이 시간상으로 판단이 변화하는 과정을 되짚어 볼 수 있으며 새로운 반대 증거가 나타나면 결론을 재검토할 수도 있다.

표적 분석(target analysis) 표적 분석은 군사작전, 대테러 또는 반확산 공작을 직접적으로 지원하기 위해서 수행되며, 가능한 체포 또는 물리적 공격을 위해 특정한 개인, 부대 또는 단체를 파악하고 감시하며 겨냥하는 것에 중점을 둔다.

A팀/B팀 분석(Team A/Team B Analysis) 이 체계화된 분석기법은 어떤 정보 주제에 관해 복수의 강력한 견해 또는 경쟁가설을 가지고 대립하는 분석 팀을 별도로 구성한다. 각 팀은 주제에 관해 나름대로 핵심 가정을 설정한 다음, 가용 증거를 사용해 팀의 평가를 발전시킨다. 이 기법의 가치는 경쟁하는 두 견해를 나란히 놓음으로써 어떻게 분석관들이 서로 다른 가정 때문에 서로 다른 결론에 이르게 되는지 조명하는 데 있다.

기술정보(technical intelligence, TECHINT) 기술정보는 영상정보, 지공간정보, 신호정보, 통신정보, 전자정보, 외국계기신호정보, 측정·표지정보 등 기술적 정보 수집 시스템을 포함한다. 외국 정부와 비국가행위자의 움직임과 행태를 관찰하고 감시하기 위해 이러한 기술정보를 인간정보와 결합해 사용한다. 기술정보가 미국 정보공동체의 예산과 프로그램에서 가장 큰 부분을 차지한다.

전문기술(tradecraft) 분석에 있어서 전문기술은 분석관들이 자료를 모아 정리하고 그 의미를 해석하며 정책결정자 등 완료된 정보생산물의 사용자를 위한 판단·통찰·예측을 생산하는 데 사용하는 인지적·방법론적 도구와 기법을 포괄한다. 경쟁가설 분석은 정보 전문기술의 한 예다.

경보 분석(warning analysis) 경보 분석은 잠재적으로 위협적이거나 적대적인 활동을 예상해 정책결정자들에게 그러한 활동이 발생할 경우의 가능한 함의를 경고한다. '전략적(strategic)' 경보는 비교적 장기간의 사태 발전에 관한 것으로, 사건이 발생하기 전에 정책결정자가 대책 또는 대응조치를 궁리할 시간이 많다. '전술적(tactical)' 경보는 정책결정자에게 가까운 미래의 사건을 경고하는 것으로, 대비할 시간이 거의 없다.

대량살상무기(weapons of mass destruction, WMDs) 대량의 사상자를 발생시킬 수 있는 핵·화학·생물학·방사능 무기를 흔히 WMD로 간주한다.

「**전세계정보보고**(Worldwide Intelligence Report, WIRe)」 「전세계정보보고」는 미국 정부의 고위 정책 관리들에게 두루 배포되는 CIA의 현용 발간물로서 종래의 「일일국가정보」를 대체한 것이다. 이것은 현재 워싱턴 내와 해외로 전자 배포되는 웹-기반(web-based) 발간물이다. 「전세계정보보고」는 종래의 「일일국가정보」처럼 하루에 한 번 인쇄·발간되는 것이 아니라 하루 종일 수시로 업데이트될 수 있다.

최악의 경우 분석(worst-case analysis) 최악의 경우 분석은 분석관이 미래의 사건에 관해 판단을 내리면서 '최악을 가정할' 때 발생한다. 이것은 미국의 적이 항상 미국에 최악의 문제를 일으키는 결과를 겨냥해 행동 방책을 선택할 것이라는 가정 또는 적의 의도가 한결같이 미국에 대해 적대적이라는 가정을 바탕으로 분석할 때 발생할 수 있다. 마찬가지로 분석관이 정책결정자에게 기습 가능성을 경보하는 것에 반드시 실패하지 않도록 그러한 가정을 사용한다고 자주 비난받는다. 그래서 실제로는 가정보다 훨씬 더 균형 잡힌 경보를 정책결정자들이 무시하는 근거가 되는 것이 최악의 경우 분석이다.

지은이

로저 조지(Roger Z. George)

페퍼다인 대학교, 옥시덴탈칼리지에서 그리고 조지타운 대학교 안보학 과정에서 '국가정보와 국가안보' 과목을 가르쳤다. 또한 2009~2015년 미국 국방대학(National War College)에서 국가안보 전략 교수로 근무했다. 그는 30년 동안 CIA 분석관으로 봉직하면서 유럽 담당 국가정보관(NIO)을 역임했으며, 국무부와 국방부의 정책기획 부서에 파견 근무했다. 제임스 브루스(James B. Bruce)와 『정보 분석의 혁신: 국가안보 실무자의 관점(Analyzing Intelligence: National Security Practitioners' Perspectives)』(개정판, 2014)의 공동 편저자이며, 하비 리시코프(Harvey Rishikof)와 『국가안보 사업: 미로 탐험(The National Security Enterprise: Navigating the Labyrinth)』(개정판, 2017)의 공동 편저자다. 그는 옥시덴탈칼리지 학부에서 정치학을 전공하고, 터프츠 대학교 플레처 법률·외교 대학원에서 박사학위를 받았다.

옮긴이

박동철

서울대학교 국제경제학과를 졸업하고 미국 오하이오 대학교에서 경제학 석사 학위를 받았다. 주 EU대표부 일등서기관, 이스라엘과 파키스탄 주재 참사관을 지냈고, 현재는 정보평론연구소를 운영하면서 연구와 집필 활동에 종사하고 있다. 『트럼프의 미국 우선주의』(2018)의 해제를 달았다. 옮긴 책으로 『탈코미디 세상』(2025), 『암호화폐 코뮤니즘』(2024), 『미국 대통령의 권력 행사』(2023), 『21세기 군사동맹론』(2023), 『스파이 세계사(I, II, III)』(2021), 『글로벌 트렌드 2040』(2021), 『미래의 초석, 네덜란드 교육』(2017), 『창조산업』(2015), 『포스너가 본 신자유주의의 위기』(2013), 『정보 분석의 혁신』(2010), 『중국과 인도의 전략적 부상』(2010) 등 10여 종이 있다.

한울아카데미 2623

국가정보와 국가안보

지은이 | 로저 조지
옮긴이 | 박동철
펴낸이 | 김종수
펴낸곳 | 한울엠플러스(주)
편집 | 조일현

초판 1쇄 인쇄 | 2025년 12월 4일
초판 1쇄 발행 | 2025년 12월 29일

주소 | 10881 경기도 파주시 광인사길 153 한울시소빌딩 3층
전화 | 031-955-0655
팩스 | 031-955-0656
홈페이지 | www.hanulmplus.kr
등록번호 | 제406-2015-000143호

Printed in Korea.
ISBN 978-89-460-7623-5 93300 (양장)
978-89-460-8417-9 93300 (무선)

※ 책값은 겉표지에 표시되어 있습니다.
※ 무선제본 책을 교재로 사용하시려면 본사로 연락해 주시기 바랍니다.